KB271918

AI 시대, 전쟁의 미래

AI 시대, 전쟁의 미래

1판 1쇄 인쇄 2026. 4. 17.
1판 1쇄 발행 2026. 4. 27.

지은이 조지 M. 도허티
옮긴이 유강은

발행인 박강휘
편집 김태권 | 디자인 유상현 | 마케팅 고은미 | 홍보 강원모
발행처 김영사
등록 1979년 5월 17일(제406-2003-036호)
주소 경기도 파주시 문발로 197(문발동) 우편번호 10881
전화 마케팅부 031)955-3100, 편집부 031)955-3200 | 팩스 031)955-3111

값은 뒤표지에 있습니다.
ISBN 979-11-7332-588-5 03390

홈페이지 www.gimmyoung.com   블로그 blog.naver.com/gybook
인스타그램 instagram.com/gimmyoung   이메일 bestbook@gimmyoung.com

좋은 독자가 좋은 책을 만듭니다.
김영사는 독자 여러분의 의견에 항상 귀 기울이고 있습니다.

군집 드론부터 정밀무기까지,
AI는 전쟁의 판도를
어떻게 바꿀 것인가

AI 시대, 전쟁의 미래

조지 M. 도허티

유강은 옮김

BEAST IN THE
MACHINE

김영사

바네사와 조이스에게

이 책 초판이 막 인쇄되고 있던 2025년 6월 1일, 우크라이나 일인칭 시점 드론 편대가 전선에서 2000킬로미터 떨어진 러시아의 전략폭격기 기지를 공습했습니다. 소형 드론들이 퍼져 나가며 활주로 옆에 주기駐機되어 있던 은색의 거대한 Tu-95 폭격기들을 타격했지요. 주황색의 거대하고 둥그런 불길이 곳곳에서 피어올랐습니다. 1~2분 뒤, 비행 대기 구역은 시커먼 연기를 하늘로 뿜어내며 불타는 비행기들로 가득 찼습니다. 가격이 몇백 달러에 불과한 드론들이 그보다 수천 배가 넘는 가격에 러시아가 대체할 수 없는 항공기를 한 대씩 파괴했습니다. 거미줄 작전Operation Spiderweb은 이 항공기들만 파괴한 게 아니었습니다. 이 작전으로 만들어진 선례는 우월한 국방비와 값비싼 첨단 시스템으로 안보를 보장할 수 있다는 주요 민주국가 군대의 오랜 믿음을 산산이 깨뜨리는 데 일조했지요. 같은 교훈은 지난달에도 다시 한번 분명해졌습니다. 저렴하지만 정밀한 이란의 자폭형 공격 드론이 첨단 대공 미사일 시스템으로 방어하는 지역을 뚫고 들어가 페르시아만의 군사 기지에서 미국의 항공기와 레이더를 비롯한 고가의 표적들을 파괴했기 때문입니다.

한국의 상황에서 보면 이런 관찰은 더더욱 중요해집니다. 미국을 비롯해 첨단 군대 클럽에 속한 부유한 민주국가들과 마찬가지로, 한국도 스텔스 전투기나 유도 미사일 장착 구축함 같은 값비싼 최신 무기 시스템을 갖춘 군대와 높은 국방 예산을 유지하고 있습니다. 한국과 적대하는 이웃 나라들은 경제 수준은 뒤처질지언정 대단히 군국주의적이고 군사적 우위를 갈망합니다. 로봇 군사 혁명은 혼란을 야기하는 상향식 변화입니다. 1980년대에 컴퓨터 산업을 뒤바꿔놓은 퍼스널컴퓨터 혁명과 흡사하지요. 이 혁명으로 컴퓨터가 모든 가정과 중소 업체에 놓이면서 평범한 사람들도 그전까지 최상위 기업의 특권이던 역량을 갖게 됐습니다. 로봇 군사 혁명도 비슷한 방식으로 가난한 군대가 선진적이고 부유한 경쟁자들을 기습 공격해서 물리칠 수 있는 도구를 제공하고 있습니다. 이로써 저렴한 비용으로 현재의 지정학적 상태를 바꿀 수가 있겠지요.

저는 미 공군 과학기술 분야의 고위 군 지도자라는 관점에서 지난 몇 년간 기술과 군사 분야의 추세가 수렴하는 모습을 지켜보았습니다. 또한 국제 비즈니스 전략 컨설팅 기업의 중역이라는 비슷한 입장에서 산업과 경제의 추세 또한 수렴하는 것을 지켜보았고요. 그렇지만 1970년대 후반 메인프레임 컴퓨터 기업들이 그랬던 것처럼, 곧 닥쳐올 변화의 쓰나미를 알아챈 사람은 거의 없었습니다. 저는 경고의 목소리를 내고, 미국과 동맹 민주국가의 군대와 경제, 대중이 다가오는 격변에 대비하며 이 물결을 성공적으로 헤쳐 나갈 수 있도록 돕기 위해 시간을 들여 이 책을 썼습니다.

예를 들어, 러시아가 우크라이나를 침공하기 전 몇 년간, 저는 무인 무기와 AI가 조만간 지상전을 지배하게 될 새로운 저고도 공중 영역을 개척함으로써 전쟁의 면모를 뒤바꿀 것이라고 경고한 바 있었습니다. 오늘날 제가 경고했던 세부 사항의 많은 부분이 실제로 벌어졌고, 미군을 비롯한 여러 관찰자들은 그 경이로운 속도에 깜짝 놀랐습니다. 저고도 공중은 러시아-우크라이나 전쟁에서 지배적인 요소가 되었습니다. 이 전쟁에서 지상전은 무수히 많은 소형 드론에 지배되고 있는데, 드론 덕분에 양쪽 모두 전선을 따라 계속 확대되는 교전 지역에서 전차와 포대를 비롯한 거의 모든 움직이는 지상 물체를 추적하고 제압할 수 있습니다. 소형 드론이 주기된 항공기와 공군기지를 타격한다는 등의 다른 많은 예측들도 현실로 나타나고 있지요.

수많은 민주국가들이 우크라이나 전쟁에서 드러난 증거에 주의를 기울이며 새로운 로봇 무기를 도입 및 제조하기 위해 서두르고 있는 모습을 보면 안심이 됩니다. 위협에 눈을 뜬 거지요. 하지만 앞서 중요한 흐름을 파악하지 못한 뒤에도 여전히 많은 사람들이 이미 전개된 전장의 모습만 바라보면서 눈앞에 보이는 무기(로봇 혁명 초기 1차 물결의 무기)를 그냥 복제하느라

바쁜 현실을 보면 실망스럽습니다. 그보다는 다음 물결을 예측하고 앞서 나갈 수 있도록 도와주는 흐름을 이해해야 하는데 말입니다.

2026년 현재, AI는 투자와 과대광고, 대중적 불안의 정점에 도달했습니다. 로봇 시스템과 AI의 결합은 향후에 군사 기술과 민간 기술에서 놀라운 진전을 추동할 것입니다. 하지만 앞뒤 가리지 않고 AI를 모든 분야에 적용하려고 달려 나가는 경쟁을 하다 보면 예상치 못한 결과와 재앙이 닥칠 겁니다. 가장 큰 위험은 가설적인 초지능이 아닙니다. "지능"의 수준이 무엇이든 간에, 가장 큰 위험은 우리가 지나친 확신과 허술한 규제, 그리고 우리가 승인한 권한을 행사할 능력이 없는 AI에게 과도한 힘을 부여하도록 부추기는 우리 자신의 내적인 편향이 만들어내는 결과입니다. 나쁜 AI를 오용하고 나쁜 로봇 무기를 배치하는데 혈안이 된 무자비한 강대국들이 많이 있으며, 어쩌면 그들은 우리를 겨냥할 겁니다. 그들의 근시안적이고 비윤리적인 접근 방식이 승리하는 모습을 보지 않으려면, 우리 선진 민주국가들이 앞서 나가야 합니다.

이 책을 읽는 한국의 독자들이 이 토론에 참여해서 힘을 얻고, 여러분의 독특한 관점과 창의성을 이용해 여러 도전을 해결하며, 여기서 소개하는 기회들을 붙잡을 수 있기를 기대합니다. 한국은 군사 혁신으로 유명한 나라이지요. 미국의 거의 모든 군 장교가 거북선에 관해 배웁니다. 조선에서 만든 거북 모양의 철갑선은 16세기 말에 일본 침략자들을 놀라게 하고 물리쳤습니다. 저는 펜타곤과 여러 국방연구소에서 한국 장교들과 만나면서 한국의 혁신 정신을 목격했습니다. 더욱 중요한 점으로, 한국인들은 적대적 위협의 그림자 아래서 살아가면서도 윤리적 원칙과 민주적 이상을 존중하는 데 익숙합니다. 당신의 출신이나 배경이 무엇이든 간에, 당신의 관점이 중요합니다. 우리 함께 변화의 폭풍을 헤쳐 나갑시다.

2026년 4월
조지 M. 도허티

차례

확산과 위험

2020년 9월 27일을 시작으로 전 세계는 캅카스산맥에서 전쟁의 미래를 힐끗 엿보았다. 동틀 녘, 아르메니아 군인들은 나고르노-카라바흐Nagorno-Karabakh의 분쟁 지역*을 지키기 위해 깊게 판 참호와 전투 진지 안에 들어가 있었다. 군인들은 황량한 고산 평원과 소나무로 뒤덮인 산자락을 주의 깊게 살피며 적을 기다렸다.

20여 년 전, 소련이 붕괴한 뒤 아르메니아는 이웃 나라 아제르바이잔과 장장 6년에 걸친 전쟁에서 승리해 이 지역을 장

---

* 튀르키예의 동쪽, 이란의 북쪽에 있는 캅카스 지역에서 아르메니아와 아제르바이잔 사이 산악지대에 자리한 곳이다. 소련 시절 이곳은 아제르바이잔 SSR(아제르바이잔 소비에트 사회주의 공화국) 안의 아르메니아계 다수 자치주로 편제되었고(1923), 1988년 말 소련 해체 국면부터 '아르메니아로 편입하거나 독립하자'는 주장과 아제르바이잔의 '영토 보전' 원칙이 충돌하면서 이후 여러 차례 무력 분쟁이 벌어졌다. (*이 책의 각주는 모두 옮긴이주이다.)

악했다. 긴장이 고조되는 가운데 아제르바이잔이 이 땅을 되찾겠다고 을러대고 있었다. 아르메니아 수비대는 자신만만했다. 험준한 지형은 방어에 유리했다. 충분한 규모의 아르메니아 전차들이 흙으로 쌓은 장애물 뒤편에 방어선을 단단히 구축하고 있었다. 수십 개의 이동식 지대공 미사일 시스템이 강력한 레이더로 무장한 채 방어선을 지키고 있었다. 아제르바이잔군이 다시 일전을 원한다면, 아르메니아도 맞설 각오가 충만했다. 하지만 이후 벌어진 사태에 아르메니아는 깜짝 놀랐고, 전 세계의 이목이 집중되었다.

아르메니아 군인들이 운용하던 방공 레이더망은 적 전투기가 접근하는 것을 포착했다. 그들은 지대공 미사일을 발사해 요격을 시도했다. 하지만 레이더에 걸린 물체는 전투기가 아니라 소련 시절의 구식 복엽기였다. 아제르바이잔군이 드론으로 개조해서 레이더가 전투기로 착각하게 만든 것이었다. 방공 레이더가 드론 복엽기를 계속 자동 추적하는 동안, 상공에 대기하던 아제르바이잔의 소형 레이더 추적 자폭 드론, 일명 "가미카제 드론" 여러 대가 레이더 신호를 추적해서 윙윙거리는 소리와 함께 급강하한 뒤 타격했고, 방공 레이더 차량들은 화염에 휩싸였다. 아르메니아군의 레이더는 이 작은 로봇 폭탄을 제대로 탐지하지 못했고, 방공 요원들 눈에는 마치 이 드론들이 느닷없이 나타난 것처럼 보였다. 몇몇 방공 요원들이 폭격당하지 않은 레이더를 지키기 위해 전원을 껐다. 최대 30대의 적 드론이 떼를 지어 머리 위에 나타난 가운데 아르메니아 군인들은 어쩔 줄을 몰라 하며 상공을 응시했다. 일부는 삼각날개의 가미카제 드론으로, 길이 2.5미터의 이스라엘제 하롭Harop(또는 하피Harpy) 같았다. 나머지는 더 크고 매끈한 항공기 형태의 바이락타르Bayraktar TB2 공격 드론이었다. 튀르키예제인 TB2가 상공에서 고해상도 카메라로 지면 영상을 전송하면, 원격 조작 요원들이 아르메니아 방공차량을 식별한 뒤 TB2에 장착된 소형 레이저 유도 미사일로 파괴했다. 방공망을 겨냥한 대대적인 타격이 며칠이나 이어졌다. 2주가 지나자 드론들은 아르메니아 방공 시스템 60기가량을 격파했다.[1]

아르메니아 방공망이 무너지자, 아제르바이잔군은 로봇 무기의 총구를 지상군 쪽으로 돌렸다. 공중에서 보이는 모든 것이 정밀무기의 공격을 받았고, 결국 전투는 '포인트 앤 클릭' 방식에 가까운 행위가 되었다. 무장 드론과 자폭 드론은 상공에서 전차와 포, 트럭을 발견하는 순간 그 자리에서 격파했다. 장기간에 걸쳐 투자한 재래식 군사 장비가 순식간에 불타는 고철로 변했다. TB2 편대는 참호 속에 웅크리고 숨은 아르메니아 보병 위로 레이저 유도 폭탄을 정확히 떨어뜨렸다. 아제르바이잔 지상군은 영상 유도 스파이크Spike 미사일*을 사용해 정밀유도 학살극의 완성도를 더했다. 정찰 드론은 아르메니아 부대를 찾아내 아제르바이잔 포병과 로켓 부대에 좌표를 전송했고, 그들은

---

* 미사일 앞의 카메라 화면(열영상 포함)을 발사한 사람이 보면서, 발사 후에도 목표를 바꾸거나 방향을 조정할 수 있는 유도 방식의 미사일.

표적을 집중 사격해 완파했다. 드론은 이 모든 장면을 영상으로 기록해 실시간으로 아제르바이잔 지휘 본부에 전송했고, 기술자들이 영상을 편집해 인터넷에 올리자 가뜩이나 동요하던 아르메니아군의 사기는 더욱 꺾였다.

산산이 무너진 방어선을 향해 진격하는 아제르바이잔군의 선두에는 소규모 특수부대가 있었는데, 아르메니아 수비대의 눈에는 거의 보이지 않았다. 특수부대는 은밀하게 전진하면서 숲과 산기슭에 자리한 아르메니아 방어 진지를 장거리 포격과 정밀유도 미사일 공격 표적으로 지정했다. 아르메니아군은 포격에 못 이겨 진지를 버리고 퇴각했지만, 후퇴할 때마다 새로운 진지가 똑같이 치명적인 정밀 공격을 받았다. 아제르바이잔 부대는 나고르노-카라바흐 중심 고원의 계곡에 자리한 핵심 도시들을 차단할 때까지 계속 전진했다. 그제야 아르메니아 지도자들은 전쟁에서 패했음을 간파하고 그나마 남은 것이라도 지키기 위해 서둘러 강화 협상에 나섰다.

20여 년 전의 아르메니아-아제르바이잔 전쟁과 극명하게 대비되는 결과였다. 불과 44일 만에 아르메니아의 기갑 전력이 대부분 파괴되었다. 전차만 150대 정도가 완파됐는데, 대부분 포 한 번 쏴보지 못하고 무력하게 부서졌다.[2] 다른 무기 시스템도 수백 대가 사라졌고, 아르메니아군 사상자는 수천 명에 달했다. 군대는 심각한 타격을 받았다. 체면을 세우려는 시도가 있었음에도, 아르메니아 정부는 국민들에게 자국군의 참패를 숨기지 못했다. 시위대가 의사당에 난입해서 국회의장을 두들겨

팼다. 정부는 붕괴 직전까지 몰렸다.

무인 로봇 시스템이 지배한 첫 번째 국가 간 전쟁이 낳은 결과였다. 아제르바이잔의 이 충격적인 승리는 국제 시장에서 널리 퍼진 로봇 무기 기술이 그 이점을 최대한 활용하는 교리 및 작전 개념과 결합될 때 어떤 결과를 낳을 수 있는지를 분명히 보여주었다. 무엇보다도 이 결과는 미국처럼 세계를 선도하는 기술 강국이 엄청난 비용을 쏟아부어 얻은 성과가 아니었다. 세계 국방비 순위 60위에 불과한 작은 나라가 해낸 일이었다. 이 전쟁은 로봇 무기가 점차 확산되는 가운데 이제 군사력 수준과 상관없이 모든 나라가 아제르바이잔이 보여준 것 같은 공격 작전을 수행할 수 있음을 증명한 사건이었다. 전쟁 이후 전 세계 각국 군대가 나고르노-카라바흐 전쟁이 세계에 보여준 새로운 역량을 확보하기 위해 서둘렀다.

그 나라들 중 하나가 우크라이나였다. 유럽에서 가장 가난한 나라로 손꼽히는 우크라이나는 튀르키예로부터 TB2를 구매하고 소형 삼각날개 무장 드론의 국내 실험에 박차를 가했다. 나고르노-카라바흐 전쟁이 끝나고 1년이 조금 지난 2022년 2월, 러시아가 전면 침공을 개시했다. 우크라이나가 새롭게 확보한 로봇 무기는 초기에 전황을 압도한 러시아의 공격에 맞서 놀라운 승리를 거두는 데 중요한 역할을 했다. 전쟁이 계속되는 가운데 로봇 무기가 점차 지배적인 역할을 하면서 세계는 바야흐로 로봇 전쟁의 시대가 도래했음을 확인했다. 2024년에 이르러 로봇 무기는 우크라이나 방위의 핵심이 되었고, 우크라이나 병사들은 전쟁에 승리하려면 "300만 병력이 아니라 300만 대의 드론이 필요하다"고 말할 지경에 이르렀다.[3]

이 책은 전쟁에서 로봇이 걸어온 과거와 앞으로의 미래를 탐구한다. 로봇공학과 전쟁은 긴밀한 관계를 맺고 있다. 역사가 보여주듯, 로봇공학의 기술 분야는 전투를 염두에 두고 탄생했다. 오늘날 로봇 시스템과, 이를 점점 더 제어하고 있는 인공지능AI은 바야흐로 전쟁을 근본적으로 뒤바꾸는 전환점에 서 있다. 뉴스는 드론과 로봇 스마트 무기의 공격에 관한 보도로 가득하며, 급속하게 발전하는 군사 AI의 가공할 잠재력에 관한 우려도 쏟아지고 있다. 많은 전문가, 논평가, 군 관계자, 일반 시민 등 누구랄 것 없이 무언가 거대한 변화가 벌어지고 있음을 직감한다. 우리를 엄습하는 이 로봇 혁명은 단순히 제트 추진이나 야간투시경 같은 새로운 군사기술의 등장이 아니라 전쟁 자체의 근본적 양상을 뒤바꿀 수 있는 한층 포괄적인 변화다.

이 혁명은 군사나 기술에 관심 있는 이들만이 아니라 우리 모두에게 영향을 미칠 것이다. 다가오는 변화들은 우리의 삶과 안전에 영향을 미치는 데서 한 걸음 더 나아가 우리와 자녀들이 어떤 세계에 살게 될지에도 영향을 미칠 것이다. 하지만 로봇공학과 AI에 관한 우리의 많은 두려움은 문화적 영향이나 부정확한 정보에서 생겨난다. 따라서 우리는 종종 잘못된 것을 걱정하고, 정작 실제 위험은 간과할 수 있다. 정확한 정보를 바탕으로 견해를 갖게 되면, 우리 모두가 이 주제에 관한 대화에 자연스럽게 참여할 수 있고 우리의 미래를 모양 짓는 데서 역할을 할 수 있을 것이다.

우리가 처한 상황은 20세기 초와 비슷할지 모른다. 그때도 산업화와 기계화라는 광범위하고 포괄적인 기술 변화가 전 세계를 휩쓸기 시작했다. 동력 기관이 동물의 힘을 대체했고, "말 없는 마차"(자동차)와 "말 없는 쟁기"(트랙터)같이 경이로운 발명품이 등장했다. 이런 최초의 발명품은 실로 놀라워 보였다. 어쨌든 말을 연결하지 않은 채 내달리는 마차는 기이한 광경이었다. 하지만 지금 와서 보면 이런 초기의 기계화 창조물은 간단한 발상이었다. 이미 익숙한 개념 앞에 "말 없는"이라는 용어만 붙여서 도출한 결과물에 불과했다. 하지만 이후 전쟁을 변화시킨 군사 혁신들, 이를테면 전차나 비행기는 단순히 전에 존재했던 물건들을 "말 없는" 형태로 바꾼 게 아니었다. 이 장비들은 기계화가 지닌 고유한 잠재력을 받아들여, 기계 이전의 형태로는 존재할 수 없었던 혁명적인 시스템을 만들어냈다.

오늘날 우리는 "무인"이나 "무조종", "무승무원" 등의 용어를 비슷한 방식으로 사용한다. 오늘날 사용하는 무인 항공기나 차량, 함정의 다수는 언뜻 초현대적으로 보이지만, 기본적으로 익숙한 장비의 무인 버전에 불과하다. 로봇공학에 내재한 잠재력을 온전히 활용하면서, 로봇이 없던 시절에는 존재할 수 없었던 형태로 등장해 다가올 로봇 전쟁의 시대를 지배하게 될 새로운 종류의 군사혁신은 무엇일까?

군사-기술 혁명은 단순한 기술의 문제가 아니다. 새로운 기술이 전쟁 방식을 어떻게 뒤바꾸는지에 관한 새로운 사고의 문제이기도 하다. 한 예로, 1920년대와 1930년대에 미국의 빌리 미첼, 이탈리아의 줄리오 두에, 영국의 J. F. C. 풀러와 B. H. 리델하트, 독일의 하인츠 구데리안 같은 혁신적 사상가들은 공군력과 기갑전의 부상을 주제로 삼아 혁명적인 군사 이론을 전개했다. 그들은 이런 발전의 미래 경로를 예상하면서 전쟁이 어떻게 변모할지 고찰했다. 제1차 세계대전(이하 1차대전) 같은 전쟁에서 초기 항공기와 전차가 겪은 전투 경험을 바탕으로 한 고찰이었다. 새롭게 등장하는 기술의 함의를 정확히 예측하고, 그 이점을 활용하는 식으로 군사력과 작전 교리를 세운 군대(기갑 "전격전"을 준비한 독일과 전략 공군력을 갖춘 미국과 영국)는 제2차 세계대전(이하 2차대전)이 발발하자 성공을 거두었다. 프랑스처럼 그 함의를 온전히 수용하지 못한 군대는 기습을 당해 속절없이 패배했다.

바야흐로 로봇 전쟁의 미래 함의에 관한 혁신적 사고가 등장하고 있다. 하지만 이런 사고는 여러 장애물에 부딪히는 중이다. 무엇보다도 전쟁의 역사에 관한 빈약한 이해가 문제인데, 로봇 기술 개발을 맡은 다수의 전문가들과 이 기술을 군사작전에 통합하는 책임이 있는 군 지도자들조차 이해가 깊지 않다. 과거 로봇 무기를 전장에서 사용했던 가장 중요한 전투 경험의 대다수 사례가 제대로 기록되지 않았고, 거의 잊힌 상태다. 어떤 경우는 애당초 비밀리에 사용된 탓이다. 가령 2차대전 최대의 전차전에서는 무인 기갑차량이 선봉에 섰다.* 이 사실을 기억하는 사람은 거의 없으며, 이 전투가 지상전에서 무인 차량

사용에 관해 가르쳐준 교훈도 거의 잊혔다. 그 결과 우리는 어느 정도 눈을 감은 채 미래로 뒷걸음질하고 있다. 그리하여 이미 값비싼 대가를 치렀다. 소국이나 비국가 무장 단체들조차 혁신적인 로봇 기술을 사용해서 미군을 비롯한 각국 군대가 예상하지 못한 기습적 전과를 거둘 수 있었기 때문이다.

우리는 아직 로봇 혁명의 초기 단계에 서 있다. 로봇공학과 AI가 민간과 상업 분야를 개조하기 시작한 것처럼, 이제 막 군사 분야에도 영향을 미치고 있다. 지금까지 벌어진 일은 향후 수십 년간 벌어질 한층 포괄적인 변화의 서막일 뿐이다. 지금의 전환점에 이르게 한 중요한 아이디어와 전투 경험을 이해한다면, 조만간 닥칠 훨씬 중요한 변화를 제대로 예측하고 대비할 수 있다.

이 탐구는 필연적으로 무기를 다룰 수밖에 없다. 무기는 전쟁의 도구이기 때문이다. 하지만 무기와 무기 기술을 단순히 서술하면 더 크고 중대한 개념을 놓치게 된다. 물리학자 리처드 파인만의 말을 비틀어보자면, 새의 이름을 모두 아는 것과 새에 대해 실제로 아는 것은 다르다. 특정한 무기 체계는 산점도에 찍힌 개별 점들과 같다. 우리의 목표는 전체 분포를 파악하고, 그 모양을 결정하는 근본 개념과 추세를 밝히는 것이다. 그래야 산점도가 왜 그런 모양인지를 이해할 수 있기 때문이다. 이것을

---

* 1943년 7~8월, 쿠르스크 전투에서 독일군이 사용한 원격조종 지뢰 제거 및 공격용 궤도차량인 골리앗과 보르크바르트를 가리킨다.

  AI 시대, 전쟁의 미래

알면 과거에 어떤 일이 벌어졌는지 이해하고, 앞으로 무슨 일이 생길지 예측할 수 있다.

이 책은 전투에 초점을 맞춘다. 특히 초창기 군사 로봇공학의 역사에서는 연구실의 실험과 기술 시연도 중요했지만, 전투야말로 실제 성능 시험장이었다. 비유적으로나 말 그대로나 불길 속에서 군사 아이디어와 기술을 시험했던 것이다. 과거의 가장 중요한 전투 경험은 로봇 전쟁이라는 발상이 현실이 되기까지 거쳐온 과정의 이정표가 되어주며, 그 발상들이 실제 전쟁의 포화 속에서 시험되었을 때 무슨 일이 생겼는지도 보여준다.

마지막으로, 전쟁은 무기 사용으로만 규정되지 않는다. 전쟁에는 병참과 정보, 지휘통제 같은 여러 군사 기능도 포함된다. 더 나아가 전쟁은 궁극적으로 일종의 정치 활동이자 문화적 실천이다. 전쟁은 시간의 흐름과 문화에 따라 양상이 변하지만, 하나의 사회학적 현상이라는 그 기본적 성격은 인간 본성에 뿌리를 둔 것으로 보인다. 로봇 전쟁이라는 전환은 전쟁의 이 모든 측면을 뒤흔들 수 있다. 이 탐구는 경험적 토대에 기반한 개념적 틀을 제시하는 데 도움을 줄 것이다. 또한 로봇 전쟁의 고유한 특성이 완전히 새로운 전투 방식을 이끌고, 나아가 인류의 갈등과 전쟁의 본질을 광범위하게 변화시킬 수 있는 미래를 내다보게 해줄 것이다.

나는 엔지니어로서 박사급 훈련을 받았고, 수년간 공군에서 첨단기술을 이끄는 일을 했다. 도중에 최고 수준의 경영대학원을 다니고 기업계에도 진출하면서 예비군으로 계속 군에 복무했다. 기업 이사회실 외에도 동시에 펜타곤과 군사 연구개발센터까지 드나들면서 독특한 경험을 했다. 내가 자문한 첨단기술과 생명과학 분야의 기업 최고경영자들이 신생 기술이 자신들의 시장 지위를 무너뜨릴 수 있다고 강박적으로 걱정하는 모습을 보며 종종 깊은 인상을 받았다. 전 인텔 최고경영자 앤디 그로브가 말한 "편집광만이 살아남는다"는 경고를 몸소 구현하듯이, 그들은 자기 회사가 신기술 추세를 놓치거나 전략적 위험을 간과한 경쟁자를 따라잡는 식으로 힘을 얻고 이익을 거둔 과거를 기억했다.[4] 나와 내가 이끈 컨설팅 팀은 때로 1주일에 90시간씩 집중적으로 일하면서 대기업 본사에서 밤늦게까지 불을 밝히며 자판기 간식으로 허기를 채웠다. 그 회사들이 신제품을 출시하거나 혁신적 스타트업을 인수하는 과정에서 그런 전략적 위험을 피하도록 돕기 위해서였다.

정장을 벗고 군복으로 갈아입으면서, 나는 같은 종류의 분석이 미군 역시 더 큰 전략적 위험, 곧 내가 민간 부문의 기술 고객들과 일하며 보아온 그 어떤 것보다도 훨씬 거대한 혼란의 파도에 직면할 수 있음을 시사한다는 사실을 외면할 수 없었다. 각종 로봇 및 AI 기술이 경쟁자들에게 새로운 기회를 열어줄 뿐만 아니라 "산업" 전체, 그러니까 국방 전체를 뒤흔들 잠재력이 있었다. 하지만 군 지도자들은 이라크와 아프가니스탄에만 집중했고, 점증하는 기술적 위협에는 거의 관심을 두지 않았다.

2006년, 나는 비슷한 지위의 기업 최고경영자들에게 방향을 제시한 것과 같은 전략적 청사진을 내놓기 위해 근무 시간 외에 본격적인 연구를 시작했다. 얼마 지나지 않아 나는 문서보 관소에서 긴 시간을 보내며, 다른 전문가들과 이야기를 나누고, 기술 보고서를 검토하고, 군의 전략 문서를 분석하고, 전투에 참여한 군인들의 1차 기록을 수집하고 있었다. 프로젝트가 점 점 커졌다. 기술, 역사, 군사과학, 경영 전략은 원래 별개의 영역 이지만, 각 분야를 연결하자 전에 상상했던 것보다 한층 풍부하 고 다채로우며 복잡한 이야기가 만들어졌다. 이런 연결을 통해 전략적 그림이 명료해지기 시작했고, 마침 곳곳에서 전쟁이 터 지면서 펜타곤과 일반 대중 모두 답을 필요로 하게 되었다.

"로봇"이라는 용어는 '일꾼'이나 '농노'를 뜻하는 체코어에 서 생긴 말이다. 현대적 용례는 체코 극작가 카렐 차페크가 1920년 희곡《R.U.R.》에서 처음 구사했다. 희곡에서 R.U.R.은 "Rossumovi Univerzálni Roboti", 즉 "로숨의 범용 로봇"이라는 기업의 이름으로, 이 기업은 인공적으로 만든 인간형 노예를 생 산한다. 로봇은 주인이 노동의 짐을 벗어던지게 해준다. 희곡에 서 "로봇들"이 인간 주인을 타도하고 인류를 절멸시킨다는 사 실에 주목할 필요가 있다. 그러므로 로봇이 인간에게 반기를 든 다는 비유는 "로봇"이라는 용어 자체만큼이나 오래된 것이다.

가장 넓은 의미에서 로봇은 인간이나 다른 생명체가 해야 하는 일을 대신 수행하는 인공적 창조물이다. 더 정확히 말하자 면, 로봇은 인간을 비롯한 생명체가 일을 할 수 있게 해주는 **핵**

심 기능을 구현한다. 로봇은 세 가지 핵심 기능을 수행할 수 있어야 한다. 첫 번째 기능은 **감지**로, 환경에 관한 정보를 지각하거나 받아들이는 능력이다. 감지 기능은 온도 같은 단일 수치를 측정하는 것처럼 단순할 수도 있고, 고해상도 머신비전machine vision이나 고등 생물의 감각을 모방하거나 능가하는 여타 감각 능력처럼 복잡할 수도 있다. 두 번째 핵심 기능은 **작동**으로, 물리적으로 행동하는 능력이다. 단순히 스위치를 누르는 것일 수도 있고, 복잡하게 두 다리로 걷거나 제트기의 조종 장치를 작동하는 것일 수도 있다. 세 번째 기능은 **정보처리**로, 센서를 통해 들어오는 정보를 해석하고 일정한 논리나 추론을 결합해서 주어진 상황에서 어떤 식으로 작동할지를 결정하는 것이다.

이 세 가지 기능을 가진 기계는 무엇이든 로봇으로 간주할 수 있으며, "로봇적"이라는 특징은 정도의 문제다. 세 가지 핵심 기능을 보유한 공학적 시스템은 로봇이라고 할 수 있지만, 어떤 시스템은 다른 것보다 훨씬 더 로봇 같음이 분명하다. 스마트 온도조절기는 로봇 시스템의 최소한의 자격을 갖추었지만, 화성 자율주행 로버만큼 완전한 로봇은 아니다.

자율성은 인간의 직접적 통제 없이 작동하는 특성이다. 로봇공학에서 "자율적"이라는 용어는 간혹 "진보된"이라는 함축적 의미로 사용되며, 종종 작동에 인간의 감독이 필요한 정도에 따라 세 단계로 설명된다. "인간 관여형human in the loop"은 로봇 시스템이 인간의 명령이나 명시적 승인 없이 행동할 수 없는 단계를 말한다. "인간 감독형human on the loop"은 로봇 시스템이 독자적으로 행동할 수 있지만, 인간이 감독하면서 필요할 때 언제든 개입할 수 있는 단계다. 마지막으로 "인간 비관여형human out of the loop"은 인간이 관여하지 않고 완전히 자율적으로 작동하는 단계다. 자율성은 차량 조종같이 전통적으로 인간이 맡던 역할을 직접 대체하는 기술의 발전 정도를 가늠하는 좋은 척도이지만, 그 자체로 정교화나 성공을 평가하는 기준은 아니다. 예를 들어, 온도조절기 같은 단순한 기구는 이미 완전히 자율적이다. 권총을 가진 유아도 마찬가지다. 아이는 자발적이며, 현재 대부분의 군사용 로봇보다 몇 단계 수준이 높은 감지 및 인지 능력을 보인다. 하지만 그렇다고 해서 아이에게 권총을 쥐여주는 것이 군사적으로 효율적이거나 현명한 행동은 아니다.

인공지능은 1950년대부터 사용되면서 온갖 흥망성쇠를 겪은 용어다. 관심과 흥분과 투자가 한껏 고조되다가 종종 "AI 겨울"이라고 부르는 환멸과 투자 철회의 나락으로 떨어지곤 했다. 요컨대, 초기 수십 년간 AI는 중앙 컴퓨터가 인간과 비슷한 추론을 할 수 있다는 가정과 연관되었고, 그 능력을 꽤 단순하고 기계적인 방식으로 구현할 수 있으리라는 낙관론이 팽배했다. 1960년대에 개발된 텍스트 기반 심리치료사로, 인간과 단순한 대화를 할 수 있었던 "엘라이자ELIZA" 같은 초창기 프로그램들이 대표적인 사례다. 훈련받지 않은 이들의 눈에는 엘라이자의 능력이 1968년 영화 〈2001 스페이스 오디세이〉에 등장하는 할9000HAL 9000 같은 가공의 컴퓨터 지능이 지녔다고 상상된 것과 별반 다를 것이 없었다. 하지만 얼마 지나지 않아 엘라이자를 비롯한 유사 프로그램들은 초보적 논리와 정형화된 문구에 의존하며 인간과 지능이 비슷한 듯한 극히 피상적인 환상만을 제공한다는 게 분명해졌다. 진정한 AI를 구현하기 위해서는 하드웨어와 소프트웨어 양쪽에서 심대한 발전이 이루어져야 한다는 게 명백해졌다.

20세기 말에 이르러 AI 분야는 그 기술을 자동 표적 인식이나 인터넷 검색같이 문제를 더욱 명확히 정의하고 실용적으로 응용하는 데 집중하면서 부활했다. 최근 들어 딥러닝 같은 기계학습 방식을 통해 실용적 AI 응용의 범주 전체가 기술적으로 실현 가능한 영역에 들어섰고, 그 결과 AI라는 용어가 전문가 집단에서도 충분히 존중을 받고 새로운 관심의 물결이 일고 있다. 로봇공학 맥락에서 AI는 정보처리 기능의 한 특징이다. AI 덕분에 로봇 시스템은 인간이나 동물의 뇌 기능과 유사한 선별된 지각 및 인지 과제를 수행할 수 있다. 요구되는 AI의 수준은 응용에 필요한 권한과 자율성의 정도에 따라 달라지며, 기본적인 유도무기 같은 많은 군사용 로봇 응용에는 AI가 거의 또는 전혀 필요하지 않다. 하지만 로봇공학이 더욱 어려운 새로운 응용 분야로 진출하는 과정은 무엇보다도 앞으로의 AI 발전과 보조를 맞출 것이 확실하다. AI의 역량이 비약적으로 발전할 때마다 로봇 시스템이 수행할 수 있는 군사 임무 영역도 확대된다.

2020년 나고르노-카라바흐 전쟁과 그 후 벌어진 우크라이나 전쟁은 다가오는 변화를 가장 뚜렷하게 보여주는 사례일 뿐이다. 환경을 감지하고, 결정을 내리며, 인간이 직접 개입하지 않은 채 그런 결정에 따라 행동할 수 있는 지능형 기계가 모든 군사 임무 영역으로 확산되고 있다. 무인 항공기나 원격조종 항공기라고도 부르는 드론은 인간 조종사가 탑승하지 않은 채 정찰과 공격 임무를 수행한다. 자율주행 자동차와 관련된 무인 지상 차량은 군사적 긴장이 높은 국경지대를 정찰하고 전투에서 병력과 동행한다. 수중 무인기는 몇 달간 계속해서 바다를 자율 항해하며, 무인 선박은 항구를 감시하며 이상 징후를 포착한다. 순항미사일처럼 어느 때보다도 지능화된 스마트 무기는 점점 더 완전 자율 로봇처럼 기능하고 있으며, 치명적인 군사 공격을 수행하는 비중도 높아지고 있다.

미군의 경우에 21세기 첫 수십 년 동안 무인기와 로봇 무기는 인상적인 성장세를 보였다. 2001년 9·11 테러 공격 이후, 미군의 MQ-1 프레데터Predator 원격조종 항공기가 무인 항공기 최초로 살상 공격을 감행했다. 당시에 프레데터는 몇 대 되지 않아서 주로 공중 감시에 사용되었고, 이 공격은 새롭고 논쟁적인 시도로 여겨졌다. 그로부터 17년 뒤, 미 공군은 한층 진보한 원격조종 공격기 25개 편대를 운용했고, 그 수를 늘리려고 했다.[5] 이 무인기가 개척한 정찰-타격 역할은 미 공군 작전의 주축이 되었다. 2020년까지 아프가니스탄, 파키스탄, 예멘, 소말리아에서 대테러·대반군 임무를 지원하기 위해 원격조종 항공기가 약 1만 4000회의 공격 임무를 수행했다.[6]

미 공군의 원격조종 항공기는 로봇 군사력 가운데 가장 두드러진 사례 중 하나였다. 하지만 미 육군 또한 수천 대의 무인 시스템을 보유하고 있는데, 처음에는 전술 정찰과 폭발물 처리 용도로 쓰다가 점차 복잡한 임무로 용도를 확대하고 있다. 지상전에서 로봇 시스템을 사용할 것으로 예상되는 사례가 급속하게 늘고 있다. 보병 전투차량같이 미 육군의 주축을 이루는 전투 시스템조차 앞으로는 무인을 기본으로 하는 "유인 옵션optionally manned"이 예상되기 때문이다. 2024년, 전 합참의장 마크 밀리 장군은 향후 10~15년 안에 미군의 최대 3분의 1이 로봇이 될 것으로 예측했다.[7] 미 국방부 부장관은 이렇게 말했다. "앞으로 10년 뒤에 적진에 처음 발을 내딛는 병사가 엄청난 로봇이 아니라면, 수치스러운 일이 될 겁니다."[8]

로봇 무기는 주요 군사 시스템을 보완하는 특수목적용 도구에서 벗어나 그 자체가 최전선의 주요 시스템으로 발전했다. 군에서 사막의 폭풍 작전Operation Desert Storm으로 알려진 1991년 걸프전 당시, 미군은 제한된 수량의 "스마트" 유도무기를 사용해서 막대한 효과를 보았다. 상대적으로 초기의 로봇 무기들은 전쟁의 향방에 엄청난 영향을 미쳤다. 지휘통제 센터처럼 강력한 방어망을 갖춘 적 시설에 정밀 공격을 가하고, 강화 격납고 안에서 보호되던 항공기 같은 값비싼 적의 군사 장비를 파괴한 것이다. 로봇 무기는 전쟁 중에 이라크에 공중 투하된 전체 무기 중 10퍼센트도 되지 않았지만, 그 이상의 극적인 효과를 발휘했다.

최근 몇 년간 미국과 나토가 가장 주목받는 공습 임무를 수행하면서 거의 모두 한층 발전된 정밀유도무기만 사용한 것과 비교해보라. 가령 2018년 4월 13일, 미국과 나토 동맹국들은 시리아 화학무기 시설을 공습으로 파괴했다. 이때 사용한 105개의 첨단 무기는 전부 시리아 영토 밖에서 발사한 것이다. 전부 자율 유도, 지형 추적 순항미사일로, 미국의 JASSM-ER, 영국의 스톰섀도Storm Shadow, 프랑스의 SCALP 스텔스 미사일은 항공기와 수상 전함에서 발사되었고, 다소 구형인 토마호크 순항 미사일은 잠수함에서 발사되었다. 어떤 미사일도 인간이 표적을 조준할 필요가 없었다. 대신에 각 미사일은 자율적으로 표적 지역까지 순항하면서 방공망을 회피했고, 컴퓨터 영상 시스템과 인공지능을 이용해서 최종 타격 지점을 찾아냈다.

또 다른 예로, 2020년 1월 3일 바그다드 공항 인근에서 이란의 이슬람 혁명수비대 쿠드스군 사령관 카셈 솔레이마니 장군을 표적으로 한 미군의 공습은 MQ-9 리퍼Reaper 정찰-타격 드론이 수행했다. 원격조종 항공기를 사용해서 이런 세간의 이목을 끄는 공격을 감행한 것을 보면, 로봇 무기가 중요한 살상 작전에서 선호하는 방식이 되었음을 여실히 알 수 있다.

로봇 무기는 보병 분야에도 점점 확산되고 있다. 미국의 재블린Javelin 대전차 미사일 같은 소규모 스마트 무기와 영국의 NLAW 같은 나토의 유사 무기들 덕분에 개별 병사가 몇 킬로미터 떨어진 거리에서 적 장갑차를 파괴할 수 있다. 이제 보병들도 전에는 전차와 공격용 헬리콥터의 전유물이었던 위력을 갖추게 되었다. 우크라이나 곳곳에 불탄 채 널브러져 있는 러시아 차량 수백 대는 이런 무기의 효력을 생생하게 보여주는 증거다.

　설령 로봇 시스템이 미국과 나토 동맹국 군대 내에서만 작전의 면모를 바꾸고 있다 하더라도 그 중요성을 무시해서는 안 된다. 하지만 로봇 무기는 지구 곳곳의 군사 문제에서 점점 중심으로 자리 잡고 있다. 리퍼와 비슷한 무장 정찰-타격 드론은 이제 더는 미국의 전유물이 아니다. 2020년에 이르면 중국, 러시아, 이스라엘, 튀르키예 제조업체들이 비슷한 크기에 장시간 비행이 가능하며, 무기를 탑재한 원격조종 항공기를 생산하고 있었다. 영국, 이스라엘, 파키스탄, 튀르키예, 사우디아라비아, 아랍에미리트, 이집트, 나이지리아 모두 2015년에서 2019년 사이에 무장 원격조종 항공기를 이용해서 살상 공습을 수행했다.[9] 나고르노-카라바흐에서 명성을 얻은 튀르키예제 바이락타르 TB2 드론은 15개월 뒤 러시아 침략군에 맞선 우크라이나의 저항에서 선봉에 섰다. 치명적이고 다양하게 활용할 수 있으며, 심지어 저렴한 무장 드론은 이제 전 세계 군대의 "필수 전력"이 되었다. 10년 넘게 드론 사용을 연구하는 언론인 크리스 우즈는 이렇게 말한다. "어떤 식으로든 무장 드론 확산을 제어할 수 있는 시점은 이미 한참 지났다. (…) 많은 국가와 심지어 비국가 행위자들까지 무장 드론 역량을 보유하고 있는 탓에(게다가 국경을 넘는 분쟁과 국내 분쟁 모두에서 사용하고 있기 때문에) 이제 우리는 제2의 드론 시대, 즉 확산 시대에 들어선 게 분명하다."[10]

　이미 장시간 비행이 가능한 무장 원격조종 드론의 세계 최대 생산국으로 손꼽히는 중국은 신세대 고성능 스텔스 제트 추

　　　　　　　　　　　AI 시대, 전쟁의 미래

진 공격 드론을 실전용으로 투입하고 있다. 미국과 동맹국들이 운용 중인 시스템을 능가하는 수준이다.[11] 또한 스텔스 미사일 무장 드론 함정도 도입하는 중이다.[12] 중국 산업은 소형 드론을 비롯한 로봇과 이 장비들을 건조하는 데 필요한 부품의 전 세계 시장을 지배한다. 중국은 군용 수중 무인기를 실전 배치 중이며 군용 드론 군집 비행도 과시하고 있다. 그리고 인공지능 분야의 압도적 우위를 국가 차원의 최고 프로젝트로 삼았다.

2017년 발표한 중국의 "차세대 인공지능 개발 계획"은 2020년에 AI 역량에서 미국과 대등해지고, 2030년에 미국을 앞질러서 세계 최고 AI 강국이 되도록 대규모 투자를 할 것을 요구한다.[13] 2017년에 이르러 중국은 전 세계 AI 스타트업 투자금의 절반 가까이를 차지하고 있었다.[14] 2027년에 이르면 중국의 AI 투자가 연간 380억 달러를 넘어서 미국에 이어 2위를 달릴 것으로 예상된다.[15] 게다가 중국은 AI를 감시와 보안 분야에 광범위하게 적용하는 데 거의 거리낌이 없다. 향후 몇 년간 수천 대의 온라인 감시 카메라와 웨어러블 장치를 이용해서 전국적으로 실시간 안면 인식 시스템을 구축하려고 노력 중이다. 이 시스템의 초기 활용은 범죄자 위치 추적부터 무단횡단 자동 단속에 이르기까지 광범위하다. 암울한 측면을 보자면, 이 시스템은 또한 인민들의 행동 통제를 위한 전국적인 사회신용 점수제와 서부 지역의 무슬림 소수민족인 위구르족 수백만 명에 대한 탄압에서 핵심 도구이기도 하다. 중국의 군국주의적 이웃인 북한 또한 로봇 무기로 전환하고 있다. 2023년과 2024년에 북한은 국내산 정찰-타격 드론과 나고르노-카라바흐에서 사용된 이스라엘제 배회탄loitering munition(자폭 드론) 복제품을 공개했다.[16]

2017년 블라디미르 푸틴 러시아 대통령은 미래의 전쟁은 드론이 수행할 것이며, "한쪽의 드론이 다른 쪽의 드론에 의해 파괴되면, 그 나라는 항복할 수밖에 없을 것"이라고 예측했다. 같은 연설에서 푸틴은 또한 인공지능의 중요성을 설명하면서 "드론 분야를 선도하는 나라가 세계를 지배할 것"이라는 믿음을 표명했다.[17] 러시아군은 시리아에 여러 모델의 무인 전투차량을 배치했고, SU-57 스텔스 전투기와 협력 작전을 수행하는 차세대 제트 추진 스텔스 공격 드론을 시험했으며, 적국 연안까지 핵탄두를 운반할 수 있는 대륙 간 무인 잠수함을 개발했다. 그럼에도 러시아군이 우크라이나 로봇 무기에 제대로 대응하지 못한 것을 보면, 충분히 발 빠르게 움직이지 못했음을 알 수 있다. 우크라이나 전쟁에서 러시아군이 그나마 보여준 희망적 측면은 란셋Lancet 배회탄 같은 정밀 로봇 무기 분견대가 확대되고 있다는 점이다.

중동에서도 로봇 무기가 급속하게 확산하고 있다. 이스라엘은 초창기에 무장 드론을 개발하고 채택한 나라로 손꼽히며 2006년 레바논 전쟁과 2008년 이후 가자지구 전쟁을 비롯한 여러 전쟁에서 드론 무기를 폭넓게 사용했다. 이스라엘은 아제르바이잔이 나고르노-카라바흐에서 사용한 스파이크 미사일과 배회탄을 비롯한 혁신적인 소규모 스마트 무기를 생산하고

     AI 시대, 전쟁의 미래

있다. 또한 가자지구 작전에서 무인 불도저와 로봇개 같은 지상 로봇 시스템을 활용하고 있다.[18] 이스라엘이 로봇에 투자하자 다른 지역 강국들도 가세하고 있다. 2019년 사우디아라비아 아브카이크Abqaiq에 있는 아람코의 국영 정유시설을 겨냥한 이란/후티 반군의 정밀 드론 공격은 이류 군사 강국들도 나토식 공습 역량을 갖추었음을 보여주었다. 리비아 내전에서 싸운 양쪽이 운용한 공군의 주요 공습 역량도 원격조종 정찰-타격 드론이었다. 한쪽은 중국산, 다른 한쪽은 튀르키예산 로봇 공군을 운용했다. 그리하여 재래식 공군보다 훨씬 적은 비용으로 정밀 공습을 수행할 역량을 갖추어서 양쪽은 2019년 한 해 동안 1000회가 넘는 정밀 공습을 주고받았다.[19]

2024년에는 에티오피아, 모로코, 수단 등도 정찰-타격 드론을 사용해서 군사작전을 벌였다. 로봇 무기의 확산은 지상 로봇으로도 확대된다. 가령 파키스탄은 러시아의 설계를 바탕으로 개발한 무장 지상 로봇을 인도와의 국경 분쟁 지역에 배치하고 있다.[20]

로봇 무기의 확산은 새로운 사용 국가만이 아니라 새로운 역할에서도 벌어지고 있다. 미군, 나토군, 이스라엘군은 원격조종 항공기를 이용해서 지상군에 정밀 근접 항공 지원을 제공하는 분야를 개척했다. 2019년에 이스라엘은 폭발물을 탑재한 "가미카제" 드론을 사용해서 시리아 상공에서 적의 방공망을 파괴했다.[21] 2020년 초, 시리아군을 물리치기 위해 개입한 튀르키예군은 역사적으로 유인 항공기의 영역이던 주요 공군 작전에서 원격조종 무장 항공기를 광범위하게 활용했다. 튀르키예 공군은 로봇 항공기를 이용해서 후방 차단 및 공격 임무를 수행하면서 시리아의 이동식 방공 시스템, 장갑차, 포대, 보병을 찾아내 파괴했다.[22] 나고르노-카라바흐와 우크라이나에서도 비슷한 작전이 벌어졌다. 이런 작전이 등장하기 전에는 스텔스 기능이 없는 드론은 방공 시스템에 취약한 탓에 장비를 제대로 갖춘 군을 상대로 한 전투에서는 무용지물일 것이라고 여겨졌다. 하지만 이스라엘, 튀르키예, 아제르바이잔, 우크라이나는 이런 드론이 방공망을 피해 전선에 있는 적의 군사력을 공격하는 유력한 도구가 될 수 있을 뿐만 아니라, 적의 방공망 자체를 파괴하는 훌륭한 도구일 수도 있음을 증명했다. 더 유능해질 미래의 드론은 이런 역할을 한층 확대할 것으로 기대받고 있다.

비국가 세력들도 저비용 로봇 무기를 점점 효과적이고 손쉽게 사용하고 있다. 사우디 아람코 공격 이전에, 예멘의 후티 반군은 자국 내전에서 예멘 정부를 지원하는 사우디아라비아를 상대로 소규모 공격을 여러 차례 수행했다.[23] 후티 반군은 사우디 공항을 비롯한 표적을 상대로 폭발 드론을 사용해서 장거리 테러 공격을 벌였다. 또한 이란이 설계한 원격조종 폭발 고속정을 대함 무기로 배치했고, 2017년 1월 30일 사우디의 프리깃함 알마디나al-Madinah를 타격해서 해군 두 명을 죽이고 세 명에게 부상을 입혔다.[24] 2023년 말을 시작으로 후티 반군은 공중 및 해상 드론과 유도 미사일을 이용해서 국제 해상 운송을 공격하고 있는데, 이는 홍해를 통해 이루어지는 세계 무역을 교란시

　　　　　　　　　　　　AI 시대, 전쟁의 미래

켰으며, 세계 주요국의 해군이 막대한 비용을 들여 방어를 시도하는 가운데서도 수많은 선박을 파손하고 침몰시켰다. 레바논의 헤즈볼라 같은 다른 비국가 무장 집단도 점차 군사용 드론을 운용하고 있다. 이라크·시리아 이슬람국가ISIS는 취미용 드론 제품에 투하 가능한 40밀리미터 수류탄 같은 소형 폭발물을 장착해서 사용하는 혁신을 이루어 적 병력을 괴롭혔다.[25] 이런 방식은 2016년과 2017년 이라크 모술 전투에서 널리 활용되었고 금세 다른 세력들도 채택했다. 이런 소형 무장 드론은 기존에 익숙한 무기의 "무인" 버전이 아니라 완전히 새로운 무기였다. 방어나 반격이 어렵기 때문에 주요국 군대들은 소형 드론을 방어하는 더 나은 수단을 시급하게 찾는 데 주력했으며, 이런 탐색은 지금도 진행 중이다. 이런 혁신을 예측하지 못한 세계 최정예 군대들은 대응 방안을 마련하느라 분투하고 있다.

로봇 시스템은 세계 곳곳의 현대적 분쟁에서 선도적인 역할을 하고 있으며, 앞으로도 로봇 무기의 보급, 역량 수준, 다양한 용도 등은 한층 더 극적으로 확대될 가능성이 크다. 하지만 로봇 무기를 둘러싸고 상당한 윤리적·법적 우려가 존재한다. 많은 학자들은 미국이 MQ-1 프레데터나 MQ-9 리퍼 같은 무인 원격조종 항공기를 사용해서 알카에다, ISIS, 탈레반 같은 폭력적 극단주의 반군과 테러 집단을 겨냥한 작전의 일환으로 표적 살해를 수행하면서 제기된 여러 문제를 탐구하고 있다. 지금까지 제기된 우려로는 무력 충돌에서 표적 살해라는 방식의 합법성, 다양한 종류의 표적과 개인을 겨냥한 공격의 윤리적·정치적 결과, 실수나 부실한 감독, 기술적 실패에 따른 비전투원 민간인 사상자나 "부수적 피해"의 발생 가능성, 안전한 거리에서 살상 군사 행동을 수행하는 도덕적 해이 등이 있다. 이런 우려 중 일부는 기술과 절차를 개선해서 줄일 수 있겠지만, 일부는 로봇 무기가 점점 보편화됨에 따라 지속되고 악화될 가능성이 크다.

다른 집단과 개인들은 자율 로봇 무기가 세계에 넘쳐나는 미래를 상상하며 경각심을 품고 있으며, 치명적인 자율 무기 사용에 대해 국제적인 선제 금지를 주창해왔다. 유엔은 일련의 회의를 주최해서 이런 무기의 개발을 제한하거나 금지할 가능성을 논의했다. 스스로 의지를 갖고 행동할 수 있는 기술적 창조물의 잠재적 위험성은 1818년 출간된 메리 울스턴크래프트 셸리의 유명한 소설 《프랑켄슈타인》까지 최소한 200년을 거슬러 올라가는 문화적 주제다. 최근에는 미래에 초소형 공중 "살상 로봇slaughterbot"이 군집을 이루어 도시 인구를 대대적으로 공격하는 광경을 담은 영상이 공개되기도 했다.[26] 어떤 한 가설적 사례가 실현 가능성이 있는지 여부와 상관없이, 자율 로봇과 AI의 잠재적 위험성을 둘러싼 우려는 수십 년간 과학소설에서 흔히 등장한 주제여서 대중문화의 진부한 비유가 될 지경에 이르렀다. 어느 누구도 우리에게 경고가 없었다고 말할 수 없다.

이런 위험은 분명 현실적이다. 이전 세대의 무기들이 그랬던 것처럼, 실제로 로봇 무기에서도 특정한 활용 방식이나 형태에 대해서는 적절하게 제한하거나 금지할 수 있다. 하지만 로봇 무기를 추진하는 동력 또한 현실적이며, 전장에서 쉽게 입증되는 로봇 무기의 효력이나 잠재적인 낮은 비용으로 인해 그 수요는 급증하고 있다. 인구학적, 경제적, 정치적 요인들도 모두 인간 전투원을 로봇으로 대체하는 유인이 된다.

앞으로 수십 년 동안 로봇 전쟁의 지속적 확대는 불가피해 보이며, 그런 예측을 가능케 하는 두 가지의 구체적인 경향이 있다.

첫째, 로봇공학은 이미 일상적인 상업과 개인 생활 전반에 보편화되고 있으며, 특히 그 응용은 군사 시스템과 뚜렷한 관련성이 있다. 취미용 드론, 자율주행 자동차와 트럭, 배송용 무인 항공기와 차량, 상점의 재고 관리 로봇, 인간의 언어로 소통하는 디지털 비서 같은 AI 기반 가전제품 등이 일상생활의 일부로 속속 들어오는 중이다. 신형 자동차나 현대식 항공기처럼 언뜻 로봇처럼 보이지 않는 시스템조차 그 내부에는 로봇 하위 시스템이 가득해서 인간의 직접적 관여 없이 감시, 평가, 조정 등 대부분의 작업을 수행한다. 군사와 무관한 일상생활에서 훨씬 많은 인공지능이나 새로운 종류의 로봇과 상호작용하는 일이 다반사가 될 것이다. 우리가 일상적으로 상호작용하는 소비자용 시스템에 흔한 인공지능 기능이 군사 공격 시스템에 존재하지 않는다면 오히려 이상한 일일 것이다. 로봇공학의 물결이 점점 고조되면, 결국 첨단 로봇공학이나 AI와 관련된 군사 역량에 대한 기대치가 압도적으로 올라가게 마련이다.

관련된 두 번째 추세는 사실상 오늘날의 복잡한 시스템 공학 전체가 디지털 로봇 패러다임을 기본 구조로 받아들이고 있다는 것이다. 간혹 "임베디드 시스템embedded system"이나 "메카트로닉스mechatronics"라고 불리는 이 패러다임에 따르면, 운송, 공공 서비스, 가전제품 등 모든 종류의 산업재와 소비재가 전통적인 기계식, 아날로그식 전기 설계에서 디지털 제어 시스템으로 전환되는 중이다. 이런 시스템에서는 각종 센서가 내장된 마이크로전자 프로세서에 정보를 전달하고, 각 프로세서는 이를 토대로 장치의 작동 상태와 환경을 인식할 수 있다. 프로세서는 반응 기능을 구현하는 액추에이터(구동 장치)에 연결되어 있으며, 시스템이 상황에 맞게 조정하거나 적절히 반응할 수 있게 한다. 요컨대 모든 것이 점점 더 로봇화된다.

이 로봇 패러다임은 따라서 21세기 대다수 엔지니어 교육의 토대가 되고 있다. 로봇, 또는 메카트로닉스 시스템의 설계틀은 점차 기계공학과 항공우주공학을 비롯한 공학 분야에서 학부 교육의 기반이 된다. 심지어 로봇공학은 로봇 제작 프로젝트와 갈수록 다양해지는 학생 로봇 경진대회를 통해, 초중고 학생들에게 과학·기술·공학·수학(STEM) 과목을 가르치는 대표적인 방식으로 자리 잡았다. 미래 무기를 개발하는 임무를 맡은 현재와 미래의 엔지니어들은 로봇공학의 기본 구조를 자연스럽게 흡수할 것이다. 실제로 로봇과 **관련 없는** 무기 체계(또는 다른 복잡한 제품)를 개발하는 일이 점점 어려워진다. 그런 제품을 개발하는 일은 조만간 대장장이나 유리 공예 직공 같은 직업과 비슷해질 것이다. 향수를 불러일으키는 목적으로나 유지되는 낡은 기술이 되는 것이다.

기술 변화의 속도는 점점 빨라진다. 실제로 군사 로봇공학은 저비용 고성능 컴퓨팅, 인공지능용 소프트웨어, 소형화, 전자 센서, 모바일 기기, 무선 네트워크, 인간-기계 인터페이스 등 가장 빠르게 발전하는 기술들의 기하급수적 성장 곡선에 올라탔다. 이 기술들은 엄청난 규모의 세계적인 상업 목적 투자에 의해 추진된다. 일부 관찰자들은 심지어 인공지능의 급속한 발전이 기술적 "특이점singularity", 즉 AI가 인간의 창의성을 앞질러서 인간이 통제할 수 없는 기술 폭주로 이어지는 시점까지 나아갈 수 있다고 예측한 바 있다.[27] 실제로 그런 일이 벌어지든 그렇지 않든 간에, 이 핵심 분야의 기술이 계속 빠르게 발전하면서 로봇 무기와 로봇 전쟁이 한층 더 지배적 지위를 차지하게 될 것임은 의심의 여지가 없다.

이 모든 것이 위협적으로 들리겠지만, 로봇 전쟁의 부상이 많은 위험을 수반한다 해도 그것이 곧 디스토피아적 미래로 가는 보증수표는 아님을 기억하는 게 중요하다. 현 상황을 좀더 깊이 들여다보면, 로봇 전쟁이 정밀성과 위생, 불필요한 피해의 최소화를 중시하는 "과학적인" 서구 군사 전통에서 생겨난 것임을 알게 된다. 이 전통은 지난 한 세기 동안 전 세계에서 전쟁 사망자 수를 의미심장하게 줄이는 데 기여했다. 심지어 치명적 결과를 낳은 2차 나고르노-카라바흐 전쟁조차도 양국이 앞서 더 오랫동안 낮은 수준의 기술로 벌인 전쟁에 비해 군인 사상자가 절반도 되지 않았다. 민간인 사상자 수는 20분의 1 수준이었다. 앞으로 살펴보겠지만, 초기 로봇 전쟁 구상자들은 로봇 무기가 전쟁에서 인간의 고통을 한층 줄이고 전쟁 자체를 종식시키는 데 기여할 것을 기대했다. 궁극적으로 그렇게 될 거라고 희망을 품을 만한 이유가 있다. 하지만 거기까지 도달하려면 지혜와 예지력이 필요하다.

유감스럽게도, 역사는 첨단 로봇 무기가 야만성과 반드시 양립 불가능하지 않음을 보여준다. 현실의 전쟁은 몇몇 이론가들이 상상하는 대로 '푸시버튼(버튼을 눌러서 수행되는)' 전쟁보다 복잡하며, 21세기에는 더욱더 복잡해질 가능성이 농후하다. 이 책에서 우리가 역사의 도움을 받아 탐구할 개념에는, 미래 로봇 무기의 진화가 전쟁의 변화하는 현실과 실천에 의해 어떻게 전개될 수 있는지, 거꾸로 로봇 무기가 그런 현실과 실천에 어떻게 영향을 미칠 수 있는지에 관한 것이 포함된다. 로봇 무기의 급속한 세계적 확산은 이런 상호작용을 더욱 복잡하게 만들 것이다. 우리는 또한 인간과 인공지능 사이의 불일치가 낳는 위험과, 그런 위험을 증폭시킬 수 있는 인간의 잘못된 가정과 인지 편향 문제도 살펴볼 것이다.

결국 모든 군사기술 혁명이 알려주는 교훈은 다음과 같다. 군사적 우위는, 첫째, 새롭게 등장하는 기술에 내재한 가능성을 먼저 간파하고, 둘째, 그런 가능성을 실현하는 데 효과적인 이론이나 교리를 개발하며, 셋째, 적보다 앞서 그 이론을 실제에 적용하고 숙달하는 이들에게 돌아간다. 로봇 혁명은 역사상 가장 광범위하고 중요한 군사기술 혁명이 될 가능성이 높다. 동시에 뒤로 미룰 수도 없다. 위의 각 단계는 다가올 로봇 혁명을 현명하게 헤쳐 나가기 위해 필수적이다.

경험과 교훈이 말해주듯, 주요 민주주의 강국들은 로봇 전쟁의 향후 발전을 순조롭게 이끌고 그 위험을 관리하기 위해 선제적 접근을 취해야 한다. 그래야만 우리는 반응적 대응이나 기습의 위험에서 벗어날 수 있고, 파괴적 변화의 잠재적 희생자가 아니라 지배자가 될 수 있다. 말이 쉽지 사실 엄청난 도전이다. 로봇공학과 인공지능의 전면적 확산은 한자리에서 정의하고 탐구할 수 있는 수준을 넘어서는 함의로 이어질 테지만, 이런 방향을 따라 더 많은 사고를 자극해야 한다. 유럽의 전쟁에서 대포와 화약이 처음 등장했을 때, 15세기의 한 관찰자의 말을 빌리자면, "그것들은 갑작스러운 폭풍처럼 들이닥쳐 모든 것을 뒤집어놓았다".[28] 유서 깊은 왕국들이 파괴적인 전쟁으로 무너지고, 오래된 정치 및 사회 질서가 붕괴했으며, 새로운 강대국이 부상했다. 우리의 이해력과 예지력, 준비 정도에 따라 로봇 군사 혁명이 일으키는 변화가 비슷한 충격으로 닥칠지의 여부가 결정될 것이다. 또한 우리의 준비 태세에 따라 현재 진행 중인 로봇 전쟁의 부상이 더 윤리적이고 덜 폭력적인 세계를 만드는 데 유리하게 작용할지, 아니면 패배와 의도치 않은 결과, 그리고 정치·윤리·사회적 격변을 불러올지를 결정할 것이다.

1

전투기계의 등장
: 로봇 전쟁의 숨은 역사

러시아 전선으로 진격하며 공격을 이끈 전차대대들은, 최근에 서방에서 들여온 육군에서 가장 현대적인 첨단 전차들로 구성되었다. 그 맞은편에서 러시아군은 몇 달간 참호와 장애물로 견고한 방어선을 구축해놓았으며, 지뢰지대로 보호를 받는, 요새화된 전투 진지들까지 촘촘히 박혀 있었다. 이 방어선을 신속하게 돌파하기 위해 전차들은 새로운 무인 로봇 공격 차량들과 팀을 이뤘다. 특수한 "통제 전차"에는 각 전차가 로봇 차량 두 대를 제어할 수 있는 전자 장비가 장착되었다. 소형 궤도 장갑차처럼 보이는 무인 차량은 선두 전차를 앞질러 전장을 누빌 만큼 속도가 빨랐고, 적의 방어 진지를 탐색하고 교전하기 위해 산병선skirmish line을 전개했다.

이 소형 차량들은 단순한 정찰용이 아니었다—강력한 공격력도 갖추고 있었다. 각 차량에 탑재된 450킬로그램짜리 폭탄은 가장 견고한 요새도 초토화할 수 있었다. 각 차량은 원격

조종으로 움직였다. 적 방어선으로 돌진하며 적의 사격을 지그재그 기동으로 피했고, 폭탄을 방출한 뒤 후퇴했다. 폭탄이 터지자 지뢰지대를 통과하는 길이 생겼고, 러시아 방어선 곳곳에 구멍이 만들어지면서 전차들이 진격할 수 있었다. 지원 병력이 무인 차량에 새로운 폭탄을 장전하면 차량들은 다시 앞으로 돌진했다. 러시아 방어군이 로봇에 사격을 가하면, 통제 전차들이 적을 향해 엄호 사격을 해서 로봇을 보호했다. 로봇 차량 한 대가 나가떨어지면 다른 차량이 바로 그 자리를 대체했다. 전차와 무인 공격 차량의 협동 작전이 매우 효과적이어서 전차대대들은 러시아 방어선을 잇따라 돌파하며 예상보다 빠르게 진격했고, 얼마 지나지 않아 러시아군 후방의 무방비 지역까지 뚫고 들어갔다.

이 놀라운 작전은 2020년대 러시아-우크라이나 전쟁 중에 벌어진 일이 아니었다. 또한 전장의 유인-무인 협동 작전이라는 미래 개념을 시험하기 위해 진행된 전쟁 모의훈련이나 시뮬레이션의 한 장면도 아니었다. 아마 역사상 최대 규모의 기갑전으로 손꼽히는, 2차대전 중인 1943년 7월 동부전선의 쿠르스크 전투 중에 벌어진 광경이었다.

로봇 전투의 역사는 지금도 대부분 비밀에 싸여 있지만, 로봇 전투는 대다수 사람들이 생각하는 것보다 훨씬 광범위하게 벌어졌다. 다만 종종 실제로 보안 때문에 비밀로 유지되어왔을 따름이다. 한 예로, 2차대전 중 태평양에서 일본군과 싸운 미국의 공격용 드론 부대가 이룬 성과는 1966년까지 기밀로 분류되

    1. 전투기계의 등장: 로봇 전쟁의 숨은 역사

었다. 기밀이 해제된 뒤에도 대부분의 기록은 1980년대까지 목록이 정리되지 않은 채 보관되었고, 1990년에야 해군장관이 뒤늦게 당시 드론 부대의 전과를 인정했다.[1] 하지만 이런 전투가 제대로 인정받지 못한 것은 서방 언론의 시야 밖에서 벌어져서 헤드라인을 장식 못 한 탓인 경우가 더 많다. 때로는 애초에 그 것이 목적이었다. 인간 조종사나 병사를 위험에 빠뜨리지 않은 채 군대가 조용히 임무를 수행할 수 있었기 때문이다. 이런 작전은 흔히 핀란드의 숲이나 러시아의 초원, 아프가니스탄의 산악지대 같이 외딴 전장에서 벌어졌다.

이렇게 간과된 충돌에 빛을 비춰보면 군사사의 매혹적인 측면이 환히 드러나며, 그 중요성은 거기서 그치지 않는다. 로봇 전투의 역사를 아는 것은 오늘날 우리가 처한 상황을 이해하는 데 중요할 뿐만 아니라, 현재는 물론 미래에도 여전히 유의미한 고전적 원칙에 관해 교훈을 주기도 한다. 이 숨겨진 역사의 전반적 흐름은 두 가지 커다란 교훈을 드러낸다.

첫째, 어느 시대에나 군사 운용자들은 무인 시스템을 전투에 사용하면서 비슷한 이점과 과제를 발견했다. 미래에 그런 전투 경험을 통합하는 혁신이 이뤄지면 새롭게 등장하는 로봇 시대를 지배할 수 있을 것이다.

둘째, 기술은 100년 전 로봇 전쟁 선구자들이 상상도 하지 못한 방식으로 발전하고 있지만, 로봇 무기의 형태와 사용 방식에 관한 우리의 개념은 거의 진전을 이루지 못했다. 오늘날 널리 선전되는 아이디어들은 대부분 초기 선구자들이 100여 년

　　　　　　　　　　　　　AI 시대, 전쟁의 미래

전에 확립한 고전적인 세 가지 로봇 군사 개념을 점진적으로 개선한 것이다. 기술 발전에 맞춰 우리의 개념을 진전시키기 못한다면, 기민한 적들이 로봇 전투 혁신을 통해 갑자기 우리를 앞질러 나갈 때 기습당할 위험이 있다. 바로 그런 조짐이 이미 나타나고 있다.

선구적 선지자들과 고전적 개념들

1898년, 교류 전력을 비롯한 많은 경이로운 전기 현상의 아버지인 발명가 니콜라 테슬라는 로봇공학이라는 기술 분야를 개척했다. 미국-스페인 전쟁이 발발하자 그는 생명체의 기관과 비슷하다고 묘사한, 전기적 요소들을 포함한 이동식 장치를 제작해서 특허를 냈다. 이 요소들은 현대식 로봇의 기본 기능인 감지, 이동, 제어를 수행했다. 테슬라는 뉴욕 매디슨 스퀘어가든에서 열린 공개 전시회에서 "텔레오토마톤teleautomaton(원격 자동장치)"이라고 이름 붙인 발명품을 시연했다. 그의 말을 빌리자면, "처음 공개한 순간 (…) 내가 만든 다른 어떤 발명품도 누리지 못한 센세이션을 일으켰다."[2]

그 최초의 로봇은 소형 반잠수정 형태였고, 미니어처 철갑 전함과 비슷한 모양이었다. 단일 채널 무선 원격조종으로 작동하는 이 단순한 장치는 차라리 오늘날의 어린이 장난감에 적합한 방식이었다. 하지만 당시만 해도 그것은 어디서도 볼 수 없던 장치였다. 관람객들은 텔레오토마톤이 마치 생명체처럼 움직이며 테슬라의 명령을 따르고, 심지어 관람객의 간단한 질문에 불빛을 깜박여 응답하는 것을 보고 깜짝 놀랐다.

나중에 테슬라는 원격조종으로 기기에 지능을 제공하는 식으로 일종의 "빌린 정신borrowed mind"을 부여해서 조종자의 "지식, 이성, 판단, 경험"을 기계에 전달한다고 설명했다.[3] 그는 다시 이렇게 말했다. "내 발명품의 가장 큰 가치는 전쟁과 무기에 미치는 영향에서 나올 것이다. 확실하고 무제한적인 파괴력 덕분에 국가 간에 영구적인 평화가 찾아오고 유지될 것이기 때문이다."[4] 또한 그는 시간이 흐르면서 더 발전된 버전들이 등장할 것이라고 내다봤다. 즉, 새로운 버전들이 점차 "자기만의 정신"을 가진 것처럼 감각 입력에 반응해서 스스로 행동할 것이며, 사전에 주어진 명령을 기억하고 기억을 기록하며 무엇을 해야 할지 결정할 수 있다고 예견한 것이다. 1900년에 그는 이런 텔레오토마톤 무기가 궁극적으로 전쟁에 어떤 영향을 미칠지에 관해 다음과 같이 썼다.

확실히 이 원리를 사용함으로써 공격뿐만 아니라 방어용 무기도 제공할 수 있으며, 잠수함과 항공기에도 그 원리를 적용하면 파괴력이 한층 커질 것이다. 이 장치에 탑재할 수 있는 폭약의 양이나 이것으로 공격할 수 있는 거리는 사실상 무제한이며, 실패의 여지가 거의 없다. 하지만 이 새로운 원리의 힘은 그 파괴력에만 국한되지 않는다. 이 원리의

     AI 시대, 전쟁의 미래

출현은 일찍이 존재하지 않았던 요소를 전쟁에 도입한다. 공격과 방어의 수단으로 인간을 필요로 하지 않는 전투기계가 바로 그것이다. 이런 방향으로 계속 발전이 이루어지면, 결국 전쟁은 인간도 없고 인명 손실도 없는 기계들만의 경쟁이 될 게 분명하다. 그런 상태는 이 새로운 출발 없이는 불가능했을 테고, 내 생각에는 영구평화를 이루기 위한 전제로 우선 이 상태에 도달해야 한다.[5]

테슬라는 공학자였고, 전쟁에 로봇 기술을 적용하겠다는 그의 꿈은 산업혁명 이래 서구에서 점차 우세해진 전쟁에 대한 현대의 과학적 접근법과 일치했다. 하지만 당대의 군 당국은 전쟁에서 인간을 대체할 수 있는 원격 제어 전함이나 전투차량을 도입하자는 그의 제안을 거부했다. 그의 아이디어는 선구적이긴 했지만, 그가 만든 연약한 시제품들은 신뢰할 수 없는 수공 부품에 의존했고, 먼바다나 지상전의 진흙투성이 환경에서 실전에 투입하기에는 함량 미달로 보였다.

그럼에도 테슬라의 원격조종 전함 개념은 많은 이들에게 영감을 주었다. 그중 한 명이 존 헤이스 해먼드 주니어였다. 1911년, 스물세 살의 해먼드는 테슬라의 텔레오토마톤 원리를 활용해서 원격조종 주거용 보트를 만들었다. 매사추세츠 해안 절벽 위에 엔지니어링 회사인 해먼드 연구사Hammond Research Corporation를 설립한 그는 해군용 원격조종 무기를 개발하는 데 전념했다. 해먼드의 핵심 구상은 해안 방어를 위한 원격조종 폭

약 보트나 반잠수정형 어뢰였다. 미 해군은 이 아이디어를 대대
적으로 채택하지 않았지만, 그는 다수의 해군 계약을 따냈고,
해먼드 연구사는 세계 최고의 무선 원격조종 부품 공급처로 떠
올랐다. 해먼드는 군사용 로봇 분야에서 여러 주요한 이정표를
세워서 미니어처가 아닌 최초의 원격조종 전함을 구축했다.
1921년 USS 아이오와호를 개조한 '해안 전함 No.4Coast Battle-
ship No.4'가 대표적이다.

그 와중에 해먼드와 그의 수석 엔지니어 중 한 명인 벤저민
미스너는 테슬라의 원격조종 텔레오토마톤 함정에 이어 두 번째
고전적 로봇 무기 개념을 확립한 발명품을 만들어냈다. 1900년
대 초반, 야간에 항행하는 군함들은 탐조등에 의지해서 목표물
을 찾았다. 미스너와 해먼드는 만약 폭약 보트가 적함의 탐조등
빛줄기를 추적해 접근할 수 있다면, 자체 유도로 적함을 향해
직접 돌진할 수도 있을 거라고 추론했다. 두 사람은 1912년에
"전기개electric dog"라고 이름 붙인 소형 자동차를 사용해서 이
방법을 시험했다. 이 차량은 전면부에 사람 눈처럼 셀레늄 광전
지 두 개를 장착하고, 그 사이에 작은 칸막이를 설치했다. 광전
지 "눈" 중 어느 한쪽에라도 빛을 쏘면 회로가 작동해서 차량의
소형 전기 모터로 차량이 앞으로 움직였다. 왼쪽 눈에만 빛을
쏘면 차량이 왼쪽으로 움직이고, 오른쪽 눈에만 쏘면 오른쪽으
로 움직이는 식이었다. 양쪽 눈에 빛을 쏘면 정면으로 전진했
다. 손전등을 켜자 전기개는 그 빛줄기를 추적해 접근했고, 손
전등을 든 사람이 실험실 안을 돌아다니면 목줄을 묶은 개처럼

따라다녔다.

이 전기개를 통해 두 번째 로봇 무기 개념, 즉 자율적인 자기유도형self-guiding 무기 개념을 확립할 수 있었다. 미스너는 같은 원리를 응용해서 어떤 방향에서든 전파나 음파의 근원을 탐지해서 접근할 수 있음을 간파했다. 그는 이 기술이 전쟁에 기술적 확실성을 안겨줄 수 있다고 생각하면서 1916년에 다음과 같이 썼다.

> 지금은 으스스한 과학적 호기심에 불과한 이 전기개는 아주 가까운 미래에 진정한 "전쟁의 개dog of war"가 될 것이다. 두려움도 없고, 심장도 없고, 속임수에 휘둘리기 십상인 인간적 요소도 전혀 없으며, 오로지 하나의 목적만을 추구하는 존재, 주인의 의지에 따라 감각 범위 안에 들어오는 무엇이든 추격해서 살상하는 존재가 될 것이다.[6]

세 번째 고전적 개념은 초기 비행기의 안전성을 높이기 위한 연구에서 태동했다. 미국의 기업가이자 발명가인 엘머 스페리는 전기 자이로스코프를 발명해서 선박용 자이로스코프 자동조종장치를 만든 바 있었다. 그의 아들인 발명가이자 대담한 조종사 로런스 버스트 스페리는 소형화된 항공기 안정장치를 만드는 것을 도왔다. 아들 스페리는 1914년 파리 에어쇼에서 열린 안전 발명 대회에 나가 자동조종 시스템을 극적으로 시연해서 대상 상금 5만 프랑을 받았다. 소형 복엽기를 탄 그는 자동

     1. 전투기계의 등장: 로봇 전쟁의 숨은 역사

조종장치를 작동한 뒤 머리 위에 두 손을 올리고 관중 앞을 낮게 똑바로 '붕' 하고 날았다. 두려움 없는 프랑스 기계공 한 명이 한쪽 날개 위에 버티고 서서 관중을 더욱 놀라게 만들었다.

그 직후에 1차대전이 발발했다. 서로 아는 지인을 통해 테슬라의 생각에 영향을 받은 로런스는 무인 시스템 구상에 매료되었다. 그는 자신이 발명한 자동조종장치가 민간 항공에 큰 이익이 될 뿐만 아니라 공중 어뢰aerial torpedo(조종사 없이 폭발물을 싣고 적 영토 깊숙이 비행해서 전선 후방의 중요한 표적을 파괴할 수 있는 항공기)를 제작하는 열쇠가 될 수 있음을 깨달았다. 당시 해상 어뢰는 순전히 기계적인 단거리 장비였다. 스페리는 1916년에 감지·조향·제어용 전기 시스템을 포함한 공중 어뢰의 특허를 출원했다. 그가 발명한 전기식 자동조종 시스템이 핵심이었다. 자이로스코프와 기압계가 조종사 없는 비행기의 고도와 방향을 감지했고, 엔진 회전수 계시기가 비행 거리를 제어했다. 엔진이 정확한 회전수를 채우면 어뢰가 표적을 향해 급강하하는 방식이었다. 스페리의 말을 들어보자. "치명적 가스나 폭약을 채운 이 무기들이 편대를 이루어 목표물을 향해 발사되면서도 우리 편에서는 단 한 명의 인명 피해도 생기지 않는 모습을 상상하는 건 어렵지 않다."[7] 스페리는 1918년 3월에 시제품 실험에 성공했다.

세계 곳곳의 다른 발명가들도 자동조종 제어식 공중 어뢰를 제작하는 데 뛰어들었다. 가장 중요한 사례는 자동차 기업가 찰스 F. 케터링과 자동차 엔지니어 올스타팀이 주도하고 라이

   AI 시대, 전쟁의 미래

트 형제의 오빌 라이트가 명성을 더한 미 육군 개발팀이다. 그들은 산업 현장의 노하우를 이 문제에 적용함으로써 언제든 대량생산이 가능한 무기를 만들었다. 해상 어뢰와 무척 흡사한 이 무기는 복엽기 날개에 전면부는 4기통이 툭 튀어나온 형태로 앞부분에서 프로펠러를 구동했다. 곤충과 비슷한 생김새 때문에 케터링은 이 무기에 "버그Bug"라는 이름을 붙였다. 개발팀은 숱한 차질을 극복하고 1918년 10월에 시험에 성공했다. 육군 보고서는 "이제 막 실용성을 입증해 보인 이 새로운 무기는 전쟁용 포병 무기의 진화에서 가장 중요한 신기원을 이룬다. 예를 들자면 14세기 화약 발명에 필적하는 사건이다."[8]

하지만 유감스럽게도, 공중 어뢰는 그 실용성을 완벽하게 입증하지 못했다. 스페리의 어뢰와 케터링의 버그는 둘 다 신뢰도가 낮았고, 돌풍을 비롯한 교란 요인 때문에 자주 항로를 이탈했다. 스페리는 공중 어뢰로 특정 표적을 명중하려면 더욱 정교한 유도 시스템이 필수적임을 깨달았다. 그가 이끄는 개발팀은 항공기에 탄 관측자가 무선으로 항로를 변경할 수 있도록 발전된 버전을 시연했다. 하지만 1차대전 이후 평화가 찾아오자 군의 예산이 말라버렸고, 결국 스페리와 케터링의 연구도 모두 중단되었다.

1차대전 이전에 등장한 세 가지 고전적 개념─원격조종 차량(텔레오토마톤), 자율 유도무기, 공중 어뢰─은 그 후로 줄곧 군사 로봇공학 발전의 원동력이 되었다. 지난 100년은 이 세 가지 개념을 완전히 성숙된 단계로 끌어올리기 위한 기나긴 시

     1. 전투기계의 등장: 로봇 전쟁의 숨은 역사

도로 볼 수 있다. 텔레오토마톤 개념은 수천 마일 떨어진 곳에서 원격 조종하는 오늘날의 장거리 비행 공격용 드론에 고스란히 살아 있다. 유도무기 개념은 공중전, 해상전과 정밀 지상공격을 지배하는 유도 미사일과 "스마트" 폭탄으로 발전했다. 공중 어뢰 개념은 공중과 해상, 지상에서 발사되는 오늘날의 장거리 순항미사일로 구현되었다.

초기의 여러 한계에도 불구하고, 로봇 무기는 아주 이른 시기부터 전투에 영향을 미치기 시작했다. 무인 무기를 이용해 최초로 성공한 전투 공격은 1917년 10월에 벌어졌다. 독일의 원격조종 폭탄 보트가 벨기에 앞바다에서 영국 군함 HMS 에레버스HMS Erebus호를 명중했다.[9] 이 공격으로 군함에 탑승했던 수병 두 명이 사망하고 15명이 부상했으며, 에레버스호는 느릿느릿 항구로 복귀했다. 1차대전이 끝나고 불과 20년 뒤에 2차대전이 발발했을 때 로봇 무기는 전투에 주요한 영향을 미치게 된다.

2차대전의 숨겨진 로봇 전투들

양차 대전 사이에 각국 군대는 표적 연습용으로 원격조종 항공기와 함정을 개발했다. 각국 해군은 해먼드의 '해안 전함 No.4' 같은 무인 함정을 사용해서 포격, 어뢰 공격, 공중 폭격 연습을 실시했다. 영국과 미국의 해군 기술자들은 대공포 연습용으로 원격조종 항공기를 만들었다. "드론"이라는 용어가 이 연구에서 생겨났다. 영국에서 가장 많이 사용된 원격조종 표적 항공기는 "퀸비(Queen Bee, 여왕벌)"라는 이름이 붙었다. 이 영국의 선례를 따른 미 해군 개발자들은 자신들의 시스템을 "드론(수컷 벌)"이라고 불렀다. 드론은 퀸비의 짝이며, 일반적으로 여왕벌과 함께 새로운 벌집으로 이동해서 교미한 뒤 수명을 다한다. 당시에 개발자들이 설명한 것처럼, "꿀벌에 관해 조금이라도 지식이 있는 사람이라면, 이 용어의 의미를 분명히 알 것이다. 드론은 행복한 비행을 한 차례 하고 죽는다."[10]

영국과 미국은 기술적 이점을 누렸지만, 다른 나라들 역시 발빠르게 움직여서 전투용 로봇공학의 잠재력을 받아들였다. 특히 독일군은 1차대전을 끝낸 베르사유 조약으로 거의 완전히 해체된 탓에 나치 정권 아래서 재무장했을 때 완전히 새로운 무기 체계와 새로운 전쟁 수행 개념으로 재건되었다. 복수를 꿈꾸며 자신보다 더 크고 강한 적들을 물리치기를 갈망한 히틀러와 독일군은 극적인 결과를 낳을 수 있는 '기적의 무기wunderwaffen(분더바펜)'를 갈망했다. 독일 기술자들은 각종 산업 연구소와 북해 연안에 자리한 페네뮌데Peenemünde 같은 비밀 연구기지에서 무인 시스템을 탐구했다.

소련군 또한 다른 이유에서이긴 해도 당대의 로봇 기술을 받아들였다. 스탈린은 전차를 건조하는 등 낙후한 붉은 군대를 현대화하려는 마음이 급했다. 그가 간파한 것처럼, 전차를 운용하는 고도로 숙련된 승무원을 대규모로 양성하는 것보다는 전차를 제작하는 일이 더 쉬웠다. 얼마 안 되는 붉은 군대의 훈련된 전차 승무원을 최대한 광범위하게 활용하고 전투 손실에서 보호하기 위해, 기술자들은 일부 전차를 무인 "텔레탱크teletank"로 개조했다. 가까이에 있는 조종 전차가 무인 전차를 원격으로 조종했다. 1939년 12월 스탈린이 핀란드를 침공했을 때, 텔레탱크도 침공군의 일원으로 참여했다.

하지만 소련은 무인 전차가 유인 전차만큼 기량을 발휘하지 못한다는 걸 깨달았다. 당시의 원시적 수준의 기술이 특히 걸림돌이었다. 텔레비전 기술이 아직 상용화되지 않은 때였다. 소련군은 정확한 조준이 필요하지 않은 화염방사기나 기관총을 텔레탱크에 탑재했다. 하지만 전차 운용병들은 자신들의 위치에서 멀리 떨어진 원격 무기를 제대로 적에게 조준할 수 없었다. 설상가상으로, 텔레탱크는 핀란드 삼림지대의 험하고 눈 쌓인 지형에서 악전고투하면서 산골짜기에 갇히거나 눈 속에 숨겨둔 대전차 장애물에 걸려들었다. 대부분 핀란드의 대전차 포병들에게 쉽게 파괴되었다. 소련 병사들은 텔레탱크에 폭약을 잔뜩 매달아서 일종의 지상 어뢰land torpedo처럼 사용하려 했지만, 대부분은 표적까지 도달하지도 못했다.

반면 독일군은 기존 차량을 무인화하려는 시도를 하지 않았다. 대신 그들이 개발한 로봇형 '기적의 무기' 가운데는 원격 조종 정밀폭탄이 있어서 항공기 한 대로도 가장 강력한 전함을 침몰시킬 수 있었다. 1943년 8월 27일, 독일 폭격기 중대가 신형 Hs 293 날개형 라디오 유도 로켓 추진 폭탄을 사용해서 프랑스 앞바다에서 영국 군함 HMS 이그렛HMS Egret호를 격침하고 캐나다 구축함 애서배스칸Athabaskan호에 심각한 피해를 입혔다. 연합군 함정들은 그 무기에 명중당하기 전에 한 발도 쏴보지 못했다. 2주 뒤, 독일 폭격기들이 연합군에 항복하려던 이탈리아 함대를 공격했다. 폭격기 편대는 Hs 293과 같은 방식의 라디오 유도를 사용하는 중장갑 관통 폭탄 프리츠XFritz X를 투하해서 4만 5000톤급 이탈리아 기함 로마호를 격침했고, 자매함 이탈리아호에 큰 피해를 입혔다. 모두 대공포 사거리 밖에서 이루어진 공격이었다.

그 후 루프트바페(나치 시대의 독일 공군)는 이탈리아 남부 살레르노에 접근한 연합군 함대로 폭격기 편대의 기수를 돌렸고, 독일 폭격기에 큰 피해를 본 연합군은 이탈리아 침공 자체가 좌절될 뻔했다. 그 직후, Hs 293 폭탄이 지중해에서 영국 병력 수송선 로나Rohna호를 격침했다. 미군 병사 수천 명이 타고 있던 배가 침몰하면서 병사와 승무원 1,149명이 사망했는데, 이는 지금까지도 적의 공격으로 인해 해상에서 발생한 미국인 인명 손실 중 최대 규모다. 이 재앙은 1960년대까지 비밀에 부쳐졌다.[11] 연합군으로로선 천만다행으로, 독일군은 이런 무기가 몇 개밖에 없었고, 이 무기를 사용할 수 있는 특수 폭격기 부대도 둘뿐이었다.

독일은 또한 공중 어뢰 개념을 적용한 무기를 대규모로 실전에 투입했다. 연합군이 제공권을 장악하고, 영국과 미국 폭격기들이 독일의 도시와 산업 시설을 맹폭하자 히틀러는 반격 수단을 내놓으라고 재촉했다. 루프트바페의 개발·생산 책임자 에

　　　　　　　　　1. 전투기계의 등장: 로봇 전쟁의 숨은 역사

르하르트 밀히와 기술자 로베르트 루서는 제트 추진 공중 어뢰를 사용해서 런던을 쓸어버리는 비밀 프로그램을 구상했다. 히틀러는 첫 번째 보복 무기 프로그램Vergeltungswaffe에 V-1이라는 이름을 붙였다. 독일은 거대한 발사장 네트워크와 대량생산 시설을 구축해서 V-1을 시간당 수백 발씩 발사해 며칠 안에 런던을 잿더미로 만들 생각이었다.[12] 계속해서 지도상에서 도시를 하나둘씩 지워버릴 수도 있었다. V-1 생산·운송망을 대규모로 선제 공습하는 것만이 파국을 피할 수 있는 길이었는데, 이 작전은 영국 민간인들이 공포에 사로잡혀 소동이 벌어지는 사태를 막기 위해 비밀에 부쳐졌다. 이 공습 작전에는 전쟁 중 유럽에 투하된 미국 폭탄의 15퍼센트가 사용되었고, 이 과정에서 미국은 450기의 항공기를 잃었다.[13] 1944년 6월, 영국 상공에 떨어지기 시작한 기이한 무기들은 그럼에도 전 세계의 관심을 끌었다. 버즈 폭탄buzz bomb, 로봇 폭탄, 로밤robomb, 두들버그doodle-bug 등으로 불린 폭탄 1만 발이 4개월 동안 영국에 떨어졌고, 그중 2500발 이상이 런던 지역에 투하되었다. 참혹한 공격이었지만, 독일이 원래 계획한 대규모 공격의 극히 일부에 불과했다. 다행히도 독일은 V-1의 효과적인 유도 기술을 완성하지 못한 터라 시간당 두세 발만이 런던 지역 상공에 무작위로 도달했고, 그 효과도 실제 파괴보다는 공포를 불러일으키는 데 그쳤다.

독일군은 또한 지상 전투에 텔레오토마톤식 기적의 무기를 배치했고, 혁신적 접근법을 취했다. 독일 정부는 독특한 고급 세단과 실용적인 삼륜식 골리앗Goliath 유틸리티 트럭으로 유명한 괴짜 같은 자동차 제조사 보르크바르트Borgward를 지목해 지뢰 제거용 원격조종 차량의 설계를 맡겼다. 보르크바르트는 이 초기 모델을 B-I이라고 명명했다. 곧이어 이 회사는 한층 야심을 부리며 다양한 임무를 수행할 수 있는 발전된 모델들을 내놓았다. 이 회사가 개발한 골리앗 궤도형 지뢰는 45킬로그램의 폭약을 실은 유선 유도 소형 전차로, 선봉에 선 공병대는 이 전차를 이용해 전장의 지뢰밭과 적이 설치한 장애물을 제거할 수 있었다. 얼마 뒤 독일은 골리앗의 고급형으로 판처(전차) 부대에서 사용하는 보르크바르트 B-IV를 공개했다. B-IV는 전차를 대체하는 게 아니라 보완하는 용도로 개발되었으며, 원거리에서 중방비 방어 시설을 무력화할 수 있는 강력한 파괴력을 제공했다. 한편, 차량 전면에 탈착 가능한 사다리꼴 용기에는 고성능 폭약이 들어 있었다. 독일군은 B-IV를 소련 흑해 항구 세바스토폴 주변의 방어 시설을 돌파하는 데 이용했다. 그 후 독일군은 B-IV 운용 지침을 펴냈는데, 선봉 기갑부대가 전방을 순찰할 때 정찰 차량으로 투입해서 지뢰밭을 발견하고, 방어 사격을 유도해서 적의 위치를 드러내는 추가적 용도로 활용하라고 권고했다.[14] B-IV는 오늘날의 표현으로 하면 "유무인 선택 운용" 차량이었다. 전투 시에는 원격으로 조종했지만, 전투가 소강 상태일 때는 일반적인 장갑차처럼 병사가 운전할 수 있어서 작전에 맞게 편리하게 투입할 수 있었다. 이 차량은 전차에 맞먹는 속력으로 전차가 다니는 험한 지형을 주파할 수 있었다. 조종도 간편했는데, 조이스틱 하나에 버튼 몇 개가 달린 상자형

    1. 전투기계의 등장: 로봇 전쟁의 숨은 역사

조종기로 쉽게 원격조종이 가능했다.

이 장 서두에서 설명한 쿠르스크 전투에서는 통제 전차와 B-IV로 무장한 세 개의 판처 중대가 강력한 티거 전차*와 페르디난트 구축전차**와 동행하면서 독일군의 공격을 이끌었다. 오늘날의 표현으로는 "소모 가능성attritability"이라고 하는 편리하게 희생시킬 수 있는 능력 덕분에 B-IV는 유인 차량은 수행할 수 없는 공격을 도맡았다. 특히 B-IV는 티거와 짝을 이뤘을 때 전투 초반 며칠 동안 탁월한 성과를 보였다. 이들을 뒤에서 지원하는 판처 사단들이 그 돌파를 활용할 위치에 있었더라면, 역사상 최대 규모의 전차전에서 승리하는 데 기여한 것으로 명성을 떨쳤을지 모른다.[15] 공교롭게도 소련군은 전선의 간극을 메울 시간이 있었고, B-IV는 며칠 이상 작전을 유지하기에는 수량이 부족했다. 거대한 싸움 끝에 소련이 쿠르스크 전투에서 승리했고, 로봇 차량이 이룬 성과는 독일이 패배했다는 전체 줄거리 속에 파묻혔다.

하지만 B-IV의 역사는 그것으로 끝나지 않았다. 독일군이 연합군의 공세에 밀려 후퇴하는 동안 B-IV는 여러 작은 전투에

---

*   2차대전 당시 독일군이 운용한 대표적인 중전차. 두꺼운 장갑과 회전 포탑, 88mm 주포를 갖추고 있었으며, 돌파와 전선 지원, 대전차 전투에 폭넓게 투입되었다.

**   2차대전 중 독일이 운용한 중구축전차. 구축전차는 적 전차 격파에 특화된 장갑 전투차량을 뜻한다. 포탑 없이 강력한 88mm 대전차포를 차체에 장착했으며, 원거리 대전차전에 특화되었다.

서 싸웠다. 그 이야기의 결정적인 한 장면에서 B-IV와 골리앗은 폴란드인의 기억 속에 영원히 지울 수 없는 낙인처럼 남아 있다. 1944년 8월, 소련군이 바르샤바에 접근하자 폴란드 시민들은 봉기를 일으켜 도시를 점령한 독일군에 맞서 싸웠다. 스탈린의 군대는 반란 세력을 도우려고 진입하기보다는 격분한 히틀러가 모든 부대를 끌어모아 바르샤바 봉기를 진압할 때까지 기다렸다. 폴란드 국내군***은 수천 명의 지원병을 강력한 방어 진지에 배치한 채 자유를 위해 싸우고 있었다. 히틀러는 수적 열세를 메우기 위해 극단적으로 잔인하게 대응하기로 결정했다. B-IV 판처 부대와 수십 대의 골리앗을 비롯한 '기적의 무기'를 추가로 투입했다. 히틀러는 또한 잔혹하기 짝이 없는 SS(나치 독일의 무장친위대) 여단들도 투입했다. 지난 몇 년간 소련 마을을 불태우고 점령지에서 살해한 민간인들로 공동묘지를 가득 채운 부대였다. 다른 독일군 부대들도 SS의 야만성에는 학을 뗐다. 독일 군인들은 B-IV와 골리앗을 이용해서 폴란드 거리에 세워진 바리케이드와 건물에 구멍을 냈고, SS 부대가 몰려들어 폴란드 수비대와 시가지 근접전을 벌였다. SS 부대가 국내군으로부터 땅을 빼앗은 곳에서는 약탈과 강간, 고문과 대량학살로 난장판이 벌어졌다. 나치가 봉기를 서서히 진압하는 과정에서 10만~20만 명의 민간인이 사망했다. 첨단기술 로봇 무기가 있었지만 전투의 잔인성은 조금도 누그러지지 않았다. 킬린스키

*** 나치 독일 점령하의 폴란드에서 활동한 최대 규모의 지하군 조직.

거리에 세워진 기념비에는 지금도 B-IV에서 떼어낸 궤도 조각
이 붙어 있어서, 방어군 300명을 죽이고 수백 명을 부상시킨 한
폭발의 희생자의 넋을 기리고 있다.

　독일의 '기적의 무기'는 2차대전의 대부분 기간에 로봇 무
기의 얼굴이었다. 하지만 일본 해군이 진주만을 폭격한 뒤 전쟁
에 참전한 미국은 그들의 기술적·산업적 힘을 무기 개발에 전
부 쏟아부었다. 각종 비밀 프로그램이 진행되면서 점차 미국이
로봇 기술에서 주도권을 되찾았다. 1942년 초, 태평양에서 일
본의 진격에 휘청거리던 미 해군은 가능한 모든 수단을 동원해
반격을 가하려 했다. 해군의 공중 드론 프로그램 책임자(또한
"드론"이라는 용어의 공동 창시자)인 델마 파니 소령과 휘하 엔지
니어들은 급강하 폭격 같은 실전용 공격 기동을 수행할 수 있는
표적용 드론을 개발한 바 있었다. 이 경험을 통해 파니는 해군
이 드론을 이용해서 적함에 실제 공격을 수행할 수 있는지 그
가능성을 검토했고, 파니가 이끄는 팀이 모형 무기로 실험한 결
과 이 아이디어의 효과가 확인되었다.

　해군참모총장은 파니와 오스카 스미스 대령(해군참모총장
실 소속 항공 장교)이 전투용 드론을 개발하는 비밀 프로그램을
설계하는 것을 허락했다. 처음 계획은 항공모함을 비롯한 군함
에서 고성능 공격용 드론을 운용하려는 것이었는데, 민간 화물
선을 드론 항공모함으로 개조하는 방안도 검토했다. 공격용 드
론과 드론 제어기로 구성된 18개 비행대가 필요했다.[16] 해군 수
뇌부는 검증되지 않은 개념을 이 정도 규모로 추진하는 건 지나

　　　　　　　　　　　　　　　　　AI 시대, 전쟁의 미래

친 야심임을 깨달았지만, 그래도 라디오 조종 드론을 전투에 투입하는 제1 특수전술공중그룹Special Tactical Air Group One, STAG-1을 창설하는 제한된 프로그램을 승인했다.

미국의 항공모함은 종류를 막론하고 이미 다른 임무로 포화 상태였기 때문에 STAG-1은 육상에서 운용해야 했고, 또한 기존의 전투기 생산과 경쟁하지 않는 전용 드론도 개발해야 했다. 그리하여 파니와 민간 계약업체들은 TDR-1 강습 드론을 개발했다. 최대 900킬로그램의 무기를 탑재할 수 있는 날렵하고 저렴한 쌍발기였다. TDR-1은 기존 항공기처럼 상륙과 이륙을 할 수 있었고, B-IV처럼 유인 선택 옵션이 있어서 조종사가 직접 비행기를 몰고 기지들 사이를 이동할 수 있었다. 공격 임무를 준비할 때 지상 승무원들은 투명한 조종석을 평평한 커버로 교체하고 라디오 제어 장치를 활성화했다. 자동조종 장치와 라디오 제어장치 외에도 기수에는 초기형 흑백 텔레비전 카메라가 장착되어 실시간 영상을 전송했다. 특수 개조된 어벤저Avenger 어뢰 폭격기에 탑승한 4인조 승무원이 몇 마일 떨어진 곳에서 이 드론을 조종했다.

본토에서 훈련을 마친 뒤, STAG-1의 인원과 장비는 호위 항공모함 USS 마커스 아일랜드호와 리버티 수송선 두 척에 실려 서태평양을 향해 출항했다.[17] 드론 부대는 과달카날 인근의 바니카 아일랜드 비행장에 상륙해서 비행 작전을 개시했다. 1944년 7월 30일, 부대는 1942년 해전 이후 해변에 버려진 일본 화물선을 상대로 실탄 공격을 수행해서 준비 태세를 입증했

    1. 전투기계의 등장: 로봇 전쟁의 숨은 역사

다. 어벤저 제어기 안에서 모니터를 응시하는 조종자들은 각각 약 900킬로그램 폭탄을 장착한 공격용 드론 네 대를 조종했다. 조종자들은 일인칭 시점 영상을 보며 가미카제제식 공격을 수행해서 두 발을 명중시켰고, 두 발은 아슬아슬하게 빗나갔다.

그 무렵 미국의 기존 해군력은 이미 일본을 압도하고 있었고, 해군 지도부는 이제 공격용 드론의 필요성을 실감하지 못했다. 육군항공대도 얼마 전에 유럽에서 "아프로디테 작전Operation Aphrodite"이라는 비슷한 프로젝트를 취소한 상태였다. 드론으로 개조한 폭격기에 폭약을 가득 채워 요새화된 표적을 공격하려 한 그 시도는 거의 성공을 거두지 못했다. 그럼에도 해군은 STAG-1이 기존에 보유한 드론과 무기를 파푸아뉴기니의 라바울에 있는 일본의 거대한 해군 기지를 상대로 한 전투에 투입하는 데 동의했다. 일본군은 이미 함정과 항공기를 소개한 상태였지만, 수천 명의 병력이 여전히 항구와 주변 군사 시설을 지키고 있었다. STAG-1은 1944년 9월 말부터 10월 말까지 한 달 동안 라바울을 사거리 안에 두고 있는 바니카섬 북서쪽 724킬로미터 지점의 새 기지로 이동해서 공격 임무를 수행했다.[18] 부대는 이후 수십 년 동안 누구도 따라오지 못할 로봇 공격의 이정표를 세웠다.

STAG-1은 우선 라바울의 대공 방어망을 공격했다. TV 유도 가미카제제식 타격을 이용해 일본군이 대공포 포대砲臺로 개조한 좌초된 민간 화물선을 파괴하고, 육상의 대공 포대砲隊를 여럿 격파했다. 적군의 방공 전력을 억제하는 데 드론을 사용한 첫 번째 사례였다. 계속해서 STAG-1은 임시 보급창고와 다리, 그밖에 등대를 포함한 표적을 타격했다. 드론 조종자들이 의도한 표적의 뚜렷한 영상을 확보하지 못할 때는 2차 표적을 찾아 공격했다. 10월 말에 이르러 STAG-1은 단순한 가미카제식 공격에서 벗어나 출격당 두 개의 목표를 공격했다. 라디오 명령으로 한 표적에 폭탄을 투하한 다음, 나머지 폭탄으로 2차 표적에 가미카제 공격을 가하는 식이었다. TDR-1은 속도가 느리고 방어에 취약했지만, 드론 공격의 성공률은 50퍼센트에 육박했다.[19] 급강하 폭격기 같은 기존의 가장 정밀한 해군 공격기의 10배가 넘는 성공률이었다.[20]

파니와 스미스는 일본의 가미카제 자살 공격과 똑같은 효과를 조종사 손실이 전혀 없이 거둘 수 있다고 보고했다. 서태평양의 미 해군과 해병대 사령관들은 STAG-1이 경탄할 만한 성과를 거뒀음을 확인했다. 그럼에도 전자장비는 여전히 불안정했고, 드론은 기존의 항공기보다 더 많은 준비 시간과 과정이 필요했다. 초기 단계의 TV는 해상도와 명암이 좋지 않아서 조종자는 훨씬 어둡거나 밝은 배경에 대비되는 커다란 물체만 볼 수 있었다. 해군 최고 지도부는 부담이 덜하고, 독일군이 운용했던 것과 비슷한 유인 함재기의 효과를 높일 수 있는 정밀 로봇 폭탄을 선호했고, 그것을 쓰기로 결정했다.[21] 10월 말, 해군은 이 프로젝트를 취소했다. 기밀을 유지하기 위해 해군은 STAG-1에 통제기와 남은 드론을 불도저로 바다에 쓸어 넣으라고 지시했다.

     1. 전투기계의 등장: 로봇 전쟁의 숨은 역사

정밀폭탄에 집중하기로 한 결정은 결실을 봤다. 전쟁 막바지 몇 달간 미 해군은 초계 중重폭격기로 적의 함정을 공격하기 위해 날개형 레이더 자율 유도 활강 폭탄인 "배트Bat"를 실전 투입했다. 초기 단계의 아날로그 전자장치라는 한계가 있기는 했지만, 배트는 종전 전까지 적함을 몇 차례 명중했다. 미 육군은 자체적으로 라디오 유도 폭탄을 개발했다. 또한 V-1을 역설계해서 JB-2라는 초보적인 라디오 유도 장치를 사용하는 개량형 폭탄을 생산했다. 미국 기업들은 이 폭탄을 1000개 이상 생산했고, 원자폭탄으로 전쟁이 끝나지 않았다면 그 폭탄은 일본 공격에 투입될 예정이었다.[22]

2차대전의 경험을 통해 세 가지 고전적 개념이 굳어졌다. 라디오 제어 텔레오토마톤은 육상에서는 B-Ⅳ의 형태로, 공중에서는 공격용 드론의 형태로 전투에서 효과를 입증했다. 둘 다 소모 가능성과 선택적 유인optional manning 같은 특성의 가치를 보여주었다. 바야흐로 기술 덕분에 '배트' 같은 자동 유도무기가 실용화되기 시작했다. 공중 어뢰가 V-1의 형태로 대규모로 전투에 투입되었다. 모종의 형태로 지능을 개발해 표적에 정밀하게 유도할 수만 있다면, 이는 전쟁의 주요 무기가 될 게 분명했다.

공교롭게도, 적군의 암호를 해독하고 원자폭탄을 설계하는 전시의 비밀 프로젝트들이 바로 그런 역할을 하는 신기술을 탄생시켰다. 전자 디지털 컴퓨터가 그것이다.

냉전에서 사막의 폭풍 작전까지

냉전이 시작됐을 때, 컴퓨터는 진공관을 기반으로 작동하는 거대하고 엄청나게 비싼, 신뢰성 낮은 기계였다. 냉전이 끝났을 때, 데스크톱 PC는 마이크로칩을 기반으로 수천 배 저렴해지고 강력해졌다. 컴퓨터로 제어되는 로봇 무기도 같은 궤적을 따라 발전했다. 처음에는 생소하고 값비싼 특수목적 시스템으로 여겨졌지만, 시간이 지나면서 초강대국과 그들의 지원을 받는 국가들 모두에서 전투를 지배하는 주류 도구가 되었다. 핵심 전자 기술과 소프트웨어 기술이 향상됨에 따라 로봇 무기의 신뢰성이 높아졌고, 크기도 작아지고 성능도 향상됐다. 또한 조작도 쉬워지고 가격도 저렴해졌다. 지금 와서 보면 이 과정이 직선적이고 예측 가능해 보이겠지만, 실제로는 기술이 향상되어 세 가지 고전적 개념 중 하나를 새로운 전투 영역에 효과적으로 적용할 수 있을 때마다 군사 분야 전체가 충격을 받았다.

냉전 초기에는 원자폭탄이 등장해서 재래식 전쟁이 구식이 되었고, 새로운 두 초강대국의 부상으로 장거리에서 핵탄두로 상호 폭격하는 데 전쟁 무기의 초점이 맞춰질 터였다. 독일이 직전에 V-1 군사작전에서 입증한 제트 추진 무인기나 공중 어뢰는 버튼만 누르면 되는 원자력 시대의 전쟁을 위한 완벽한 수단으로 보였다. 미군의 영향력 있는 1946년 폰 카르만Von Kármán 보고서에서 지적한 것처럼 말이다.

　　　　　　　　　1. 전투기계의 등장: 로봇 전쟁의 숨은 역사

1600~1만 6000킬로미터 거리에서 핵심 산업, 통신·운송 체계, 군 시설을 파괴하는 유인 전략 폭격기의 기능 전부는 아니라도 일부 기능은 초고속 무인 항공기로 대체될 것이다.[23]

미국은 핵 임무용 공중 어뢰(오늘날의 명칭으로는 "무인 항공기")를 서둘러 실전 배치했다. 새로 창설된 미 공군은 1950년대 초 유럽에 신형 B-61 마타도어Matador 무인 핵 폭격기*로 무장한 무인 폭격기 비행대 2개를 편성했다.[24] 핵탄두 한 개를 탑재한 대형 무인 제트 항공기였다. 마타도어는 제트 엔진이 동력을 이어받을 때까지 가속해주는 부착식 로켓 보조 엔진을 사용해서 단거리 발사대에서 발진했다. 지상의 아군 무선 표식에서 나오는 신호를 삼각 측량하는 식으로 수백 마일 범위에서 표적 몇 마일 이내까지 비행할 수 있었다. 핵무기로 운용하기에는 충분히 근접한 거리였다. 해군도 비슷한 무인 핵 폭격기로 잠수함에서 발진하는 레귤러스Regulus를 실전 배치했다. 1950년대의 후속 프로그램들은 대륙간 사거리를 비행할 수 있는 더 크고 빠른 무인 항공기를 개발하려고 노력했다. 다른 프로그램들도, 유인이든 무인이든 소련 핵 폭격기에 맞서 미국 본토를 방어하는 무인 항공기를 서둘러 건조했다. 지대공 무인 항공기Ground-to-Air Pi-

---

* 미 공군이 초기에는 '무인 폭격기pilotless bomber'로 분류한 무기체계로, 오늘날의 기준으로는 순항미사일로 보는 편이 더 정확하다.

  AI 시대, 전쟁의 미래

lotless Aircraft, GAPA 프로젝트는 전쟁 중에 독일이 수행한 공중 어뢰 연구를 이어받았다. 적 항공기와 충돌해서 격추할 수 있는 공중 어뢰는 나이키Nike나 보마크Bomarc 계열 같은 거대한 지대공 미사일로 이어졌다. 대다수 고위직과 참모진이 일하는 펜타곤의 E-링**에는 지금도 〈방공Air Defense〉이라는 제목의 1952년 그림이 걸려 있다. 미래형 로봇 제트기가 초기 냉전 시대 폭격기로 돌진하는 광경을 묘사한 그림이다.

소련도 무인 항공기를 똑같이 열렬히 받아들였지만, 강조하는 목표는 달랐다. 소련은 자체 핵폭탄 시험을 서두르는 한편, 미국의 폭격기 우위에 대응하기 위해 거대한 지대공 미사일망을 구축했다. 그 결과 소련군은 냉전 시기 내내 지대공 미사일 분야에서 우위를 누렸다. 미 해군 같은 강력한 항공모함이 없는 가운데 소련 해군은 또한 서방의 해군력 우위에 맞서기 위한 수단으로 무인 항공기에 전적으로 의존했다. 얼마 지나지 않아 소련의 해군 함정들은 핵무기와 재래식 무기로 무장한 무인 항공기용 발사 격납고로 옆구리가 불룩해졌다. 소련 해군과 공군은 날개 아래에 한층 다양한 무인 항공기를 매단 미사일 발사 폭격기를 실전 배치했는데, 많은 경우에 소련 초기의 제트 전투기를 개조한 것이었다.

하지만 양쪽 모두에서 이 모든 무인기 개발의 문제점은 투

** 오각형 구조의 펜타곤은 안쪽에서부터 A~E까지 다섯 개의 원형 동으로 이루어져 있다. 바깥쪽의 E-링이 창밖을 조망할 수 있기 때문에 보통 고위직 집무실이 있다.

　　　　　　　　　1. 전투기계의 등장: 로봇 전쟁의 숨은 역사

박한 진공관 전자기술로는 미래파적인 기대를 충족시키지 못한다는 것이었다. 겉보기에만 인상적일 뿐, 거대한 무인 무기의 신뢰성은 형편없었다. 가령 미국 최초의 대륙간 무인 폭격기인 스나크Snark가 보유한 유도 시스템은 무게가 650킬로그램에 달했고, 유도 계산을 위해 발사 지점에 위치한 또다른 거대한 컴퓨터에 의존했다.[25] 발사 기지는 특히 비용이 많이 들었고, 가동 상태를 유지하기 위해 24시간 근무하는 인력이 필요했다. 그런 부담에도 불구하고 스나크는 시험 발사 성공률이 33퍼센트에 불과했고, 표적까지 도달한 비율은 10퍼센트에 그쳤다.[26]

한편 한국전쟁 같은 전쟁이 발발하면서 재래식 비핵 전쟁이 완전히 쓸모없어지진 않았음이 입증되었다. 유인 폭격기는 여전히 유용했고, 무인 항공기보다 신뢰성이 높았다. 또한 구조가 단순하고 복잡한 유도 기술이 필요 없는 탄도미사일이 등장해서 기존의 핵무기 운반 수단이었던 날개형 미사일의 역할을 대체하기 시작했다. 그 결과 1950년대 말에 이르면 "무인 항공기"에 대한 초기의 광풍이 사그라들었다.

하지만 로봇 무기 전반은 비약적으로 발전하고 있었다. 로봇 무기는 전략핵 체제에서 전술핵 체제로 옮겨갔다. 미 해군의 차이나레이크China Lake 개발센터에서 윌리엄 매클린과 그의 연구팀이 방향을 제시했다. 1955년 연구팀은 사이드와인더Side-winder 열추적 미사일을 시험했는데, 이것은 해먼드와 미스너가 40년 전에 구상한 것과 같은 진정한 자가 유도무기였다. 사이드와인더는 제트기의 배기에서 생기는 밝은 적외선 점을 추적해

　　　　　　　　　　　　AI 시대, 전쟁의 미래

날아갔다. 무엇보다도 매클린 팀은 로봇 기술이 무기를 더 복잡하게 만드는 게 아니라 단순하게 만들어야 한다고 생각했다. 그 결정에 따라, 연구팀은 단순한 비유도 로켓의 본체를 이용해서 사이드와인더를 제작했다. 조종사는 미사일이 적기에서 나오는 밝은 열점을 "보는지"를 확인하고 미사일을 발사하기만 하면 되었다. 나머지는 미사일이 알아서 했다. 이 무기는 당대의 다른 초기 미사일보다 성능이 월등히 좋았다. 1958년 대만 해협 위기 당시, 대만의 세이버Sabre 제트전투기에 미국 기술자들이 개발한 이 신형 미사일이 장착되었다. 실전 결과, 세이버는 총포로 무장한 중국의 미그15를 완파했고, 공중 미사일 전투의 시대가 열렸음을 알렸다.

그리하여 유도 미사일은 점점 작아지고 항공기 형태와 멀어졌으며, 각국 군대는 이것을 무인 항공기보다는 스마트 탄약으로 생각하기 시작했다. 진공관 대신 고체 상태의 트랜지스터를 사용하면서 유도 미사일의 신뢰성이 높아지고 유지 부담이 줄었다. 1950년대와 1960년대에 자동 유도무기는 점점 더 극적인 성공을 거두었다. 사이드와인더가 첫선을 보이고 1년 뒤, 소련제 SA-2가 지대공 미사일의 첫 번째 승리를 기록했다. 중국군이 대만 정찰 제트기를 격추한 것이다. 미사일이 공중전을 빠르게 지배한 결과, 1960년대에 이르면 미국의 F-4 팬텀 같은 신형 전투기에 아예 기관포가 장착되지 않았다. 뒤이어 1967년에는 소련제 레이더 자동 유도 SS-N-2 스틱스Styx 대함 미사일로 무장한 이집트의 소형 미사일 보트들이 이스라엘 구축함 에

일라트Eilat를 기습 공격으로 격침해서 미사일로 무장한 소형 함정이 훨씬 큰 군함을 파괴할 수 있음을 보여주었다. 해군 함정들이 속속 총포를 미사일로 대체했고, 스틱스 같은 1세대 항공기형 미사일이 항공기를 전혀 닮지 않은 소형 미사일에 자리를 내주었다.

1973년 이스라엘과 이집트·시리아가 맞붙은 욤키푸르 전쟁이 분수령이었다. 이집트의 지대공 미사일이 이스라엘의 미국제 항공기를 100대 가까이 격추해서 이집트 영토는 거의 공중공격을 받지 않았다. 세계 각국 군대는 유인 전투기의 종말이 눈앞에 다가왔다고 생각했다. 한층 더 충격적인 점은 이집트 보병이 소형 대전차 유도 미사일로 이스라엘이 자랑하는 전차부대를 대파한 것이었다. "전차의 최대 적은 다른 전차다"라는 격언이 갑자기 한물간 소리가 된 듯 보였다. 이스라엘은 미국이 막대한 노력을 기울이고 긴급하게 미사일을 공급한 덕분에 흐름을 뒤집을 수 있었지만, 패배 직전까지 몰린 충격에서 좀처럼 벗어나지 못했다. 이스라엘이 우위를 누린 유일한 영역은 해상이었다. 에일라트호 사건 이후 해군 함정을 미사일 보트로 전부 교체한 덕분이었다.

자동 유도 미사일의 지배에는 한 가지 커다란 한계가 있었다. 많은 전장 상황에서 미사일이 자동으로 추적할 만한 유용한 표적 대상이 없기 때문이다. 열추적 미사일은 제트기에서 나오는 뜨거운 배기를 추적했다. 레이더 자동 유도 미사일은, 밤에 손전등 불빛으로 나방을 비추는 것처럼 아군 표적 탐지 레이더가 비춰준 적기나 함정의 레이더 반사 신호를 추적했다. 특수 대對레이더 미사일 또한 적의 레이더에서 방출되는 신호를 추적할 수 있었다. 하지만 특히 지상에 존재하는 대부분의 다른 표적의 경우에는 배경과 뚜렷이 구별되는 신호가 없었다. 미국 기술자들은 새로운 기술인 레이저의 도움을 받아 이 한계를 극복했다. 1965년 미 공군과 텍사스인스트루먼트사의 기술자들은 레이저를 이용해서 모든 물체에 밝은 점을 찍을 수 있음을 보여주었고, 그런 다음 레이저 유도 폭탄을 사용해서 그 지점을 추적했다. 자동 유도 메커니즘은 해먼드와 미스너가 입증한 방식의 최신판에 불과했다. 1972년에 이르러, 베트남의 미국 항공기들은 레이저 유도 폭탄을 이용해서 교량을 파괴하고 있었다. 수십 차례의 비유도 폭탄 공습을 견뎌낸 다리들이었다.

하지만 미 공군이 기적의 무기인 신형 레이저 유도 폭탄을 '호치민 트레일'이라는 정글 도로망을 공격하는 데 투입했을 때, 공격 표적을 찾아야 하는 새로운 문제에 부딪혔다. 숲속에 감춰진 트럭과 임시 보급창고는 교량에 비해 공중에서 발견하는 것이 훨씬 어려웠다. 미군은 정밀무기를 사용하려면 정밀 표적 탐지 정보가 더 많이 필요하다는 것을 깨달았다.[27] 그에 따라, 미군은 정밀 공격을 위한 표적을 찾아내는 신기술을 개발하는 데 힘을 쏟았고, 이를 위해 많은 프로그램에 착수했다. 그리하여 전술 정보·감시·정찰intelligence, surveillance, reconnaissance, ISR이 현대전의 새로운 핵심 분야로 떠올랐다.

자동 유도 미사일의 살상력이 높아지면서 무인 항공기에 대

    1. 전투기계의 등장: 로봇 전쟁의 숨은 역사

한 관심이 다시 고조되었다. 1960년대 초 미국은 소련의 SA-2 미사일에 유인 정찰기를 몇 대 잃었는데, 이때마다 주요한 국제 사건으로 비화했다. 소련군의 격추에 대응해서 미 공군은 BQM-34 파이어비Firebee 제트 추진 표적용 드론의 정찰형을 비밀리에 개발했다. 작고 빠르며 격추가 어려운 파이어비 드론은 방공망을 뚫고 은밀하게 접근해서 필요한 장소를 촬영할 수 있는 능력을 입증했다. 조종사가 위험에 빠질 일도 없었는데, B-61 마타도어처럼 지상에서 발사하거나, 드론 통제기 역할도 하는 DC-130 수송기의 날개 밑에 장착할 수 있었다. 이 파이어비 드론은 공군의 비밀 부대가 공산주의 중국에 이어 베트남 상공에 보내는 데 활용되었다. 필름 카메라를 사용했음에도 이 드론은 전례 없이 많은 최신 전술 ISR 정보를 획득할 수 있었다. 유용성이 분명해지자, 공군은 점점 다양한 특수전술 임무에 이 드론을 활용하기 시작했다. 1970년대 초에 이르면, 이 드론은 전자전을 수행할 수 있는 장비를 갖추게 되고, 지상 표적 파괴용인 공대지 자동 유도 미사일을 발사하는 능력도 입증했다.[28] 해군은 무인 수상함을 비롯한 함정에서 파이어비 드론을 발사했다.[29] 해군의 "탑건Top Gun" 무기학교는 파이어비를 잠시 공격기로 활용하기도 했는데, 이 드론은 F-4 전투기를 조종하는 베테랑 교관들을 능가하는 기동을 보였다.[30]

욤키푸르 전쟁에서 이스라엘의 미국제 전투기가 지대공 미사일에 속수무책으로 당하는 경험을 한 뒤, 1970년대에 미국의 싱크탱크들은 고성능 제트 드론이 공군력의 미래라고 제안했다. 근접 능력을 지닌 드론은 방공망을 비롯한 표적을 정확히 타격할 수 있었고, 낮은 비용과 소모 가능성 덕분에 손실을 감수할 만했다. 드론의 효과를 정말로 높이려면, 실시간 고해상도 영상을 통해 드론에 타고 있는 감각을 느끼는 조종자가 "원격 조종"을 해야 했다.[31] 랜드연구소는 재사용 가능한 전투용 드론 편대를 권고했는데, 대당 가격이 최신형 유인 전투기의 10분의 1 정도인데다가 일회용 "가미카제" 드론을 다수 운용하면 비용이 그보다 10배 더 저렴했다.[32] 유감스럽게도 당시의 텔레비전과 데이터 네트워킹 기술은 오늘날에 비해 한참 뒤떨어져 있었다. 아직 성숙하지 못한 기술과 베트남 전쟁 종전에 이은 대대적인 예산 삭감으로 고성능 텔레오토마톤의 등장은 다시 뒤로 미뤄졌다.

하지만 이스라엘은 포기하지 않았다. 예산 규모는 작았지만, 고해상도 비디오 카메라를 장착한 저렴한 프로펠러 구동 드론을 개발했다. 이스라엘은 1982년 레바논 전쟁에서 이 드론을 사용했다. 타격 전투기(지상 공격용 전투기)와 짝을 이뤄 소모 가능한 드론을 사용하는 식으로 이스라엘 공군은 전략 지역인 베카 밸리에 배치된 시리아의 지대공 미사일 시스템 19개를 전부 파괴하면서 유인 전투기는 한 대도 잃지 않았다. 미국 싱크탱크들이 상상한 것보다 기술 수준은 낮았지만, 원격조종 드론은 다시 한번 전투 효과를 입증했고, 이스라엘은 군용 드론 분야에서 세계를 선도하는 나라가 되었다. 미국 기술자들은 적군의 방공망을 무력화하거나 공격하기 위해 비슷한 저기술 "교란harass-

                    1. 전투기계의 등장: 로봇 전쟁의 숨은 역사

ment" 드론을 연구함으로써 드론 연구의 명맥을 이어갔다.

한편 대함 자동 유도 미사일은 점점 치명력이 높아졌다. 일부 미사일은 자체 표적 탐지 레이더를 탑재해서 자율적으로 표적을 추적하고 심지어 스스로 표적을 찾을 수도 있었다. 1982년 포클랜드 전쟁 중에 아르헨티나는 프랑스제 엑조세Exocet 자동 유도 미사일을 여섯 발만 보유했지만, 영국 함정 네 척을 명중해서 두 척을 침몰시키고 세 번째 함정에 손상을 입혔다.

마침내 컴퓨터 기술이 발전한 덕분에 공중 어뢰가 초기 발명가들의 상상을 현실로 옮겼다. 1980년대에 미국은 토마호크 같은 순항미사일을 실전 배치했다. 말 그대로 하늘을 나는 어뢰를 닮은 제트 추진 토마호크는 최대 1600킬로미터까지 비행해서 지정된 표적을 정밀 타격할 수 있었다. 기술자들은 공중 어뢰 퍼즐의 빠진 조각인 정밀 항법 문제를 해결하기 위해 내장 컴퓨터로 미사일 아래 지형의 광학 또는 레이더 화면을 사전에 기록된 예정 경로 상공 화면과 비교했다. 미사일은 비행 경로상의 지점을 경유하며 비행하면서 기록 화면을 이용해 경로를 조정할 수 있었다. 표적에 접근할수록 화면 간격이 촘촘해지고 해상도가 높아졌고, 결국 미사일과 표적이 합쳐지면서 450킬로그램짜리 탄두가 폭발했다. 이후 위성 기반 지구 위치확인 시스템 GPS 항법이 등장해서 순항미사일이 사막이나 바다 같은 특징 없는 지형에서도 정밀하게 비행할 수 있었다.

마지막으로, 냉전 말기에 최초의 배회탄이 개발에 들어갔다. 제트 추진 날개형 미사일인 태싯 레인보Tacit Rainbow 같은 배회탄은 적 영토 상공을 장시간 순찰하면서 방공 레이더를 탐지한 뒤 급강하해서 파괴할 수 있었다. 뒤이어 지상 표적을 탐지해서 공격할 수 있는 저비용 자율 공격 시스템Low-Cost Autonomous Attack System, LOCASS 같은 개념도 등장했다. 하지만 완성되지 않은 기술과 높은 비용, 냉전 예산의 폐지 등으로 여러 프로그램이 중단되었다.

냉전 말기, 나토의 전략은 정밀무기를 대규모로 사용해서 바르샤바조약기구*의 서유럽 침공을 물리친다는 구상이었다. 다행히도, 소련이 평화적으로 붕괴하면서 이 모든 냉전 무기는 초강대국 충돌에서 사용되지 않았다. 하지만 대규모 군축이 이루어지기 전에 이라크의 사담 후세인은 쿠웨이트를 침공하는 쪽을 선택했다. 그렇게 되자 서방이 소련의 유럽 공격을 막기 위해 실전 배치했던 모든 신형 무기가, 그 대신 '사막의 폭풍 작전'을 통해 쿠웨이트에서 이라크군을 몰아내는 데 사용되었다.

전 세계의 TV 시청자들은 로봇 무기를 보고 깜짝 놀랐다. 토마호크 순항미사일이 한밤중에 괴성을 내며 날아가고 레이저 유도 폭탄 공습이 밤하늘을 환하게 밝히는 가운데 바그다드의 호텔 발코니에서 뉴스 통신원들이 앞다퉈 전황을 보도했다. 격납고부터 이라크 공군 본부에 이르기까지 온갖 표적을 폭탄이 마음대로 정밀 타격해서 불바다로 만드는 장면이 적외선 영

---

*   1955년 소련과 동유럽 사회주의 국가들이 NATO에 대응해 창설한 정치·군사 동맹.

　　　　　　　　1. 전투기계의 등장: 로봇 전쟁의 숨은 역사

상으로 공개되었다. 이른바 "스마트 폭탄"은 이라크 전쟁의 상징적 무기가 되었다. 막후에서는 드론과 공중 유인체aerial decoy가 이라크 방공망을 교란했다. 대부분의 관찰자에게는 보이지 않았지만, 감시 위성과 합동 STARS* 지상 감시 레이더기 같은 강력한 신형 ISR 시스템들이 소규모 정보 분석가 집단의 지원을 받아 스마트 무기를 위한 표적 데이터를 생산했다. 조종사들은 이 데이터를 이용해서 이라크 장갑 차량을 궤멸시켰다. 이란-이라크 전쟁에서 싸운 경험이 있는 어느 이라크 병사는 자신이 속한 기갑부대가 연합군의 30분 공중 공격으로 8년간의 대이란 전쟁에서 입은 것보다 더 많은 피해를 입었다고 말했다.[33] 로봇 사격 제어 시스템을 이용한 연합군 전차들은 사격 연습장에서 오리 모형을 쏘듯이 살아남은 이라크 전차를 맹폭했다. 공중 무기의 9퍼센트만이 "스마트" 로봇 탄약이었고, 지상 무기는 그 비율이 더 낮았다. 하지만 전쟁이 끝났을 때, 이라크 군은 완전히 붕괴되었고, 실전 배치된 70만 명 가까운 미군 병력 가운데 전사자는 150명이 채 되지 않았다. 실탄 사격 훈련 중에 발생하는 사고 사상자 비율보다 크게 높지 않은 수준이었다.

사막의 폭풍 작전은 적어도 부유한 나라들에서는 전통적

---

* Joint Surveillance Target Attack Radar System의 약칭으로, 공중에서 지상 표적을 레이더로 탐지·추적하며 전장 관리와 표적 지시에 활용하는 미국의 감시정찰 체계.

전투가 얼마나 크게 바뀌었는지를 보여주었다. 강력한 ISR과 컴퓨터 제어 스마트 무기를 결합한 덕분에 이른바 "병행 작전 parallel operation"이 가능해졌다. 즉, 엄청난 수의 표적을 정밀하게 타격하면서도 핵공격과 비슷한 충격을 야기할 수 있었다. 표적 식별도가 대폭 증대한 덕분이었다. 사막의 폭풍 작전 첫날, 연합군 항공기는 152개 표적을 공격했는데, 이는 1942년과 1943년 2년 동안 유럽에서 제8공군의 전략 폭격기가 타격한 전체 표적 수보다 많았다.[34] 이렇게 정밀무기와 충분한 정보가 갖춰지면, 적군이나 적국을 정밀한 방식으로 무너뜨릴 수 있다. 철거 전문 기업이 사전에 조정한 내부 폭파 장치로 고층 건물을 무너뜨리는 것과 비슷하다. 중국, 러시아, 이란 등지의 지도자들은 이라크 전쟁을 우려의 시선으로 바라보며 최대한 빠른 시일 안에 비슷한 역량을 확보하기로 결심했다.

기술과 테러

2001년 9월 11일 테러 공격 이후, 미국과 동맹국들은 아프가니스탄을 시작으로 이라크, 그리고 ISIS가 장악한 영토에 이르기까지 20년에 걸쳐 테러 집단과 반군 세력을 상대로 격렬한 전투를 벌였다. 이 대테러, 대반란 작전은 예멘과 소말리아, 아프리카 사헬 지역 등지까지 확대되었다. 이런 비정규전에서 적은 중요 시설이 거의 없었고, 심지어 장갑차도 없었다. 대형 스마트 폭탄과 순항미사일은 별로 쓸모가 없었다. 사막의 폭풍 작전이 버튼만 누르면 되는 전쟁이 가능해졌음을 암시했다면, "테러와의 전쟁"의 경험은 그 개념을 완전히 잠재웠다. 그 대신 전투 작전은 특수부대의 급습, 인구 밀집 도시에서 벌이는 작전, 종종 개개인까지 추적·관찰한 뒤 표적이 드러나는 순간 적시에 정밀하게 공격하는 능력을 필요로 하는 집중 감시 등이 주류를 이루었다.

이스라엘이 일찍이 실전 배치한 고화질 영상 저속 프로펠러 정찰 드론은 이런 임무에 이상적인 장비임이 입증되었다. 미국은 사막의 폭풍 작전에서 이스라엘이 설계한 파이오니어Pio-neer 드론을 운용한 바 있었다. 한편 1990년대에 유엔이 발칸 전쟁에 개입했을 때, 미국은 이스라엘 출신의 엔지니어 에이브 카렘이 만든 프레데터 드론을 몇 대 사용해서 분쟁 지역의 실시간 고화질 영상을 확보했다. 이 감시·정찰 지원은 금세 필수불가결한 것이 되었다.[35]

2001년 미 공군과 CIA는 프레데터에 위성 데이터링크와 헬파이어Hellfire 대전차 미사일을 업그레이드해서 오사마 빈 라덴을 비롯한 알카에다와 탈레반 지도자들을 추적했다. 다른 전투 작전에서 예상치 못한 사건이 터지면서 프레데터의 가치가 선명하게 드러났다. 2002년 3월 4일, 알카에다와 싸우기 위해 아프가니스탄 산악지대에 착륙한 미 육군 레인저와 네이비실은 고산 능선 위에 꼼짝없이 갇힌 채 격렬한 전투를 벌였다. 아프간 전사들은 미군 헬리콥터 한 대를 격추했고, 지상에 있던

     AI 시대, 전쟁의 미래

미군은 바위 아래 숨겨진 알카에다 기관총 벙커에서 불을 뿜는 총탄 때문에 꼼짝할 수 없었다. 공습을 몇 차례 했지만 미군은 적의 벙커를 명중하지는 못했다. 그런데 프레데터 한 대가 우연히 인근을 비행하고 있었다. 사실 수천 마일 떨어진 버지니아 북부의 지상 통제소에 앉아 있던 드론 조종자들이 지원하겠다고 나선 것이었다. 프레데터 조종자들은 고화질 영상으로 벙커를 관찰한 뒤 벙커 개방부에 정확히 레이저 표적을 찍고 레이저 유도 헬파이어 미사일을 발사했다. 한 발로 전세가 뒤집어졌다. 그 후 프레데터는 로버츠리지Roberts Ridge 전투* 내내 상공에 대기하면서 실시간 감시를 수행하고 다른 항공기들이 투하하는 레이저 유도 폭탄의 표적을 레이저로 찍었다.[36] 그 뒤로 원격조종 정찰-타격 드론을 이용한 무장 엄호는 연합군 작전의 기본 요소가 되었다.

미군이 테러와의 전쟁을 시작할 당시 작전에서 운용하는 무인 항공기는 채 50대가 되지 않았다. 2010년 초에 이르면 그 수가 수천 대에 이르렀다. 대부분은 소형 ISR 드론이었지만, MQ-1 프레데터 같은 장거리 무장 드론은 테러와의 전쟁을 상징하는 무기가 되었다. 이 드론 덕분에 원격조종 공중 텔레오토마톤이 주류 무기로 부상했다. 2차대전의 공격용 드론과 베트

---

* 2002년 3월 아프가니스탄 타쿠르가르 산 정상에서 17시간 동안 벌어진 전투로, 구조 대상이었던 네이비실 대원 닐 로버츠의 이름을 따서 로버츠리지 전투로 불린다.

남전의 파이어비를 모델로 업그레이드한 이 드론에는 고화질 영상과 고대역폭 위성 네트워킹을 기반으로 한 현대적 제어 기술이 추가되었고, 지구상 어디에서든 이 드론을 원격 조종할 수 있었다. 프레데터에 이어 전투용으로 정교하게 개량한 MQ-9 리퍼 같은 고성능 모델이 등장했다.

폭발적으로 성장하는 모바일 기기 산업에서 나온 신기술의 물결은 로봇 시스템을 소형화하는 데 일조했다. 마이크로칩에 통합된 자이로스코프, 소형 GPS 수신기, 초소형 고화질 비디오 카메라 등이 드론 개발에 활용되었다. 소형 취미용 드론조차 실시간 디지털 영상을 처리하고 정교한 자동 비행 제어를 가동할 수 있는 메모리와 컴퓨팅 능력을 지녔다. 2010년 이후, 인공 신경망을 활용한 머신러닝 기술이 널리 적용되기 시작하자 인공지능은 비약적으로 발전했다.

이 모든 저렴한 역량 덕분에 고전적인 로봇 무기 개념의 일부 특징을 결합할 수 있었다. 이스라엘의 하롭 같은 새로운 배회탄은 원격조종 드론, 자동 유도무기, 장거리 공중 어뢰의 특징을 두루 갖추었다. 러시아-우크라이나 전쟁에 이르면, 일인칭 시점 소형 레이싱용 드론에 무기를 장착한, 손에 쏙 들어오는 크기의 배회탄이 등장했다.

지상 중심의 대반란전*에 초점이 맞춰지자 로봇 기반 시스

---

*   정부군 또는 정규군이 반군·게릴라·무장조직(또는 테러 조직)의 반란을 진압하고, 지역의 통치와 치안을 회복하기 위해 수행하는 작전.

템에 뒤늦게 관심이 쏠렸다. 미 해병대는 이미 사막의 폭풍 작전에서 이라크 모래 둔덕을 돌파하기 위해 원격조종 전차를 일부 실전 배치했지만, 2차대전 당시의 로봇 지상 작전을 연상시키는 그 정도의 시도조차 마지막 순간에 취소된 바 있었다.[37] 이제 육군과 해병대는 수백 대의 소형 원격조종 지상 로봇을 실전 배치해서 불발탄을 해체하고 건물 내부와 사방이 막힌 공간의 영상 감시를 수행했다. 대부분은 2차대전 당시 독일의 골리앗을 닮은 소형 궤도형 차량이었지만, 폭약 대신 영상 카메라와 로봇 팔을 장착하고 있었다.

테러리스트와 반군은 나름의 값싼 로봇 무기를 실전 배치해서 한층 발전된 연합군의 무기에 도전할 수 있었다. 흔히 원격조종으로 폭발시키는 사제 폭탄improvised explosive device, IED은 반군의 가장 치명적인 무기가 되어 미군 전체 사상자의 절반 가까이가 이 무기에 당했다. 2014년 압승을 거둔 ISIS는 이후 개조한 드론 공군을 앞세워 모술과 락카 전투에서 이라크군과 미국 지원군을 괴롭혔는데, 이 전술은 순식간에 전 세계로 확산되었다. 2019년 사우디아라비아의 아브카이크와 쿠라이스 석유 시설을 겨냥한 이란과 후티 반군의 정밀 공격처럼, 외국에서 가미카제 드론과 배회탄을 이용해 정교한 공격을 벌인 사례들은 세계 다른 나라도 새로운 기술을 이용해서 신무기를 만들고 있음을 보여주었다.

서방 각국 군대는 고전적 로봇 무기 개념을 활용해 로봇 무기를 더 저렴하게 더 대량으로 운용할 수 있도록 만드는 데도,

그 개념을 넘어서는 데도 너무 더디게 움직였다. 그리하여 외국 군대들이 일부 분야에서 앞서 나아갈 수 있는 기회가 열렸다. 한 예로, 미군은 정찰-타격 드론 부대의 강력한 주장에도 불구하고 드론을 진정한 전투 시스템으로 받아들이지 않았다. 로버츠리지 전투가 벌어지고 20년 뒤에도, 정찰-타격 드론은 여전히 우연히 무기를 탑재하는 정보수집용 항공기로 취급되었다. 전장 타격 임무용으로 투입하려는 시도는 없었다.[38] X-45와 X-47 실험 프로그램을 통해 2000년부터 2015년까지 고성능 전투 드론의 역량이 입증되었지만, 실제 전투 드론을 조달하는 데까지 나아가지 못했다.[39] 2001년 미국 의회는 2015년까지 육군 지상 차량의 3분의 1을 무인으로 전환할 것을 요구했다.[40] 하지만 이 과정은 첫걸음도 떼지 못했다. 그 대신 2020년대에 서방의 일반 대중은 아제르바이잔과 우크라이나 군대가 저렴한 정밀 드론 공격을 벌이는 영상을 보고 경탄했다. 세계 각국 사람들이 30년 전 사막의 폭풍 작전에서 미군의 정밀 타격을 보며 놀랐던 것과 같은 모습이었다.

역사의 교훈

전투에서 로봇 시스템이 사용된 역사를 보면, 세 가지 일관된 도전 과제가 드러난다. 이 과제에 따라 어떤 시스템이 전도유망한 시연 단계에서 전장의 실제 자산으로 전환될 수 있는지가 결정되었다. 기술 세대, 시스템의 종류, 전투 환경을 막론하고 이 과제는 거듭 등장했다.

첫 번째 과제는 **부담**이다. 실제 사용이나 유지가 부담스러운 로봇 시스템은 대개 전투에서 실용적이지 않다. 조작자가 집중하지 못하거나, 지나치게 많은 인력이 필요하거나, 다른 중요한 전투 활동에 방해가 되면 채택되지 않는 경향이 있다. 성공적인 시스템은 "발사만 하면 되는fire and forget" 자동 유도 미사일이나 자동으로 이착륙하는 드론같이 기술을 이용해서 조작자와 지원 인력의 부담을 덜어주었다. 어떤 시스템은 사용은 간편하지만, 임무 중이나 전후에 많은 준비가 필요하다. 아군이 공격 시기를 선택하고 조절할 수 있는 군사작전에서는 효과가 있겠지만, 방어에서는 쓸모가 없다. 예상치 못한 사태에 신속하게 대응할 수 없기 때문이다. 미래의 시스템은 인간 전투원을 비롯한 여러 자원에 최소한의 부담을 안기면서 임무를 수행해야 한다. 지원을 요구하는 게 아니라 제공해야 한다.

두 번째 과제는 **항법과 제어**다. 원격조종형이든 자율형이든 간에 로봇 시스템은 현실 세계의 전투 환경에 존재하는 복잡성을 다루는 데 거듭 어려움을 겪었다. 저 눈더미 밑에 장애물이 숨어 있지는 않는가? 차량이 저 바리케이드에 걸리지 않고 넘어갈 수 있는가? 저 덤불을 무사히 통과할 수 있을까, 없을까? 로봇 시스템은 이런 수수께끼를 풀어야 하는 동시에 전술 기동과 무기 운용의 문제까지 처리해야 한다. 그 와중에 적은 전력을 다해 다른 문제를 추가로 제기한다. 공중의 항법은 비교적

　　　　　　　1. 전투기계의 등장: 로봇 전쟁의 숨은 역사

단순하기 때문에 공중 시스템이 지난 100년 동안 지배적이었고, 해상 시스템은 한참 뒤처졌다. 특히 지상 영역과 상호작용하는 미래 로봇은 성가신 환경에 대처해야 한다.

세 번째 과제는 **취약성**이다. 속도가 느리거나 행동이 예측 가능한 로봇 시스템은 전투에서 쉬운 표적이 되는 것으로 드러났다. 대부분의 로봇 시스템은 자신이 공격받고 있는지 알아채지 못하며, 이 때문에 은폐하지 못하고 파괴되고 만다. 자율적으로 회피 기동을 할 수 있을 때까지는 성공적인 시스템은 은폐와 속도 등의 요소를 활용해서 생존 가능성을 확보해야 한다. 그렇지 않으면 손실을 감당할 수 있을 만큼 소모적이어야 한다. 결정적인 순간에 와이파이가 끊겨본 사람이라면 흥미롭게 느끼겠지만, 무선 데이터링크의 취약성은 전투용으로 설계된 군사 시스템에서는 충분히 관리 가능한 문제였다. 아마 이것은 명백한 위험이었기 때문에 원격조종 시스템을 실전 배치하는 군대는 대개 적군의 교란 능력보다 데이터링크 유지 태세를 우월하게 유지했다. 하지만 전자전 역량이 나날이 향상되기 때문에 데이터링크가 필요한 모든 곳에서 강도 높은 준비 태세를 갖춰야 한다.

역사적으로 각국 군대는 전술 ISR 같은 로봇 시스템을 비전투 임무보다는 전투 임무에서 더욱 신속하게 도입했다. 이른바 "단조롭고 더러운" 지원 임무가 기술적으로 더 용이하다는 걸 감안하면 직관과는 다소 어긋나는 현상이다. 인력과 비용을 잠재적으로 절감할 수 있다는 점에서는 지원 임무가 종종 매력적일 수 있기 때문이다. 실제로 로봇 시스템은 표적용 드론 같은 몇몇 틈새 역할에서 깊숙이 자리를 잡았다. 하지만 전투에서 승리할 수 있다는 기대야말로 로봇 시스템의 수용을 촉진하는 데 더욱 효과적이었다. 로봇 시스템을 사용하여 전투에서 우위를 점할 수 있게 되자, 종종 이전의 비非로봇 수단이 놀라울 정도로 빠르게 대체되었다.

100년에 걸친 눈부신 기술 발전에도 불구하고 이 세 가지 고전적 개념은 여전히 군사 로봇공학을 지배한다. 하지만 기술 발전 덕분에 세 개념이 한층 완전하게 현실화될 수 있었다. 일회용 공중 어뢰와 자동 유도무기는 다양한 용도의 텔레오토마톤에 비해 단순한 개념이었고, 극복해야 하는 과제도 적었다. 따라서 일찌감치 기술적 성숙과 수용에 도달했다. 배회탄이나 가미카제 또는 "일회성 공격" 드론 같은 몇몇 혁신은 고전적 개념들의 일부 특징을 결합한다. 많은 일회성 공격 드론은 초창기 공중 어뢰와 닮았지만, 이젠 정밀유도와 제어 기능까지 갖추고 있다. 하지만 기술이 발전해서 광범위한 새로운 로봇 개념을 낳을 정도로 실용화되는 가운데서도 새로운 발전을 이끌 만한 특별한 아이디어는 거의 등장하지 않았다.

로봇 무기는 확실성, 효율성, 불필요한 고통의 최소화를 강조하는 과학적 전쟁 방식에 기여하기 위해 등장했다. 사막의 폭풍 작전을 비롯한 많은 사례에서 최상의 제어력을 제공하고 신속하고 효율적인 승리를 안겨주는 로봇 무기의 잠재력이 입증되었다. 통제 불능 상태로 미쳐 날뛰며 불확실한 효과를 가져오

　　　　　　　1. 전투기계의 등장: 로봇 전쟁의 숨은 역사

는 자율 로봇 광폭 전사berserker라는 대중문화의 상상은 이런 전쟁 모델과는 아무런 관련이 없다. 하지만 나치의 V-1 작전이나 바르샤바 봉기 진압에서부터 ISIS의 군사작전에 이르기까지 현실 세계의 경험은 로봇 무기가 반드시 야만성과 양립 불가능한 것은 아님을 보여주었다. 그렇다 하더라도 오늘날 로봇 전쟁에 대한 관심이 급증하는 것은 효율성과 통제 가능성, 그리고 각국 군대가 나고르노-카라바흐와 우크라이나에서 맛본 바 있는 보편적 정밀성의 힘에 대한 갈망 때문이다.

2

원샷 원킬, 수천 명씩
: 보편적 정밀성이 낳은 결과

전쟁은 오랫동안 비극과 상실로 가득한 낭비적인 인간 활동이었지만, 물리적 낭비와 효과 없음이라는 측면에서 보면, 현대 산업 전쟁에서 익숙해진 비유도무기는 참으로 경악스러울 정도다. 한 예로, 1차대전 당시 솜 전투*를 생각해보라. 전투가 시작될 때 영국군은 1500문 이상의 포를 사용해서 25킬로미터에 걸친 독일군 참호선에 5일 연속으로 포격을 가했다. 목표는 단순했다. 독일군 진지를 가루로 만든 다음 병사들을 물밀듯이 돌진시켜 폐허가 된 참호를 점령하고, 살아남은 적군을 사살하거나 생포하는 것이었다.

포격이 계속되자 며칠 동안 태양조차 보이지 않을 만큼 연

---

* 1916년 7월 1일~11월 18일, 프랑스 솜강 일대(서부전선)에서 영국·프랑스 연합군과 독일군이 벌인 참호전. 대규모 포격과 보병 돌격이 반복된 약 5개월간의 소모전으로, 양측 사상자가 100만 명 이상 발생한 것으로 알려져 있다.

기가 자욱했다. 땅은 쉴 틈 없이 흔들렸고, 밤이 되면 솜 계곡은 지평선 끝에서 끝까지 깜박이는 불빛으로 가득한 거대한 경기장처럼 보였다. 산산이 부서진 숲에서는 불길이 끊이지 않았다. 마지막 일제 사격이 진행될 무렵, 전선 곳곳의 포대 주변에는 포탄 탄피가 산더미처럼 쌓여 언덕을 이루었다. 영국군이 발사한 포탄 173만 발로 계곡의 풍경은 진흙과 폭탄 구덩이로 뒤덮인 황무지로 바뀌어 있었다.[1]

유감스럽게도 포탄을 비롯한 발사 무기는 목표물에 명중할 때만 진정한 효과를 발휘한다. 영국군의 포탄은 좁은 참호와 상대적으로 작은 벙커를 명중하는 대신 땅이나 나무에 주로 떨어졌다. 참호를 박차고 나와 돌격한 영국군 병사들은 그대로 남아 있는 적의 철조망과 전혀 손상되지 않은 수백 문의 독일군 기관총과 포병대의 사격에 맞닥뜨렸다. 적의 모든 무기가 고스란히 노출된 아군 부대를 겨냥했다. 재앙의 날이 끝나자 6만 명 가까운 영국군 병사들이 죽거나 다쳤다.

그 후로도 여러 면에서 상황은 크게 바뀌지 않았다. 각국 군대는 지금도 엄청난 양의 비유도 포탄을 소모해가며 미미한 효과를 거둔다. 우크라이나와 시리아, 이라크의 구멍투성이 전장과 폐허가 된 도시들은 지금도 계속되는 낭비와 무능력, 그리고 그에 동반하는 광범위한 '부수적 피해collateral damage'를 증언한다.

하지만 이런 상황은 빠르게 바뀌고 있다. 로봇 혁명의 첫 번째 물결이 이미 시작되었다. 스마트 정밀유도무기가 전쟁의

     AI 시대, 전쟁의 미래

모든 영역으로 확산하는 중이다. 사막의 폭풍 작전과 그 후 공습에 혁명적 변화를 일으킨 대형 순항미사일과 레이저 유도 스마트 폭탄은 서막일 뿐이다. 오늘날 정밀유도 기술은 점점 더 작고 저렴하며 대량 생산되는 각종 무기로 급속하게 확산되고 있으며, 조만간 사실상 거의 모든 무기에 적용될 것이다. "원샷 원킬one shot, one kill" 개념이 크기를 막론하고 거의 모든 무기 유형의 표준이 될 것이다. 정밀성의 보편화가 어떤 결과를 가져올지 이해한다면, 로봇 혁명의 이 첫 번째 물결이 이어지는 모든 변화를 어떻게 이끌어갈지 예상할 수 있다.

이제 미사일이나 포탄, 총탄 한 발로 예전에 수백, 수천 발이 필요했던 효과를 발휘할 수 있게 되었으며, 무기의 살상력이 백 배, 심지어 천 배까지 높아졌다. 이런 막대한 살상력 증대는 전투에서 엄청난 이점이 될 뿐만 아니라 무기와 표적의 역관계, 전투의 기본 동학까지도 바꿔놓는다. 전장은 훨씬 더 치명적인 공간으로 변한다. 정밀유도 로봇 무기의 확산은 미래 군대의 형태, 전투의 진행 속도, 정보의 역할, 전투용 AI의 필요성 등에 커다란 영향을 미칠 것이다. 이미 고조되고 있는 로봇 변혁의 이 첫 번째 물결은 뒤이어 올 변화의 물결을 추동하고 그 방향과 성격을 규정할 것이다. 과거에 작동했던 전통적 군사 전술과 시스템은 정밀성의 보편화가 지배하는 전장에서 살아남지 못하기 때문이다.

얼마나 심각해야 심각한 문제인가?

비유도무기는 얼마나 낭비적이고 비효율적인가? 솜 전투는 암울할 정도로 전형적인 사례다. 1차대전 이후 나온 한 분석에 따르면, 적 병사 한 명을 죽이거나 부상시키는 데, 즉 사상자 한 명을 내는 데 최대 포탄 100발이나 기관총이나 소형화기 총탄 5천 발이 사용되었다.[2] 이런 양상은 참호전만의 특징이 아니었다. 이후에 벌어진 전쟁은 기동성이 한층 높아졌지만 연구 결과 비슷한 수치가 나왔다. 가령 미 육군이 주관한 2차대전 당시의 안치오 전투[*] 분석 결과, 적 사상자 한 명을 발생시키는 데 평균적으로 포탄이나 박격포탄 200~225발, 소총탄 1만 1000~1만 8000발이 필요했다.[3]

이런 비효율성의 의미는, 가령 2차대전에 참전한 미군 군단 수십 곳이 저마다 하루에 약 2만 3000발의 포탄을 소비했다는 뜻이다.[4] 그리하여 결국 어마어마한 양의 전시 생산이 필요했다. 2차대전 기간에 미국 한 나라에서만 총 410억 발의 탄약을 생산했는데, 이는 이론적으로 지구상의 모든 사람에게 15발 이상씩 쏠 수 있는 양이었다.[5] 베트남에서 미군 항공기는 이 나라 전체 국토의 1제곱마일(약 2.6제곱킬로미터)당 평균 70톤의

---

[*] 1944년 1월 22일~6월 5일, 이탈리아 로마로 진출하기 위해 안치오·네투노 해안에 상륙했던 연합군이 독일군의 강한 반격으로 발이 묶여 장기 소모전으로 이어진 전투.

    AI 시대, 전쟁의 미래

비유도 폭탄을 투하했다. 이를 베트남 전체 인구로 나눠보면, 1명당 500파운드(약 228킬로그램)에 해당하는 양이었다.[6] 그 결과 이 나라에는 약 2000만 개의 폭탄 구덩이가 남았지만, 그럼에도 미국은 북베트남과 베트콩을 물리치는 데 실패했다.

이렇게 엄청난 낭비와 비효율성이 생긴 것은 정밀성이 부족했기 때문이다. 목표물, 심지어 큰 목표물을 직접 명중하려면 대개 엄청난 양의 비유도 포탄이나 폭탄이 필요했다. 이런 상황은 지상과 해상, 공중 전 영역에서 지속되었다. 1차대전의 대규모 전함전인 유틀란트 해전**에서 전함이 발사한 포탄 40발 중 적함을 명중한 것은 한 발이 채 되지 않았다.[7] 2차대전 당시의 이른바 "정밀" 주간 전략 폭격에서 폭탄이 목표물에 빗나가는 평균 거리는 3000피트(약 900미터) 이상이었다.[8] 폭탄 다섯 발 중 한 발만이 표적의 1000피트 이내에 떨어졌다.[9] 주택 한 채 크기의 표적에 직접 명중하려면 통계적으로 폭탄 9000발을 투하해야 했다.[10] 실제 전투에서 B-17 폭격기가 나치의 발전소 한 곳에 폭탄 648발을 투하했을 때 명중한 것은 두 발뿐이었고, B-29 폭격기가 일본의 공장 한 곳에 376발을 투하했을 때는 한 발만 명중했다.[11] 특정 표적을 명중하는 능력이 워낙 떨어져서 폭격기로 무엇이든 명중하기 위해서는 보통 지역 전체를 융단 폭격하는 수밖에 없었다. 공정하게 말하자면, 반대편의 대공포화 역시 똑같이 효과가 없었다. 독일군의 대공포 포수는 B-17

** 　1916년, 덴마크 유틀란트반도 근해의 북해에서 영국과 독일 함대가 벌인 해전.

폭격기 한 대를 격추하는 데 평균적으로 대공포 3000발을 쏘아야 한다고 계산했다.[12]

오늘날의 비유도무기들도 별로 나을 게 없다. 예를 들어, 현대 미군의 비유도 155mm 곡사포를 30킬로미터 떨어진 표적에 발사할 때 평균 오차 거리는 여전히 260미터다.[13] 비유도무기는 여전히 탄약만 엄청나게 집어삼키면서 효과는 미미하다. 우크라이나군은 6개월의 전투 동안 미군이 제공한 150여 문의 곡사포만으로도 약 100만 발의 포탄을 사용했다. 우크라이나 전체 포병대의 극히 일부가 사용한 양이다.[14] 러시아가 우크라이나에 배치한 비유도 포병대는 하루 최대 6만 발의 포탄과 로켓을 소비해서 1년에 1000만 발을 쏘았지만 성과는 미미했다.[15] 포탄 구덩이로 뒤덮인 풍경과 그로 인해 정체된 전선은 그 황량한 풍경에서도, 허무한 성과를 상징한다는 점에서도 1차대전 당시의 모습과 똑같았다.

이런 낭비는 정밀성이 부족한 것을 당연하게 여기면서 특정 표적을 명중하려는 시도조차 하지 않는 전술 때문에 더욱 악화되었다. 전술이라는 게 소방호스에서 물을 뿜는 것처럼 탄약만 소비할 뿐이었다. 간접 포격 전술은 종종 제대로 보지도 않고 지역 전체에 대량의 포탄이나 로켓을 쏟아부어 그곳에 있을지 모르는 적군을 두들겨 팬다. 제압 사격 전술은 적의 움직임을 차단한 채 아군이 기동하는 동안 적이 공격하거나 이동하는 것을 막기 위해 소총, 기관총, 대포로 지역 전체에 화력을 퍼붓는다. 이런 전술들은 나름대로 유용하다. 무엇보다도 이런 전술은 특정 표적을 탐지하는 능력이 필요하지 않고, 명중 능력은 더더욱 필요 없다. 원거리에서 적군을 발견하거나 정확히 명중할 수 없는 시대에는 합리적 전술이었고, 엄청난 양의 탄약을 낭비하는 것도 이로써 설명이 된다.

하지만 이런 충격적인 낭비에는 높은 비용이 수반되며, 단순히 경제적 비용만 문제가 되는 게 아니다. 무차별적 화력은 매번 무작위로 대량 파괴를 야기하면서도 승리를 보장하지 못했다. 정치적·도덕적으로만이 아니라 군사적으로도 값비싼 전술이다. 군사적 목표물을 명중하지 못하는 이 모든 폭탄과 포탄은 다른 곳에 떨어져서 종종 부수적 피해와 민간인 사상자를 만든다. 특히 시가전이 벌어질 때는 그 피해가 심각하다. 무차별적인 폭력은 종종 그것을 사용하는 나라에 대한 반발만 키울 뿐이다. 그 역효과가 너무나 큰 탓에 종종 현대의 반군들은 상대의 무차별적 보복을 유발하기 위해 노력한다. 그것이 전쟁에서 정치적으로 승리하는 데 도움이 되기 때문이다.

정밀성과 정확성

정밀성이란 무엇인가? 흔히 이 용어가 사용되는 방식을 보면, 정밀성precision과 정확성accuracy이라는 서로 연관된 개념을 혼용하는 경향이 있다. 엄밀하게 볼 때, **정밀성**은 총에서 발사한 탄환 같은 무기 발사체가 단일 지점 주위에 집중되는 정도를 가

    2. 원샷 원킬, 수천 명씩: 보편적 정밀성이 낳은 결과

리킨다. 정밀성이 높을수록, 반복 발사에서 "산포"가 작아서 평균 주변의 작은 반지름 안에 촘촘하게 탄착점이 모인다. 정밀성을 측정하는 공통된 방법은 원형 공산 오차circular error probable, CEP인데, 이는 발사체의 절반이 도달할 것으로 기대되는 원의 반경이다.* CEP가 작을수록 정밀성이 높은 무기다.

정확성은 엄밀히 말해 의도한 조준점에 탄착점의 중심점을 정렬시키는 능력이다. 사격장에 있는 표적을 생각해보자. 조준경을 잘못 맞춘 소총은 표적에서 탄착점이 촘촘하게 모일 수는 있지만, 모든 탄착점이 표적의 중심에서 크게 벗어날 것이다. 이 경우에 그 총기는 정밀하기는 하지만 정확하지는 않다. 산탄을 장전한 산탄총은 탄착점이 넓게 퍼지면서도 표적의 중심에 집중될 수 있다. 이 경우에 이 총기는 정확하면서도 정밀하지는 않다. 표적의 중심 안에 많은 탄착점을 집중하려면, 총기는 정밀하면서도 정확해야 한다.

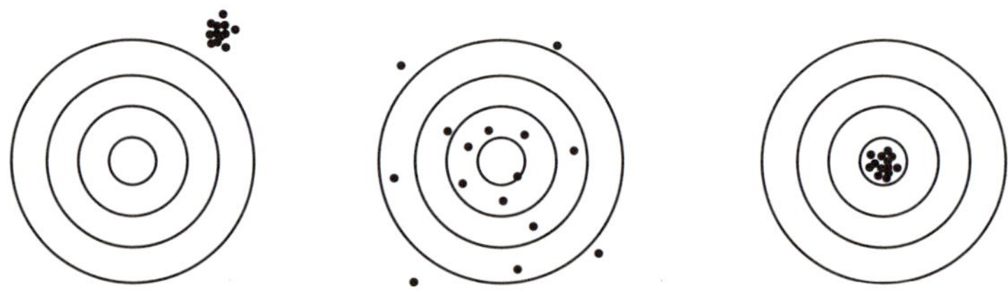

정밀성 대 정확성. 왼쪽: 정밀하지만 정확하지 않음. 가운데: 정확하지만 정밀하지 않음. 오른쪽: 정밀하고 정확함

---

* 예를 들어, CEP 100미터는 조준점을 기준으로 반경 100미터 원 안에 발사체가 50% 탄착함을 뜻한다.

  AI 시대, 전쟁의 미래

정밀 타격의 목표는 실제로 정밀성과 정확성 둘 다를 달성하는 것이다. 이 둘을 결합하면 의도한 표적을 맞히면서 다른 것은 맞히지 않을 수 있다.[16] 이런 폭넓은 정의는 무기의 성능만이 아니라 전체 표적 사격 과정까지 아우른다. 테러와의 전쟁 당시 잘못된 표적을 정밀하게 명중하는 타격은 거듭된 비극과 차질을 야기했다. 마찬가지로, 정밀하게 표적을 명중하는 강력한 무기라도 그 피해가 넓은 지역에 부정확하게 확산하면서 큰 부수적 피해를 초래할 수 있다. 그리하여 효과 반경이 작고 정밀성이 높은 무기에 대한 수요가 증가하고 있다. 극단적이고 다소 충격적인 예로, 미국이 테러리스트 지도자들을 겨냥한 드론 공습에서 사용한 초정밀 미사일은 탄두를 아예 없애고 대신 칼날을 여러 개 장착해서 접촉으로 표적을 살상하는 방식이었다.[17]

정밀성이라는 절대명령

사막의 폭풍 작전과 나고르노-카라바흐 전쟁의 사례처럼 정밀유도 로봇 무기를 대규모로 사용한 군대에서 군사적, 정치적, 윤리적 결과가 극적으로 개선되는 모습을 볼 수 있었다. 주요 전투는 단기간에 결판이 났고, 민간인 사상자와 민간 기반시설 피해가 크게 줄었다.

최초의 로봇 발명가들이 전쟁에서 낭비와 고통을 줄이려는

    2. 원샷 원킬, 수천 명씩: 보편적 정밀성이 낳은 결과

동기에서 노력했고, 로봇공학을 적용하는 가장 명백한 영역으로 스마트 군사 무기를 지목했음을 상기하라. 1898년 테슬라가 무선 조종 텔레오토마톤을 공개했을 때, 그리고 1912년 미스너와 해먼드가 자동 유도 전기개를 선보였을 때, 그들은 자기 발명품이 전투에서 정밀성과 확실성을 가져다줄 잠재력이 있다고 크게 내세웠다. 1차대전의 원격조종 폭약 보트부터 2차대전의 라디오 유도 대함 폭탄, 파괴 차량, 공격용 드론, 그리고 냉전 시기의 레이저 유도 폭탄과 순항미사일에 이르기까지 전투에서 사용된 초기 로봇 시스템의 대부분은 선택된 표적에 더 정밀하게 힘을 가하기 위해 만들어졌다.

한편 정밀성으로 전쟁에서 승리를 거둘 수 있음을 보여주는 군사 교리 차원의 아이디어들이 등장했다. 1936년, 피츠버그에서 홍수가 발생해서 항공기 엔진에서 사용하는 특수 스프링을 만드는 미국 유일의 공장이 파손되었다. 이 공장 한 곳이 문을 닫자 미국 항공기 생산 전체가 몇 달간 중단되었다.[18] 미육군 항공대 전술학교의 사상가들은 비슷한 중요 시설을 식별해서 의도적으로 파괴할 수 있다면, 광범위한 파괴 없이도, 심지어 적군과 교전하지 않고도 적국의 전쟁 수행 능력을 떨어뜨릴 수 있다고 주장했다. 미군 지도자들은 추축국*을 상대로 그 이론을 사용하기 위해 2차대전 당시 정밀 주간 폭격 작전을 설

---

*   2차대전 당시 일본, 독일, 이탈리아가 맺은 삼국 동맹을 지지하여 미국, 영국, 프랑스 등의 연합국과 대립한 여러 나라.

　　　　　　　　　　　　　AI 시대, 전쟁의 미래

계했고, 볼베어링 공장을 비롯한 산업의 "병목 지점"을 표적으로 삼았다. 하지만 유감스럽게도 비유도 폭탄의 낮은 정밀성 때문에 표적을 확실하게 명중할 수는 없었다.

수십 년간 기술이 발전한 뒤, 1991년 사막의 폭풍 작전의 공중 작전은 마침내 대규모 정밀 공중 공격의 위력을 증명해 보였다. 이 작전 이후, 미군 전략가들은 정밀 공격을 소규모 표적과 모든 수준의 전쟁으로 확대할 수 있음을 보았다. 1995년에 나온 영향력 있는 공군력 연구 논문은 다음과 같이 말했다.

모든 표적은 정밀표적이라고 주장할 수 있다. 개별 전차, 포대, 보병조차 정밀표적이 된다. 총탄이나 폭탄을 허공이나 땅에 낭비해야 할 논리적 이유 따위 없다. 이상적으로 보면, 발사된 모든 탄은 표적을 찾아야 한다.[19]

모든 무기가 정밀무기

레이저 유도 폭탄 같은 대형 정밀유도 공중 무기가 사막의 폭풍 작전을 시작으로 공중 작전에 혁명을 가져왔다. 하지만 무게가 225~900킬로그램 이상인 이 무기들은 오늘날 공룡처럼 멸종해버렸다.

이제 한층 진보한 정밀유도 역량을 훨씬 작은 무기에 담아내는 것이 가능해졌다. 우크라이나 전쟁에서 명성을 떨친 재블린Javelin 대전차 미사일은 보병 개인이 높은 확률로 주력 전차를 파괴할 수 있게 해준 몇몇 미사일 중 하나지만 무게가 15킬로그램에 불과하다. 이 무기는 1990년대 말에 처음 생산되었다. 그 후 최근에 크기가 작아진 어깨 발사식 미사일, 발사만 하면 되는 자동 유도 미사일이 속속 등장했다. 2012년에 나온 단거리 대전차 미사일 스파이크 SR은 무게가 10킬로그램이고, 2019년에 개발된 인포서Enforcer*는 7킬로그램이다.

소형 무기가 어떻게 전차 같은 중장갑 표적을 파괴할 수 있을까? 탄두 설계가 발전하면서 장갑 관통 능력이 크게 향상되었기 때문이다. 가령, 성형작약shaped-charge 탄두는 렌즈가 빛을 한 점에 모으듯 폭발 에너지를 한 점에 집중한다. 폭발성 성형 발사체explosively formed projectile는 이렇게 집중된 힘이 몇 미터 이상 전달되게 해준다. 이런 진보한 탄두를 탑재한 무기는 놀랄 만큼 두꺼운 장갑도 관통할 수 있다. 게다가 대전차 탄약은 대개 장갑이 얇은 상부를 겨냥해 타격한다. 현대의 일부 대전차 미사일은 전차 위로 날아가 폭발하면서 폭발성 성형 발사체로 포탑과 차체 본체 윗부분의 얇은 장갑을 관통한다. 이런 발전의 결과로, 장갑의 보호력이 약해지고 있다. 상대적으로 소형인 대전차 무기로 중장갑 차량을 불타는 잔해로 만들어버릴 수 있게 된 것이다.

---

* 　유럽의 대표적 미사일 개발사 MBDA가 제작한 1인 운용 어깨 발사식 정밀유도 무기.

정밀유도 장치 또한 매우 작은 크기로 만들 수 있다. 미세 가공 기술 덕분에 자동조종 장치용 자이로스코프나 관성유도 시스템**같이 한때 비싸고 복잡했던 부품들을 몇 달러짜리 마이크로칩에 넣을 수 있다. 모바일 기기 산업에 대규모 투자가 이뤄지면서 소형 고해상도 비디오 카메라를 비롯한 부품 또한 민간 시장에서 저렴한 가격에 구입이 가능하다.

이 부품들 덕분에 초소형 정밀유도 미사일과 활공 폭탄이 폭발적으로 증가했다. 바이락타르 TB2 드론에 사용되는 튀르키예제 MAM-C 레이저 유도 폭탄은 무게가 6킬로그램에 불과하다. 파이로스Pyros, 퓨리Fury, 세이버Saber, 해칫Hatchet 등의 정밀유도 폭탄도 그만큼 작거나 더 작다. 무장 일인칭 시점 쿼드로터 드론은 총 3킬로그램이 되지 않는 본체로 고화질 컬러 영상, 높은 원격조종 기동성, 대전차 폭발력을 제공할 수 있다. 이 드론의 가격은 1000달러 이하로, 재블린 가격의 1퍼센트도 되지 않는다. 스위치블레이드300 Switchblade 300 배회탄은 무게가 2.5킬로그램에 불과하며 배낭에 넣어 다닐 수 있다. 점점 많은 나라들이 이런 무기를 만들고 있으며, 무기의 역량은 높아지고 가격은 내려갈 것이다.

일부 포대도 정밀유도로 변신하는 중이다. 미 육군은 2007년부터 엑스칼리버Excalibur 포탄을 실전 배치했다. 이 포탄은 GPS와 관성유도 장치를 사용해서 원형 공산 오차가 2미터

** 가속도와 회전을 측정해 외부 신호 없이 위치·방향을 계산하는 유도 장치.

에 불과하다.[20] 미 육군은 이 포탄을 특별한 목적으로 소량만 사용할 것으로 예상했지만, 러-우 전쟁에서 우크라이나 방어의 주축이 되었고, 러시아군이 엑스칼리버의 GPS 유도를 교란하는 법을 알아낸 뒤에야 위력이 약해졌다. 새로운 방법이 속속 등장한 덕분에 일반 비유도 포탄에 저렴한 가격으로 현대식 정밀유도 장치를 추가할 수도 있다. 유도 포탄의 수요는 치솟고 있다.

정밀유도는 보병 소총 같은 소형화기에도 속속 도입되는 중이다. 개별 탄환에 능동 유도active guidance를 장착할 필요는 없다. 소총 같은 직선 시야 무기의 경우에 전차에 장착된 것과 비슷한 소형 컴퓨터식 사격통제 시스템을 조준경에 직접 내장해서 표적 거리와 이동, 탄환 낙하, 횡풍 같은 요소를 자동 보정하는 방식이 사용된다. 이스라엘에서 운용하는 스마트 조준경 시스템을 이용하면 훈련받지 않은 신병도 첫 발로 움직이는 표적을 70퍼센트 확률로 명중할 수 있어서 최고 수준의 명사수와 맞먹는 실력을 발휘한다.[21] 이스라엘 방위군은 이 시스템을 수천 개 도입해서 병사들에게 지급했으며, 이 기술은 원격조종 로봇 총포대에도 적용되는 중이다.[22]

물론 구체적인 사례들은 향후 몇 년간 진화할 것이다. 기술이 발전하고 비용이 하락함에 따라 수량과 종류도 증가하는 중이다. 하지만 추세는 분명하다. 소형 드론에서부터 포병 전력, 어깨 발사식 미사일, 보병 소총에 이르기까지 모든 종류의 무기에 단발 사격 정밀성을 부여하는 기술이 지구 곳곳에서 발전하

   AI 시대, 전쟁의 미래

며 확산하는 중이다. 이 무기들은 모두 동일한 목표(적 표적에 정밀하게 탄약을 안착시키는 것)를 달성하기 위한 대체 수단이다.

살상력 혁명

단발 사격 정밀성으로 전환이 이루어지면 대다수 무기의 살상력은 100배, 1000배로 높아질 것이다. 현대 군대와 전술의 대부분(우리가 사용하는 차량과 함정의 종류, 부대 편성 방식, 전투 방식 등)은 이런 전환이 시작되기 전에 개발된 것이다. 이런 이행의 결과는 얼마나 중대할까?

1964년, 군사사학자 트레버 N. 두푸이는 무기 기술 발전의 효과를 역사적으로 분석하기 위한 수단으로 무기 살상력 개념을 도입했다. 당시에 대부분의 군사 사상가들은 무기의 위력을 분당 발사 속도 같은 화력이나 시간당 포탄 투사 중량으로 측정했다. 두푸이는 그 대신 적에게 미치는 효과에 초점을 맞췄다. 그는 무기의 살상력을 "주어진 시간에 인명을 살상하거나 장비를 무력화할 수 있는 특정 무기의 내재적 역량"으로 정의했다.[23] 또한 각기 다른 시대의 무기들을 서로 비교할 수 있는 보편적인 "살상력 지수lethality index"를 제안했다. 나폴레옹 시대의 활강 총신* 머스킷은 살상력 지수 점수가 47점이었고, 1800년대 말의

---

*   smoothbore. 총열 내부에 탄환을 회전시키는 나선형 강선이 없는 매끈한 총신.

후장식 라이플총은 229점이었다. 2차대전 시대의 기관총은 발사 속도가 빠른 덕분에 살상력 점수가 1만 7980점이었다. 2차대전 당시의 155mm 곡사포는 약 50만 점을 기록했다.[24]

두푸이 지수에 따르면, 2차대전 시기의 기관총은 나폴레옹 시대의 머스킷보다 살상력이 382배였고, 155mm 곡사포는 나폴레옹 시대의 야포보다 살상력이 약 125배였다. 나폴레옹 시대의 연대는 2차대전의 전장에서는 몇 분 만에 섬멸됐을 것이 분명하다. 무기 살상력이 엄청나게 증대한 탓에 두 시대 사이에 군부대의 구성과 전술이 극적으로 바뀌어야 했다. 특히 두푸이는 무기의 살상력이 증대함에 따라 군대 편성에서 분산도가 한층 높아져야 했다고 지적한다. 그는 심지어 무기 살상력과 분산 사이에 수학적 관계가 성립한다고 주장했다.[25] 2차대전의 군대는 한층 분산된 편성으로 싸우고, 가시성이 낮은 군복을 입고 위장 도구를 사용했으며, 기동성을 강조했다.

과거에는 무기의 사거리가 짧고 살상력이 낮아서 병력을 집결할 필요가 있었다. 로봇 무기의 시대에는 유효 사거리가 길고 살상력이 높아서 집결 대신 "효과적 집결"이 필요하다. 병력 대신 효과를 집결하는 것이다. 나폴레옹 시대의 빽빽한 편성은 각 부대가 살상력이 낮은 머스킷의 화력을 집중하는 데 도움이 되었다. 하지만 이런 편성은 2차대전기의 살상력이 높은 무기들 앞에서는 심각한 약점이 될 것이다.

두푸이는 현대의 정밀유도무기를 예측하지 못했다. 그는 정확성이나 정밀성이 항상 거의 동일하다고 가정했다. 앞서 살

     AI 시대, 전쟁의 미래

펴본 것처럼, 비유도 탄약에서 "원샷 원킬" 정밀성으로 이행하는 과정에서 살상력이 100~1000배로 한층 높아지는 것은 타당한 결과다. 나폴레옹 전쟁과 2차대전 사이의 살상력 증가율과 유사한 수준이다. 마찬가지로 우리는 그 결과로 병력과 전술에서도 극적인 변화를 예상할 수 있다. 기갑대대 같은 현재의 전력이 미래의 로봇 전장에서 몇 분 만에 섬멸될 것으로 예상할 수도 있다. 오늘날 군대의 다른 많은 특징도 과거에는 타당했을지 몰라도 보편적 정밀성의 시대에는 약점이 될 수 있다.

무기 – 표적 비대칭

크기 자체가 약점이 될 수 있다. 정밀성에 힘입은 소형 무기의 살상력 증대는 수세기 동안 유지된 무기와 표적의 대칭을 깨뜨리고 있다. 개별 병사가 근접 무기로 서로 맞서던 시절 이래, 어떤 무기 체계를 확실하게 격파하려면 최소한 비슷한 크기의 무기 체계를 사용해야 했다. 가령 소형 군함은 더 큰 군함에 고전했다. 전함의 장갑을 관통할 수 있는 총포는 다른 전함에 탑재된 대구경 함포뿐이었다. 마찬가지로, 기갑전에서 최고의 대전차 무기는 다른 전차라는 것은 자명한 진리였다.[26] 더 두꺼운 장갑을 입힌 더 큰 전차가 등장하면 상대는 그 장갑을 관통하는 데 필요한 더 무거운 포를 탑재한 더 큰 전차를 만들어야 했다. 엔지니어들은 훨씬 크고 강력한 무기를 건조하기 위해 노

　　　　2. 원샷 원킬, 수천 명씩: 보편적 정밀성이 낳은 결과

력했다. 종합해 보면, 이런 상황은 적대 진영이 서로 대칭을 이루는 경향으로 이어졌다. 어떤 함대에 전함이 12척이라면, 그것을 격파하려는 적 함대도 비슷한 수의 전함이 필요했고, 이는 비단 함대만의 문제가 아니었다. 군 지도자와 정치인들은 자국이 보유한 전함, 전차, 항공기, 병사의 수를 동맹국과 적국의 수와 비교하면서 전력 균형을 평가했다.

정밀성이 높지 않았기 때문에 이런 대칭성은 다양한 무기 유형에 걸쳐 유지되었다. 예를 들어, 이론상으로는 대공포탄 한 발로 대형 폭격기를 격추할 수 있었다. 하지만 이 탄을 대형 대공포로 발사해야 했고, 또한 정밀성이 낮은 탓에 폭격기를 격추하기 위해 수천 발을 발사해야 했다. 폭격기를 확실하게 격파하려면, 그 규모 면에서 폭격기와 크기가 비슷한 대공포와 포탄의 조합이 필요했다. 실제로, 2차대전 당시의 분석가들은 독일의 대공포수 한 명이 중폭격기 한 대를 격추하는 데 드는 평균 비용을 10만 6,976달러로 계산했다. 당시의 B-17 폭격기 한 대 가격과 맞먹는 액수였다.[27]

1921년 빌리 미첼 장군이 초기 폭격기가 전함을 격침할 수 있음을 시연했을 때, 상원의원 윌리엄 보라는 "3만 달러짜리 비행기로 4천만 달러짜리 전함을 침몰시킬 수 있다면" 왜 전함을 건조하느냐고 물었다.[28] 당시만 해도 정밀성이 부족한 탓에 그런 발상이 시기상조였지만, 2차대전에서 독일의 프리츠 X Fritz X 같은 최초의 정밀유도무기 덕분에 실제로 전시 상황에서 폭격기 한 대로 대형 군함에 심각한 손상을 입히게 되면서 이 발상

　　　　　　　　　　　　　　　AI 시대, 전쟁의 미래

이 현실이 되었다. 전쟁이 끝난 뒤 전함은 대부분 사라졌다. 오늘날 몇몇 관찰자들은 다음과 같이 묻는다. 재블린 미사일이나 훨씬 저렴한 무장 드론으로 수백만 달러짜리 전차를 파괴할 수 있다면, 왜 전차를 만들겠는가?

오늘날 F-35 전투기 한 대가 8천만 달러가 넘고 제작하는 데 4만 시간이 넘는 작업 공수가 필요하다.[29] 하지만 F-35나 다른 첨단 전투기가 특히 지상에 정지해 있을 때 파괴할 수 있는 소형 로봇 무기는 비용이 극히 적게 든다. 2006년 미 해군대학원의 한 프로젝트의 일환으로 학생들이 라디오 조종기를 이용해서 단순한 원격조종 "공중 사제 폭탄IED"을 만들었다. 지상에 주기된 항공기를 공격할 수 있는 무기였다. 학생들의 보고에 따르면, "탑재된 폭발물의 비용을 제외하면, 장교 후보생들은 이 항공기를 300달러 미만으로 만들 수 있었다. 테러리스트나 반군 집단이 300달러짜리 유도 공중 사제 폭탄으로 2억 달러짜리 C-17 대형 수송기를 맞바꾼다고 상상해보라."[30] 최근에 우크라이나는 바로 그런 방법으로 러시아 폭격기와 수송기를 공격해서 파괴했다.[31] 자율성 기술이 발전한 덕분에 이런 식의 공격이 대규모로 가능해졌다. 무기-표적 비대칭 때문에 그런 손실 교환 비율이 발생하면, 압도적인 경제적 비용이 전장의 손실 못지않게 변화를 강제하는 강력한 요인이 된다.

무기-표적 비대칭은 소형의 저렴한 무기가 대형의 값비싼 표적을 확실하게 파괴할 수 있는 능력이 증대하는 현상을 보여준다. 이는 정밀유도무기 발전의 핵심적 결과이며, 전쟁의 성격과 군대의 미래 변화를 예측하기 위한 강력한 도구다. 수많은 정밀 혁명이 아직도 남아 있기 때문에 이런 비대칭성은 전장에서 점점 두드러지는 요인이 될 것이다.

정밀 화력: 100퍼센트 명중은 한계가 아니다

무기의 원형 공산 오차CEP가 점점 줄어서 표적 크기보다 작아지면, 표적에 명중할 확률이 100퍼센트에 가까워진다. 하지만 명중률 100퍼센트가 궁극적 한계는 아니다. 이 추세는 훨씬 멀리까지 나아갈 수 있다.

무기 정밀도가 계속 향상되면 무기는 표적을 명중할 뿐만 아니라 표적 내의 특정한 조준점을 명중할 수도 있다. 사막의 폭풍 작전 당시, 레이저 유도 폭탄은 대형 건물을 상대로 그런 역량을 입증했다. 유명한 사례에서 F-117 스텔스공격기 조종사는 레이저 유도 폭탄을 이라크 방공본부 중앙 환기구 내부로 유도해서 단 한 발로 건물을 완파했다.[32] 정밀유도 탄약은 베트남 교량의 구조 지지대나 알카에다 동굴 거점 단지의 진입 터널 같은 대형 구조물의 특정한 부분을 타격하는 데 사용되었다. 현재 차세대 대함 미사일은 운용자가 함정 내부의 특정한 조준점을 선택할 수 있다.[33] 그리하여 상대적으로 작은 미사일로도 함정의 엔진이나 레이더 같은 핵심 시스템을 손상시킬 수 있다. 미군은 몇 차례 매우 정밀한 드론 공격에서 다른 차량의 특정

  AI 시대, 전쟁의 미래

좌석에 앉아 있는 테러리스트를 타격하면서도 다른 탑승자들은 건드리지 않았다.[34] 우크라이나 드론 조종자들은 소형 대전차 수류탄을 러시아 장갑차의 약한 지점에 정확하게 떨어뜨리는 능력을 보여주었고, 심지어 열린 해치 안으로 투하하기도 했다. 이런 능력을 발휘하면 저렴한 작은 수류탄으로 수백만 달러짜리 전차를 파괴할 수 있다.

표적 내의 지점을 외과적 정밀성으로 타격할 수 있는 역량은 대형 표적을 겨냥한 소형 탄약의 살상력을 증대시킨다. 작은 무기도 취약한 결정적 지점을 정밀하게 겨냥하면 파괴력을 발휘할 수 있다. "행운의 한 발"로 강력한 표적을 무력화한 사례가 많이 있다. 한 예로, 1940년 영국 최대의 전투순양함 HMS 후드 HMS Hood호가 독일 전함 비스마르크호에서 쏜 포탄 한 발로 격침되었다. 포탄은 후드호 갑판의 정확한 지점을 관통해서 탄약고로 진입했고 곧바로 2차 폭발이 일어나 후드호는 산산조각이 났다. 머지않아 그런 "행운의 한 발"이 우연한 사고가 아니라 모든 공격의 정상적인 결과가 된다고 상상해보라. 가상의 암살자 존 윅의 손에 들린 연필도 상대의 급소를 정확히 찌르면 치명적일 수 있다.[35]

외과적 수준의 정밀성은 무기-표적 비대칭을 증대시킨다. 소형 관측 드론처럼 과거에는 효과적인 무기를 탑재할 수 없었던 소형 플랫폼도 이로써 유력한 공격 역량을 갖게 된다. 또한 이제 어떤 전투 플랫폼이든 과거보다 훨씬 많은 무기를 탑재할 수 있다. 예를 들어, 과거에 대장갑차용 500파운드(228킬로그

   2. 원샷 원킬, 수천 명씩: 보편적 정밀성이 낳은 결과

램)짜리 폭탄 네 발을 탑재할 수 있었던 항공기에 이제 최대 25파운드짜리 정밀 타격용 탄약 80개를 탑재할 수 있다. 이는 단일 임무에서 20배 많은 장갑차를 무력화할 수 있음을 의미한다.

오늘날 정밀 타격의 초기 사례들을 보면, 가령 레이저 표적 지시기나 소형 드론의 정교한 영상 유도를 활용해 조준점을 사람이 수동으로 선택해야 한다. 조만간 AI가 구동하는 능동적 종말 유도*로 이 과정이 자동화될 수 있다. 이미지 처리 알고리즘은 공격 중인 표적의 유형을 자동으로 식별하고, 그에 따른 취약 지점을 찾아서 무기를 그 지점으로 유도할 수 있다. 따라서 로봇 무기는 정밀 타격을 자동으로 수행해 모든 타격을 "행운의 한 발"처럼 만들어낼 수 있다.

전투의 가속화

보편적 정밀성은 또한 전투 속도의 극적인 가속화를 함축한다. 표적을 파괴하는 데 여러 발이 아닌 한 발로 충분하면 전투가 훨씬 빠르게 진행된다. 사막의 폭풍 작전에서 대형 정밀무기가 처음 사용됐을 때, 정밀유도 폭격의 효율성 덕분에 공군은

---

* active terminal guidance. 무기 시스템이 목표물에 도달하기 직전 단계에서 자체적으로 작동하는 유도 방식으로, 최종 명중 정확도를 높여준다.

　　　　　　　　　　　AI 시대, 전쟁의 미래

동시에 많은 표적을 공격, 명중함으로써 충격과 마비를 일으켰다. 공군 참모총장 로널드 포글먼 장군이 지적한 것처럼, 정밀 유도 공격으로 전환이 완료되면 미 공군은 "전쟁의 첫 몇 분은 아닐지라도 첫 1시간 안에 1500개의 표적을 공격할 수 있을 것이다". 그 결과는 핵 공격의 속도와 충격에 맞먹는 재래식 공격이면서도 구별 능력이 한층 더 정교할 수 있다.[36] 이런 개념들은 병행 공격을 바탕으로 한 효과 기반 작전이라는 새로운 공군력 교리로 성문화되었다.[37]

정밀유도가 소형 무기에도 적용됨에 따라 동일한 속도와 충격, 마비의 동학이 지상의 전술 교전에도 적용될 것이다. 정밀성 덕분에 무기 살상력이 100배에서 1000배로 증가하면 속도도 비슷하게 증대할 수 있다. 가시적인 모든 표적을 타격하는 데 짧은 시간이면 충분하기 때문에 고강도 전투나 총기 교전은 몇 분, 심지어 많은 상황에서 몇 초만에 끝날 수 있다.

전차나 함대의 대열같이 대규모 전력이 전장으로 이동하는 전통적인 장관은 사라질 가능성이 높다. 이런 과시는 힘을 드러내기는커녕 오히려 위험한 취약성을 내보이게 될 것이다. 눈에 보이는 전력은 사격 연습장에서 줄줄이 나오는 표적과 비슷해질 것이다. 우크라이나 침공 당시 러시아 기갑대대의 전술 단위 부대들은 밀집 대형으로 전진했다. 우크라이나 드론들이 적 전차의 접근을 관측했고, 보병 부대는 소수의 정밀유도 대전차 미사일로 러시아 전차에 매복 공격을 가했다. 쓰라린 피해를 겪은 기갑대대들은 후퇴할 수밖에 없었다. 앞으로도 그렇게 관측에 버젓이 노출되는 부대는 곧바로 공격당해 순식간에 궤멸될 것이다.

군대 형태에서 극적인 변화가 이루어지지 않는다면, 이런 가속화 효과로 공격이 방어보다 압도적으로 유리해질 것이다. 과거에 대규모 군사작전이나 소규모 총기 교전을 개시하는 사격은 전투를 개시하는 계기가 되었지만, 좀처럼 상황을 극적으로 바꾸지는 못했다. 발사한 무기의 대부분이 빗나갔기 때문이다. 이와 대조적으로, "원샷 원킬"의 시대에는 첫 번째 일제 공격으로 전투나 군사작전의 판도 자체를 바꿀 수 있다. 진주만 공격 같은 선제타격도 정밀유도무기가 사용되면 훨씬 치명적이고 파괴력이 클 것이다. 한쪽 전력이 다른 쪽에 의해 표적이 될 수 있다면, 기습 공격의 유혹이 위험할 정도로 커진다. 이런 식으로 재래식 교전의 계산법은 냉전 시대의 핵 대결을 축소한 형태로 닮아가게 된다. 자기 전력이 먼저 궤멸당할지 모른다는 두려움을 지닌 적에 대항해, 그들의 선제공격 유혹을 줄이려면 분산과 위장을 비롯한 은폐 기술이 중요해질 것이다.

적을 찾아내서 고정하는 경쟁인 전투

정밀무기가 지배하는 미래 전장에서는 눈에 보이는 적은 모두 타격당해 제거될 수 있다. 따라서 미래 전력은 보이지 않으려고 노력하는 한편 적을 찾아내기 위해 최대한의 노력을 기

     AI 시대, 전쟁의 미래

울일 것으로 예상할 수 있다. 전투는 적을 타격하려는 싸움에서 적을 찾아내 표적으로 삼는 싸움으로 바뀔 것이다.

정밀무기를 사용하는 공격에는 "킬 체인kill chain"이라는 일련의 단계가 포함된다. 대부분의 단계는 적을 표적으로 삼는 데 필요한 정보를 수집해서 처리하는 일과 관련된다. 킬 체인의 가장 단순한 버전은 "발견find, 고정fix, 마무리finish"다. "발견"은 표적의 존재를 탐지하는 것이고, "고정"은 정확한 조준점을 표시하는 것이며, "마무리"는 무기로 적을 파괴하는 것이다. 이후 "추적track"과 "평가assess" 같은 추가적 단계를 명시하는 더 자세한 버전이 널리 사용되고 있다. 어떤 경우든 실제 무기 타격은 이 모든 단계의 정점에 불과하다.

적을 찾아 고정하려는 경쟁은 더욱 명시적이고 치열해질 것이다. 미 공군을 비롯한 각 군은 현대의 킬 체인에 정보를 공급하기 위해 거대하고 다층적인 정보, 감시, 정찰(ISR) 정보기구를 구축하고 있다. 여기에는 소형 전술용 드론에서부터 여객기 기반의 리벳 조인트Rivet Joint와 E-7 같은 강력한 공중 정찰 시스템, 감시 위성군constellation of surveillance satellite 등의 다양한 감지 체계가 포함된다. 미국은 심지어 데이터를 수집하고 전달하는, 성장하는 우주 시스템 네트워크를 가동하기 위해 새로운 군종인 우주군도 창설했다. 이 모든 시스템은 ISR 데이터를 분석해서 전장의 사령관들에게 유용한 정보로 제공하는 수많은 정보 전문가들의 지원을 받는다. 데이터 네트워크는 이 모든 데이터를 한데 결합해서 전장의 실시간 그림을 만들어내고 아군

　2. 원샷 원킬, 수천 명씩: 보편적 정밀성이 낳은 결과

의 행동을 조정한다. 간혹 이 과정을 "네트워크 중심 전쟁net-work-centric warfare"이라고 부른다. 수많은 센서와 무기가 네트워크로 연결되면 "킬 웹kill web"을 형성하며, 이 네트워크화된 전력을 여러 가지로 조합해서 킬 체인이 완성된다.

표적 결정은 네트워크 중심 전쟁의 핵심을 차지한다. 전쟁이 대규모 파괴를 추구하는 활동이라면, 훨씬 효과적으로 파괴를 수행하는 핵무기만이 가치가 있을 것이다. 하지만 정반대로, 실제 전쟁에서는 표적을 신중하게 선정하는 것이 중요하며, 이 결정에는 단순히 방아쇠를 당기는 것보다 훨씬 많은 요소가 포함된다. 군은 표적 선정을 종합적 과정으로 이해한다. 현재 미 합동참모본부의 교리는 표적 선정을 "지휘 목표, 작전 요구, 가용 역량을 고려해서 표적을 선정, 우선순위를 정하고 각각에 대해 적절하게 대응하는 과정"으로 설명한다.[38] 이것은 다양한 병과가 협동하는 체계적인 과정이며, 지휘관이 이를 감독하고 관여함으로써 지휘 책임을 진다. 이 과정에는 정보 수집부터 탄약 조준점 지정까지 다양한 전문 분야와 내부 점검이 포함되고, 또한 공격 이후의 효과 평가도 포함된다.[39] 이처럼 표적 선정의 책임은 정밀무기 사용을 감독하는 이들에게 막대한 부담을 안긴다.

AI가 일부 표적 선정 책임을 맡아야 한다

ISR 데이터가 급격히 늘어나면서, 인간 분석가들이 그것을 처리할 수 있는 역량을 급속도로 추월하고 있다. 2019년, 미국 국가정보국장은 현재의 추세대로라면 미국 정보기관들에 800만 명이 넘는 이미지 분석가가 필요할 것이라고 언급했다. 정부 전체에서 일급 기밀 접근 허가를 받은 인원의 다섯 배가 넘는 규모다.[40] 보편적 정밀성이 등장하기 전의 이야기다. 이런 부담을 전투원들에게 떠맡길 수는 없다. 현대 전투원은 이미 온갖 요구 사항으로 포화 상태다. 역사가 보여주듯이, 성공적인 로봇 무기는 전투원의 부담을 덜기 위해 자신의 "스마트함"을 발휘한다.

AI의 발전은 이런 복잡성과 부담의 장벽을 해결하는 데 도움을 주고 있다. 정보센터에서 일하는 분석가들은 AI를 이용해서 위성 이미지나 고해상도 영상 같은 방대한 양의 ISR 데이터를 효율적으로 탐색하면서 잠재적 표적을 신속하게 찾아낼 수 있다. 전투원과 결정권자들은 AI를 이용해서 복잡하고 빠르게 변화하는 전장 상황을 분석하고, 중요한 변화와 그렇지 않은 변화를 구별하며, 정보에 입각한 결정을 더 신속하게 내릴 수 있다.

무인 시스템은 AI를 활용해서 부담스러운 미가공 데이터를 전송하지 않은 채 일정 부분 자체적으로 분석하고 낮은 수준의 의사결정을 할 수 있다. 어쨌든 우리가 유인 시스템에 기대하는 것도 이런 수준이다. 가령 적 함선을 찾는 정찰기 승무원들은 단순히 영상을 본부로 전송해 분석가들이 판단하도록 맡기지 않는다. 그들은 스스로 영상을 판단하고, 무언가를 발견하면 통보한다. AI를 사용하는 에지 컴퓨팅* 덕분에 무인 ISR 시스템이 비슷한 방식으로 전장의 실시간 디지털 이미지를 구성할 수 있다.

또한 AI 덕분에 수많은 정밀유도무기들이 인간 전투원에게 지나친 부담을 안기지 않고 표적을 발견할 수 있다. 다소 급진적으로 들릴지 모르겠지만, AI의 초기 형태는 오래전부터 스마트 무기가 일부 표적 선정 임무를 수행할 수 있도록 역량을 제공했다. "발사 후 자동 유도" 미사일은 이미 공중과 해상 전투에서 널리 사용된다. 이런 자동 유도무기는 어수선한 배경이나 잡음과 표적을 구별할 수 있어야 한다. 또한 적외선 섬광이나 레이더 반사 물체 같은 대응 수단의 방해를 걸러내야 한다. 새로운 무기들은 고해상도 영상 센서와 영상처리 소프트웨어를 이용해서 시야에 보이는 물체들 중 어떤 것이 진짜 물체이고, 어떤 것이 섬광, 기만 물체, 전자파 간섭이나 배경 잡음의 결과인지 판단한 다음, 어떤 물체를 추적할지 결정한다. 이 무기들은 "다중스펙트럼 영상"이라는 전자기 스펙트럼의 각 부분에서

---

*   edge computing. 데이터를 중앙 서버나 클라우드로 전송하는 대신, 그 데이터가 생성되는 현장 근처에서 처리하는 방식.

화면을 검토하면서 특유의 형태나 움직임을 찾는다. 가짜 표적 가운데 진짜를 골라내는 과제에서, 다른 물체들 사이에서 표적을 선정하는 과제로 나아가는 데는 한 걸음만 내디디면 된다.

많은 미사일에는 "발사 후 조준lock-on after launch"이라는 기능이 탑재돼 있어서 일단 의심 가는 표적 지역에 접근한 뒤 자체 추적 장치를 이용해서 표적을 확보할 수 있다. 많은 대함 미사일이 이런 식으로 작동한다. 일찍이 1980년대에도 원거리에서 적 함대에 발사하는 용도로 스웨덴의 Rb-04 같은 최전선 대함 미사일이 건조되었다. 일단 발사한 다음에 자체 레이더와 논리를 이용해서 어느 함선을 공격할지 식별해 선정하는 방식이었다. 포클랜드 전쟁에서 영국 수송선 애틀랜틱 컨베이어호를 격침한 아르헨티나군의 엑조세 미사일 두 발은 교란 물체에 속아서 첫 번째 표적을 명중하지 못한 뒤, 다음 표적으로 애틀랜틱 컨베이어호를 찾아냈다. 현대의 대對레이더 미사일은 종종 표적 없이 발사되어 적 레이더가 전파를 발사하도록 효과적으로 자극한 다음, 모든 무선 주파수 송신기 중에서 레이더를 선택해서 자율적으로 공격한다.

'발사 후 조준'은 1980년대 기술을 바탕으로 널리 수용되었고, 현대 AI가 발전할수록 각종 무기가 끊임없이 정교해지는 방식의 표적 평가를 수행할 것이다. 이런 AI 역량은 스마트폰 카메라가 사람 얼굴을 자동으로 탐지하거나 다른 종류의 물체를 식별하는 데 사용하는 기술과 비슷하다. 킬 체인의 일부 단계들을 지원하는 이미지 처리 소프트웨어와 AI의 선례가 이미 확립

　　　　2. 원샷 원킬, 수천 명씩: 보편적 정밀성이 낳은 결과

되어 있다. 보편적 정밀성을 확보하기 위한 수요가 증대함에 따라, 기술은 발전하고 표적 선정의 더 많은 측면에서 도움을 줄 것이다.

신호 추적 무기

냉전 말기에 미국은 평지에서 전차를 자율적으로 추적해서 조준할 수 있는 무기를 도입했다. 한 예로, CBU-97 센서 융합 무기Sensor Fuzed Weapon는 공중투하 폭탄으로, 폭탄에서 방출된 자탄子彈 40개가 레이저 물체 감지와 온도 차이 감지 기능을 기반으로 독립적으로 대형 차량을 추적한다.[41] 이 무기는 개방된 지형에서 다수의 장갑차량을 상대로 파괴적 역량을 입증했지만, 이후 수십 년간 그런 전투 시나리오는 거의 등장하지 않았다. CBU-97은 발칸반도와 2001년 이후 대반란전 같은 복잡한 상황에 적합하지 않았다. 우크라이나 같은 곳에서 다시 고강도 전쟁이 벌어지면서 스마트 대전차 무기의 수요도 다시 높아지고 있다.

하지만 전차 대대들이 탁 트인 사막이나 초원을 가로질러 진격하던 시대는 빠르게 사라지고 있다. 미래의 무기는 겉모습이 비슷한 다른 물체들과 표적을 구별해야 한다. 군용 차량과 민간 차량, 군함과 상업용 선박, 심지어 전투원과 비전투원도 식별해야 한다. 그러려면 특정 표적과 일치하는 복잡한 일련의 특징을 탐지해 판단하고 다른 특징과 구별해낼 수 있는 센서와 AI가 필요하다. 일반적으로 이런 특징의 집합을 "신호signature"라고 하며, 우리는 그런 무기를 신호 추적 무기signature-seeking weapon라고 명명한다.

가까운 미래에 신호 추적 미사일이나 "가미카제 드론"이 비행장에 주기된 전투기를 공격하는 모습을 상상해보라. 지휘관이 한 무리의 미사일이나 드론을 날려 지상에 있는 적 항공기를 파괴하라고 명령한다면, 이는 그 지휘관이 공격 조종사 중대에 명령을 내리는 것과 다를 바 없다. 무기들은 비행장으로 날아간 다음, 다중스펙트럼 영상과 AI를 이용해서 크기와 형태 등 전투기의 특징에 부합하는 물체를 찾는다. AI는 같은 지역에 있는 건물이나 지상 차량, 민간 항공기는 배제한다. 무기들은 표적을 자기들끼리 분배해서 정밀하고 정확하게 전투기를 타격하면서 쓸데없이 빗나가는 공격이나 의도하지 않은 피해를 줄인다. 이런 공격은 집속탄* 같은 재래식 무기로 비행장을 공격하는 것보다 신속하고 파괴적이며 선별적이다. 이 사례에서 필요한 특정한 AI 역량은 이미 위성 항공 사진을 사용해 공항에 주기된 각기 다른 항공기 모델을 자동으로 식별하고 집계하는 데 활용되고 있다.[42] 전투기마다 독특하고 식별 가능한 특징이 있기 때문에 이런 공격은 실용성이 충분하다. 명령을 내리기만

---

* 한 개의 폭탄(모탄) 속에 또 다른 폭탄(자탄)이 들어가 있는 폭탄. 넓은 지형에서 다수의 인명 살상을 목적으로 한다.

   2. 원샷 원킬, 수천 명씩: 보편적 정밀성이 낳은 결과

하면 자율적이고 확실하게 작전을 수행할 수 있으며, 아군에는 부담이 적고 승무원들도 위험을 무릅쓸 필요가 없는 공격 방식 이다.

정밀성을 넘어 선별성으로

정밀성은, 조준점을 사람이 지정하고 무기의 임무는 단순히 그 조준점에 최대한 가까이 명중하는 것이었던 시대에 유용한 개념이었다. 그런 시대는 이제 막을 내리고 있다. 오늘날과 같이 정밀성이 당연시되는 시대, 곧 자동으로 조준점을 정하고, 신호 추적 AI가 표적 선정 과정의 제한된 단계를 수행하거나 보조하는 시대에는 군 지도자들과 분석가들에게 새로운 척도와 사고방식이 필요하다. 이러한 접근법은 의도한 표적 외에는 아무것도 맞히지 않는 능력까지 명시적으로 포함하는, 완전한 효과 기반 성능effects-based performance 역시 측정해야 한다.

암 같은 질환의 치료법을 개발하는 의사와 과학자들도 매우 비슷한 상황을 마주한다. 암세포 같은 특정한 종류의 세포만 골라 파괴하는 한편, 건강한 세포와 그 외 다른 모든 것은 건드리지 않는 치료법이 필요하다. 의사가 각 세포를 일일이 손으로 표적으로 지정하는 것은 비현실적이다. 이 때문에 치료법 자체가 선택된 세포 유형을 찾아내고, 존재하는 다른 모든 세포와 구별하는 능력에 의존한다. 스마트 무기와 아주 직접적으로 유사하기 때문에 의사와 과학자는 종종 이런 의학적 치료법을 "스마트 폭탄"이나 "마법의 총탄"이라고 지칭하며, 원하는 효과가 나오면 "표적을 명중했다"고 말한다.

의학 연구자들은 이런 치료를 **선별성** 지표로 평가한다. 연구자들의 정의에 따르면, 선별성이란 "다른 대상보다 특정 대상군, 즉 유전자, 단백질, 신호 경로, 세포 등에 우선적으로 영향을 미치는 약물의 능력"이다.[43] 군사적 맥락에서 선별성은 존재하는 다른 유형의 잠재적 표적, 물체, 특징보다 우선적으로 선별된 표적 유형에 영향을 미치는 스마트 무기의 능력을 가리킨다.

앞에서 설명한 것처럼, 표적 선정은 본질적으로 지휘 기능이다. 지휘관은 실제로 임무를 수행하는 주체가 인간이든 기계든 간에 표적 선정 과정 전체의 유효성을 보장할 책임이 있다. 이 문제는 윤리적 이유뿐만 아니라 군사적 효용의 차원에서도 중요하다. 표적 선정이 잘못되면 전쟁 수행 노력 전체에 차질이 빚어질 수 있기 때문이다.

미래에는 신호 추적 로봇 무기를 배치하는 지휘관의 윤리적 책임이 암 환자 치료를 처방하는 의사의 책임과 더욱 비슷해질 것이다. 의사는 암 치료법의 표적이 되는 각각의 세포를 파괴하는 것을 승인하지는 않더라도 치료 자체에 대해 분명한 책임을 진다. 가령, 지휘관이나 책임을 맡은 제어 담당자는 전차나 주기된 전투기 같이 특정한 신호에 부합하는 모든 표적을 타격하고 표적 이외의 것은 건드리지 않는다는 지휘관의 의도에 따라 지정된 지역에 신호 추적 무기를 보낸다.

선별성은 신호의 정확도, 선택된 신호 추적 무기의 역량, 해당 지역에 존재하는 다른 물체들을 비롯한 환경에 좌우된다. 한 무기가 탁 트인 사막에서 장갑차량을 공격하는 임무처럼 어떤 환경에서는 높은 선별성을 보이면서도 다른 환경에서는 선별성이 떨어질 수 있다. 따라서 지휘관은 명시된 표적 신호가 인근에 존재하는 다른 부정확한 표적을 배제할 만큼 충분히 구체적이고 상세한지, 그리고 선택된 무기가 추적하는 신호를 높은 신뢰도로 탐지하고 판단할 능력이 있는지 보장하는 책임을 진다.

계속 의학에 비유해보자면, 무기의 살상력이라는 군대의 개념 또한 효능이라는 의학 개념과 비슷하다. 효능은 치료가 표적 집단에서 바라는 효과를 발휘하는 능력을 가리킨다. 가령 암 치료에서 바라는 효과는 대개 표적 암세포를 죽이는 것이다. 암세포를 확실히 죽이지만 또한 건강한 세포도 많이 죽이는 치료는 효능은 높아도 선별성은 낮다. 암세포에만 영향을 미치지만 그것을 죽일 만큼 강하지 않은 치료는 선별성은 높지만 효능은 낮다. 물론 이상적 치료는 높은 효능과 높은 선별성이 결합된 것이다. 비슷한 방식으로, 이상적인 AI 지원 신호 추적 무기는 높은 살상력과 높은 선별성을 결합해야 한다.

선별성은 정밀성 개념을 현대화하고 미래에도 유효한 것으로 만듦으로써 AI 지원 표적 설정 시대에 미래의 무기들이 최고 수준의 정밀성을 구현하도록 보장해준다. 선별성이 높은 신호 추적 무기를 만든다는 목표에 맞춰 로봇공학과 AI에 집중하면 군사적으로만이 아니라 정치적·윤리적으로도 강력한 발전을 이룰 수 있다. 군이 군사적 효율성은 물론 정밀한 효과까지 갖출 수 있게 해주는 높은 선별성은 무기의 합법성과 윤리성에 필요한 차별성을 제공한다. 최근 벌어진 시가전의 물리적 피해를 살펴보면 선별성 부족이 얼마나 끔찍한 대가를 낳는지 알 수 있다. 기술적으로 "정밀"하지만 지나치게 크고 강력한 무기가 광범위하게 사용된 가자지구 같은 도시 전투도 마찬가지다. 도시 풍경은 종종 잔해와 파편 더미로 바뀌고, 절반쯤 무너진 건물과 거대한 민간 기반시설 파괴가 눈에 띈다. 기반시설이 파괴된 부수적 피해의 규모를 보면, 전투를 피해 탈출하지 못한 비전투원들에게 얼마나 큰 부수적 인명 피해가 가해졌을지, 그리고 경제적 파괴로 시민들의 생계가 얼마나 무너졌을지 짐작할 수 있다. 전투가 끝난 뒤 어느 편이 그 지역을 통제하든 간에 도시가 정상 기능을 회복하는 데 막대한 부담을 지게 된다. 정밀 로봇 무기의 새로운 역량을 완전히 활용한다 해도, 군대가 초창기 비전가들이 낙관적으로 꿈꾸었던 것처럼 인간들 사이의 전쟁을 없애는 데 성공할지는 알 수 없다. 하지만 적어도 "도시를 해방하기 위해 도시를 파괴하는" 비극적 관행은 크게 줄일 수 있을 것이다.[44]

3

전장의 교훈
: 전투 역할과 전술의 혁명

나고르노-카라바흐 전쟁을 지켜보던 이들에게 현지에서 벌어진 전투 장면은 조만간 우크라이나에서 훨씬 큰 규모로 반복될 사태를 예고하는 듯했다. 공세가 시작되고 몇 주 뒤, 아르메니아에 마지막으로 남은 지대공 미사일 시스템 중 하나인 현대식 러시아제 토르-M2KM 이동식 시스템이 나고르노-카라바흐 동부 호자벤트 인근에서 저항 태세를 갖췄다. 미사일 운용병들은 아제르바이잔 드론을 격추하려고 몇 차례 시도한 뒤, 레이더를 접고 시스템을 소나무로 둘러싸인 주택 바로 옆의 천장이 높은 트럭 차고로 옮겼다. 상공의 적 드론에게 발각되지 않도록 숨기려는 생각이었다. 그들은 미처 알지 못했지만, 아제르바이잔 TB2 드론 조종자들은 드론에 장착된 장거리 카메라로 이 모든 과정을 지켜보았다. 높은 고도에서 선회하던 드론은 그 차고를 적외선 레이저 점으로 표시했다. 그로부터 몇 분 뒤, 배회탄 한 발이 열린 차고 문으로 날아들었다. 문틈 사이로 토르 궤도차량의 후미가 눈에 들어왔다. 이 폭발로 토르 차량의 후미가 완파되고 차고 지붕 일부가 날아갔다. 토르 운용병 한 명이 차량 뒤쪽에서 연기가 피어오르는 잔해를 기어 넘어 차고 밖으로 빠져나오려던 순간, TB2 레이저 유도 활공 폭탄 한 발이 같은 지점에 명중해서 사방으로 연기와 금속 파편이 흩어졌다. TB2는 레이저 유도 미사일의 최후 공격을 위해 다시 한번 남아 있는 차고 지붕에 레이저를 쏘았고, 날아든 미사일로 불타는 차고와 그 안에 있던 물건들이 산산조각 났다.[1]

아르메니아 지상군을 겨냥한 정밀 타격이 끊임없이 이어졌다. 설상가상으로 자국 영공 인근에서 비행하던 튀르키예의 E-7 레이더 감시기들은 나고르노-카라바흐 전장 전체를 볼 수 있어서 수집한 ISR 데이터를 동맹인 아제르바이잔에 제공했다.[2] 밤낮으로 공습이 벌어졌다. 지친 아르메니아 군인들은 이 새로운 전쟁의 하루가 1차 나고르노-카라바흐 전쟁의 석 달과 맞먹는 듯한 느낌이라고 토로했다.[3] 실제로 기지 밖으로 출격하려던 한 보병 중대는 아제르바이잔 TB2 드론의 치명적 공격에 노출됐다. 아르메니아 병사들은 육중한 칸막이 문 양쪽을 열고 요새형 막사 안으로 도망치려 했지만, 바로 그 순간 레이저 유도 폭탄이 병사들 사이로 날아들었다. 다른 곳에서 아르메니아 병사들은 길게 이어진 참호 속에 모여들었다. 병사들의 말에 따르면, 이스라엘제 하롭 배회탄이 급강하하는 굉음이 들리는 순간 7초 안에 참호를 박차고 도망치지 않으면 목숨을 잃었다.[4] 한 생존자는 "숨을 수도 없고 맞서 싸울 수도 없었다"고 말했다.[5] 폭발이 이어지며 참호가 줄줄이 무너졌고 참호 속에 몸을 숨긴 병사들도 갈가리 찢겼다. 일부 병사들은 요새형 대피호의 커다란 입구로 도망쳤다. 소형 배회탄과 활공 폭탄이 그들을 쫓았다. 다른 이들은 참호를 버리고 무리를 지어 장갑차가 버리고 떠난 방호벽 밑이나 인근의 교량 아래에 몸을 숨겼다. 하늘에서 보이기만 하면 드론과 정밀유도무기가 그들을 찾아내 몰살했다.

죽음의 덫

2차대전 중에 미 육군의 조지 패튼 장군은 "고정된 요새는 인간의 어리석음을 기리는 기념비"라고 말했다. 그는 프랑스의 마지노선이나 독일의 지크프리트선 같은 요새가 화력과 신속 기동이 지배하는 시대에 효력을 다했다고 보았다. 설상가상으로, 요새는 오늘날 골칫거리가 되었다. 이제 현대식 폭탄으로 뚫을 수 없는 벽은 없고, 육군 항공대는 비록 정밀하지는 못해도 요새에 폭탄을 쏟아부어 잿더미로 만드는 걸 즐긴다. 요새는 방어군에게 죽음의 덫이 되었다.

보편적 정밀성의 여명이 밝으면서 극히 작은 규모의 요새에도 똑같은 평가가 적용된다. 나고르노-카라바흐에 만든 좁다란 참호들은 집단 무덤이 되었다. 참호는 그전까지 대부분의 총포 공격이 이루어지던 측면에 대해서만 방호를 제공했다. 위에서 가해지는 공격에는 무방비였다. 로봇 정밀무기가 널리 사용됨에 따라 이제 참호를 비롯한 요새는 무용지물이 되었다. 오히려 아군 병사와 장비를 쉽게 찾을 수 있는 장소에 모아 놓아, 적군이 그것을 편리하게 고정하고 파괴할 수 있는 목표물로 여겨질 뿐이다.

장갑차량도 벙커나 사격 진지 같은 소규모 요새와 비슷하다. 이동할 수는 있지만 그 기동성은 미사일 속도에 비하면 아무것도 아니다. 미군이 발칸반도와 이라크에서 정밀 공습을 벌인 뒤인 2004년, 공군 장군 메릴 맥피크는 미 공군이 위협하면 적군은 전차를 버리고 도망치는 경향이 있다고 언급했다. "정밀 공군력에 직면하는 적군 병사들은 이제 그냥 장비를 버리고 내뺀다. 이보다 더 두드러진 전술 변화를 상상하기란 쉽지 않다."[6]

맥심의 경고와 자기만족

미국의 정밀 공군력에 대한 외국 군대의 극적인 반응을 언급한 맥피크 장군은 또한 미 육군이 전술을 전혀 바꾸지 않았다는 점도 지적했다. 아직 그럴 필요가 없었기 때문이다. 20년이 지난 뒤에도 사정은 크게 바뀌지 않았다. 테러와의 전쟁에서 미국의 적들은 정밀무기를 거의 보유하지 않았기 때문이다.

마찬가지로, 전쟁이 산업화되던 초창기에 영국 식민 군대는 하이럼 맥심이 얼마 전에 발명한 최초의 기관총 일부를 실전 배치했다. 아프리카와 인도에서 벌어진 식민지 전쟁에서 영국의 소규모 군대는 기관총을 앞세워 훨씬 수가 많은 현지인 군대를 박살냈다. 그리하여 위험한 자기만족이 생겨났다. 빅토리아 시대의 유명한 시 구절은 적대적인 토착민 전사 집단을 마주한 영국군 병사들의 태도를 묘사했다. "무슨 일이 벌어지든 / 우리에게는 / 맥심 기관총이 있고 / 저들에게는 없으니."[7] 토착민 군대는 금세 전투에서 공개적으로 집결해선 안 된다는 걸 깨우쳤다. 하지만 적군의 전술에 극적인 효과를 미치는 걸 보고서도 영국군은 자신의 전통적 전투 대형과 전술을 그대로 유지했다. 조만간 적도 영국군에 기관총을 겨눌 것이라는 사실을 고려하지 않은 것이다. 유럽의 다른 군대와 마찬가지로, 영국군은 끔찍할 정도로 준비 없이 1차대전의 첫 번째 전장으로 행군해 들어갔고, 적의 기관총을 비롯한 산업화된 무기에 재앙과도 같은 손실을 입었다.

더욱 끔찍한 점은, 유럽의 군사 전문가들이 1904~1905년 러일전쟁 당시에 새로운 산업 무기가 전투에 어떤 변화를 불러오는지를 미리 목격했다는 것이다. 유럽의 군사 전문가들은 양쪽이 치명적인 손실을 당하고 참호에 틀어박히는 모습을 목격했다. 하지만 그들은 사소한 변화만을 권고하면서 자국 군대가 더 수준이 높고 훈련 상태가 좋다고 합리화했다. 그들은 자국 군대가 전쟁을 벌이면 다른 상황이 펼쳐질 것이라고 맹신했다.

맥심 기관총 이야기는 새로운 무기가 우리 군에 미칠 영향을 예측하고, 변화가 우리를 짓누르기 전에 선제적으로 적응해야 한다고 경고한다. 각국 군대는 과거보다 훨씬 치명적인 미래의 정밀무기 전장을 대비해야 한다. 전에는 심각한 위협이 되지 못했던 적들이 이런 전장을 강제할 수 있기 때문이다. 우리는 이미 우리가 보유한 정밀무기에 대한 적들의 전술적 대응에 주목하면서, 그리고 나고르노-카라바흐와 우크라이나 같은 외국의 충돌을 관찰하면서 보편적 정밀성이 장래에 미칠 영향을 충분히 경고받았다.

러시아-우크라이나 전쟁은 보편적 정밀성이 등장하는 초기 단계에 어떤 식으로 전투가 변화하는지, 이런 변화가 어떤 적응을 강제할지를 여실히 보여준다. 아제르바이잔과 달리, 두 나라는 2022년 2월 러시아가 전면 침공을 하기 전에는 로봇 전쟁에 전력을 기울이지 않았다. 양국은 로봇 무기를 시도해보기는 했지만, 여전히 냉전 시절의 구소련 장비가 주력 무기였다. 하지만 불과 몇 주 만에 전쟁이 점점 더 로봇 전쟁의 양상을 띠게 되었다. 전 세계 군 관계자들은 이 한 번의 전쟁에서 정밀무기 전장이 탄생하는 과정을 지켜보았다. 그 결과 많은 이들이 충격을 받았지만, 그것이 예고하는 전쟁의 변화는 이제 막 시작됐을 뿐이다. 다음은 이런 변화를 보여주는 대표적인 예다.

지상 영역: 텅 빈 전장에서 벌어진 학살극

2022년 2월 러시아가 전면 침공에 나서기 전에 군사 자문가들은 우크라이나에 "고슴도치" 전략을 채택하라고 권고한 바 있었다. 우크라이나나 대만처럼 상대적으로 소규모인 방어군이 재래식 군사 장비로 대칭적으로 맞붙는 시도를 포기하고, 대신에 값싸고 소형인 대량의 정밀무기로 무장한 기동성 있는 군대를 배치하라는 주문이었다. 이는 고슴도치처럼 약한 군대가 강력한 침략군을 물리칠 수 있는 전략이다.[8] 이런 군대는 회복력이 강하고 침략자에게 막대한 손상을 가하기 때문에 적은 마치 고슴도치의 가시에 찔린 포식자처럼 철수할 수밖에 없다. 특히 방어자가 로봇 무기로 무장하면 공격하는 쪽은 침략 비용이 크게 치솟을 것을 우려하게 되고, 자연스럽게 전쟁을 예방할 수 있다.

전면 침공 초기 몇 주 동안 우크라이나군은 대부분 나토가 제공한 다수의 소형 대전차 미사일과 자체 무장 드론을 사용해서 침략하는 러시아 기계화 부대를 격퇴했다. 러시아군은 수백 대의 장갑차를 잃었고, 키이우와 하르키우 교외에서 공격을 받으며 철수했다. 불에 탄 러시아 전차는 실패로 끝난 초기 침공의 상징이 되었다. 그 후 우크라이나는 로봇 무기를 전면적으로 수용하면서 군비 전략의 핵심 기조로 삼았다.

1년 반 뒤, 정밀무기는 우크라이나 지상 방어의 중심축이었다. 가령 정밀 포대와 소형 대전차 미사일, 점점 늘어나는 폭탄 투하용 드론과 일인칭 시점 드론이 러시아가 차지한 도네츠크 시 외곽 아우디이우카(러시아 지명은 아브데예브카)의 동부 산업 지역에 대한 우크라이나 방어의 주축이었다. 물밀듯이 밀려

　　　　　　　　　　　　　　　　　　

드는 러시아 기계화 부대가 4개월 동안 도시를 포위하려 했다. 우크라이나군은 대부분 수목 방어선과 공장 건물 안, 전선이 내려다보이는 산업 폐기물 더미 위에 은폐한 채 나서지 않았다. 소형 드론이 상공에서 표적을 찾아내 고정하면 정밀무기가 기계화 공격 병력을 초토화했다.

우크라이나군은 도시 외곽에서 하루 만에 최대 55대의 전차와 120대의 장갑차량을 파괴했다고 주장했다.[9] 러시아 병사들은 공격 부대가 30~70퍼센트의 손실을 당하고 나서야 후퇴 명령이 떨어졌다고 전했다.[10] 아우디이우카 주변의 눈 덮인 들판과 도로에는 불탄 러시아 차량 수백 대와 전사한 보병들의 주검이 널려 있었다. 공격이 잠깐씩 멈출 때마다 우크라이나군은 소형 원격조종 지상 차량을 이용해서 도로와 들판에 대전차 지뢰줄을 깔고는 러시아군이 밀고 들어오는 순간을 기다렸다.[11] 러시아군은 점차 기계화 전술을 포기하고 보병을 앞세운 대규모 돌격으로 전환했다. 러시아 육군이 장갑차 약 1000대를 잃고, 사상자 4만 명 이상이 발생한 뒤인 2024년 2월, 마침내 방어군이 철수했다.[12] 러시아군은 교외 지역 한 곳을 얻기 위해 막대한 대가를 치렀다.

통제선 곳곳에서 비슷한 상황이 거듭 펼쳐졌다. 불행히도 우크라이나군도 진격할 수 없었다. 여름에 기계화 부대를 앞세운 반격 시도가 있었지만 러시아 포대에 분쇄되었고, 우크라이나군도 기계화 부대의 진격을 포기하고 소규모 보병 부대로 침투하는 전술을 택했다. 1차대전 후반기와 비슷한 양상이었다.

 　　　　　　　　3. 전장의 교훈: 전투 역할과 전술의 혁명

전선은 사실상 유혈적인 교착 상태로 굳어졌다. "장갑과 발사무기의 전쟁이에요." 우크라이나의 드론 조종자가 말했다. "지금은 발사 무기가 승리하는 중입니다. (…) 지금 당장은 누구도 어떻게 전진해야 하는지 알지 못해요. 드론과 포격 때문에 모든 게 박살이 납니다."[13]

두푸이는 무기의 살상력이 높아지면 결국 병력이 극도로 분산될 수밖에 없고, 언뜻 전장이 텅 비어 보일 것이라고 분석한 바 있었다.[14] 미래 전장의 군대는 원거리에서 상호조정하면서 눈에 보이는 적군에 정밀무기 화력을 집중할 것이다. 우크라이나 전장은 궁극적 미래가 현실이 되었음을 보여주었다. 탁 트인 공간에서 기동하기란 거의 불가능했다.

이런 상황에 대해 예상되는 반응으로, 군대는 전차와 대형 표적을 방호하기 위해 드론을 비롯한 소형 정밀무기에 대한 방어 시스템을 배치하려고 서둘렀다. 유인 항공기에 대비한 방공망은 새로운 로봇 공중 무기 앞에서 고전했다. 무장 드론과 배회탄은 시리아와 나고르노-카라바흐에서 재래식 방공망을 가차 없이 찾아내 초토화했고, 우크라이나에서도 비슷한 상황이 펼쳐졌다. 기존 방공망이 고전한 한 가지 요인은 적 드론의 크기가 소형이어서 레이더 반사 면적이 작기 때문이었다. 또 다른 요인은 지대공 미사일 시스템이 대개 신호처리 기법을 사용하는데, 이 방식은 느리게 움직이는 물체에서 반사되는 레이더는 걸러내기 때문이었다. 이 기법은 새나 지상의 물체 같은 가짜 표적과 항공기를 구별하는 데 유효하지만, 저속으로 움직이는

　　　　　　　　　　　　AI 시대, 전쟁의 미래

드론도 걸러지는 단점이 있었다. 신호처리를 조정해서 소형 무인 공중 시스템을 식별할 수 있더라도 대부분의 방공 시스템은 소수의 거대하고 비싼 미사일이 장착돼 있다. 고가의 항공기에 대응할 때는 비용효율적이지만, 저렴하고 정밀한 다수의 로봇 무기를 상대로 사용하기에는 숫자도 적고 값이 비싸다.

양쪽 모두 앞다퉈 임시방편의 해결책을 마련했다. 우크라이나는 이란제 샤헤드-136 Shahed-136같이 저속으로 움직이는 러시아 가미카제 드론에 대응하기 위해 탐조등과 기관총을 장착한 기동 부대를 다수 배치했다. 이 드론은 폭약을 채운 구식 표적용 드론에 불과했다. 한편 러시아군은 차량에 임시 금속 덮개를 씌워서 적 드론의 수류탄 투하나 일인칭 시점 드론의 공격으로부터 아군을 방호했다. 양쪽 모두 대드론 전파 교란기jam-mer를 비롯한 전자전 시스템을 최대한 신속하게 배치했다. 그럼에도 2024년 초까지 일부 지역에서 파괴된 장갑차의 절반이 소형 무장 드론의 공격에 당한 것이었다.

한편 세계 각국 군대는 장갑차용 자동 능동 방어 시스템과, 무인 공중 시스템 대응에 특화된 방어 장비를 서둘러 배치하고 있다. 많은 군대가 드론의 제어 시스템을 무력화할 수 있는 전자기파 교란기에 집중하는 중이다. 일부는 레이더 유도 대공포 시스템을 다시 도입하고 있다. 고출력 마이크로파 시스템* 같은

---

* 강한 마이크로파 에너지를 특정 방향으로 발사해 드론 내부의 전자회로를 순간적으로 교란하거나 손상시키는 무기다. 전자기 에너지가 덮는 범위 안에 있는

   3. 전장의 교훈: 전투 역할과 전술의 혁명

신기술이 다수의 공중 드론을 동시에 제압하는 데 도움이 될 것으로 보인다.

하지만 오늘날과 같은 소형 드론의 취약성이 영원히 지속되지는 않을 것이다. 많은 1세대 군용 드론은 민간용 기성품 시스템을 기반으로 만든 것이다. 이 드론은 상용 주파수 대역을 사용하며 전자 장비의 강도가 약하다. 초기의 가미카제 드론도 대부분 비행 속도가 느렸고, 지상 방어망의 시야에 쉽게 노출됐다. 조만간 개량된 단거리 방공망이 등장할 테지만, 소형 드론을 비롯한 차세대 로봇 무기는 더 강력해지고 회피 능력이 올라갈 것이다. 미래의 로봇 무기는 전자 장비와 소프트웨어가 강화되고, GPS 의존도가 낮아질 것이며, 회피 경로로 비행하고, 외장 강도를 높여 피해를 줄일 것이다. 예를 들어, 일부 신형 일인칭 시점 공격용 드론은 광섬유 데이터링크를 사용해서 교란 시도에도 아랑곳하지 않고 원격조종사와 교신을 유지한다. 다른 드론은 자동 표적 인식 기능을 이용해서 단거리 전파 교란 속에서도 최종 공격 단계를 완수할 수 있다.

소형 무인 공중 시스템과 정밀 로봇 무기에 대응하는 문제는 이제 부차적인 수준을 넘어서 아마 지상군에게 가장 중요한 전술적 과제가 될 것이다. 이제 사후적으로 부대에 제공되는 방어 시스템으로는 충분하지 않다. 미래의 플랫폼이나 시설이 생

드론들이 동시에 영향을 받을 수 있어, 군집 드론 대응 옵션으로 연구 및 개발되고 있다.

 AI 시대, 전쟁의 미래

존하려면 예고 없이 날아오는 수많은 고속 정밀무기를 즉각 요격할 수 있는 방어 시스템을 완비해야 한다. 효과적인 방어를 위해서는 여러 시스템이 서로를 지원하면서 약점을 메워주는 다층적 방식이 필요하다. 특히 유동적으로 움직이는 전장에서는 이런 방어망을 유지하고 항상 대비 태세를 갖추는 것이 중요한 과제가 된다. 능동 방어는 대응해야 할 위협보다 적어도 한 세대 앞선 기술 수준을 갖췄을 때 가장 잘 작동해왔는데, 지금은 그 위협이 빠르게 진화하고 있다.

흑해 함대와 공군력: 후퇴와 공격

정밀유도무기가 크고 값비싼 군사 목표물에 대해 점점 우위를 점하고 있다는 사실은 해상과 공중에서도 분명했다. 우크라이나는 해군 함정이 한 척도 없었지만, 2024년 초까지 오로지 로봇 무기만 사용해서 러시아의 강력한 흑해 함대의 3분의 1을 파괴하거나 무력화했다. 2022년 4월, 우크라이나는 TB-2 드론 한 기와 자국산 넵튠Neptune 대함 미사일 두 발을 결합한 야간 기습 공격으로 흑해 함대의 기함인 순양함 모스크바호를 격침했다.

우크라이나 해군은 장거리 자폭 드론 보트를 점점 많이 설계하고 배치했다. 드론 보트에 비디오 카메라를 장착하고 상용 위성 데이터링크를 통해 원격 조종하는 식으로 가장 오래된 로봇 무기 개념을 치명적 전력으로 탈바꿈시켰다. 2022년 10월 처음 실전에 투입된 드론 보트들은 러시아 군함을 상대로 대규모 야간 공격을 수행했다. 한 예로, 해상 드론 10대가 2월 1일 여명이 트기 전에 미사일 코르벳함 이바노베츠Ivanovets호를 기습 공격해 격침했다. 드론 보트 여섯 대가 이바노베츠호를 명중했는데, 일인칭 시점 영상을 보면 첫 번째 드론이 흘수선에 커다란 구명을 내자 다음 드론이 그 안으로 진입했다. 다른 드론들은 적외선 비디오 카메라로 적함이 침몰하는 모습을 녹화했다. 2주 뒤에도 다른 드론 보트 세 대가 똑같은 방식으로 상륙함 체자르 쿠니코프Tsezar Kunikov호를 격침했다. 우크라이나는 나토가 제공한 순항미사일을 이용해서 항구에 있던 상륙함 민스크호와 잠수함 로스토프온돈Rostov-on-Don호 같은 다른 함정도 파괴했다. 두 척 다 2023년 9월 13일에 크림반도의 항구도시 세바스토폴의 건선거dry dock에서 파괴되었다.

많은 군함이 이론적으로는 스스로 방호할 수 있는 능동 방어 시스템을 탑재하고 있었지만, 실제로는 거의 작동하지 않았다. 능동 대미사일 방어는 공격 전에 경계 태세를 갖추고 있을 때만 효과를 발휘한다. 1994년의 한 연구에서 밝혀진 것처럼, 실제 전투에서는 대함 미사일이 기습공격으로 군함을 명중하는 비율이 최대 68퍼센트에 달한다.[15] 우크라이나 공격의 경우처럼, 장거리 정밀유도무기는 이미 알려진 충돌 지역에서 작전 중일 때에도 종종 표적을 기습 공격한다. 1967년 이스라엘 구축함 엘리아트Eliat호를 격침한 대함 미사일 공격에서 이런 일이 벌어졌고, 그 후 미사일로 함선을 공격할 때마다 이런 상황이 벌어졌다. 포클랜드 전쟁 중에 영국 군함이 격침됐을 때나 1987년 이라크가 엑조세 미사일로 미 해군 프리깃함 스타크호를 명중했을 때도 똑같았다.

신형 무기는 스텔스 기능이 뛰어나고 장거리에서 타격할 수 있어서 기습 작전을 벌이기가 훨씬 쉬웠다. 마구라 V5MAGU-RA V5처럼 은밀하게 기동하는 우크라이나 드론 보트는 레이더에서 거의 포착되지 않으며, 최대 800킬로미터 범위까지 작전을 수행할 수 있다.[16] 대부분의 피해 군함은 어떤 경고도 받지 못해 명중 직전에 조준도 하지 않고 기관총을 난사할 수밖에 없었다.

결국 군함은 지상의 군용 차량과 마찬가지로 점점 더 탁 트인 공간에서 작전을 수행할 수 없었다. 러시아는 살아남은 함선들을 세바스토폴의 기지에서 더 작고 외딴 항구들로 분산 배치했다. 전쟁 초반에 러시아 해군 함정들은 우크라이나에 강력한 위협이 되었지만 오래지 않아 도망자 신세로 전락했다.

헬리콥터와 전투기 역시 비슷한 효과를 경험했다. 러시아의 공격 헬기들은 우크라이나에 무시무시한 전력으로 진입했지만, 어디에나 쉽게 숨길 수 있는 휴대용 지대공 미사일 시스템MANPADS의 손쉬운 먹잇감이 되었다. 공격 헬기는 또한 최신형 대전차 미사일에 취약했고, 일인칭 시점 드론의 고속화 모델에도 속수무책이었다. 러시아는 헬기 수십 대를 잃은 뒤 공격 헬기와 수송 헬기를 전선에서 철수시켰다. 그 후 양쪽 헬리콥터

　　　　　3. 전장의 교훈: 전투 역할과 전술의 혁명

는 전선 한참 뒤에서 적 영토에 비유도 로켓을 몇 발 쏘고 바로 반격을 피해 기수를 돌리는 것 말고는 전투에서 할 수 있는 일이 거의 없었다.

우크라이나의 소규모 공군은 처음부터 전투기를 자국 영토 내에서 방어용으로만 운용했다. 처음 몇 주가 지나 나토에서 받은 새로운 시스템으로 우크라이나 대공 미사일 방어망이 강화되자 러시아도 고정익 항공기를 전투에서 철수하기 시작했다. 처음에 수호이-27과 수호이-35 같은 전투기가 사라졌고, 그 후 수호이-34 같은 전폭기에 이어 결국 생존력이 강한 수호이-25 강습기까지 종적을 감췄다. 적 영공에 진입하는 임무는 거의 보이지 않는 적에게 실질적인 타격을 주기 힘들었고, 오히려 격추당할 위험이 컸다. 1973년 욤키푸르 전쟁 이후 예견된 상황이 결국 벌어졌다. 유도 미사일에 밀려나 대규모 전쟁에서 전투기가 하늘에서 사라진 것이다.

우크라이나 상공의 공중전은 거의 로봇 무기들의 독무대였다. 전장 상공에서는 드론과 배회탄이 공군의 전술 임무를 도맡았다. 한편 러시아 폭격기들은 저 멀리 카스피해에서부터 장거리 순항미사일을 연속으로 발사했다. ISR 역량이 제한된 가운데 러시아는 주로 도시와 발전소, 항구 등 우크라이나의 고정된 표적을 공격했다. 더 많은 로봇 무기를 확보하는 데 혈안이 된 러시아군은 샤헤드-136 같은 이란제 가미카제 드론 수백 대를 구입하고 자국 내에 제조 시설까지 만들었다. 로봇 무기 경쟁의 후발주자인 러시아는 2023년 말에 이르러 생산 설비를 대규모

　　　　　　　　　　　　　　　　AI 시대, 전쟁의 미래

로 증설했다.

한편 우크라이나는 나토의 ISR 시스템의 지원을 받아 하이마스HIMARS 유도 다연장 발사 로켓 시스템같이 서방에서 제공한 정밀무기로 러시아의 고정된 표적을 타격했다. 우크라이나는 자국의 신형 무기로 서방의 공격 무기를 보강했다. 거리가 늘어나고 정밀성이 높아진 장거리 일방향 자폭 드론이 러시아 비행장과 연료 저장고, 정유시설, 군 지휘 본부를 맹타했다. 지상에서 항공기 손실이 늘어나자, 러시아는 다수의 항공기를 우크라이나에서 멀리 떨어진 기지로 이동했다. 해군 함선도 속속 이동했다. 그럼에도 우크라이나 요원들은 소형 무장 드론을 이용해서 전선에서 수백 마일 떨어진 기지에 피신해 있던 값비싼 폭격기와 수송기를 파괴했다.[17]

러시아-우크라이나 전쟁은 텅 빈 전장empty battlefield 현상이 후방 지역에도 적용되어야 한다고 경고한다. 병참 같은 후방 지역의 기능이 점점 공격에 노출되기 때문이다. 미국의 정밀 공군 교리는 오래전부터 수송, 보급, 지휘통제를 표적으로 삼았다. 오늘날에는 미국의 전쟁 수행을 지원하는 비슷한 기능이 점점 위협받고 있다.

미국과 나토의 공군과 해군이 질적으로 우수하기는 하지만 러시아도 충분한 전력을 보유하고 있으며, 우크라이나 전쟁은 경고 신호로 받아들여야 한다. 러시아의 최정예 함정과 항공기 다수가 우크라이나의 로봇 무기에 나가떨어졌다. 이는 많은 나라가 충분히 확보할 수 있는 저렴한 무기다. 첨단 무기가 대량으로 생산되면서 위협이 한층 고조되고 있다. 현대 해군은 이지스Aegis 방공 시스템 같은 다층 능동 방어망을 갖추고도 취약할 수 있다. 분산 해상 작전Distributed Maritime Operations 같은 해군의 새로운 교리는 미 해군력을 분산하고 점차 모든 함정에 장거리 정밀 타격 역량을 장착하는 데 초점을 맞추고 있다.[18] 하지만 이 교리는 함정 자체의 문제점*을 충분히 다루지 않는다. 분산 교리를 온전히 받아들이려면 쉽게 탐지되거나 고정되지 않는 새로운 유형의 수상함이 필요하다.

미 공군은 대규모 전방 기지를 중심으로 한 전투 항공 작전에서 벗어나, 도로까지 활용하는 방식으로 비행장을 크게 늘려서 분산 작전을 강화하는 쪽으로 전환을 시작했다. 기민 전투 운용Agile Combat Employment이라는 공군의 구상은 중요한 진전이다.[19] 하지만 스웨덴 같은 나라는 냉전 시대의 위협에 대응하기 위해 이미 수십 년 전에 비슷한 조치를 채택했다. 새롭게 등장하는 로봇의 위협과 ISR이 전방위로 확대된 상황에서 더 높은 수준의 분산이 필요하다.

---

* 은폐 지형이 없는 바다 위를 항해하는 함선은 쉽게 탐지되어 표적이 된다. 항구에 정박하는 경우에도 항구의 위치 자체가 노출되어 있으며, 기존의 대공 방어망으로는 드론 공격에 취약하다.

　　　　　　　　　　　　　　　　　　　AI 시대, 전쟁의 미래

정보 영역: 보이지 않는 전투

우크라이나에서는 전장의 상공과 후방 지역에서 ISR의 우위를 점하기 위한 보이지 않는 싸움이 치열했다. 정찰 헬리콥터를 비롯한 대부분의 유인 단거리 정찰 시스템이 사라지고, 그 자리에 거의 연속적인 소형 감시 드론 성좌星座가 이어졌다. 때로는 양쪽 모두에서 전선 1마일(1.6킬로미터)마다 드론이 떠다녔다. 하늘의 작은 점 하나에 탐지되면 결국 포화가 쏟아졌기 때문에 양쪽 모두 드론 탐지기, 소형 전파 교란기, 강력한 전자전 시스템을 동원해서 적의 드론을 물리쳤다. 이런 대대적 경쟁은 순식간에 압도적인 수준에 이르렀다. 러시아군은 침공 석 달 뒤 우크라이나 드론 858대를 격추했다고 주장했다. 대부분 전파 교란으로 무력화한 소형 민간 쿼드콥터였다. 당시 서방 분석가들은 이 숫자가 놀라운 수준이라고 생각했다.[20] 하지만 2023년 여름에 이르러 우크라이나는 매달 1만 대의 드론을 꼬박꼬박 소모하고 있었다.[21] 이 수치를 보면 ISR 우위 쟁탈전의 규모와 강도를 가늠할 수 있으며, 드론의 숫자는 계속 늘어나고 있다.

양쪽 소형 드론의 평균 수명은 출격 몇 회에 불과했다. 러시아는 전선 바로 뒤에 트레일러 장착형 전자전 시스템을 배치했다. 한편 우크라이나는 서방의 대드론 전파 교란 장비를 수입하고, 자체적으로 드론 탐지기와 전파 교란기를 만드는 소규모 산업을 구축했다. 얼마 지나지 않아 드론 조종자들이 상공을 비행하는 적 드론을 괴롭히기 시작했다. 2022년 10월, 우크라이나의 한 드론 조종자가 초소형 DJI 마빅DJI Mavic으로 러시아 드론의 로터를 들이받아 실전에서 최초로 드론으로 드론을 격추한 기록을 세웠다.[22] 2024년 여름에 이르러 우크라이나는 "와일드 호넷Wild Hornets" 같은 특수부대를 실전에 투입했다. 이 부대는 소형 고속 일인칭 시점 드론을 사용해서 자기보다 큰 러시아의 고정익 정찰 드론 수십 대를 들이받아 파괴했다.[23]

벙커와 지하 야전 지휘본부에서 우크라이나 병사들이 컴퓨터 화면을 응시하고 있고, 그 옆에는 종종 전방 부대로 보내질 관측 드론들이 쌓여 있었다. 우크라이나 병사들은 드론으로 수집한 데이터와 나토 동맹국들이 보낸 정보, 게릴라와 요원들이 보내온 보고서를 하나로 결합한 뒤, 이를 델타Delta라는 이름의 데이터 융합·결정 지원 시스템에 입력했다. 델타는 이 자료를 한눈에 들어오는 실시간 전장 이미지로 엮어냈다.[24] 러시아 군인들도 스트렐레츠Strelets 같은 좀더 지역화된 화력 제어 네트워크를 사용해서 똑같은 작업을 했다.[25] 과거의 전쟁과 달리, ISR 쟁탈전은 단순히 전문가들의 문제가 아니었다. 개별 포대나 보병 소대에 이르기까지 모든 부대와 전투원이 여기에 참여했다.

양쪽은 라디오 스펙트럼뿐만 아니라 적외선과 자연광을 통해서도 상대를 끊임없이 탐색했다. 전파 방향 탐지기 덕분에 병력은 적 부대와 드론 조종자의 위치를 파악하고 표적으로 삼을 수 있었다. 하지만 자칫 전자기파를 노출하면 치명적일 수 있었다. 개별 병사가 전선에서 휴대전화를 사용하거나 온라인상에 사진을 올리면 종종 그 위치로 정밀 폭격이 날아오곤 했다. 기만은 중요한 기술이 되었다. 우크라이나군은 S-300 지대공 미사일 시스템이나 하이마스 같은 고가 장비의 그럴듯한 복제품을 러시아 ISR 시스템이 발견할 수 있는 위치에 설치했다. 러시아군이 나무로 만든 모조품이나 풍선형 모조품을 파괴하느라 값비싼 미사일을 여러 발 허비하는 사이, 그 한편에서는 진짜 장비가 계속 가동되고 있었다.[26]

전장의 경험은 무장 드론이 많은 사용자에게 매력적인 이유를 잘 보여주었다. 드론은 그 자체가 ISR 시스템 역할을 하기 때문이다. 드론은 목표를 찾아내는 능력뿐만 아니라, 포대나 미사일 같은 다른 정밀무기로 공격하기 위해 표적을 고정하는 능력도 제공한다. 드론 조종자는 "독수리 타법"으로 내장된 카메라를 이용해서 표적을 찾을 수 있다. 이런 식으로 숙련도가 떨어지는 부대도 정밀 공격을 수행할 수 있다. 하지만 이것은 비효율적이고 노동집약적이다. 각국 군대는 데이터를 공유하고 우월한 속도와 규모를 달성하기 위해 이 과정을 자동화해야 할 것이다.

점차 **모든 것**이 ISR 센서 플랫폼이 될 것이다. 드론, 배회탄, 스마트 미사일이 이동하면서 주변 환경을 센서로 "환하게 비출" 것이다. 미래 군대의 ISR 데이터 네트워크는 그 데이터를 자동으로 수집해서 다른 출처의 정보와 결합할 것이다. 데이터 시스템은 적 병력의 위치를 전달하는 최신 이미지를 신속하게 구축할 것이다. 동일한 네트워크가 또한 그 데이터를 전투부대와 무기에 전달하면서 적 표적을 겨냥한 병행 공격을 조정할 수 있게 될 것이다.

미래의 군대는 첨단 스텔스 기능과 위장을 활용해서 전장을 텅 빈 공간으로 만들어야 한다. 새롭게 등장하는 각종 기술은 다양한 종류의 신호를 은폐하는 데 도움이 된다. 적외선 차단 섬유와 적외선 센서에 보이지 않는 열전thermo-electric 냉각 구조물 등이 대표적인 예다. 정교하게 제작된 메타물질은 주변의 전자기 에너지를 굴절시켜서 물체를 "숨길" 수 있으며, 가시광선까지 굴절시킨다. 미래의 유인체decoy는 더욱 정교해져야 한다. 실제 표적과 거의 똑같은 다중스펙트럼 신호를 보여주어야 하며, 새로운 기업들이 이미 그런 유인체를 속속 내놓고 있다.[27]

미래의 위장 기술에는 특별히 AI 객체 인식을 회피하도록 설계된 요소들이 포함될 수도 있다. 연구자들은 인간은 헷갈리지 않지만 다양한 AI 시스템은 혼란에 빠뜨릴 수 있는, 예상치 못한 여러 "해킹" 기법을 시연해 보였다. 한 예로, 물체에 특별한 패턴의 스티커를 붙이면 AI 시스템이 부적절한 데이터로 교란을 일으키고, 물체 분류에 오류를 일으킬 수 있다. 텍스트를 이해할 수 있는 일부 첨단 AI 객체 인식 시스템은 물체 위에 다른 물체의 이름을 적는 것만으로도 물체 분류에 오류를 일으켰다.[28]

그 중요성 때문에 ISR 네트워크는 전술적 "무게 중심", 즉 전투의 결과를 결정하는 핵심 목표가 될 것이다. 물리적 전투와 나란히 보이지 않는 네트워크의 그림자 전투가 벌어질 것이다.

어느 쪽이든 상대의 네트워크와 전자 시스템을 무력화할 새로운 방법을 모색하는 한편, 자신의 네트워크와 시스템을 방어하기 위한 대응책을 마련하고 보안 패치를 서둘러 배포할 것이다. 어떤 데이터링크나 유도 방식, 무기도 업그레이드와 수정을 하지 않으면 오래 활용되기 어려울 수 있다. 적의 데이터 네트워크를 약화하고 단절하려는 싸움에는 물리적 파괴, 전자전, 사이버공격 등 여러 수단이 동원된다. 지상, 공중, 우주에 있는 네트워크의 일부는 전투 지대에서 멀리 떨어진 데이터센터를 포함해서 모두 정당한 표적이 될 수 있다. 개별 로봇 시스템은 네트워크에서 차단될 때도 작동할 수 있어야 한다. 네트워크 연동이 가능하면서도 네트워크에 의존해서는 안 된다. 하지만 근접한 시스템이나 전투 지역 전체를 아우르는 시스템 등 다른 시스템과 연결될 기회가 있을 때마다 로봇 무기의 위력은 배가될 것이다.

기동의 위기

러시아-우크라이나 전쟁의 전투에서 관찰된 이 모든 내용은 로봇 혁명의 첫 번째 물결이 가져온 결과다. 전술적으로 볼 때 가장 광범위한 중요성은 화력이 모든 영역에서 다시 한번 기동을 억제한다는 것이다. 산업화 초기에 기관총 같은 무기의 살상력이 크게 증대한 결과, 기병대나 대규모 보병 연대 같은 산업화 이전 시대 부대의 기동은 사실상 차단되었다. 이제 보편적 정밀성이 등장하면서 살상력이 증대함에 따라 전차와 함정, 전투기 같은 현대 로봇 산업 이전 시대의 부대와 플랫폼의 기동이 차단되고 있다.

"화력fires"이란 모든 종류의 타격을 가리키는 포괄적 군사 용어다. 기본적으로 대개 원거리에서 적 병력을 파괴, 약화하거나 발을 묶기 위해 강력한 공격을 퍼붓는다는 뜻이다. "기동maneuver"은 아군의 이동을 의미한다. 화력은 적에게 손실을 주고 적의 사기를 떨어뜨릴 수 있지만, 기동은 전장에서 승리하기 위해 필수적이다. 오직 기동을 통해서만 우군이 영토를 점령하거나 탈환하고, 적의 통제를 분쇄하고, 포로를 구출하고, 주민을 해방하는 등의 군사적·정치적 목표를 효과적으로 달성할 수 있다. 로봇 혁명의 첫 번째 물결에서는 정밀 화력을 이용한 공격이 전투를 지배하고 있으며, 기동을 통한 공격은 점점 불가능해지고 있다.

나고르노-카라바흐에서는 오직 한쪽만 정밀 화력을 보유했다. 양쪽 모두에서 화력이 전장을 지배하고 기동이 억제될 때, 전투는 소모전이 된다. 소모란 돌 두 개를 서로 갈면서 양쪽이 닳는 것을 의미한다. 1차대전 당시 바로 그런 일이 벌어졌다. 기동이 없으면 전투는 무익한 죽음과 고통이 된다. 군사적 싸움은 순전히 숫자와 규모의 경쟁으로 전락한다. 승리가 가능한 경우에도 순전한 군사적·경제적 소모를 통해서만 이루어진다. 현대 민주주의 사회는 그런 승리를 좋아하지 않는다. 우리의 군대는 그런 상황을 피해야 한다.

이런 변화는 하룻밤 새에 일어나지 않는다. 2022년 우크라이나군은 하르키우와 헤르손에서 여전히 중요한 반격에 나설 수 있었다. 러시아군도 끔찍한 손실을 감수할 의지만 있었다면 제한적인 성과를 거둘 수 있었다. 하지만 우크라이나 전장에는 여전히 보편적 정밀성이 한참 부족했다. 정밀 로봇 무기가 전투에 압도적인 영향을 미쳤지만, 여전히 양쪽 군사력의 작은 일부에 불과했다. 그럼에도 정밀성 혁명은 세계 전역에서 되돌릴 수 없는 흐름으로 진행되는 중이다.

각국 군대는 기계화가 제공하는 한층 본질적인 이점을 받아들임으로써 산업화 시대의 참호전이라는 피에 물든 교착 상태를 깨뜨렸다. 군대는 새로운 기술을 적용해서 전차나 전투기 같이 전에는 존재하지 않았던 기동 플랫폼을 발명했다. 이런 산업화 시대의 새로운 플랫폼은 전에는 달성할 수 없었던 수준의 기동성과 방호력, 화력을 제공했다. 선견지명이 있는 군 지도자들은 기존 임무와 전투방식에 새 플랫폼을 그대로 적용하는 게 아니라 새 플랫폼을 활용해서 새로운 전투방식을 고안했다. 그들은 전투를 혁신함으로써 기동을 복원하고 막대한 우위를 확보했다.

마찬가지로, 보편적 정밀성 시대에 단순한 반응적 대처에서 벗어나 승리하기 위해서는 로봇 혁명에 담긴 더 많은 전술적 함의를 받아들여야 한다. 이미 우리는 '기존의 임무와 플랫폼을 무인화할 수 있는가'라고 질문하는 단계는 넘어섰다. 로봇 시스

   3. 전장의 교훈: 전투 역할과 전술의 혁명

템이 무인이라는 사실 자체는 부차적이다. 그 대신, 로봇 시스템이 전투에서 제공할 수 있는 고유한 전술적 이점이 무엇인지, 정밀 전장이 제기하는 도전을 극복할 수 있는 새로운 혁명적 전투 수행 방식이 어떻게 가능한지를 물어야 한다.

로봇 시스템의 전술적 이점

로봇 군사 시스템은 강력한 전술적 이점을 약속하지만, 이런 이점은 대개 명확히 규정되지 않았다. 구체적으로 어떤 이점이 있는가? 가장 중요한 고유한 이점 몇 가지를 꼽자면, 비대칭적 살상력, 전장의 존재감과 효과 증대, 행동 속도, 소모 가능성, 회피성, 지속성 등이다. 모두 치명적인 미래 전장의 압력을 극복하는 데 반드시 필요한 자질들이다. 이런 잠재력의 영역을 수용하고 미래 로봇 시스템에서 생겨날 새로운 전술적 가능성을 활용함으로써, 선제적인 군대는 미래의 우위로 나아가는 길을 찾을 것이다. 각 이점을 간략하게 요약하자면 다음과 같다.

- ◉ **비대칭적 치명성:** 앞서 설명한 것처럼, 로봇 무기는 가장 강력한 적을 위험에 빠뜨리는 새로운 방법을 제공한다. 소형 로봇 무기는 고가의 대형 표적에 대해 계속해서 점증하는 살상력 수준을 달성할 것이다. 무기-표적 비대칭성은 정밀한 화력 같은 메커니즘을 통해 계속 발전

AI 시대, 전쟁의 미래

할 것이다.

- ⊙ **전장의 존재감과 효과 증대:** 로봇 ISR 네트워크와 원격화telepresence는 부대에 세밀한 인식 능력을 제공하고 작전 범위를 한층 멀리까지 확대한다. 분산된 로봇 시스템이 점유한 공간 내의 모든 것은 부대가 통제하는 영역의 일부가 된다. 로봇 무기를 보유한 부대는 시각 범위 바깥에서 벌어지는 모든 전투를 수행하고 승리할 수 있다.

- ⊙ **행동 속도:** 로봇 시스템의 디지털 정보처리 기능은 점점 광범위한 과제를 인간보다 훨씬 빠르게 수행할 수 있다. 로봇 시스템은 지향-관찰-결정-행동 과정(OODA 루프)을 초인적 속도로 실행할 수 있다.

- ⊙ **소모 가능성:** 점점 강력해지는 로봇 시스템은 한층 저렴한 비용에 훨씬 대량으로 생산할 수 있다. 인간 조종사가 위험을 무릅쓰지 않기 때문에 손실을 감수할 수 있다. 로봇 시스템은 적 전력을 압도하고 유인 시스템으로는 달성할 수 없는 임무를 완수할 잠재력을 제공한다.

- ⊙ **회피성:** 로봇 시스템은 인간 탑승자를 중심으로 설계하지 않기 때문에 소형화할 수 있다. 예를 들어, 이미 실전 배치된 블랙호넷Black Hornet ISR 드론은 무게가 18그램에 한 손에 쏙 들어오는 크기다. 로봇 시스템은 또한 유인 시스템과 다른 방식으로 움직이며 거의 무한한 종류

의 위장과 은폐masking 기법을 구사할 수 있다. 소형 무기를 찾아내 고정하는 대응책이 개선되더라도 한층 더 작은 무기로 이런 대응책을 회피할 수 있다.

⊙ **지속성:** 정찰-타격 드론은 몇 시간이고 대기하면서 표적을 찾고 평가할 수 있는 능력 때문에 중요해졌다. 장거리 체류형 해양 로봇은 최대 1년간 급유 없이 계속 작동할 수 있다. 로봇 시스템은 지치지 않으며, 주의력이 산만해지지도 않는다.

미래 로봇 전쟁을 위한 전술적 절대명령

기동을 바탕으로 군사력을 회복하는 것은 미국과 동맹국에게 필수적이며, 이를 위해서는 생존성, 기동성, 살상력에서 비약적 도약을 가능케 하는 새로운 플랫폼이 필요하다. 다음 장에서는 로봇 혁명이 그런 플랫폼을 어떻게 실현할지를 탐구하고자 한다. 좀더 넓게 보면, 로봇 전쟁은 미래 전투의 전술적 동학을 변화시킬 것이다. 많은 전술적 변화는 예측 불가능하겠지만, 몇 가지는 예상할 수 있다. 현재 이미 나타나고 있기 때문이다. 앞으로 두드러지게 될 전술 개념의 사례는 주도권의 우선성, 유인-무인 팀 편성의 보편화, 스웜swarm 전술의 부상 등 크게 세 가지로 나타난다. 하나씩 살펴보도록 하자.

AI 시대, 전쟁의 미래

주도권 잡기

앞서 살펴본 것처럼, 보편적 정밀성은 전투의 가속화를 초래한다. 적을 찾아서 고정하고 "먼저 쏠" 수 있는 쪽이 크게 유리하기 때문이다. 하지만 우크라이나에서는 종종 방어가 공격보다 유리한 것처럼 보였다. 양쪽이 공격용으로 사용하던 산업화 시대의 기동 플랫폼이 구식이 되었기 때문이다. 앞으로 현대 ISR과 정밀 로봇 무기가 지배하는 전장에서 이런 플랫폼은 너무 눈에 띄고 취약해서 기동을 발휘하기 어렵다.

요새화나 장갑 같은 전통적인 수동 방어 또한 구식이 되었다. 우크라이나 방어군은 로봇 시스템을 이용해서 진격하는 적 부대를 찾아내 고정하고, 상대가 방어군과 접촉하기 전에 고도로 치명적인 무기로 파괴하는 식으로 승리했다. 그들은 강력한 요새 안에서 방어군이 공격군의 돌격을 흡수했던 전통적인 방식으로 대응하지 않았다. 그 대신 선제적으로 공격군을 공격했다. 매복을 준비하는 것처럼 공격군을 상대로 공세적 반격을 수행한다는 발상은 종종 "능동 방어active defence"라고 불린다. 중국 군사 교리는 "방어 속의 공격"이라는 더 이해하기 쉬운 용어를 사용한다. 우크라이나에서 목격한 것처럼, 정밀 전장에서 이런 관행은 전통적 반격을 넘어서 적의 공격이 전개되기 전에 적을 표적으로 삼고 타격하는 데까지 나아간다.

엄밀히 말하면, 보편적 정밀성은 공격이나 방어 어느 쪽에 특별히 유리한 게 아니다. 주도권을 쥔 쪽이 유리할 뿐이다. 적어도 처음에는 자연스럽게 공격군이 주도권을 갖는다. 수동 방

　　　　　　　3. 전장의 교훈: 전투 역할과 전술의 혁명

어는 절대 주도권을 잡지 못하고, 치명적인 정밀 타격을 막거나 흡수하려 하다가 결국 압도당하기 때문에 파멸적 운명을 맞을 가능성이 높다. 하지만 정밀 전장에서는 방어군이 순식간에 공격군이 될 수 있다. 러시아가 우크라이나를 침공했을 때, 공세로 전진하는 중이라고 생각한 강력한 러시아군이 갑자기 우크라이나가 쏟아붓는 정밀무기 타격에 휩싸여 수세적으로 휘청거리는 상황이 종종 벌어졌다.

미래 전술은 주도권을 우선시할 것이다. 아군을 은폐한 채 적을 찾아내 고정할 수 있는 쪽이 자연스럽게 주도권을 잡게 될 것이다. 특히 산업화 시대의 플랫폼이 생존력 높은 로봇 플랫폼으로 대체됨에 따라 양쪽이 모두 동등한 상태에서 한층 극심하게 주도권 쟁탈전을 벌일 것이다. 공격군은 조금이라도 지체하지 않으려고 노력해야 한다. 지체하는 순간 상대편이 주도권을 잡을 기회가 생기기 때문이다. 방어군은 그런 빈틈을 포착해서 상대를 공격하고 주도권을 잡으려고 준비할 것이다. 로봇 무기의 비대칭적 살상력, 행동 속도, 회피성은 병행 공격을 조정하는 능력까지 포함해서(화력과 기동 모두에서) 주도권 쟁탈전에서 승리하는 데 필수 요소가 된다. 주도권 쟁탈전은 종종 어느 쪽의 로봇 시스템이 상대편의 속도를 앞지를 수 있는지의 문제로 귀결된다.

유인-무인 팀 편성

로봇 시스템은 고유한 전술적 이점을 제공한다. 하지만 전

   AI 시대, 전쟁의 미래

장의 경험으로 볼 때, 이 시스템에는 또한 작전 중이나 그 사이사이에 로봇 무기를 지휘하고, 교란을 막아주고, 시스템을 관리하는 인간 조종자가 필요하다. 따라서 로봇이 점점 전투를 수행하고 인간은 점차 뒤로 물러나서 지휘와 지원 역할을 하는 유인-무인 팀 편성에 기반한 전술적 접근이 필요하다. 인간 전투원은 신체적 전투 능력보다는 전체 상황을 종합적으로 파악하는 인지 지능과 판단력 때문에 점점 가치가 높아진다.

어떻게 보면, 현대의 공군과 해군은 이미 한동안 이런 식으로 싸웠다. 최근 관행에서는 무인기에서 진화한 유도 미사일이 공격과 수비 양쪽에서 대부분의 전투를 수행하며 인간은 지휘와 지원을 맡는다. 다양하게 선택된 유도 미사일과 공중발사 유인체를 탑재한 전투기 조종사는 사실상 소규모 군사 로봇 편대를 지휘하는 셈이다. 대함, 지대공, 지상 공격 미사일로 무장한 함정의 승무원들도 마찬가지다. 이런 현실은 일회용 미사일에 다회용 군사 드론과 무인 함정이 결합함에 따라 점점 분명해지고 있다. 현재의 유인-무인 팀 편성 개념에는 유인 항공기가 "충직한 호위기loyal wingman" 드론을 지휘하고, 유인 함정이 무인 수상함대를 통제하는 것이 포함된다.

지상에서는 유도 미사일이 그만큼 보편적이지 않지만, 유인-무인 팀 편성은 처음부터 로봇 전투의 핵심을 차지했다. 독일의 B-Ⅳ는 대규모 지상전에서 유인-무인 팀 편성의 위력을 최초로 보여주었다. 독일군은 이런 비대칭적 살상력, 소모 가능성, 전장의 존재감과 효과 증대를 등에 업고서 원격으로 무장 정찰을 수행하고 적의 방어선을 돌파했다. 운용병들은 B-IV를 통제하면서 전투를 계속할 수 있도록 재급유와 재무장을 담당했다. 앞으로는 로봇이 점점 전선으로 이동해서 "전선을 처음 돌파하는 병력"이나 공중 공격의 선봉이 될 것으로 예상할 수 있다.

군사 로봇이 한층 더 자율화되고 독자 운용 능력을 갖추기 전까지, 복잡하거나 장기간 이어지는 작전에서는 인간의 역할이 필수적일 것이다. 지원을 받지 못하는 로봇은 결국 기능 장애나 연료 부족 때문에 사고가 나게 마련이다. 완전히 독립적인 "터미네이터"가 등장하려면 아직 멀었다. 하지만 한층 유능한 로봇 시스템이 등장함에 따라 유인-무인 팀 편성의 극적인 발전이 기다리고 있다.

스웜 전술

"스웜swarm"이라는 용어는 흔히 드론 같은 다수의 로봇 시스템이 모인 집단, 특히 벌떼swarm of bees처럼 느슨하게 협력하는 경우를 가리키는 명사로 사용된다. 스웜은 고전적 개념이 발전한 이래 몇 안 되는 새로운 로봇 전쟁 개념 중 하나다. 하지만 군사 전술에서 "스웜"은 또한 동사이기도 하다. 이 경우에는 다수의 기동성이 높은 전력이나 무기가 느슨하게 협력하면서 적을 공격하는 것을 가리킨다.[29] 방어군보다 기동성이 높은 스웜 공격 부대는 타격을 통해 상대를 괴롭힌 뒤 그들의 반격 시도를 피해 철수할 수 있다. 그리하여 스웜 부대는 마치 늑대 무리가 엘크를 괴롭히는 것처럼, 자신보다 더 강하지만 기민하지는 못한 적을 지치게 하고 약화한다.

스웜에는 두 종류가 있다. 화력을 앞세운 스웜과 병력을 앞세운 스웜이 그것이다.[30] 화력을 앞세운 스웜은 본질적으로 적에게 수많은 총포 공격을 동시에 퍼부어서 굴복시키는 전술이다. 방어가 불가능한 적은 압도당할 수밖에 없다. 병력을 앞세운 스웜은 반자율적이고 신속하게 움직이는 기동 병력이 여러 방향에서 치고 빠지는 공격을 벌인다. 두 경우 모두 전술의 핵심은 적군을 예측 불가능하게 타격하고, 공격을 조정해서 효과를 극대화하며, 적군의 반격 시도를 회피하는 것이다.

최근 전쟁에서는 공격군과 방어군의 기동성이 크게 차이가 나지 않기 때문에 강도 높은 스웜 전술이 두드러지지 않았다. 하지만 행동 속도, 회피성, 지속성 등 로봇 무기의 고유한 잠재력에 소형의 기민한 시스템이 비대칭적 살상력을 이용해 강한 타격을 가하는 능력이 더해진 결과, 스웜 전술에 대한 관심이 되살아나고 있다. 대중문화에서도 가미카제 드론 떼가 화력 기반의 스웜 공격으로 표적을 압도한다는 발상을 받아들이고 있다. 로봇 기동 플랫폼과 자율성이 향상됨에 따라 병력을 앞세운 스웜이 한층 더 두드러질 것이다. 고속의 로봇 기동 플랫폼을 장착한 미래의 로봇 군대는 더 육중하고 강력한 적군을 집요하게 괴롭히고 격파할 것이다. 반면 적군은 근접할 수도 없는 거리에서 적에 포위된 채 무기력하게 저주만 퍼부을 것이다.

새로운 수도 방어, 미래, 0530시[*]

숲 위로 밤하늘이 서서히 자줏빛으로 밝아오는 가운데 비디오 화면이 내뿜는 빛으로 환해진 벙커 안에 지휘관이 웅크리고 있다. 벙커 입구에는 고가의 자동 냉각 다중 스펙트럼 위장 그물이 드리워져 있다. 양쪽의 컴컴한 참호 속에는 전투원들이 대기 중인데, 대부분 기원 원년의 첫날이 오기 전에 마지막 잠을 청하고 있다. 후방 몇 킬로미터에 있는 도시에서는 혁명 운동의 '위대한 지도자'가 오늘 남아 있는 포로 전원(예전에 선출된 정부 지도자들과 그 가족)과 그들을 지지한 시민을 모두 제거하라는 명령을 내렸다. 이렇게 정화된 도시는 새로운 나라의 수도가 되어 세계를 불태울 준비를 할 것이다.

그들의 적인 지역 연합의 평화유지군 병사들은 지난 몇 주간 여러 차례 미래의 수도에 진입을 시도했다. 그때마다 혁명 운동이 보유한 드론들이 적군이 참호에 접근하기도 전에 일찌감치 움직임을 포착해서 정밀 공격으로 궤멸했다. 이 혁명 운동 세력이 보유한 드론과 네트워크는 국제 무기 시장에서 구할 수 있는 최고 제품이다. 그리고

---

[*]　군대식 24시간제 시간 표시로 오전 5시 30분을 가리킨다.

대드론 방어망 역시 평화유지군의 형편없는 장비보다 월등해서 적군의 드론을 거의 전부 파괴해 맹인 신세로 만들어버렸다. 남쪽 멀리 이른바 국가 수도에서는 미국이 보낸 한 특전 대대가 무기력하게 대기 중이었다. 옛 정부, 지역 연합, 유엔, 미국 정부의 외교관들이 대책을 놓고 끝없이 논쟁만 벌이느라 그들이 할 수 있는 것은 아무것도 없었기 때문이다.

그 순간 하늘 위에서 바람을 가르는 기이한 소리가 들려온다. 비디오 화면에 아무것도 보이지 않자 지휘관이 벙커에서 나와 하늘을 올려다본다. 그 순간 작고 검은 물체들이 일직선을 이루어 급강하한다. 쪽빛 하늘을 배경으로 그것들이 선명하게 눈에 들어온다. 주변의 병사들이 소리치기 시작한다. 총성이 터진다. 참호 진지의 자동 대드론 방어망이 비행체 몇 대를 격추하지만, 옆에 있던 기체들이 매끄럽게 틈새를 메워 다시 직선을 형성한다.

곧이어 마치 묵직한 책들이 책장에서 쏟아져 내리는 듯한 소리가 나며 직선을 이룬 이상한 무기들이 참호선을 따라 일제히 공격한다. 잇따라 폭발이 일어나며 불길과 흙먼지가 일고, 때로는 인간이 공중으로 날아간다. 줄줄이 비행체가 날아오면서 참호선과 똑같은 선을 그린다.

잠시 숨을 고른 지휘관은 폭발 소리를 듣고 신속대응부대가 이미 출동했음을 본다. 전투차량 10여 대의 헤드라이트 불빛이 반격을 위해 빠르게 달려 나간다.

   3. 전장의 교훈: 전투 역할과 전술의 혁명

검은 비행체 대열이 쌩 소리와 함께 신속대응 부대를 향해 머리 위로 날아간다. 불과 몇 초 만에 모든 차량이 불길에 휩싸이고 숲에 붉은 빛이 반사된다.

혼란에 빠진 지휘관은 다시 벙커로 달려가서 화면을 주시한다. 무슨 일이 벌어지고 있는 거지? 네트워크에서 왜 경보가 울리지 않은 거야? 모니터 화면은 대부분 이미 꺼져 있다. 바로 위 시선이 향하는 곳에서 작동 중인 초계 드론 한 대에서 나오는 영상만 아직 살아 있다. 드론에 장착된 적외선 카메라는 보통 밤에도 접근하는 병력을 포착한다. 어둠 속에서 적외선 열기가 하얗게 빛을 발하기 때문에 전진하는 병사들의 형체와 차량의 빛나는 사각형이 뚜렷하게 보인다. 화면이 좌우로 움직인다. 어디를 둘러봐도 보이는 거라곤 스쳐 지나가는 희부연 전자 안개뿐. 차가운 날씨의 숨결 같고, 반쯤 보이는 유령 같기도 한 것이 재빨리 사라지지만, 모든 게 그를 향해 움직이고 있다.

이윽고 영상이 끊어진다.

다시 밖으로 나오자 살아남은 병사들이 불타는 차량을 지나 후방으로 달리면서 비명을 지르고 있다. 지휘관은 공포에 휩싸인 채 자기 구역이 공격받고 있다고 무전도 하지 못한 것을 깨닫는다. 하지만 이미 전투는 끝났다. 도시로 향하는 길은 이제 무방비 상태다. 야전 무전기를 낚아채 보지만 잡음만 날 뿐 먹통이다. 불길에 숲이 환하고, 나방 한 마리가 머리 위를 빙빙 돈다. 자세히 보니 나방이 아니다. 공중에 멈추더니 초소형 유리 눈을 반짝이며 그를 고정한다.

　이것들은 국제 시장에서 살 수 있는 무기가 아니다. 공격군은 사용법을 잘 안다. 그렇다면 한 가지 결론뿐이다. 미군이 온 것이다.

4

새로운 것의 충격
: 미래 로봇 플랫폼의 진화

우리는 로봇 혁명의 첫 번째 물결이 치명적인 정밀무기와 사방에 널린 센서로 전장을 채운 나머지 포화 속에서 기동이 사실상 불가능해진 상황을 살펴보았다. 과거의 익숙한 군사 플랫폼들은 점점 구식으로 전락하고 있다. 하지만 로봇 혁명의 두 번째 물결은 새로운 로봇 군사 플랫폼의 부상을 통해 기동을 복원할 것이다.

미래의 로봇 플랫폼은 어떤 모습일까? 인공지능이 체스나 바둑 같은 보드게임에서 인간을 이겼을 때, 인간이 한 번도 고려한 적이 없는 완벽히 새로운 전략을 발견한 것이 그 승리의 비결이었다. AI가 미래 군사력을 설계하는 데 처음 적용됐을 때도 똑같은 일이 벌어졌다. 그 결과는 로봇 전쟁 시대를 지배할 로봇 시스템의 윤곽을 예고했다.

1981년, 더그 레나트는 스탠퍼드 대학의 29세 신임 조교수로 인공지능을 연구하고 있었다. 그는 당시 첨단기술인 "유리스코Eurisko"라는 AI 시스템을 구축해서 제록스 팰로앨토 연구센터 내부의 강력한 컴퓨터 클러스터에서 가동했다. 그는 이 시스템을 인근에서 열리는 아마추어 전쟁 모의훈련 대회에 출전시켜서 시험해보기로 했다. "트래블러 TCSTraveller TCS"라는 전쟁 모의훈련의 목표는 한정된 예산으로 가장 유능한 함대를 구성하는 것이었다. 이 함대로 상대편 플레이어와 전쟁을 벌여 우승자가 결정되었다. 레나트는 게임의 주요 과제대로 유리스코를 이용해 완벽한 전투 함대를 설계하려 했다.

그는 유리스코를 '발견 엔진discovery engine'이라고 불렀다. 이 시스템은 어떤 문제에 관한 아주 복잡한 일련의 규칙과 논리적 관계를 수용해서 새로운 최적해를 발견하는 데 도움을 줄 수 있었다. 그는 유리스코에 전쟁 모의훈련의 모든 규칙을 입력하고 최적의 함대를 설계해달라고 요청했다. 가상 전쟁에서 승리하려면 모든 함대를 꺾을 수 있는, 곧 크고 작은 여러 선박 유형과 함종의 수가 완벽하게 균형 잡힌 조합이 필요했다.

유리스코가 예상치 못하게 내놓은 해법은 모든 유형의 함정을 포기하고 소형 미사일 고속정에 집중하는 것이었다. 미사일 고속정은 가격이 싸면서도 미사일의 효과가 대단했다. 하지만 방어에는 취약했다. 레나트가 전쟁 모의훈련 토너먼트에 출전시킨 함대는 다수의 미사일 고속정으로만 이루어진 것이었다. 적 함대와 싸울 때, 레나트의 미사일 고속정은 미사일을 사정없이 쏟아부어 상대를 압도했다. 상대 함대가 미사일 고속정을 다수 파괴했지만 상관없었다. 워낙 보유 대수가 많아서 몇

    4. 새로운 것의 충격: 미래 로봇 플랫폼의 진화

정 정도의 손실은 감당할 수 있었다. 그의 함대는 소모 가능했다. 레나트의 함대는 다른 모든 함대를 꺾고 압도적 차이로 토너먼트에서 우승했다.[1]

다음 해, 레나트는 다시 토너먼트에 참가했다. 하지만 이번에는 주최 측이 규칙을 바꾸었다. 원래 유리스코는, 심지어 엔진도 사지 않고 미사일 고속정만 최대한 많이 구입했다. 새 규칙은 함대의 기동성을 승리 조건의 하나로 정했다. 유리스코는 그래도 최대한 많은 미사일 고속정을 구입했다. 유리스코는 전투가 한 차례 끝날 때 미사일 고속정 일부가 고장 나서 움직이지 못하면, 고의로 그 함정들을 침몰시켜서 함대의 평균 기동성을 높였다. 레나트의 함대는 다시 압도적 차이로 승리했다. 주최 측은 그가 게임을 망쳤으며, 다음 해에도 참가하면 토너먼트 자체를 취소하겠다면서 불만을 토로했다.

유리스코의 성과는 당시 소규모였던 인공지능 연구 분야에서 화제를 모았지만, 그 바깥에서는 파급력이 별로 없었다. 그로부터 20년 뒤, 비슷한 일이 더 큰 무대에서 벌어졌다. 미국 합동군사령부가 "2002 밀레니엄 챌린지"라는 이름으로 대규모 전쟁 시뮬레이션과 훈련을 실시했다. 항공모함 전단에 해병대 상륙함을 더한 이른바 "청군"과 페르시아만 지역의 가상의 적국을 대표하는 저렴한 함정들로 이루어진 "홍군"이 대결하는 게임이었다. "홍군"의 설계는 해병대 퇴역 중장 폴 K. 밴 라이퍼가 맡았다. 밴 라이퍼 장군은 전통적인 해군의 방식을 완전히 포기하고 가미카제 자폭 고속정과 저가의 순항미사일의 스웜으로 이루어진 비전통적 전력을 구축하기로 결심했다. 전쟁 시 뮬레이션 첫날, 밴 라이퍼의 홍군이 접근하는 청군을 공격했다. 순항미사일 일제 포격으로 청군의 정교한 이지스 방공 시스템을 두들겼고, 가미카제 고속정들이 돌진했다. 청군은 홍군의 미사일과 고속정을 다수 격파했지만, 소용이 없었다. 10분 만에 청군은 항공모함 1척, 순양함 10척, 상륙함 6척 중 5척을 비롯해 함선 19척을 잃었다. 모의 병력도 2만 명 사망했다.[2]

첫날 전쟁에서 패배한 결과 주간 훈련의 남은 일정도 진행되지 않았다. 주최 측은 전쟁 모의훈련을 재개하기로 결정했지만, 밴 라이퍼가 비대칭적 접근법을 구사하는 것을 금지해서 청군의 승리를 보장해주었다. 군대가 현실 안주의 위험성에 관한 진정한 교훈을 무시하는 것처럼 보이자, 밴 라이퍼는 환멸을 느끼고 전쟁 모의훈련 출전을 포기했다.

2010년 무렵, 미 해군은 함대의 생존성을 위한 최적의 선박 설계를 찾는 일련의 분석을 주관했다. 컴퓨터 지원 엔지니어링CAE 설계 대안 분석법을 활용한 분석들은 능동-수동 방어 시스템을 강력하게 결합한 대형 선박이 하나의 좋은 해법임을 발견했다. 하지만 컴퓨터 지원 분석CAA은 다시 한번 정반대의 설계 대안에서 예상치 못한 최적해를 발견했다. 생존력이 가장 높은 함대는 회피성과 소모 가능성에 의존하는 다수의 소형 스텔스 함정으로 구성된 함대였다.[3]

이처럼 여러 다른 시뮬레이션과 훈련을 통해, 강력한 무기로 무장한 소형 회피성 함정으로 이루어진 함대가 전통적 함대

　　　　　4. 새로운 것의 충격: 미래 로봇 플랫폼의 진화

를 압도한다는 것이 드러났다. 그런데도 해군 지휘부는 왜 이런 결과를 마음에 새기고 그런 함대를 구성하지 않은 걸까? 당연한 얘기지만, 소형 저가 함정은 소모 가능할지 몰라도 인간 병사는 소모품이 아니다. 어떤 미국 지도자도 함정 승무원을 소모용으로 여기거나 조국의 아들딸을 자살 임무에 보내는 것을 고려하지 않을 것이다. 더욱이 소형 미사일 고속정은 강한 타격을 가할 수 있지만, 실제로는 원거리에서 표적을 찾는 데 필요한 대형 초지평선 레이더를 탑재하지 못하기 때문에 한계가 있다. 적을 찾지 못한다면 그런 강력한 미사일도 별 소용이 없다.

하지만 이제 로봇 혁명 덕분에 이전의 이런 장벽들은 의미를 잃고 있다. 소형 함정은 이제 인간 승무원이 탑승할 필요가 없다. 스스로 표적을 찾을 필요도 없다. 강력한 ISR 네트워크를 통해 다른 센서들에서 나오는 표적 설정 정보를 받을 수 있기 때문이다. 해군의 이런 사례들로 드러난 설계 원칙들이 현실이 되고 있다. 해상에서만이 아니라 다른 영역에서도.

살상력 밀도와 분리

로봇 시대의 새로운 플랫폼들은 앞 장에서 소개한 로봇 시스템의 고유한 전술적 이점을 활용하고 구현함으로써 로봇 정밀 전장의 압박에 대응하고 기동을 복원할 것이다. 이 플랫폼들은 단순히 산업화 시대 플랫폼의 무인 버전이 아니다. 로봇공학

AI 시대, 전쟁의 미래

의 다음 물결은 이런 전술적 이점을 활용하기 위해 진화하면서 익숙하지 않은 여러 형태를 띨 것이다. 하지만 두 가지 광범위한 주제가 두드러질 것이다. 살상력 밀도와 분리가 그것이다.

살상력 밀도는 무기-표적 비대칭성이 플랫폼 설계에 적용될 때 필연적으로 나타나는 결과다. 소형 정밀무기가 대형 표적을 파괴할 수 있을 때, 플랫폼은 최대한 정밀한 무기와 최소한의 표적으로 이루어져야 한다. 가장 작은 플랫폼 크기에 가장 많은 양의 살상력을 채워 넣어야 한다. 무기의 전체 살상력을 플랫폼 크기로 나눈 수치가 살상력 밀도다. 로봇 플랫폼은 유인 플랫폼보다 살상력 밀도가 훨씬 높을 수 있다. 로봇 플랫폼의 살상력 밀도를 극대화하면 비대칭적 살상력, 회피성, 소모 가능성 등 로봇공학에 고유한 전술적 이점을 실현할 수 있다.

살상력 밀도는 이미 군사 계획가들의 전략적 고려에 간접적으로 영향을 미치는 중이다. 예를 들어, 미 해군의 많은 전략가들은 해군력 균형을 평가할 때 함정의 상대적 숫자나 용적 톤수를 집계하는 대신 실제로 배치할 수 있는 정밀유도 미사일의 상대적 숫자를 집계하는 쪽으로 조용히 전환하고 있다. 전장에 수직 발사 시스템vertical launch system, VLS 셀cell*이 많을수록 전투력이 강해진다. 이렇게 보면, 군함은 기본적으로 정밀유도 미사일을 전장에 투사하는 수단이다. 따라서 VLS 셀을 군함에 많이

---

     4. 새로운 것의 충격: 미래 로봇 플랫폼의 진화

장착할수록 전투력이 높아진다. 이것은 질량에서 유효 질량으로 진화하는 과정을 보여주기 때문에 반은 정답이다. 하지만 해군이 VLS 셀 수만 세다 보면 대형 선박을 건조해야 한다는 유혹에 빠지기 쉽다. 대형 선박일수록 VLS 셀을 많이 탑재할 수 있기 때문이다. 유감스럽게도, 오늘날의 전장에서 대형 통합 플랫폼은 고정된 요새와 마찬가지로 커다란 표적에 가깝다. 인원과 대량의 고가 장비들이 한데 모여 있어 적이 쉽게 파괴할 수 있는 대상인 것이다. 따라서 살상력 밀도를 극대화하려면 플랫폼 크기도 줄여야 한다. 최대 전투력을 제공하면서도 생존성을 극대화해야 한다.

　플랫폼의 크기를 어떻게 줄일 수 있을까? 인간 승무원을 없애고 **분리**하면 된다. 앞의 몇 장에서 살펴본 것처럼, 고도로 치명적인 전장에서 생존하려면 분산이 필요하다. 하지만 분산은 개별 플랫폼들을 멀찍이 떼어놓는 것만을 의미하지 않는다. 사실상 개별 플랫폼들 자체를 "분산"시키는 방식으로도 가능하다. 로봇공학 덕분에 물리적으로 통합된 대형 플랫폼을 네트워크로 연결한 작은 유닛들로 분리할 수 있다. 로봇공학과 네트워킹 시대에 전통적 군사 시스템의 많은 부분과 기능이 물리적으로 서로 붙어 있을 필요가 없다. 단일한 플랫폼으로 결합되면 한 번에 파괴되기 쉽다. 각기 다른 센서, 무기, 그 밖의 기능들을 따로 배치하면 오히려 더 큰 효과를 발휘할 수 있다. 실제 전투 작전이 벌어질 때 그러는 것처럼, 플랫폼을 일시적으로 분리하면 각 부분을 더 소형화하고 생존력도 높일 수 있다. 일부 기능

　　　　　　　　　　　　　　　　　　AI 시대, 전쟁의 미래

은 영구적으로 분리해서 다른 플랫폼이나 "클라우드"에 외부 배치off-board할 수도 있다.

플랫폼을 분리하는 데는 두 가지 차원이 있다. 각기 다른 하위 유닛으로 기능을 분리하는 방식과 대형 플랫폼을 다수의 소형 요소들로 대체하는 방식이다. 첫 번째 방식은 전문화된 요소를 내보내거나 무인 부분을 분할해서 각 부분의 크기와 복잡도를 줄이는 것이다. 두 번째 방식은 비슷한 로봇 요소들의 스웜으로 통합 플랫폼을 대체하는 것이다.

분리 경로

여러 면에서 기능적 분리는 하나의 경로이지 단일한 단계가 아니다. 기존의 많은 플랫폼이 이미 그런 경로로 옮겨가는 중이다. 그 경로의 첫 번째 단계는 무기나 센서 같은 일부 기능을 상이한 필요에 따라 추가하거나 대체할 수 있는 별도의 모듈에 설치하는 것이다. 다역할 전투기에서는 이미 이런 모듈화가 이루어진 상태다. 다역할 전투기는 임무에 따라 다양한 무기를 탑재할 수 있다. 타격 임무에서는 정밀유도 폭탄과 미사일, 공중전에서는 공대공 미사일, 방공망을 억제할 때에는 전자파 추적anti-radiation 미사일을 탑재하는 식이다. 다역할 전투기에는 또한 적외선 표적 식별이나 전자파 교란 같은 특수 센서와 기능을 제공하는 외부 포드pod를 장착할 수도 있다. 임무 기획자들은

    4. 새로운 것의 충격: 미래 로봇 플랫폼의 진화

이런 모듈을 "다양하게 조합"해서 특정 임무에 맞게 전투기를 맞춤 구성할 수 있다.

두 번째 단계는 그런 모듈들 중 일부를 외부 배치, 즉 플랫폼 밖에 배치하는 것이다. 전개형 드론을 비롯한 로봇 시스템은 전자파 교란이나 탐지, 공격 수행 등 임무에 적합한 위치로 모듈을 전방으로 이동시킬 수 있다. 이렇게 하면 살상력 밀도를 크게 높일 수 있다. 궁극적으로 이 과정을 더욱 확장적인 세 번째 단계로 전환해서 대부분의 모듈 또는 전체 모듈이 플랫폼 밖에서 임무를 수행할 수 있다. 중앙 플랫폼은 분리된 모듈들이 임무를 수행하는 동안 그들을 감독하거나, 임무 사이에 유지·보수하는 등 제한된 역할만 수행한다. 예전의 통합 플랫폼은 이제 분리된 모듈들의 집합체가 된다. 센서, 무기, 제어 기능을 분리하면 전투원들은 각기 다른 임무에 맞게 이들을 다양하게 조합해서 맞춤형 구성을 만들 수 있다. 국방고등연구계획국DARPA의 표현을 빌리자면 "모자이크 전쟁" 개념이다.[4]

요소로 분리하는 두 번째 차원은 대형 통합 플랫폼을 비슷한 일련의 소형 플랫폼들로 이루어진 대안적 구성물로 대체하는 것이다. 구성 요소들은 서로 흡사할 수는 있어도, 그것들이 결합된 통합 플랫폼과 닮을 필요는 없다. 역사적 사례로는 대형 군함을 소형 미사일 고속정 소함대로 대체한 것을 들 수 있다. 현대의 사례는 항공기나 차량 대신 소형 드론 스웜으로 대체하는 것이다. 그 결과물은 분리된 유닛이다. 급진적 변화처럼 들리겠지만 오래된 개념이다. 가령 보병 연대는 분리된 단위다.

그것은 하나의 단위로 이동하고 싸우지만 완전히 분리된 요소들, 즉 병사들로 구성된다. 로봇공학은 새로운 유형의 분리된 단위를 만들어낼 잠재력을 제공한다.

기능적 분리와 요소별 분리는 상호 배타적이지 않다. 일부 요소들이 다른 역할을 수행하는 일련의 무인 시스템을 쉽게 상상할 수 있다. 몇몇 요소는 유인 방식으로 네트워크 안에서 고유한 지휘통제 기능을 가질 수 있다. 완전 분리가 언제나 정답은 아니다. 로봇 기술과 작전 개념이 진화함에 따라, 분리 경로의 여러 단계 중 어느 쪽이 더 현실적이고 실용적인 선택인지는 시기마다 달라질 수 있다.

예상되는 설계의 폭발적 증가

이런 고려 사항들은 로봇 시스템의 "무인화" 또는 "말 없는 마차" 단계를 넘어서는 경로를 가리킨다. 로봇공학은 군사 플랫폼의 근본적 재개념화를 가능케 한다. 플랫폼은 이제 더 이상 주로 사람을 위한 수단일 필요가 없기 때문이다.

현재 군사 플랫폼은 대부분 인간 승무원의 수용, 유지, 보호에 필요한 요건을 중심으로 설계되어 있다. 가령 대형 군함은 (프리깃함 같은 수상함이든 잠수함이든, 또는 다른 등급이든 간에) 주로 장거리 해양 항해에서 다수의 인간을 수용하기 위한 선박이며, 여기에 필요한 경우 전투 수행 능력이 덧붙여진다. 군용 함

　　　　　　　　4. 새로운 것의 충격: 미래 로봇 플랫폼의 진화

정의 승무원 수는 상업용 선박과 비교해서도 특히 많다. 선박 설계에 관한 고전적 텍스트에서 말하는 것처럼, "군함에 대한 승무원 수용 요구가 너무 큰 탓에 주요 설계 특징의 대부분을 차지하며, 선박의 크기가 승무원 전체 수에 크게 영향을 받는 다."[5] 프리깃함의 설계에서는 선박 용적의 약 4분의 1이 승무원 수용 공간에만 할당되며, 나머지 용적 대부분도 승무원의 필요를 중심으로 건조된다.[6] 여기에는 함교부터 내부 통로, 승무원이 걷기 편한 수평 갑판에 이르기까지 온갖 공간이 포함된다.

장갑차의 경우, 인간 승조원이 미치는 영향이 훨씬 클 수 있다. 전차 내부 용적의 약 60퍼센트가 승조원 공간이다.[7] 엔진, 변속기, 탄약, 기타 부품은 남은 공간에 끼워 넣는다. 장갑의 질량과 전차의 무게는 주로 에워싸야 하는 체적에 따라 결정되며, 체적은 승조원 공간에 의해 결정된다. 승조원이 없으면 전차나 다른 차량은 인간을 수용하는 대신 새로운 방식으로 지상 전투 임무를 완수하기 위해 근본적으로 재설계할 수 있다.

현대 전투기에서는 승무원에게 직접적으로 할당된 용적 비율이 낮지만, 그렇다 하더라도 설계의 많은 부분이 인간을 수용해야 하는 필요에 따라 미묘하게 결정된다. 전체 크기와 구조 틀은 적절한 위치에 조종석을 배치해야 하는 필요성에 영향을 받는다. 군용 비행기의 상부와 하부가 구분되는 것은 대체로 인간이 거꾸로 있는 것보다 바로 선 것을 선호하기 때문이다. 이런 선호는 또한 전투기가 수행할 수 있는 전투 기동에도 제한으로 작용한다. 인간은 음의 중력가속도보다 양의 중력가속도를

                                                    AI 시대, 전쟁의 미래

훨씬 더 잘 견딜 수 있기 때문이다. 제트기나 롤러코스터가 상승할 때 느껴지는 양의 중력가속도는 체감 중량을 증가시키는 작용을 한다. 제트기가 급강하하거나 롤러코스터가 꼭대기를 지날 때 느껴지는 음의 중력가속도는 반대 방향으로 작용한다. 중력가속도 1"g"는 지구 중력에 해당한다. 적절한 훈련을 받고 G수트*를 입으면, 조종사는 짧은 시간 유해한 영향을 받지 않고 중력가속도 +9를 견딜 수 있지만, 중력가속도 -3~-4에서는 잠깐이라도 안구 출혈 같은 고통과 부상이 생긴다.[8] 로봇 전투기는 이런 점을 우려할 필요 없이 형태와 기동성 양면에서 대칭성을 높이도록 설계할 수 있다. 또한 유인 비행기가 절대 맞먹을 수 없는 수준으로 성능과 기동을 높이는 데 집중할 수 있다. 요컨대 미래의 로봇 전투기는 조종석을 없앤 익숙한 유인 항공기와 비슷한 모양일 필요가 없다.

초기의 철갑함과 잠수함은 그 시대의 수병들에게는 전혀 배처럼 보이지 않았다. 마찬가지로, 로봇 전투 플랫폼 역시 여러 방식의 설계 가능성이 본격적으로 연구되기 시작하면 더 이상 익숙한 플랫폼과 닮아 있을 필요가 없을 것이다. 분리와 살상력 밀도 극대화라는 전장의 설계 압력이, 인간 승무원을 제거함으로써 생겨나는 새로운 설계의 자유와 만나면 전례 없는 설계 혁신이 확산되리라고 예상할 수 있다.

5억여 년 전 캄브리아기에 자연은 해파리보다 복잡한 생물

---

* 제트기 조종사나 우주비행사가 높은 중력가속도를 견디기 위해 입는 보호복.

   4. 새로운 것의 충격: 미래 로봇 플랫폼의 진화

을 만들어내는 법을 알아냈다. 단단한 부위와 관절을 만들고 몸체를 앞, 중간, 뒤로 배열하는 능력 같은 몇 가지 새로운 설계 선택지를 가지고 자연은 진화적 빅뱅을 이루었고, 이로써 새로운 신체 설계를 가진 새로운 동물 수천 종이 만들어졌다. 오늘날에도 흔히 볼 수 있는 많은 종이 이때 생겨났다. 로봇 혁명의 두 번째 물결에서 군사 플랫폼에서도 비슷한 "캄브리아기 폭발"을 볼 수 있을지 모른다.

해상 영역의 로봇 플랫폼

2002 밀레니엄 챌린지가 열리고 20년이 지난 지금도 대만 주변의 해상 전투 시뮬레이션에서는 계속 비슷한 결과가 나타난다. 미 해군은 다수의 정밀유도 미사일을 앞세운 중국의 대만 침공에 맞선 전투 시뮬레이션에서 심각한 타격을 입었다. 시뮬레이션 상황의 미 해군은 침공을 저지할 수 있었지만, 끔찍한 대가를 치러야 했다. 전쟁 모의훈련을 진행할 때마다 대체로 항공모함 두 척과 대형 수상 군함 10~20척을 잃었다.[9] 한 참가자는 중국 함대를 타격하기 위해서는 "더 많은 미사일과 미국 함정을 맞바꿔야 할 것"이라고 개탄했다.[10]

미 해군과 다른 나라 해군은 살상력이 크면서도 쉽게 발견되거나 고정되지 않고, 생산 및 유지 비용이 낮으며, 소모해도 무방한 플랫폼의 수를 늘리길 원한다. 기본적인 방법은 고가의

   AI 시대, 전쟁의 미래

대형 함선을 크기가 작고 회피력이 높으며, 타격력이 강하고 살상력 밀도를 최대치로 끌어올린 다수의 소형 함정들로 분리하는 것이다. 개별 함정의 단점은 그 함정이 무인일 경우에 크게 줄어든다. 무인 함정은 새로운 발상이 아니다. 어쨌든 무인 폭발정은 전쟁의 역사에서 전투에 처음 사용된 로봇 무기였다. 1917년의 일이다. 로봇 플랫폼은 본래 소모 가능해서 온갖 종류의 새로운 전술을 구사할 수 있다.

우크라이나 해군은 2022년 러시아가 전면 침공한 뒤 기존의 모든 재래식 함선을 잃었다. 하지만 장거리 미사일, 공중 드론, 자폭 드론 보트 등을 활용해서 러시아 흑해 함대에 손상을 가하고 파괴하는 식으로 이런 도전에 대응했다.[11] 재래식 수상함을 무인화하는 대신 로봇 시스템을 이용해 유인 함선이 할 수 없는 작전을 수행했다는 점에서 강력한 본보기가 된 사례다. 하지만 구체적인 개념들 중에서 정말로 참신한 경우는 많지 않았다. 미래의 무기와 로봇 시스템은 한층 진보한 로봇 개념을 가능케 할 수 있다.

우크라이나 해군과 달리, 미국을 비롯한 전 세계 해군은 자국 연안에서 멀리 떨어진 곳에서 작전해야 하며, 종종 대양을 횡단한다. 소규모 함선은 항속거리가 짧고 거친 해상에서 항해 성능이 떨어지는 문제가 있다. 넓은 바다에서 원거리를 효율적으로 이동하는 능력(해군의 표현을 빌리자면 "전략적 기동성")은 물리 법칙 때문에 크기가 본질적인 이점이 되는 몇 안 되는 사례다. 컨테이너선과 유조선이 계속 대형화되는 이유이기도 하다. 하지만 전투에서는 분리된 유닛이 살상력과 생존력이 더 높다. 따라서 미래의 해군 함정은 이동할 때는 통합했다가 전투할 때는 분리하는 식으로 건조될 것이다. 일종의 항공모함 같은 모함 개념이 필요하다. 소형 로봇 함정이 수상이나 수중, 또는 공중에서 높은 살상력 밀도를 보이며 고속, 고출력으로 전투 행동을 수행할 수 있다. 전투 임무를 마치면 전략적 기동성과 보급을 위해 모선으로 복귀한다. 한편 모함은 로봇 유닛을 전투용으로 이용하는 동안 위험에서 멀리 떨어진 곳에서 은폐한다.

2차대전 당시 미 해군의 공격 드론 부대 지도자들은 1942년에 드론 항모 개념을 제안했다. 이 제안처럼 오늘날 비슷한 항모들은 상업용 선체를 개조해 만들 수 있으며, 수가 부족한 재래식 항공모함과 독자적으로 광범위한 임무를 수행할 수 있다. 또한 2차대전 당시에 저가의 호위용 항공모함이 종종 그런 것처럼, 대규모 함대 작전을 지원할 수도 있다. 수중 작전에서는 이른바 "소형 잠수정midget submarine"을 비롯한 작은 잠수함이 오래전부터 큰 잠재력을 보였지만, 그 승조원들의 안전에는 위험했다. 새로운 모함은 소형 로봇 잠수함 함대를 운용하면서도 은밀하게 기동할 수 있다.

해상 플랫폼은 아직 분리 경로에 본격적으로 들어서지 않았다. 다역할 전투기와 달리, 해군 함정은 대체로 건조 시점에 센서와 무기를 비롯한 모든 시스템이 영구 설치되어 있다. 각국 해군은 이런 구성요소 일부를 모듈화하는 식으로 분리 경로의 1단계를 탐색하는 중이다. 다양한 임무에 맞게 재구성할 수 있어서 유연성과 비용효율성이 높은 함정들도 이제 막 생산 중이다. 로봇 하위시스템은 이런 구성요소들을 "자동 실행plug and play"할 수 있게 해서 새로운 모듈을 사용하는 부담을 크게 줄여줄 것이다. 미 해군의 근해 전투함littoral combat ship 초기 구상에는 일부 모듈화가 담겨 있었지만, 이 개념은 완전히 실현되지 않았고, 해군은 함정을 재구성하려는 부담되는 시도를 거의 포기했다.[12] 영국과 덴마크 해군은 최신 세대 함정에서 모듈화 개념을 실행하기 시작했다.

모듈화는 자연스럽게 일부 구성요소를 외부로 이전하는 결과로 이어진다(ISR 드론에만 해당되는 것이 아니다). 1960년대에 미 해군의 많은 소형 함정은 초기 드론 헬리콥터로, 자동 유도 어뢰를 탑재한 QH-50 대시Drone Anti-Submarine Helicopter, DASH를 운용했다. 대시를 운용하는 함정은 실질적인 대잠 역량을 보유했고, 함에서 먼 거리의 적 잠수함을 공격함으로써 존재감과 효과 범위를 확대할 수 있었다. 한층 진보한 기술을 갖춘 다수의 배치 가능한 로봇 시스템은 해군 함정의 작전 범위와 역량을 새로운 방식으로 확대할 것이다.

다음 단계로, 일부 모듈이나 구성요소를 플랫폼 밖에 배치할 수 있게 되면, 그중 일부는 아예 함선에 있을 필요가 없어진다. 다른 플랫폼이나 장소에 "호스팅(탑재)"한 채 필요할 때 접속해서 사용할 수 있다. 가령 원격 무기 스테이션이나 미사일 세트를 비무장 함정에 탑재해놓고 해당 함정을 방어하거나 다른 작전을 지원하도록 원격으로 운용할 수 있다. 오랫동안 수송

     4. 새로운 것의 충격: 미래 로봇 플랫폼의 진화

선을 비롯한 비전투 함선은 필요한 경우를 대비해 보조 함포나 대공포를 싣는 일이 흔했다. 다만 승무원이 능숙하게 조작하지 못하는 탓에 대개 이런 무기는 효과가 뛰어나지 않았다. 하지만 이제 로봇공학과 네트워킹 덕분에 표적 설정 데이터와 제어를 원격으로 제공할 수 있으며, 보조 무기 개념은 한층 더 강력한 형태로 부활할 수 있다. 원격으로 지휘받는 로봇 하위시스템이 승무원에게 거의 또는 전혀 부담을 주지 않은 채 강력한 역량을 발휘할 수 있다.

자연계에는 숙주가 기본적으로 인지하지 못하는 상태에서 다른 유기체에 "무임승차"하는 생물이 많다. 가령 따개비는 고래 피부에 붙어서 이동한다. 고래는 따개비에게 해를 입지 않고, 따개비는 최소한의 부담만 준다. 생물학자들은 이런 현상을 "공생 관계"라고 한다. "분리" 덕분에 공생적 무기, 그리고 센서나 기타 모듈은 비전통적 플랫폼이나 원거리 장소에 "무임승차"할 수 있다. 필요할 때 작동하면 되기 때문에 거의 부담을 늘리지 않으면서도 많은 역량을 추가할 수 있다.

유지 및 보수가 별로 필요 없는 공생적 무기를 비전통적인 장소에 배치할 수 있다. 러시아, 이스라엘, 중국, 이란은 평범한 형태의 40피트 컨테이너 안에 넣어서 민간 선박이나 육상에 보관할 수 있는 장거리 정밀 타격 미사일을 도입하고 있다.[13] 유지·보수를 하지 않고도 최장 7년까지 보관이 가능하다.[14] 비슷하게 생긴 물체 수천 개 사이에, 심지어 빤히 보이는 곳에 이런 무기를 숨겨두면 회피성이 높아진다. 미 육군은 최근 마크70

Mod 1 발사장치를 공개했다. 수직 발사 시스템 셀 네 개를 일반 컨테이너에 넣어 두는 장비다. 미 해군은 근해 전투함과 무인 수상함에 마크70을 배치해 강력한 "추가bolt-on" 타격 역량을 시연했다.[15] 소형 정밀유도 배회탄 수십 내지 수백 개를 수용하는 고밀도 발사 장치로, 이처럼 컨테이너를 활용하는 비슷한 발상이 속속 등장하는 중이다.[16]

인간 승무원을 없애서 공간의 여유가 생기면 분리된 구성요소와 함정 용도로 새로운 설계를 할 선택지가 늘어난다. 일부 혁신적 방위산업 기업은 전통적인 함선과 전혀 다른 모양의 소형 함선을 도입하고 있다. 세일드론Saildrone이나 오션에어로Ocean Aero 같은 기업들은 미 해군에 지속적인 ISR을 위한 무인 수상함을 제공하고 있다. 태양광으로 작동하는 패들보드에 수직형 날개 돛을 장착한 형태다. 일부 제품은 잠깐 동안 무인 잠수정처럼 작동할 수 있다.[17] 1970년대와 1980년대에 미국의 페가수스급처럼 소수 배치된 고속 수중익 공격정* 같은 혁신적 개념이 한층 진보한 무인 형태로 다시 등장할 수 있다.

설계 자유의 또 다른 예로, 공기로 채워지는 승무원 공간을 없애면 부력을 전술적 변수로 사용할 수 있다. 로봇 반잠수정은 수면에서는 기존의 고속정처럼 고속으로 이동하다가 평형수 탱크를 가득 채워서 수면에 밀착하는 식으로 은밀성과 생존성

---

*   hydrofoil attack vessel. 선체 아래 수중익(날개 구조)을 달아 고속 항해가 가능한 소형 군함으로, 물의 저항을 줄여 빠른 속도로 공격 임무를 수행할 수 있다.

을 확보할 수 있다. 승무원이 없으면 함정의 상부 표면을 사실상 평평하게 만들 수 있기 때문에 수면과 똑같이 밀착한 상태에서는 레이더에 포착되지 않고 표적이 되지 않는다. 오리 사냥꾼들이 쓰는 거의 보이지 않는 수면 은신함sink box blind 같은 기능을 하는 이런 함정에 원격으로 제어하는 수직 발사 미사일 세트를 탑재할 수 있다. 사실상 수면 위에 떠다니는 수직 발사 시스템인 함정은 매우 높은 살상력 밀도를 보이며 분리된 수상 유닛에서 강력한 구성요소로 기능할 수 있다.

이런 설계 자유는 얼마나 멀리까지 확장될까? 항공모함은 분리의 잠재적인 추가 함의를 고려하는 데 유용한 출발점이 된다. 오늘날 항공모함은 플랫폼으로 여겨지며, 함재기가 발사하는 무기들은 탄약이다. 하지만 함재기가 무인화되어 가미카제 같은 자폭 공격을 실행할 수 있다면 어떻게 될까? 다른 탄약을 발사할 수 있는 탄약이 되는 걸까? 항공모함 자체가 무인화되어 소모 가능해진다면 어떨까? 항공모함이라는 전체 조합이 궁극적으로 분리 가능한 요소들의 위계 체계가 되고, 그 과정에서 플랫폼과 탄약의 구분은 점점 흐려진다. 그리고 그 구분은 소모 가능성 정도와 같은 설계 선택에 따라 달라진다.

캄브리아기 폭발이 해상 영역에서 일어날 여지가 충분하다.

　　　　　　　　　　　　　　　　AI 시대, 전쟁의 미래

공중 영역의 로봇 플랫폼

과거와 마찬가지로, 공중 영역에서는 항행이 비교적 용이하기 때문에 로봇 전쟁 분야에서 많은 관심을 끌고 있다. 미 해군과 마찬가지로 미 공군을 비롯한 주요국 공군은 살상력이 높고 쉽게 발견 및 고정되지 않으며, 조달과 유지·보수 비용이 저렴하고, 전투에서 잃어도 부담이 덜한 다수의 플랫폼을 운용하기를 열망한다. 다른 하위권 공군은 5~6세대 전투기 같은 천문학적 비용을 들이지 않고 일류 공군력을 확보하는 데 혈안이다. 그리하여 주류 공군력 역할에서 무인기에 대한 열렬한 관심이 급증하고 있다.

미국을 비롯한 여러 나라의 군사 연구자들과 방위산업체들은 1960년대와 1970년대에 제안됐지만 당대의 기술로 실현하지 못한 무인 공군력 개념을 현실화하기 위해 경쟁하는 중이다. 그 가운데 두드러진 접근법은 첨단 전투기와, 그와 동반 비행하는 훨씬 많은 무인기로 이루어진 유인-무인 팀 편성이다. 그 기본 개념은 2차대전의 공격 드론 부대에서 처음 등장했다. 전투기 조종사들은 마치 무인기로 이루어진 하위 편대나 비행 중대를 지휘하듯이 이 무인기들을 지휘·감독할 것이다. 저가의 무인 "호위기"는 필요한 수적 규모와 소모 가능성을 제공할 것이다.

이 접근법은 2000년대 초 X-45 프로그램까지 거슬러 올라가는 성공적인 무인 전투기uninhabited combat air vehicle, UCAV 개념

     4. 새로운 것의 충격: 미래 로봇 플랫폼의 진화

을, 새롭게 발전한 AI 및 인간-기계 인터페이스와 결합한다. 현재 활발한 연구·실험 프로그램들이 무인기가 어느 정도의 역량을 갖춰야 하는지, 자율성은 어느 정도 필요한지, 인간 조종사와 어떻게 협력해야 하는지 등, 이 개념을 주류로 끌어 올리는 데 필수적인 여러 질문을 연구하고 있다. 1950년대 전략 폭격기의 호위·기만용으로 개발된 퀘일Quail 같은 최초의 유인체de-coy 시스템 이래 무인 제트기는 유인기와 동반하는 강력한 보조 전력이었다. 미래의 전쟁에서는 한층 진보한 드론이 첨단 전투기와 함께 전투에 투입될 것임은 의문의 여지가 없다.

이 접근법은 전투력이 이미 첨단 유인 전투기와 지원 인프라를 중심으로 구축된 미국 같은 세계 최고의 공군에도 매력적이다. 로봇 전투기를 유인기의 보조물로 설정하면 로봇 시스템을 기존의 작전 개념에 한층 매끄럽게 통합할 수 있다. 무인 호위기가 동반 비행하는 유인 전투기의 항속거리, 속도, 기타 성능 규격에 부합하면, 그 설계는 기존 전투기의 무인 버전과 비슷한 모습일 것이다.

반면 일부 다른 나라들은 분명히 로봇 전투기를 고가의 첨단 유인기를 강화하는 수단이 아니라 대안으로 본다. 무인기는 훨씬 낮은 비용으로 많은 동일한 임무를 수행할 수 있다. 처음에는 5~6세대 전투기의 성능에 맞먹지 못하겠지만, 빠르게 진화하면 조만간 한층 광범위한 임무에서 더 매력적인 투자 대비 효과를 제공할 수 있다.

로봇 플랫폼은 또한 선도적 공군에도 비슷한 기회를 제공할 수 있다. 예를 들어, 미 해군이 과거에 소형 미사일 고속정을 외면한 것처럼, 미 공군도 OV-10 브롱코, A-37 드래곤플라이, A-29 슈퍼 투카노 같은 경공격기를 받아들이지 않았다. 베트남이나 아프가니스탄 같은 저강도 전쟁에서 유효성과 경제성을 입증했는데도 마찬가지였다. 해군처럼 공군도 인원을 소모 가능한 것으로 여기지 않으며, 저등급 플랫폼에 인원을 배치하는 것을 꺼린다. 전투 드론 비행 중대를 창설하면, 선도적 공군은 저렴하고 소모 가능한 플랫폼으로 저강도 전투 임무에 대응할 수 있다. 이런 플랫폼은 고가의 첨단 전투기와 독립적으로 배치할 수 있기 때문이다. 이 플랫폼의 역량이 빠르게 증대함에 따라, 앞으로 고강도 전투에서 점차 유인 전투기 비행 중대를 보완할 수 있을 것이다. 유인 감독 기능이 지상에 있든, 공중에 있든, 또는 지구 반대편에 있든 간에 그 위치는 크게 중요하지 않다. 그 역할은 상황에 따라 어느 장소로도 이전할 수 있다. 드론 부대는 공중에서 유인기와 협력해 작전할 수 있고, 필요하면 유인기가 이 부대를 "활용pick up"해 현지 전술 통제를 맡을 수도 있다. 물론 이 부대가 독립적으로 작전을 수행할 수도 있다. 로봇 플랫폼이 독립적 공군 역량으로 발전할 여지를 주면 그 발전 속도가 한층 빨라질지도 모른다. 미 육군의 초기 기계화·공수 부대들이 그런 식으로 발전했다. 그리하여 미국과 동맹국들이 파괴적 전환에서 추월당하지 않도록 보장할 수 있다. 로봇 플랫폼의 발전은 공군력의 지속적 우위를 제공할 수 있는 새로운 접근법을 제시한다.

    4. 새로운 것의 충격: 미래 로봇 플랫폼의 진화

‘무인기를 비행 작전에서 어떻게 활용하는 게 최선인가’라는 문제가 관심과 자원의 초점이 되고 있지만, 이 때문에 한층 더 중요한 전략적 우선순위를 간과해서는 안 된다. 공군 기지를 분리해야 할 필요성이 그것이다. 지상의 군용 차량과 해상의 함정은 전장에서 기동하면서 기지로 복귀할 필요 없이 장기간 다양한 임무를 수행할 수 있다. 심지어 전쟁 기간 내내 기지 밖에서 임무를 수행하기도 한다. 하지만 항공기는 출격해서 임무를 끝내면 매번 기지로 복귀해야 한다. 따라서 항공기는 같은 의미에서 완전히 독립적인 기동 플랫폼이 아니다. 사실 따지고 보면, 항공기 자체보다 공군 기지가 공군력의 핵심 플랫폼이다. 우리는 항공모함이 해군 항공의 핵심 플랫폼임을 이해하며, 지상의 공군 기지도 마찬가지다. 공군 기지는 위치가 고정되어 있고, 눈에 잘 띄며, 수가 적다. 보편적 정밀성의 시대에 전투 플랫폼으로서는 하나같이 치명적인 특징이다. 설상가상으로, 공군 기지의 전통적인 물리적 형태는 평지에 항공기가 하늘에 노출되어 있는 탓에 정밀무기의 가장 이상적인 표적이 된다. 여러 세대에 걸쳐 기술이 발전했지만, 공군 기지는 1950년대 이래 거의 바뀐 게 없다.

공군은 수동·능동 방어를 추가하는 등 다양한 방식으로 공군 기지를 강화할 수 있다. 스웨덴 공군은 기지를 겨냥한 냉전 시대의 위협에 맞서 회복력을 제공하기 위해 일반 고속도로의 특정한 구간에서 작전하는 훈련을 했다.[18] 미 공군 또한 일부 작전을 고속도로를 비롯한 분산된 장소에서 수행하는 훈련을 시작했다.[19] 이런 대처는 중요하다. 하지만 AI 지원 정밀무기에 취약할 수밖에 없는 공군 기지의 기본 특징은 궁극적으로 기지를 기반으로 움직이는 항공기에 의해 제약을 받는다. 정밀 전장에서 생존을 모색하는 다른 플랫폼들처럼, 공군 기지도 한층 더 분산되고 기동적이고 발견과 표적 설정이 어려워져야 하며, 활주로처럼 몇 차례 타격으로 무력화되지 않아야 한다. 미래의 공군은 점차 활주로에서 독립해야 한다. 미래의 전투기는 아주 짧은 이착륙, 그리고 되도록 수직 이착륙VTOL이 가능해야 한다. 또한 유지·보수와 지상 지원 인프라를 최소화하고, 공중에서만이 아니라 지상에서도 스텔스 기능을 발휘할 수 있도록 만들어져야 한다.

수직 이착륙이 가능한 전통적인 고성능 전투기를 만드는 것은 쉽지 않다. 최근의 사례로는 미 해병대 상륙강습함 같은 소형 항공모함에서 운용하도록 설계된 F-35B가 유일하다. 하지만 과학소설에서는 수직 이착륙 항공기가 거의 보편적이다. 영화 〈스타워즈〉에서는 우주를 이동하는 비행접시와 모든 가상 전투기가 수직 이착륙형이다. 기본 발상은 그만큼 매력적이다.

하지만 로봇 항공기는 1950년대의 무인 조종 폭격기 비행대나 1960년대의 파이어비 시절부터 활주로가 필요 없는 경우가 많았다. 로봇 항공기는 유인기보다 기체를 작게 만들 수 있다. 소형 항공기는 활주로 없이 쉽게 발진할 수 있으며, 정밀무기 덕분에 소형 항공기도 살상력이 높아졌다. 로봇 설계 옵션의

          4. 새로운 것의 충격: 미래 로봇 플랫폼의 진화

캄브리아기 폭발은 놀라운 성능을 달성하는 새로운 방식을 제공할 수 있다. 로봇 항공기는 활주로에 의존하지 않는 항공 전력을 창조하는 가장 직접적인 경로를 제공하며, 또한 로봇 시스템에 고유한 모든 전술적 이점을 제공한다.

한 가지 주요 과제는 지상의 부담을 줄여주는 것이다. 오늘날 MQ-9 리퍼 같은 무인기가 지속적인 작전을 수행하려면 150~200명의 지상 인력이 필요하다. 유인기보다 훨씬 큰 규모다.[20] 한 예로, MQ-1C 그레이이글 드론을 운용하는 미 육군 중대는 아파치 헬리콥터를 운용하는 중대보다 인원이 네 배 이상 필요하다.[21] 이런 예상치 못한 부담 때문에 공군 장성들은 가장 심각한 인력 문제가 무인 플랫폼에 인원을 충원하는 것이라고 불만을 토로하고 있다.[22] 로봇 전투기는 처음부터 부담을 최소화하고 열악한 환경에서 운용할 수 있게 설계되어야 하며, 지상 인력의 집중적 지원을 최소화할 수 있도록 고도의 자율성을 갖춰야 한다. 이 접근법은 발사, 회수, 보충, 다음 임무 준비를 비롯한 전체 작전 주기를 고려해야 한다. 여기에는 자율 병참에 대한 강조도 포함되는데, 이에 관해서는 다음 장에서 더 논의하겠다.

활주로에 의존하지 않는 항공 전력을 제공하려면 필연적으로 적어도 어느 정도는 로봇 항공기를 유인 항공기로부터 분리해야 한다. 우선 과제는 최대한 효과적이고 실용적인 활주로 비의존 부대를 만드는 것이다. 이 부대의 전투력은 전통적인 첨단 전투기의 성능과 플랫폼 대 플랫폼으로 맞먹는 데서 나오는 게

　　　　　　　　　　　　　　　　　AI 시대, 전쟁의 미래

아니다. 분리된 단위로서 새로운 전술을 보여주는 능력이나, 전역戰域을 이탈하지 않는 지속력 같은 다른 원천에서 나온다. 활주로에 의존하지 않는 부대가 구성되면, 발견하기 어렵고 분산 능력과 기동성이 높고 작은 공간에 많은 전투력을 압축할 수 있는 공군 기지를 기반으로 항공 전력을 발휘할 수 있다.

유인기용 기지가 파괴되거나 전역에서 이탈한다면 첨단 유인기의 우월한 성능은 무의미해질 수 있다. 오히려 활주로에 의존하지 않는 드론 항공기가 항공 전력의 중심축이 된다. 새로운 항공기가 처음 등장하면, 저비용 경공격이나 공중전의 신선하고 유용한 형태를 제공하면서 전통적 첨단 플랫폼을 보완할 수 있고, 필요한 경우 대체할 수 있다. 결국 이런 무인기가 진화해 변화하는 새로운 공군력 시장에서 주도적 위치를 차지할 수 있다.

스웜은 미래의 플랫폼인가?

앞 장에서 '스웜' 전술을 소개했다. 많은 사람들이 소형 무인 시스템들이 일정한 방식으로 협동하는 거대한 군집을 의미하는 스웜에 관해 들어보았을 것이다. 가령 스웜은 영화에도 등장하며, 미래 로봇 전쟁에서 커다란 역할을 할 것으로 가정된다. 드론 라이트 쇼의 장관을 보면서 수백, 심지어 수천 대의 소형 드론으로 이루어진 드론 스웜이 미래의 군사 시스템이 될 것

   4. 새로운 것의 충격: 미래 로봇 플랫폼의 진화

이라고 상상하기는 쉽다. 부분적으로는 맞는 말이지만 그것이 전부는 아니다.

불꽃놀이에서 알 수 있듯이, 우리가 드론 라이트 쇼에서 보지 못하는 것은 쇼 전과 후에 드론을 준비하고 정리하는 몇 시간의 작업이다. 부담은 로봇 무기에서 핵심적인 과제 중 하나다. 그 모든 작업의 부담 때문에 스웜은 다른 대안에 비해 경쟁력이 떨어질 수 있다(대부분의 전투 시나리오에서 실용성이 없을 가능성이 높다).

현재 구상되는 많은 스웜은 대부분 분리된 탄약, 일명 "탄약 스웜munitions swarm"으로 보는 편이 가장 정확하다. 다수의 소형 요소들로 이루어진 무기가 화력 스웜에 이상적이며, 특히 개별 요소들이 독립적으로 움직이며 정밀하게 타격할 수 있을 때는 더욱 그렇다. 무기-표적 비대칭을 이용해서 탄약을 스웜으로 분리하면 적의 방어망을 압도하거나 우회해서 표적의 핵심 지점에 집중하는 게 쉬워진다. 이때는 반쯤 무작위적인 움직임이 적절하다. 하지만 이 개념에는 심각한 현실적 한계가 있다. 가령 초소형 요소들은 본질적으로 항속거리와 지속력이 제한된다. 스웜으로 기능하는 능력은 시간적, 공간적으로 제한된다.

대형 무기는 일반적으로 소형 무기보다 빠르고 항속거리가 길기 때문에 표적에 충분히 접근할 때까지 "통합 상태로 이동"한 뒤 분리하는 게 타당하다. 발사체나 미사일 같은 대형 모체host에서 스웜을 전개하면, 드론의 제한된 지속 비행 능력을 표적 위치까지 이동하는 데 소진하는 대신 최대한 유리하게 활용할 수 있다. 이렇게 하면 또한 스웜 사용을 준비하는 부담이 크게 줄어든다. 일회용 탄약인 드론은 "장전 준비" 상태로 마련되며, 다시 재무장하거나 재생할 필요가 없다.

단일 표적을 압도하고 파괴하기 위한 스웜은 표적의 방어력이 강할 때 유효하다. 하지만 한 표적을 무력화하는 데 많은 소형 정밀무기가 필요하지 않다. 한두 개 정도로도 충분히 가능하다. 분리된 스웜 탄약의 더 중요한 용도는 분산된 표적을 타격하는 데 있다. 예를 들어, 소형 드론에 장착된 최신 센서는 대개 지뢰밭에 있는 지뢰를 탐지할 수 있다.[23] 하지만 지뢰를 발견하는 것과 신속하게 무력화하는 것은 다른 문제다. 스웜 탄약은 해당 지역에 다수의 소형 드론을 전개해서 각 지뢰를 정밀 타격함으로써 순식간에 지뢰밭을 정리할 수 있다. 살상력 때문에 "텅 빈 전장"에서 분산 압력이 커짐에 따라 다수의 개별 표적을 단번에 정밀 타격하는 능력이 한 표적을 파괴하는 능력보다 소중해진다.

탄약 스웜과 대조적으로, 기동용 플랫폼("기동 스웜maneuver swarm")은 설령 소모 가능하고 분리되더라도 내구성이 강하고 재사용이 가능해야 한다. 재사용 가능한 부대의 경우에 회수와 보충 문제, 그리고 장기적인 전투 작전에서 스웜을 유지하는 데 따르는 모든 부담 문제는 피할 수 없다. 개별 요소의 수가 늘어나고, 크기가 작아지고 지속 비행 능력이 약해짐에 따라 부담 문제는 가중된다. 따라서 유인-무인 팀 편성 작전처럼 지속적인 작전에 투입되는 로봇 스웜은 비교적 적은 수의 요소로 구성

        4. 새로운 것의 충격: 미래 로봇 플랫폼의 진화

될 필요가 있다. 대형 로봇 플랫폼은 또한 무기와 센서 같은 탑재물을 실을 수 있는 수용력이 크기 때문에, 기동 스웜을 활용할 수 있는 범위도 넓다. 이는 기동 스웜이 탄약 스웜에 비해 수는 적더라도, 더 뛰어난 능력과 더 다재다능한 활용성을 지닌 요소들로 이루어질 가능성이 크다는 점을 시사한다.

고대 이래로 군대는 대체로 병사나 함선 등의 개별 요소나 플랫폼이 무질서한 군중이나 군집을 이룰 때보다 정연한 대형을 이룰 때 더 효과적임을 보여주었다. 그리하여 전술이 탄생했다. 대형과 전술을 사용하는 군대는 언제나 그렇지 못한 야만인을 물리쳤다. 오늘날 대형은 더 분산되고 눈에 띄지 않는다. 그럼에도 병사가 순찰 시에 전진하는 방식이든, 함정이 전투함대로 편성되는 방식이든 효과적인 군사 단위는 전술적 유효성을 극대화하기 위해 의도적으로 설계된 대형을 사용한다.

무인 시스템으로 이루어진 집단도 똑같은 현실에 지배될 것이다. 따라서 앞 장에서 설명한 것처럼, 의도적으로 스웜 전술을 사용하지 않는 한 이 집단도 자신이 수행하는 임무에 맞게 설계된 대형을 따라야 가장 효과적일 것이다. 가령 정찰 방어선을 형성하는 무인 시스템은 횡대를 이루어 전진하면서 빠뜨린 공간이 없도록 지면을 가장 효율적으로 수색하기 위해 특정 센서에 최적화된 간격을 유지할 것이다. 통합 플랫폼에 비해 분리된 유닛이 갖는 힘이 있다면, 임무와 환경의 변화에 따라 신속하게 새로운 대형을 이루는 능력도 그중 하나다.

지상 영역의 로봇 플랫폼

로봇 혁명의 두 번째 물결에서 지상 전투를 위한 주요 플랫폼은 무인 전차와 비슷한 형태가 아닐 것이다. 이런 무인 장갑 차량은 현대 전차의 취약성을 해결하지도 못하고 로봇 시스템이 제공할 수 있는 많은 전술적 이점도 담아내지 못한다. 기계화 기병대를 위한 플랫폼이 기계 말이 아닌 것처럼, 로봇 지상 전투를 위한 플랫폼도 산업화 시대의 전차나 그밖에 익숙한 장갑 차량과는 다른 모습일 것이다.

이런 플랫폼은 또한 휴머노이드 로봇 병사와도 다를 것이다. 휴머노이드 로봇 역시 로봇 시스템의 잠재적인 전술적 이점을 거의 보여주지 못한다. 이 로봇은 대체로 인간 신체와 유사한 물리적 한계가 있으며, 따라서 추가적인 전술적 이점을 거의 제공하지 못한다. 또한 기계적으로 대단히 복잡해서 신뢰성이 부족하고 정비와 수리에 많은 시간을 투입해야 한다. 휴머노이드 군사 로봇 개념은 〈터미네이터〉 같은 영화의 영향을 많이 받았지만, 애당초 터미네이터가 휴머노이드로 만들어진 것은 인간 행세를 하고 인간 기지에 침투하기 위해서였음을 기억하라. 마찬가지로, 휴머노이드 로봇은 인간을 위해 설계된 실내 공간, 가령 문과 계단이 있는 건물을 자연스럽게 돌아다니는 등 특정한 환경에서 유용할 것이다. 처음에는 경찰 작전 지원처럼 짧은 시간만 활동해도 되는 임무용으로 개발된 뒤, 이후에는 선별된 전투 임무에 투입될 것이다. 하지만 대부분의 경우, 로봇은 인

     4. 새로운 것의 충격: 미래 로봇 플랫폼의 진화

간이 잘할 수 있는 일을 그대로 하기보다는 인간 병사는 하지 못하고 로봇은 잘할 수 있는 일을 하도록 설계해서 활용하는 게 최선이다.

전차나 그와 비슷한 플랫폼이 갑자기 구식으로 전락하는 일은 없을 것이다. 오히려 전차는 전함과 비슷한 경로를 밟게 될 공산이 크다. 전함과 마찬가지로, 전차도 산업화 시대의 방호력, 화력, 기동성 등의 자질을 구현하도록 설계되었다. 실제로 전차는 원래 육상 전함으로 구상되었다. 정밀유도 공중 공격에서 소형 정밀무기로 고가의 대형 표적을 파괴할 수 있음을 처음 보여주었을 때, 일각에서는 전함이 이미 구식이 되었다고 주장했다. 하지만 각국 해군은 점점 많은 능동 대공 방어 체계를 추가하는 식으로 노후화를 차단했다. 2차대전의 마지막 전함들은 사실상 이런 방어 체계로 뒤덮여 있었다. 한 예로, 일본 전함 야마토호는 마지막 버전에서 대공포 178문을 탑재했다.[24] 그런 갖은 노력에도 불구하고 결국 공습으로 격침되었다. 일부 전함은 전쟁 이후에도 살아남았지만 운용 가능한 상황이 점점 줄어들었다. 전투가 사정거리 훨씬 밖에서 벌어진 까닭에 강력한 총포의 화력이 거의 무용지물이었다. 전함의 취약성이 점점 큰 문제가 되었고, 다른 시스템의 지원에 더욱 의존하게 되어 결국 더는 비용효율적인 플랫폼으로 간주되지 않았다. 능동 방어 시스템을 장착한 장갑 차량은 한동안 유용성을 연장할 수 있었지만, 그들의 시대도 서서히 저물고 있다.

전차 같은 기존의 군사 플랫폼은 취약성과 비효율성이 점차 높아지기는 해도 그 필요성을 한층 만족시키는 대안이 등장할 때까지는 유지될 것이다. 기동의 위기는 새로운 대안을 요구하고 있다.

군사 로봇은 모든 종류의 지상 부대의 존재감과 영향력의 범위를 확장한다. 오래전 보르크바르트 B-IV가 이미 전조를 보여준 바 있다. 더 민첩하고 치명적이며, 발견하기 어렵고 소모 가능한 로봇 시스템이 점차 전투를 주도하는 한편, 유인 플랫폼은 뒤로 물러나 은폐를 유지하며 전함보다는 항공모함 역할을 할 것이다. 유인 플랫폼은 전투를 수행하는 로봇 시스템을 지원하면서 통제하는 모함 기능을 할 것이다. 이런 전환은 점진적으로 이루어질 테고, 유인-무인 팀 편성의 균형은 기술 발전에 발맞춰 점차 변화할 것이다.

지상 영역은 매우 다양하며, 많은 특별한 임무에 전문화된 로봇 역량이 필요할 것이다. 가령 보편적 ISR과 정밀무기 때문에 적군은 엄폐와 은폐에 치중할 수밖에 없다. 지하 깊숙이 들어앉은 적 병력을 몰아내는 일은 어렵고 비용이 많이 든다. 전문화된 지상 로봇 시스템은 터널, 동굴 단지, 도시 구조물을 정리하는 데 도움이 된다. 무거운 화물을 운반하는 등의 작업에도 대형 지상 차량이 필요하다.

하지만 대부분의 지상 전투 상황에서 지상 로봇은 지속적인 도전에 직면한다. 조종과 제어 문제, 적 화력에 대한 취약성, 운용 부담 등은 특히 지상에서 이동해야 하는 로봇 차량에 어려운 과제이고, 로봇 전투의 역사는 이 교훈을 여실히 보여준다.

눈에 잘 띄고 속도가 느린 지상 로봇은 정밀 전장에서 손쉬운 먹잇감이 된다. 이렇게 보면 지상 영역에서 군사용 로봇 기술의 미래가 비관적인 듯 보인다. 그럼에도 지상 전투는 로봇 기술이 가장 혁명적인 영향을 미칠 수 있는 분야이며, 그 이유를 다음 장에서 살펴볼 것이다.

5

새로운 핵심 영역
: 저고도 공중 통제

2차대전 당시 원격조종식 보르크바르트 B-Ⅳ가 요새를 돌파하고 대규모 공격의 선봉에 섰던 시절 이래, 로봇 시스템은 줄곧 지상 전투에 변혁을 가져올 가능성이 있었다. 초기 전투 경험에서 드러난 것처럼, 기동적이고 소모 가능한 로봇을 유인 차량 및 인간 조종자와 팀으로 묶으면 전장에서 강력한 시너지 효과가 생겨났다. 하지만 이 경험은 또한 그 후로 군사용 지상 로봇 기술을 억제하는 결과를 낳으며 약점을 드러냈다.

가장 풀기 힘든 문제는 험한 지형에서 이동하고 길을 찾는 방법이었다. B-Ⅳ의 소형 사촌격인 골리앗처럼 크기가 작고 회피 잠재력이 더 큰 시스템일수록 더 많이 분투해야 했다. 대형 로봇 플랫폼은 때때로 커다란 장애물을 넘어서 길을 헤쳐 나갈 수 있지만, 병사와 유인 차량에 비해 속도가 느리고 움직임도 어색하다. 그 결과, 종종 전장에서 속수무책으로 공격당한다.

새롭게 등장하는 정밀 전장은 더 치명적이고 속도가 빠르며 무자비하다. 미래의 전장은 또한 물리적으로도 한결 까다로울 게 분명하다. 최근 여러 전쟁에서 벌어진 결정적 전투는 이라크의 모술이나 시리아의 락카, 우크라이나의 마리우폴과 바흐무트, 팔레스타인의 가자처럼 도시를 쟁탈하기 위한 시가전이었다. 세계 인구의 3분의 1 가까이가 도시에 거주하며, 군사 전략가들은 "21세기의 도시 작전은 단순히 또 다른 유형의 작전이 아니라 금세기 전쟁의 대표적 형태가 될 것"이라고 언급했다.[1] 도시 전장의 지형은 매우 복잡하게 마련이다. 바리케이드, 폭탄 구덩이, 파손된 차량, 파괴된 구조물 잔해 등 각종 장애물이 뒤섞여 있다. 현재의 자율주행차 수준을 뛰어넘는 차세대 AI를 사용한 내비게이션이나 인간 조종자의 지속적 원격조종이 있더라도, 물리적 장애물은 모든 지상 로봇에게 넘을 수 없는 장벽이 된다.

새로운 전투 체제: 저고도 공중

하지만 이동 평면을 10미터 정도 올려보면, 경로가 순탄하고 사방에 장애물이 없어진다. 비행 드론은 이 높이에서 움직이면서도 지상 전투에 밀접하게 관여할 수 있다. 사실상 지상군이지만 항공 전력의 전술적 이점을 지닌 채 공중에서 움직인다. 드론은 흔히 말하는 "저고도 공중atmospheric littoral", 즉 지구에서 가까운 대기권 저층부에서 기동한다.[2] 간혹 "저고도air littoral"나

"저고도 대기-지상air-ground littoral"이라고도 한다.[3] 미래 군사작전의 측면에서 이 영역은 다음과 같은 조건이 적용되는 공간이다.

1. 작전이 공중에서 수행되며, 대부분의 지상 장애물에 영향받지 않은 채 병력이 마치 항공기처럼 방해 없이 이동, 집중, 분산할 수 있다. 다만 그 범위가 국지적이다.
2. 작전이 낮은 고도에서 수행되기 때문에 병력이 지상군과 가까이서 긴밀하게 접촉하며, 적 지상군을 직접 공격하거나 아군을 지원할 수 있다.
3. 작전이 낮은 고도에서 수행되기 때문에 필요한 경우에 병력이 건물이나 언덕, 큰 나무 같은 커다란 지형지물을 엄폐와 은폐 용도로 사용할 수 있다.

해군은 "연안littoral"이라는 용어를 사용하는데, 육지에 가깝고 수심이 얕은 이른바 "녹색" 수역을 가리킨다. 대형 선박이 다니는 깊은 "청색" 수역인 대양과 구별되는 지역이다.[4] 비슷하게 생각해보면, 저고도 공중은 지면에서 몇백 피트 고도까지 확장된다. 간단히 말해 "건물 사이의 공중"이라고 생각하면 된다. 현대의 헬리콥터는 종종 저고도 공중에서 활동하지만 전투 중에 그 영역에 오래 머무르지 않는 경향이 있다. 그 고도에서는 적의 화력에 취약하고, 인간 조종사와 탑승자를 태울 수 있을 만큼 기체가 커야 하기 때문에 건물이나 나무 사이, 또는 도로를 따라 안전하고 효과적으로 기동하지 못하기 때문이다. 적의 소형화기 화력의 위험에서 벗어나 충분히 높은 고도에 오르면, 전술적으로 말해서 저고도 공중에서 벗어난 셈이다.

수류탄 같은 단순한 무기로 무장한 소형 쿼드로터나 헥스로터(회전 날개 6개) 드론은 지면과 하늘 사이의 중간 영역에서 지속적으로 활동하는 최초의 무장 시스템이었고, 전황에 직접적인 영향을 미쳤다. 2017년 모술 전투에서 ISIS 전투원들이 이런 드론을 처음 사용했을 때, 그것은 전투에서 완전히 새로운 존재였다. 값이 싸고 재사용 가능한 플랫폼은 이라크 정부군을 관찰하고 소규모 공격을 수행하면서 정밀 공격을 새로운 형태의 항공 전력처럼 만들었다. 하지만 적군이 드론을 파괴하려고 나섰을 때, 그들은 이것이 전투기도 아니고 지상 플랫폼도 아님을 깨달았다. 지상의 표적에 사용하는 무기는 대부분 별 쓸모가 없었다. 좌절한 많은 부대가 자동화기를 난사했지만, 크기도 작고 조준이 힘든 드론에 한 발도 명중할 수 없었다.[5] 전투기와 헬리콥터용으로 설계된 대공 방어 무기도 소용이 없었다. 모술을 통과해 전진하는 이라크군은 미국 전투기 덕분에 압도적인 공중 엄호를 누렸지만, 미군 조종사들은 지금까지의 공중 우위가 ISIS의 소형 드론이 가하는 새로운 위협에 속수무책임을 발견했다.[6] 미군의 강력한 레이더와 미사일은 한참 아래에서 움직여서 포착이 어려운 물체를 발견하거나 공격할 수 있는 어떤 수단도 제공하지 못했다. 드론은 전통적 항공 전력의 고고도 영역과는 너무도 다른 체제 속에서 움직였다.[7] ISIS 전투원들은 지신도 모르는 새에 전통적 군대의 기동이나 전통적 항공 전력과는 구별되는 새로운 전투 체제의 문을 열어젖힌 셈이다. 화력과 기동 양면에서 개방된 이 체제가 가능해진 것은 로봇 시스템의 부상 덕분이었다.[8]

전투 드론

모술에서 처음 등장한 소형 무장 드론은 영상 촬영용 민간 취미 모델에 폭약을 부착해 임시변통으로 만든 무기였다. 몇 년 뒤, 이 드론에 폭약을 달자 적군을 관측하는 편리한 ISR 플랫폼이 이젠 공격 수단으로 변신했다. 1차대전 초반 관측 비행기 조종사들이 적 참호 상공을 지날 때 떨어뜨리기 위해 조종석에 수류탄을 챙겨 다니던 시절을 연상시키는 상황이었다.

오래지 않아 이런 초기 관측기는 전투용으로 제작된 전투기로 대체되었다. 무장 회전익(로터) 드론에 대해서도 똑같은 변화를 예상할 수 있다. 저고도 공중에서 기동 전투에 특화되어 설계·제작된 플랫폼은 어떤 모습일까? 그것이 효과적으로 작동하려면 다음과 같은 특징이 요구된다.

⊙ **삼축**three-axis **기동성:** 수백 피트 고도까지 기동하고, 다중 축을 따라 이동하며, 정지 상태를 유지할 수 있어야 한다. 따라서 고정익 항공기는 사실상 배제된다.

- ⊙ **소형화:** 건물, 나무, 그 외 통신탑이나 전선 등의 장애물 사이를 효과적으로 기동할 수 있어야 한다. 따라서 인간 조종사가 탑승하는 기체는 사실상 배제된다.
- ⊙ **실용적 탑재량:** 상당한 살상력을 갖춘 경보병의 휴대형 정밀무기를 탑재할 만큼 기체가 커야 한다.
- ⊙ **고급 제어장치:** 주변 환경을 감지하고, 상황을 보고하며, 명령을 해석할 수 있는 장착형 센서와 통신기기.
- ⊙ **자율성:** 인간이 지속적으로 입력하지 않아도 안전성과 항법, 기타 기능을 관리하고, 다른 유사한 플랫폼과 협력할 수 있는 능력이 있어야 한다.
- ⊙ **지속력:** 유의미한 전투 작전을 수행하고 에너지가 바닥나기 전에 보급 지점으로 복귀할 수 있는 능력. 30분 정도가 현실적인 최소치이며, 보급 지점 방문 후 곧바로 작전에 복귀하는 능력이 필요하다.[9]

이런 플랫폼은 취미용 드론에 무기를 장착한 것보다 약간 크고 능력이 뛰어나지만, 같은 기술과 저비용 공급망을 이용해 만들 수 있다. 멀티로터 드론은 저고도 공중에서 운용하는 데 필요한 특징을 두루 갖춘 최초의 시스템이었다. 초기 공군 지도자들이 프로펠러가 없는 미래 항공기를 상상한 것처럼, 미래의 시스템은 로터가 필요 없다고 상상할 수 있다. 하지만 당분간은 멀티로터 드론이 필요한 성능을 제공한다. 100킬로그램급 중형 화물 드론은 현재 기술로 충분히 만들 수 있고, 최대 360킬로그

램까지 들어 올릴 수 있는 드론도 지상군 보급 임무용으로 개발 중이다.[10]

무기의 측면에서는 소형 수류탄을 떨어뜨리는 방식이 여전히 가능한 안이며, 가미카제식으로 표적을 향해 돌진하는 방식도 쓸 수 있다. 하지만 조만간 지상군은 빤히 보이는 상태에서 움직이는 드론에 대한 방어 수단을 개선할 것이다. 따라서 전투 드론은 원거리에서 표적을 타격할 수 있는 더 강력하고 다목적의 정밀무기가 필요할 것이다. 정밀 사격 제어장치가 달린 경기관총과 탄약은 무게가 10킬로그램 정도이며, 현대식 어깨 발사식 대전차 미사일 시스템도 비슷하다. 기관총 한 정과 미사일 네 발의 무장 중량은 50킬로그램 정도로 드론 한 대가 충분히 탑재할 수 있다.

이 구성은 현재 보병과 특수부대가 사용하는 경전술 차량에 탑재하는 무장과 비슷하다. 하지만 전투 드론은 무게가 10분의 1 정도에 불과하다. 드론은 가격도 절반이며, 상업적 공급망과 대량생산을 활용하면 가격을 훨씬 낮출 수 있다. 따라서 드론은 살상력 밀도가 약 10배이며, 달러당 최소 20배의 살상력을 제공한다. 더욱이 드론은 승무원이 탑승해서 조작할 필요가 없다. 여기에 기동성, 지형 독립성, 유기적 ISR 역량, 상공을 비행하는 유리한 위치, 압도적인 전술적 지위 등을 더하면 지상전에서 혁명적 기회를 제공한다. 오랫동안 지상군은 고지를 점유하기 위해 노력했다. 저고도 공중 플랫폼은 자체적으로 고지를 탑재한 셈이다.

현대의 많은 군용 차량에는 카메라와 센서에 무기를 결합한 원격 제어 무장 스테이션이 있다. 이 장비들은 차량 지붕이나 관측탑 같은 떨어진 위치에 설치된다. 전투 드론은 날아다니는 원격 무장 스테이션과 같다. 어떤 지형에서도 빠르게 움직이며 그곳이 어디든 가장 유용한 위치로 이동할 수 있다. 또한 착륙해서 그 위치를 점령하거나 유지할 수 있고, 원거리에서 장기간 감시를 수행할 수도 있다.

이런 드론은 보병부대, 기갑부대, 특수부대, 기지 경비대, 그밖에 로봇 기술의 전술적 잠재력을 활용하고자 하는 모든 유형의 부대가 운용할 수 있다. 기존 부대와 유인-무인 팀을 편성해서 작전할 수도 있다. 2차대전 당시의 B-Ⅳ와 비슷하면서도 그 성능과 효과는 한층 뛰어날 것이다.

대드론 방어 수단이 빠르게 발전하고 있지만, 그에 못지않게 진정한 전투 드론의 발전도 가속화할 것이다. 대드론 방어 체계가 총포나 레이저, 고출력 마이크로파 등 어떤 수단을 사용하든, 거의 모두 표적이 직선 시야에 들어와야 한다. 이 방어 체계는 주로 중간 고도에서 뚜렷한 시야 안에서 움직이는 초기 세대 드론을 위협한다. 또한 헬리콥터 같은 대형 유인 플랫폼에도 위협을 가하며 그것을 한층 더 취약하게 만들 것이다. 하지만 진정한 전투 드론은 자신이 활약하는 저고도 공중 체제의 이점을 더욱 공세적으로 활용할 것이다. 드론은 시야에 쉽게 포착되지 않는 지상에 밀착한 저고도에서 더 많은 시간을 보내며 나무와 건물, 지형을 엄폐 수단으로 활용할 것이다.

드론 편대

기동성과 살상력을 갖춘 전투 드론은 다양한 상황에서 쓸 수 있다. 하지만 드론 한 대가 로봇 지상전의 진정한 기동 플랫폼이 될 수는 없다. 진정한 기동 플랫폼은 이런 드론 여러 대가 결합해서 강력하고 유연한 기동 스웜을 이룰 때 나타난다. 이렇게 결합되면 전체 드론의 힘이 각각의 합보다 큰 하나의 전체로 통합된다. 또한 분리된 단위의 추가적 이점을 통해 전투 드론의 힘이 배가된다.

앞 장에서 설명한 것처럼, 기동 스웜은 더 적은 수의, 그러나 더 뛰어난 요소들로 구성되고 고도의 전술적 질서와 통제가 포함된다는 점에서 탄약 스웜과 구별된다. "드론 편대drone array"라는 용어는 그런 구별을 분명하고 직관적으로 보여주며, 공중 드론을 활용하는 다른 방식과 혼동하는 것을 막아준다. 드론 편대는 하나의 단위로 기동하고 하나의 단위로 통제되는 한편, 개별 드론은 편대 대형을 유지하고 이동하는 세부 기동을 자율적으로 처리한다. 편대는 상황 변화에 따라 이점을 극대화하는 다양한 대형을 이룰 수 있다. 하나의 전체로서 편대는 엄청난 살상력과 생존력을 제공한다. 전체 드론의 정밀 화력을 집중하고 조정하는 능력은 고도의 전투력과 실질적인 전력 집중 효과를 만들어낸다. 편대를 분리하면 개별 드론이 서로 멀찍이 떨어져서 활동한다. 이 경우 아무리 강력한 무기로 대응하더라도, 가령 포탄 한 발로는 편대를 파괴하는 게 거의 불가능하며, 드론

    5. 새로운 핵심 영역: 저고도 공중 통제

한두 대를 잃어도 전체 역량은 미미하게 저하될 뿐이다.

엔지니어들은 통제된 환경에서 소형 상용 드론을 이용해 드론 편대가 자율적으로 대형을 관리하고 하나의 단위로 행동하는 능력을 입증한 바 있다. 여기에는 신속하게 대형을 전환하고 장애물을 피해 대형을 이동시키는 등의 복잡한 행동이 포함된다. 또한 출입구 같은 좁은 통로를 통과한 뒤 반대쪽에서 다시 자연스럽게 대형을 이루는 것도 포함된다.[11] 최근에 발전한 기술 덕분에 드론 편대가 통제되지 않은 야외 환경에서도 유사한 행동을 수행할 수 있다.[12]

드론 편대는 수직 차원에서 자유롭게 기동하고 지상의 장애물을 무시할 수 있기 때문에 전투에서 여러 가지 이점을 누린다. 여러 면에서 드론 편대는 공군과 지상군의 전술적 힘을 결합하며, 저고도 공중 체제를 최대한 활용할 수 있다. 드론 편대의 이점은 다음과 같다.

- **속도**: 공군과 마찬가지로 공중 이동이 빠르고 지형의 방해를 받지 않는다. 이런 이점을 활용해 후퇴하는 적의 탈출로를 차단하는 등 시간이 중요한 목표를 달성하기 위해 신속하게 전력을 파견할 수 있다.
- **집중**: 역시 공군과 마찬가지로, 지형과 지상군 위로 비행하는 능력 덕분에 지상군 사령관은 전장 어디서든 결정적인 시간과 장소에 전투력을 집중할 수 있다. 심지어 다른 아군 부대와 멀리 떨어진 곳이라 해도 전투력

　　　　　　　　　AI 시대, 전쟁의 미래

집중이 가능하다.

- ⊙ **지속성:** 지상군과 마찬가지로 저고도 공중 전력은 위치를 지키면서 지형을 장악하고 유지할 수 있다. 지상과 긴밀하게 접촉하며 작전하는 드론 편대는 목표물을 물리적으로 점유하고 적이 사용하는 것을 막기 위해 착륙해서 장기간 한 장소에 머무를 수 있다.
- ⊙ **질량:** 다른 군사력과 달리, 드론 편대는 공간에서 임의로 정렬할 수 있어서 독특한 방식으로 화력을 집중할 수 있다. 가령 수직으로 전력을 정렬하면 다양한 종류의 드론이 각기 다른 고도에서 동시에 같은 표적에 일제사격을 할 수 있다.

저고도 공중은 항공 전력의 여러 이점을 활용하면서도 지상 전투와 밀접하게 연결된다. 드론 편대는 하나의 통합된 전투 전력의 일부로 자연스럽게 지상 지휘관의 통제를 받는다. 드론 편대에 구현된 규율과 통제 덕분에, 저고도 공중 전력은 지상 부대와 긴밀하게, 그리고 지속적으로 협동할 수 있다.[13] 하지만 드론 편대는 또한 상황에 따라 언제든 독립적으로 작전할 자유도 누린다.

공중 전투 드론을 요소로 하는 통제된 기동 스웜인 드론 편대는, 로봇 혁명의 두 번째 물결에 속하는 본격적인 로봇 군사 플랫폼의 대표 사례다. 이 편대는 로봇공학에 내재된 전술적 이점 여섯 가지를 모두 구현하고 제공한다. 지휘관에게 가상의 현장 존재감을 제공하고, 반경 수 킬로미터에 걸친 광대한 영향권 내의 어느 곳에서든 작전 수행 능력을 제공할 수 있다. 정밀무기의 위력을 활용해서 어디서든 대대적인 비대칭 전투력을 제공한다. 지형에 상관없이 신속하고 눈에 띄지 않게 전장을 이동하며 표적을 최소화한다. 또한 AI 덕분에 가능해진 초인적 속도로 세부적인 교전을 수행할 수 있다. 거의 어떤 무기로 공격하든 한 방으로는 파괴되지 않으며, 명중당하더라도 손상된 요소들을 미련 없이 버리고 임무를 계속할 수 있다. 기능 손실은 점진적으로 진행될 뿐이며 인명 손실은 전혀 없다. 독보적인 기동성과 더불어 임무에서 필요하다면 지상에 착륙해서 며칠 동안 배터리를 아끼면서 위치를 지킬 수 있다. 이 모든 이점을 고려할 때, 미래 지상전의 가장 효과적인 플랫폼은 지상 차량이 아닐 것이다.

정밀 전장으로 돌아온 기동

지금까지 우리는 드론 편대가 저고도 공중의 새로운 로봇 전쟁 체제를 활용하는 상징적인 로봇 플랫폼의 사례임을 확인했다. 이제 드론 편대가 어떻게 정밀 전장에서 기동을 복원하고 미래 전투에서 적군을 능가할 수 있는지 좀더 구체적으로 살펴보자.

드론 편대는 정밀 전장에서 생존하도록 구성된다. 드론은

AI 시대, 전쟁의 미래

아마 전차보다 200배 가벼울 텐데, 그만큼 발견해서 고정하기가 훨씬 어렵다. 빠른 속도 덕분에 정밀 포격을 비롯한 간접 화력에 당할 위험이 적다. 직선 시야에서 벗어나 나무 꼭대기 아래, 건물 뒤, 좁은 길을 따라 이동하는 능력은 이런 회피성을 더욱 강화하며, 덕분에 최신 단거리 방공체계도 회피할 수 있다. 지상 차량과 달리, 드론은 대전차 참호, 강, 지뢰밭, 심지어 러시아와 우크라이나에서 이따금 지상 이동을 완전히 막은 악명 높은 진흙탕도 아랑곳하지 않는다. 소모성 로봇 탄약과 달리, 이 드론은 측면 기동, 돌파, 포위 같은 행동을 수행할 수 있어서 공격 기동의 결정적 위력을 활용하는 전술을 복원한다. 심지어 드론은 기동의 기술을 수직 차원으로 확장함으로써 그런 고전적 전술의 한계를 훌쩍 뛰어넘는다. 또한 배회탄 같은 로봇 정밀무기와 협력함으로써 화력과 기동의 동반 상승 효과를 제공한다. 저고도 공중은 지형의 제약에서 이동을 훨씬 자유롭게 만들기 때문에 지상 지휘관에게 전에는 불가능했던 완전히 새로운 전술 선택권을 부여한다.

기존 소규모 부대(가령 미 육군이나 해병대의 보병 중대)에 10여 대의 전투 드론으로 이루어진 1개 편대를 결합한다고 상상해보라. 인간 보병이나 해병 한 명이 부대 지휘관과 긴밀하게 조정하면서 편대를 통제한다. 모니터 화면이나 VR 고글을 통해 조종자는 모든 드론 카메라의 영상을 볼 수 있다. 조종자는 각 드론의 화면을 전환하고, 가시광선 화면을 적외선이나 야간투시 같은 다른 카메라 화면으로 전환할 수 있다.

　5. 새로운 핵심 영역: 저고도 공중 통제

이제 이 보병 중대가 작전 지역을 전진하는 과정을 따라가면서 드론 편대를 활용해 거의 모든 기동 단계에서 오늘날의 첨단 적군을 상대로 우위를 확보하는 모습을 살펴보자.

접촉을 위한 이동

이런 유형의 기동에서 부대는 이동하면서 적을 탐색한다. 가령 보병 중대가 마을을 향해 전진할 때, 드론 편대는 위장한 인간 부대보다 1~2킬로미터 앞에서 전초선前哨線을 넓게 펼치고 센서로 모든 것을 감시한다. 사방에 편재한 초소형 ISR 드론이 상공에서 지면을 감시하는 동안, 전투 드론들이 주택보다 약간 높은 지상 10미터 고도를 스치듯 비행한다. 개별 드론이 AI를 이용해서 실시간 영상을 탐색하며 전방 건물 근처의 적군 표적을 탐색하는 동안, 조종자는 드론 화면을 전환하면서 다양한 시야각에서 마을을 살핀다. 한 드론의 AI가 어깨 발사식 대공 미사일로 확인된 위협을 자동 경고로 전송하는 순간 열린 창문에서 미사일이 드론을 향해 날아온다. 드론이 자동 회피 루틴으로 순간적으로 급강하하면서 거의 지면을 스치고, 미사일은 드론 뒤편 지면에 충돌한다. 마을에 적이 있다는 경고를 받은 지휘관 휘하의 인간 병력이 계속 몸을 숨기는 동안 드론 편대가 많은 옵션을 제시한다. 지휘관은 위험 없이 철수할 수도 있고, 공격을 선택할 수도 있다. 공격 옵션을 선택하면, 드론 편대가 마을을 급습하거나 원거리에서 타격을 가한다.

교전 양상의 변화

부대가 적군과 마주칠 때, 초기에 신속하게 움직이면 한쪽이 교전 전반 동안 우위를 점할 수 있다. 드론에서 전송되는 근접·지상 시점 화면에 적의 강력한 기계화 부대가 마을 안에서 매복 중인 모습이 드러난다. 적은 21세기 초 장비로 무장한 상태다. 아군의 드론 한 대에서 정밀유도 미사일이 발사되어 앞서 식별한 창문을 통과해서 내부의 전투 거점을 파괴하고, 전투 드론들이 일제히 퍼지면서 마을을 에워싸고 유리한 거점을 차지한다. 드론 편대를 눈앞에 둔 적군이 몇 킬로미터 뒤에서 대기하던 정밀유도 포탄을 발사하지만, 포탄은 교묘하게 회피하는 드론을 맞추지 못한 채 지면에 떨어진다. 벌떼를 겨냥해 대형 해머를 힘껏 휘두른 꼴이다. 별다른 타격을 받지 않은 드론 편대는 적군을 완벽하게 포위하고 신속하게 미사일을 발사해 엄폐물 밑에 숨겨놓은 장갑차 몇 대를 타격한다. 드론의 정밀 자동화기 사격을 받은 적군 보초병은 2층 창문의 진지를 버리고 물러난다. 적의 우세한 화력에도 불구하고 아군 부대가 주도권을 잡으면서 적의 반격 능력을 무력화한다. 아군 부대 지휘관은 상황 인식과 전술적 위치에서 우위를 점한다.

공격: 합동 전투 공격

효과적인 돌격은 서로 다른 무기를 결합해서 동반 상승효과를 노린다. 지휘관은 공격을 밀어붙이기로 결정한다. 우선 배회탄 몇 개로 마을 너머에 있는 적 포대 차량을 고정 및 파괴한다. 다음으로 보병들이 소형 수직 발사 시스템 셀에서 소형 신호 추적탄을 수십 발 발사한다. 전방의 저각 위치에 배치된 드론들이 건물 안과 나무 아래 은폐된 차량과 기타 식별되는 적의 존재에 대해 표적 위치와 유형 정보를 접근하는 배회탄에 자동으로 발신한다. 배회탄이 도착하면, 드론 편대는 적이 예상치 못한 방향에서 집결해서 탐색한다. 드론의 신호를 받은 배회탄은 신속하게 적군 부대 일부를 파괴하고 화력을 마비시킨다. 그동안 편대는 마을에 진입해서 미사일과 자동소총 집중 수렴 사격으로 차례로 진지를 고립시킨다. 적 병력이 편대를 피해 후퇴하면서 위치가 노출된다. 배회탄은 몇 분 만에 적 표적을 찾아내고, 적군 생존자들은 도보로 도주하기 시작한다. 적군이 준비한 기계화 매복 부대는 아군의 지상 부대를 끝내 발견하지 못한다. 지휘관은 드론 편대를 이용해 마을의 저항 거점을 샅샅이 수색한 뒤, 편대가 후방으로 복귀해 자동으로 재급유와 재장전을 하도록 한다. 나중에 마을에 진입하는 아군 보병 부대는 사용하지 않은 적의 대전차 미사일 수십 개와 휴대용 지대공 미사일 시스템MANPADS을 포획한다.

공격: 돌파와 확장

마을에서 적군을 몰아낸 뒤, 부대는 적이 불법 점유한 영토를 보호하는 끝없이 이어진 방어선을 공격할 준비를 한다. 이미 요새화한 방어선에 대한 전선 공격은 가장 까다로운 전술적 과제로 손꼽힌다. 이런 작전은 적 방어선의 한 지점을 돌파한 뒤,

    AI 시대, 전쟁의 미래

그 틈을 넓혀서 후방 지역을 위협하는 식으로 이루어진다. 드론은 자세한 ISR 영상을 제공한 뒤, 여러 방향에서 나무 꼭대기 높이로 수렴한다. 적 지뢰밭 상공을 비행하는 드론 편대는 적 지상군과 방공망에 대응할 시간을 주지 않는다. 참호와 장애물을 무시하면서 상공을 쓸고 지나간다. 조종자는 군사적 상황을 고려하면서 드론 편대에 더 많은 표적 설정 자율성을 부여하며, 드론 편대는 방공 무기와 장갑차, 지휘용 트레일러와 통신 장비, 그 외 표적들을 고속 AI의 제어하에 타격한다. 빠른 속도와 낮은 고도 덕분에 지상에서 드론을 조준하기는 거의 불가능하다. 준비된 지상 방어망이 속수무책으로 뚫리고 측면에서 공격당하자 적 병력 다수가 진지를 이탈하려 한다. 참호에서 도망치기를 거부하는 이들은 참호선을 따라 사격을 퍼붓는 드론에 압도당한다. 부대는 드론 편대를 이용해서 적 방어선을 측면에서부터 무너뜨리고 노출된 측면을 공격해서 돌파구를 확대한다.

공격: 측면 공격과 포위

효과적인 기동은 접근 불가능해 보이는 방향에서 예상을 깨고 접근함으로써 적을 기습·교란할 수 있는 능력을 제공한다. 적이 점유한 영토로 진격하고 며칠 뒤, 부대는 고층 건물로 둘러싸인 도시 지역에서 전투를 벌이게 된다. 불과 한 블록 떨어진 거리에 있는 아군 보병 분대들은 서로 볼 수도 없고, 화력으로 지원할 수도 없다. 요새화한 위층에 자리를 잡은 적 병력은 아래를 내려다보는 위치에서 사격하려고 한다. 다른 적군도

    5. 새로운 핵심 영역: 저고도 공중 통제

뒷골목을 따라 전진하면서 아군 보병 부대를 기습하려고 한다. 지휘관은 드론 편대를 옥상 높이 고도로 보내 정밀 사격으로 위층의 적을 제거하라고 지시한다. 이로써 고지를 점한 적의 이점이 무력화된다. 곧이어 편대는 중간에 낀 건물 꼭대기를 넘어가 매복 공격하여 인접한 거리의 적군을 위에서 포위한다. 드론들은 장착된 카메라와 AI 표적 인식 시스템으로 수집한 정밀한 정보를 지상의 아군 병력에 전송한다. 수직 포위를 수행하는 드론의 정밀 사격과 지상에서 에워싸려고 접근하는 보병 부대에 맞닥뜨린 적군은 큰 손실을 보고 후퇴할 수밖에 없다.

침투와 차단

아군은 종종 전선에서 한참 뒤처져 이동하는 적군이나 보급 물자를 타격할 필요가 있다. 보병이 도시 블록을 정리하고 전진을 재개하자 드론 편대는 후방으로 몇 블록 떨어진 병참 지점에서 자율적으로 재급유, 재장전을 하고 신속하게 자기 위치로 복귀한다. 이윽고 1킬로미터 떨어진 도시 광장에서 적이 다수의 배회탄을 발사할 준비를 하고 있다는 ISR 경고가 부대에 수신된다. 공중 지원을 조정할 시간이 없는 가운데 지상 지휘관이 드론 편대를 직접 급파한다. 복잡한 도시 지형에 전혀 방해받지 않는 드론 편대가 90초도 되지 않아 광장에 도착해서 발사 장치와 적 병력을 기습 공격한다. 불과 몇십 초 만에 일사불란하게 AI 표적 설정 정밀 미사일이 발사되어 적 발사 장치를 불바다로 만들고 병력을 흐트러뜨린다. 적의 단거리 대공포가 대응하는 것을 감지한 편대 조종자는 드론들에게 흩어져서 개별적으로 건물 사이로 침투해 부대로 복귀하라고 명령한다. 드론들은 물 흐르듯이 도시의 틈새와 균열을 통과해 복귀한 뒤 다시 대형을 형성한다.

방어: 지역 방어

적의 공격에 맞서 넓은 지역을 방어하다 보면 소수 병력이 분산될 수 있다. 시가전에서 승리하는 것을 돕고 난 보병 부대는 전역戰域의 다른 지역으로 배치되어 때로는 적 반군의 공격에 맞서 언덕으로 둘러싸인 계곡을 방어하는 어려운 임무를 맡는다. 기회를 엿보던 적 부대가, 이와 같이 쉽게 방어력을 보강하기 어려운 언덕에 자리한 아군의 소규모 전초기지를 공격해서 압도하려 한다. 하지만 아군 지휘관은 드론 편대를 기동력 있는 신속 대응 부대로 활용한다. 편대는 계곡을 가로질러 몇 분 만에 어떤 언덕이든 도달해, 곧바로 실질 전투력을 투입해 주도권을 잡고 적의 공격을 격퇴한다. 때로 지휘관은 편대를 멀리 떨어진 언덕에 착륙시켜 적의 활동을 은밀하게 감시하면서 진지를 점령하는 것을 막는다. 드론 편대 덕분에 부대는 많은 지점을 지키면서 어떤 언덕이든 몇 분 만에 강력하게 방어할 수 있다. 이런 위험을 잘 알기 때문에 적은 계곡을 점령하려는 전략을 포기할 수밖에 없다.

방어: 기동 방어와 퇴각

아무리 효과적인 부대라도 때로는 후퇴를 선택하며, 드론 편대는 이 경우에도 커다란 이점을 제공한다. 보병 부대가 최악의 전투 작전 상황, 가령 10배 규모의 적군에게 포위당할 위협에 빠졌다. 이 시나리오에 직면했을 때 부대는 진격하는 적군과의 사이에 드론 편대를 배치한다. 강력한 스웜을 형성하라는 명령을 받은 편대가 신속한 전진과 후퇴, 예측 불가능한 움직임, 정밀 사격을 이용해 적을 궁지에 몰아넣는 동안 인간 병사는 안전하게 후퇴한다. 지상 부대와 달리, 드론 편대는 적의 화력에 밀려 한 위치에 갇히지 않으며 언제든 이탈할 수 있다. 하지만 적의 공세를 지연시키기 위해 지휘관은 드론 편대에 위치를 지키면서 싸우라고 명령한다. 이후 몇 시간 동안 편대의 병참 자원은 천천히 소모되고, 적의 공격에 드론의 수도 서서히 줄어든다. 보병 부대가 먼 곳으로 이동하는 동안 드론 편대는 좌절한 적에게 계속 손실을 입힌다. 적의 지친 부대가 마지막 드론을 파괴할 무렵이면, 로봇의 "자살 임무"로 적의 공세가 크게 꺾인 상태다. 아군 보병 부대는 사상자 없이 퇴각 작전을 마치고, 조만간 교체 드론들이 도착해서 편대를 재구성한다.

이런 시나리오는 모두 단순하게 정리한 것이다. 실제 전투에서 이런 보병 부대는 장거리 포대와 미사일을 비롯한 정밀무기, 아군 항공 전력, 그리고 우주 자산과 다른 정찰 자산이 제공하는 ISR의 지원을 받는다. 때로는 계속 독자적으로 싸우는 대신 인접한 부대들의 지원을 받을 수도 있다. 하지만 이 시나리오는 드론 편대의 위력과 저고도 공중 기동의 변화무쌍함을 보여준다. 드론 편대는 자체 자원만으로도 이런 지원 역량을 대부분, 아니 더 많이 제공한다. 편대는 거의 모든 전술 상황에서 압도적 우위를 제공한다. 또한 이 시나리오에서 적군은 보병 부대의 인간 병사나 유인 차량을 거의 마주치지 않았다. 드론 편대가 가장 힘든 기동을 대부분 수행한 반면, 병사들은 적의 접촉에서 벗어나 대체로 위험에 빠지지 않았다. 실제로 드론 편대 덕분에 부대는 원거리에서 근접 전투를 수행할 수 있었다.

이 시나리오에서는 드론 편대가 보병 중대에 배속됐지만, 다른 종류의 부대에 배속될 수도 있다. 기갑부대에 배속되면, 수십 년 전 쿠르스크 전투에서 엿보았던 유인-무인 팀 편성의 이점을 실현하고 확대할 수 있다. 이렇게 하면 오늘날 기갑 편성의 생존력을 연장할 수 있다. 해군이나 해병대 상륙 부대에 배속되면, 함정을 기지로 삼고 바다 장애물을 쉽게 통과해서 해안에 전력을 투사하고, 열도 및 군도에서 벌어지는 전투에서 강력한 기동력을 제공할 수 있다.

저고도 공중은 새로운 전술 체제다. 드론 편대는 지상 차량, 유인 항공기, 고정익 드론 같은 기존 수단으로는 근본적으로 확보할 수 없는 역량을 제공한다. 기동성과 살상력, 유연성과 소모 가능성 덕분에 드론 편대는 많은 기동 임무를 수행하기 위한 믿음직한 선택이 될 것이다. 살상 작전이나 비살상 작전 모두에서 활용할 수 있다. 그 결과 드론 편대가 다른 어떤 종류의 플랫폼보다 선호되고 점점 더 많은 역할을 맡게 되리라고 예측할 수 있다. 오래지 않아 드론 편대는 전통적 플랫폼들을 대체하고 로봇 시대의 기동 전투를 지배할 것이다.

세 가지 과제 영역

그렇다면 우리가 지금 당장 드론 편대를 실전 배치하지 못하는 이유는 무엇일까? 무장 드론 자체를 만드는 기술은 이미 존재한다. 또한 특수 목적용 전투 드론은 내일이라도 당장 설계 및 제작할 수 있으며, 오늘날 흔히 사용되는 민간 드론 개조 모델보다 훨씬 우수하다. 실제로 개별적인 "원격 무장 공중 스테이션flying remote weapon station" 드론은 기존 부대에 상당히 많은 새로운 역량을 추가할 수 있다. 하지만 드론 편대가 로봇 시대의 혁명적인 기동 플랫폼으로 자리를 잡으려면 세 가지 주요 영역에서 극복해야 할 과제가 있다. 지휘와 통제, 자율 병참, 전투용 AI가 그것이다. 이 과제들은 로봇 전쟁의 역사가 우리에게 남긴 가장 중요한 교훈을 보여준다.

지휘와 통제

오늘날 조종자는 개별 드론을 조종할 수 있고, 사전 프로그램된 자동 시스템은 각본에 따른 라이트쇼처럼 다수의 드론을 통제할 수 있다. 하지만 실시간으로 많은 드론을 동시에 통제하는 것은 큰 부담이 된다. 알다시피 이런 부담은 한 세기 동안 로

    AI 시대, 전쟁의 미래

봇 플랫폼의 아킬레스건이었다. 게다가 드론 편대는 복잡하게 움직이기 때문에 개별 조종으로 간단하게 제어할 수 없다. 개별 조종자가 예측 불가능하게 변화하는 환경에서 드론 편대 전체를 빠르고 직관적으로 지휘할 수 있게 해주는 새로운 수단을 써야 한다.

드론 편대를 직관적으로 통제하려면 고도의 상황 인식 능력이 필요하다. 조종자는 편대가 전장 안의 어디에 위치해 있는지 볼 수 있어야 하고, 또한 필요한 경우에 개별 드론의 시점에서 주변 환경을 볼 수 있어야 한다. 조종자의 인터페이스는 몰입적이고 사용이 편리해야 한다. 다행히도 비디오 게임 세대들은 이미 이런 종류의 인터페이스에 익숙하다. 〈워크래프트〉, 〈스타크래프트〉, 〈에이지 오브 엠파이어〉, 〈토탈 워〉 같은 실시간 전략 게임, 배틀 아레나 게임 장르 전체에서 개별 플레이어는 실시간 전투지도 클릭 한 번으로 보병 중대나 비행 중대 같은 병력을 통제할 수 있다. 이 병력을 구성하는 개별 요소들의 세부 행동은 컴퓨터가 자동으로 처리한다. 마찬가지로, 일인칭 슈팅 게임 플레이어는 3D 풍경에 들어 있는 가상 플레이어의 시점에서 세계를 바라보는 것에 익숙하다. 드론 편대를 비롯한 분리형 로봇 부대를 직관적으로 통제하려면, 우리에게 익숙한 그런 통제 인터페이스를 현실 세계에 구현하는 일도 필요하다.

또한 효율적 통제는 드론이 명시적 외부 통제 없이도 대형을 유지하고, 집단으로 이동하며, 장애물을 피하고, 현장에서 서로 협동할 수 있는 능력에 달려 있다. 지금까지 연구자들이 시연해온 드론 편대의 행동은, 탁 트인 공간과 복잡한 도시 환경에서 이루어지는 한층 복잡한 군사적 특화 기동으로 확대되어야 한다. 이런 연구는 드론 택배 배송 같은 응용 분야의 상업적 투자에 도움을 받고 있다.

지휘와 통제는 또한 통신 링크에 의존한다. 인간 드론 조종자는 은닉된 차량이나 지하 벙커, 심지어 다른 대륙에 있는 안전한 장소에서 지시를 내릴 수 있다. 하지만 센서 데이터가 조종자에게 전달되어야 하고, 조종자의 명령이 드론에 도달해야 한다. 앞에서 지적한 것처럼, 드론 통신을 교란하는 것이 실제로 항상 간단한 일은 아니지만 교란 역량 역시 개선되는 중이다. 하지만 신기술 덕분에 엄청난 수준의 예비 전력과 보안이 가능해졌다. 최신형 스마트폰에 3G, 4G, 5G 주파수 대역 말고도 802.11 와이파이 대역과 블루투스로 작동하는 디지털 라디오가 내장돼 있음을 생각해보라. 스마트폰에는 또한 GPS 수신기뿐만 아니라 기기의 방향과 움직임을 감지하는 초소형 관성 측정 장치도 들어 있다. 이 모든 기능이 1000달러 이하인 스마트폰 가격의 일부로 구현된다. 이렇게 보면 전투 드론에 얼마나 많은 독립적 통신 기능과 제어 메커니즘을 내장할 수 있는지 알 수 있다.

이런 역량과 점점 높아지는 자율성 덕분에 미래의 드론은 교란하기가 훨씬 어려워질 것이다. 게다가 많은 군용 무선 통신은 50~100킬로미터 이상의 원거리에서도 교란 저항성을 갖추고 보안에 뚫리지 않게끔 설계된다. 저고도 공중의 전술적 활용

     AI 시대, 전쟁의 미래

에 필요한 짧은 거리, 가령 몇백 미터 이하의 거리에서 드론은 방향성 무선 통신이나 레이저 통신을 이용해 거의 교란 불가능한 메시 네트워크mesh network(중앙집중형이 아닌 분산형 연결 네트워크)를 유지할 수 있다. 안전한 통신 옵션은 충분히 존재하지만, 전투 드론 편대가 사용할 수 있도록 그것을 맞춤화하고 내구성을 크게 높여야 한다. 어쨌든 데이터링크 설계자들은 적보다 한 걸음 앞설 수 있는 이점을 가지고 있다. 적은 새로운 데이터링크가 나올 때마다 그것을 교란할 방법을 새롭게 고안해야 하기 때문이다. 하지만 적 또한 매번 적응할 것이다. 아군은 적의 교란 시도를 극복하기 위해 데이터링크를 정기적으로 업데이트할 준비를 해야 한다.

자율 병참

로봇 시스템 운용에서 가장 큰 부담은 흔히 로봇 무기를 회수해서 새로운 임무를 준비해야 할 때 발생한다. 드론은 결국 액체 연료든 전기든 간에 연료가 바닥나고, 탄약도 소진된다. 현재 임무가 바뀔 때마다 무인 시스템을 재급유·재장전하는 데 부대 전체가 집중해야 하는데, 이는 치열한 전투 중에는 불가능할 수 있다.

따라서 드론 편대는 인간의 개입 없이 재급유·재장전할 수 있어야 한다. 병사나 유인 차량과 마찬가지로 드론도 보급 지점이 제공되어야 하지만, 그렇지 않더라도 자체적으로 재급유와 재장전을 할 수 있다. 가정용 바닥 청소 로봇이 배터리가 떨어지면 충전 스테이션으로 돌아가는 것처럼, 드론도 이런 식으로 행동할 수 있다. 군 엔지니어들은 소형 드론을 위해 비슷한 기능을 개발하고 있다.[14] 강력한 전투 드론은 훨씬 많은 일을 해야 한다. 호스트 유닛이 몇 블록 후방에 연료와 탄약 저장고를 제공하거나, 건물 옥상처럼 비교적 접근성이 좋은 지역에 드론으로 보급품을 운송할 수 있다. 기발하고 비교적 단순한 설계의 도움을 받으면, 개별 드론이 이 재보급 지점에 도킹할 수 있다.

예를 들어, 상단에 도킹 포트가 있는 가압 연료 주머니를 사용하면 선회하는 드론이 재급유 파이프를 삽입해서 몇 초 만에 연료를 채울 수 있다. 벌새가 꽃에서 꿀을 빨아 먹는 모습을 연상하면 된다. 가득 찬 탄창과 미사일 튜브를 갖춘 프레임을 이용하면 드론이 소모된 탄창을 떨어뜨린 다음 잠시 착지해서 새 탄창을 끼울 수 있다. 시속 30마일(약 48킬로미터)의 느린 속도라도 드론은 일 분 만에 도시의 큰 블록 일곱 개 정도의 거리를 이동한 뒤, 후방의 병참 지점에서 재장전할 수 있다. 또 일 분 만에 다시 전투로 복귀할 수 있다. 이런 역량을 갖추면 저고도 공중 드론의 지속성은 사실상 무제한일 것이다. 오늘날 공중 급유 장치를 갖춘 전투기와 맞먹는 수준이다.

드론도 전투에서 손상을 입게 마련이다. 자가복구는 비현실적일 가능성이 높지만, 손상을 견디도록 드론을 제작하면 적의 사격으로 부품이 떨어져나가도 전투를 지속할 수 있다. 예를 들어, 엔지니어들은 멀티로터 드론이 로터 한 개를 잃었을 때 자율적으로 조정하는 기술을 시연한 바 있다.[15] 손상 허용 설계

AI 시대, 전쟁의 미래

와 AI를 결합하면, 개별 드론이 전투 중에 인간의 개입 없이도 손상을 메우고 계속 싸울 수 있다.

전투용 AI

세 번째 과제 분야는 전투 환경과 전투 임무가 자연어 처리나 자율주행 자동차 같은 일반 민간 응용과는 다른 종류의 AI를 필요로 한다는 점을 인정한다. 드론 편대는 부담을 최소화하기 위해 유인 부대에 내려지는 명령과 유사한 명령을 수용하며, 이를 맥락에 맞게 해석해야 한다. 여기에는 "이쪽으로 이동하라" 또는 "이 표적을 파괴하라" 같은 명령이 포함된다. 드론 편대는 인간 지상군과 긴밀하게 협력하기 때문에 레이저 표적 지시기나 심지어 수신호같이 지상에서 나오는 명령을 받아야 할 수도 있다.

내비게이션과 제어를 위해 AI가 필요한 것 외에도, 저고도 공중이라는 전투 배경은 일정한 AI 문제를 요청할 것이다. 드론은 이 문제를 고려하여 개발이 이루어져야 한다. 판단과 의사결정 같은 어려운 문제들은 인간 통제자의 도움을 받아 처리할 수 있겠지만, 드론은 어려운 AI 문제들을 스스로 처리할 수 있어야 한다. AI의 구체적인 과제 중에 몇 가지 예를 들면 다음과 같다.

- ⊙ **표적 수용:** 자동 표적 인식은 센서 시스템이 미리 정의된 특성에 따라 잠재적 표적을 식별하고 표시하는 능력이다. 드론 편대는 이와 관련되지만 별개의 능력도 필

요하다. 즉 조종자의 표적 지정을 수용하고 표적의 경계와 구성요소를 이해하는 능력이 있어야 한다. 고정된 물체, 고정된 물체의 일부(가령 건물의 창문), 도로, 도로 상의 차량, 지면 영역 등등을 식별해야 한다. 인간 병사는 종종 맥락에 근거해서 표적을 이해하며, AI도 비슷한 역량을 발전시켜야 한다.

⊙ **표적 유지:** 표적의 방향이나 겉모습이 바뀌거나, 연기나 날씨 때문에 표적이 가려지거나 다른 물체 뒤로 사라지더라도 드론 편대는 표적 지정을 유지해야 한다. 가령 전차가 시야에서 사라지더라도 건물 뒤에 아직 그것이 있다는 걸 이해하는 능력이 필요하다. 이것을 "대상 연속성object permanence"이라고 하며, 이 능력은 유아의 인지 발달에서도 중요한 단계에 해당한다.

⊙ **피해 평가:** 공격을 가한 직후 드론은 표적이 파괴됐는지 여부를 판단할 수 있어야 한다. 이미 무력화된 표적을 불필요하게 계속 공격해서는 안 되기 때문이다. 또한 표적이 무력화되기 전에 공격을 멈춰서도 안 된다. 피해 평가는 현재 인간의 판단에 의존하지만, 드론이 자체적으로 이를 수행해야 할 것이다.

⊙ **공격 인지:** 역사적으로 로봇 차량이 전장에서 취약했던 이유 중 하나는 자신이 공격받고 있는지를 알지 못했기 때문이다. 드론 편대가 생존하려면 자신들이 공격받고 있거나 드론 한 대가 타격당했음을 인지하고 회피 기동

AI 시대, 전쟁의 미래

같은 적절한 방어 행동을 취하면서 조종자에게 경보를 알릴 수 있어야 한다.

공중에는 필시 적 드론이 가득할 것이므로 전투 AI는 결국 드론 대 드론 전투를 통합해야 한다. 그래야 마주치는 적 드론을 파괴할 수 있기 때문이다. 필연적으로 적 또한 자체 드론 편대를 실전 운용할 것이다. 따라서 저고도 공중이라는 새로운 핵심 지형의 통제를 놓고 경쟁하는 드론 편대가 맞붙게 될 것이며, 지상 기반 단거리 대공 방어망도 한몫할 것이다. 이 싸움은 어떤 면에서 지상전보다 단순할 것이다. 공중 환경이 더 단순하기 때문이다. 하지만 여러 드론이 맞붙어 싸우는 공중전의 속도와 복잡성 때문에 대부분의 전투는 AI가 수행해야 한다. 연구자들은 이 점을 예상하고 2017년부터 시뮬레이션 무기를 사용해서 드론 스웜 대 스웜 "근접 공중전dogfight"을 시연하고 있다.[16]

AI에게 비교적 단순한 전술 문제들도 한동안 기술 수준을 끌어올리는 주요 과제가 될 것이다. 컴퓨터 시뮬레이션이나 실험실에서 쉽게 시연할 수 있는 일도, 현실 세계에서는 사악할 정도로 어려울 수 있기 때문이다. 특히 현실 세계의 모든 상황에서 가장 도전적인 환경인 전투에서는 더더욱 그렇다. 적이 최선을 다해 혼란을 일으키고, 은폐하고, 간섭하며, 게다가 날씨를 비롯한 여러 요인 때문에 아무리 간단한 일도 까다로워지기 때문이다.

2024년 미 육군 미래사령부Army Futures Command는 텍사스주

　　　　　5. 새로운 핵심 영역: 저고도 공중 통제

오스틴의 한 세련된 사무실에서 '저고도 공중-지상'에 관한 산업 심포지엄을 개최했다. 육군 최고위 장성들부터 방위산업 임원들, 우크라이나 전선에서 방금 돌아온 독립 혁신가들에 이르기까지 청중이 넘쳐나 뜨거운 에너지가 생생하게 느껴졌다. 2019년에 내가 저고도 공중 개념을 처음 소개하고 5년이 지난 뒤, 이 커다란 전략적 기회에 대응하려는 열의를 직접 목격하니 기운이 솟아났다. 할 일이 아주 많다.

그런데 시간은 충분하지 않다. 드론 편대와 저고도 공중의 과제와 기회는 현장 실험과 빠른 시행착오와 개선으로 해결해야 한다. 개별 전투 드론은 오늘날 유용한 역량을 추가할 수 있기 때문에 각국 군대는 신속하게 움직여야 한다. 각 군종軍種은 실험을 위해 소수의 특수 목적용 군용 드론을 조달하고, 실험 결과를 활용해서 차세대 드론의 필요 사항을 정리해야 한다. 이런 실험을 거쳐 최신 하드웨어와 소프트웨어 시제품, 새로운 교리 개념, 선구적 사고를 가진 전투원을 하나로 모아야 한다. 외국 군대와 무장 단체들이 현재 진행 중인 분쟁의 압력 아래 이미 드론 기반 로봇전 기법을 최대한 빠르게 개발하고 있기 때문에 지체할 여유가 없다.

6시간 전쟁의 2시간째: 먼 미래

하사는 소나무 숲 가장자리의 은신처에서 밖을 응시한다. 갑자기 전쟁이 발발하면서 그곳에 꼼짝없이 갇혔고, 이제는 움직일 수도 없다. 어쨌든 지금까지 살아남았고, 엄폐물 속에 있는 게 목숨을 보전하는 최선의 길임을 안다. 하지만 그는 그전까지 두 눈으로 로봇이 야전 전투를 벌이는 걸 본 적이 없었다. 영상으로만 봤을 뿐이다. 호기심을 참을 수가 없다. 얼마 전 벌어진 초기 전투에서 미군 보안 차량 대열이 공격을 받았다. 그 파괴된 차량 근처의 잔해에서 피어오르는 연기가 눈에 들어온다. 차량마다 비슷한 위치에 깔끔하게 구멍이 뚫려 있다. 신호 추적 배회탄의 정밀 타격에 당한 것이다. 더 멀리에서도 연기가 기다랗게 피어오르는데, 양쪽의 컨테이너형 정밀무기들이 시야에 들어오는 모든 표적을 휩쓸며 지나간 결과다. 흐릿한 하늘에 특이하게 그려진 비행운은 상공에서 벌어진 공중전의 증거다.

하사는 개활지 너머 시야를 확보하려고 1미터 앞으로 기어간다. 경사진 벌판 몇 킬로미터 거리에 역시 소나무 숲이 보인다. 하늘 위에서 보이지 않는 전자 눈이 지켜볼까 두려워 나무 그늘을 벗어나고 싶지 않다. 움직이는 물

체는 보이지 않았지만, 하사는 전투가 빠르게 변화한다는
걸 안다.

적 방향에서 미사일 하나가 머리 위로 날아와 소형 드론 10여 개로 분리되는 게 보인다. 미사일이 그렇게 멀리까지 도달할 수 있다는 건 아군 방공망이 무너졌다는 뜻이다. 드론들이 몇백 미터 떨어진 수목선으로 천천히 내려오자 하사는 머리를 숨기고 미동도 하지 않으려 애쓴다. 몇 분 동안 각 드론이 표적 기준에 부합하는 물체를 찾을 때마다 날카로운 폭음이 울려 퍼진다. 그와 가까운 곳에서도 위험한 폭음이 들리다가 점차 멀어진다. 하사는 안도의 한숨을 쉬며 위를 올려다본다.

머리 위로 뭔가 눈에 들어오는데, 낯선 비행체가 빠르게 날아간다. 형체는 알아볼 수 없지만, 창백한 햇빛에 반짝이는 듯하다. 그 순간 갑자기 번쩍하더니 미사일 하나가 나무 무더기 한 곳에서 솟아오른다. 순식간에 비행체에 도달하지만, 비행체는 마치 물고기 떼처럼 수많은 작은 조각으로 흩어지고, 미사일은 그 사이로 통과한다. 조각들이 급격하게 방향을 바꿨다가 다시 한데 모이면서 새로운 방향으로 낮게 질주해 거의 하사 머리 위까지 도달한다. 날카로운 쇳소리를 내며 머리 위 소나무 가지 사이로 지나가는 동안, 은빛 형체 무리가 마치 단검 한 다발처럼 거의 서로 닿을 듯이 가까이 붙어서 날아가는 모습이 보인다. '공군에서 뭔가 새로운 걸 내놨군.' 그가 속으로 생각한다.

   AI 시대, 전쟁의 미래

멀리 앞쪽에서 전투 드론들이 직선을 이루어 솟아오르면서 누런 풀밭 색에서 하늘색으로 변한다. 미사일 한 발이 빛줄기를 이루며 드론에서 발사되고, 이웃 드론 두 대에서도 곧바로 미사일이 날아간다. 거의 눈동자보다 빠른 속도의 미사일 세 발이 한 표적에서 합쳐지며, 멀리 떨어진 수목선 뒤에서 적 방공차량이 발사한 능동 방어 체계를 압도한다. 불길과 연기구름이 솟아오르고, 몇 초 뒤 굉음이 들려온다.

그 순간 하사 바로 뒤에서 수많은 드론 모터가 끔찍하게 윙윙거리는 소리가 들린다. 아드레날린이 솟구치고, 하사는 총탄이 살갗을 꿰뚫고 들어올 것에 대비한다. 총탄은 날아오지 않았지만, 드론들이 이미 그를 본 것은 분명하다. 무기를 주렁주렁 장착한 드론 편대 전체가 머리 위 나뭇가지 사이를 비행하는 가운데 하사는 지면에 납작 엎드린다. 너무 가까워서 드론 표면의 색상 타일 무늬까지 보인다.

"움직이지 마라! 하사." 가장 가까운 드론이 지나가며 어떤 목소리가 명령한다. 대대 3중대 드론 통제관 존스 중위의 목소리다. "그대로 엄폐하고 있으면 지휘부가 전진할 때 데려가겠다." 드론들이 개활지로 이동한 뒤 속도를 높이면서 색깔이 바뀌고 대형을 펼친다.

하사는 천천히 숲속 은신처로 물러난다. 시야 저편에서 부대가 공격에 나서면서 대대의 몇몇 다른 드론 편대들도 앞으로 날아간다. 곳곳에서 드론이 정체 모를 적의 무기에 맞아 나선형을 그리며 추락하지만, 편대는 손실을 무시한 채 계속 돌진한다. 머리 위로 다른 배회탄들이 일제히 나타나서 같은 방향으로 이동한다. 멀리 떨어진 나무들 너머에서 섬광처럼 폭발이 이어진다. 하사는 소나무 이파리 속에 고개를 숙이고 기다린다. 이 전장은 인간이 있을 곳이 아니다.

2020년 10월 나고르노-카라바흐에서 아르메니아 전차가 나무 밑에 숨으려다 아제르바이잔 드론의 레이저 조준기의 표적이 되고 있다. [출처: 아제르바이잔 국방부]

전통적 방어선은 나고르노-카라바흐에서 무용지물이나 다름없었다. 여기 방호용 흙담 뒤에 숨은 아르메니아 전차가 다른 아제르바이잔 드론의 표적이 되었다. [출처: 아제르바이잔 국방부]

로봇 무기는 점차 세계 시장에서 두각을 나타내고 있다. 아랍에미리트 방위기업 에지EDGE 그룹이 2022년 아부다비에서 열린 UMEX 국방 박람회에서 무인 시스템을 선보이고 있다. [출처: EDGE Group / Wikipedia]

1918년 무렵, 미 육군의 기술자들이 세계 최초의 공중 어뢰(순항미사일), 일명 '케터링 버그'의 시험 비행을 준비하면서 시동을 걸고 있다. [출처: National Museum of the US Air Force]

1943년 7월, 쿠르스크 전투를 앞두고 독일군의 페르디난트 구축전차 두 대와 지원 전력인 보르크바르트 B-IV 원격조종 돌파 차량이 진격 준비 중이다. [출처: Rowman & Littlefield Publishing Group / Heinz Henning]

1944년 미 해군 인원이 태평양 전구戰區에 STAG-1을 배치하기 위해 TDR-1 강습 드론을 점검하는 중이다. 앞부분에 내장된 일인칭 시점 TV 카메라가 점검을 위해 노출되어 있다. [출처: US Navy / Naval History and Heritage Command]

1944년 8월, 독일 보병들이 바르샤바 봉기를 진압하기 위해 골리앗 원격조종 파괴 차량을 준비하는 중이다. [출처: Bundesarchiv, Bild 101I-695-0411-06 / Josef Gutermann]

1943년 9월 11일, 경순양함 USS 서배나호가 독일이 이탈리아 살레르노 앞바다에서 발사한 프리츠 X 무선 유도 정밀 대함탄에 명중당하고 있다. [출처: US Naval History and Heritage Command / NH 95562]

B-61 마타도어 무인 핵폭격기(후에 TM-61로 알려진)가 1950년대에 야전 훈련 중에 발사를 준비하고 있다. [출처: National Museum of the US Air Force]

베트남에서 68회 출격하고도 살아남은 파이어비 드론 "톰캣". 파이어비 드론이 교전 지대에서 보여준 다재다능함과 유효성에 자극받은 미국은 1970년대에 원격조종 무인기의 사용을 지지했다. [출처: National Museum of the US Air Force]

1차대전 당시 영국 포병대 근처에 쌓여 있는 포탄 탄피 더미가 산업 시대 비유도무기의 끔찍한 비효율성을 생생하게 보여준다. [출처: National Museum of Scotland / Tom Aitken]

1944년 프랑스 보부아르의 V-1 발사 장소를 파괴하려던 미국의 공격 시도로 생긴 폭탄 구덩이. 미 제9 공군 폭격기들이 현장을 열두 차례 공습했다. 표적은 이미지의 우중앙 숲 지대에 있는 구조물이다. [출처: National Museum of the US Air Force]

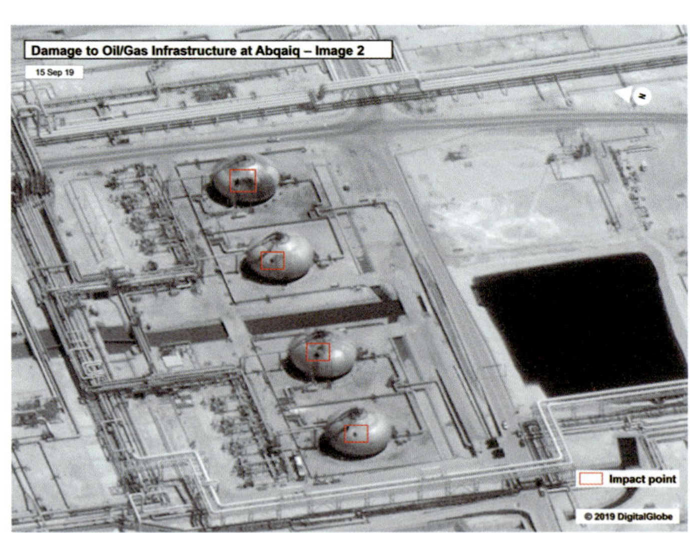

정밀유도는 무기의 살상력을 100~1000배 높여준다. 이 위성 사진을 보면, 2019년 9월 14일 이란/후티 반군의 드론을 이용한 '대가치 타격counter-value strike'으로 사우디아라비아 압카이크의 정유시설에 생긴 구멍이 눈에 들어온다. [출처: US Government / DigitalGlobe via AP]

조밀한 도심 전장에서는 대형 정밀유도무기가 엄청난 규모의 부수적 피해를 낳는다. 2023년 11월 이스라엘의 가자 공습 직후의 모습. [출처: AFP via Getty Images]

일인칭 시점 드론은 소형 비디오 드론과 로켓 추진 수류탄 탄두 같은 비유도 탄약을 결합해서 값싸고 작지만 효과적인 정밀무기로 탈바꿈한다. [출처: Wojciech Grzedzinski for *The Washington Post* via Getty Images]

우크라이나에서 정밀무기는 러시아 장갑차 수천 대를 파괴했다. 러시아 장갑차들이 아우디이우카 남쪽 도네츠크주의 불레다르에서 기갑 공격에 실패한 뒤 그 일대에 버려진 모습. [출처: Armed Forces of Ukraine / Tavriya Operational-Tactical Group]

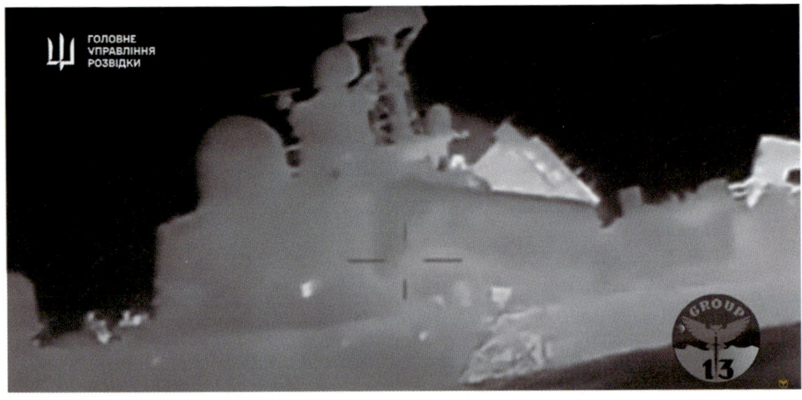

2024년 2월 1일 러시아 전함 이바노베츠호를 공격하는 우크라이나 마구라 V5 드론 보트에서 찍은 일인칭 시점 야간투시 영상 이미지. 앞서 다른 드론 보트의 공격으로 생긴 구멍이 흘수선 위로 보인다. [출처: Defense Intelligence of Ukraine]

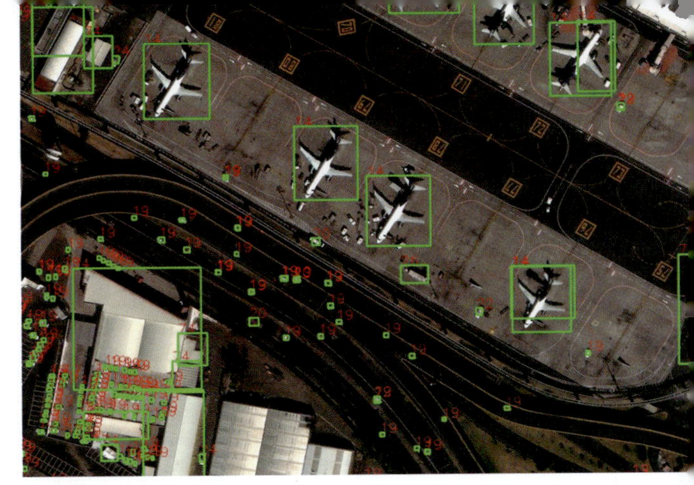

딥러닝 AI는 영상 이미지에서 항공기 같은 표적을 순식간에 식별해낼 수 있다. 고도로 선별적인 신호 추적 무기가 나아갈 방향을 가리킨다. [출처: Defense Innovation Unit / Nikolay Sergievskiy and Alexander Ponamarev]

2023년 시험 비행에서 XQ-58 발키리 무인기가 F-16과 대형을 이루어 날고 있다. 공중 영역에서 유인-무인 팀 편성의 "충직한 호위기" 개념을 보여주는 초기 사례다. [출처: US Air Force / Master Sergeant Tristan McIntire]

블랙호넷 초소형 무인기 UAV는 무게가 18그램에 불과한 초경량 기체로, 로봇 군사 플랫폼 소형화 기술의 최첨단을 보여준다. [출처: US Air Force / Senior Airman Miranda Mahoney]

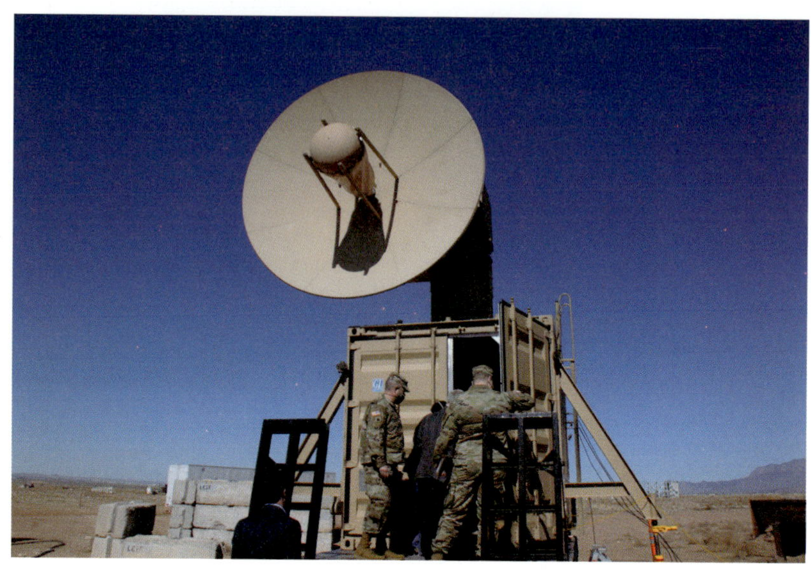

전술 고출력 대응기THOR는 미래의 드론과 드론 스웜의 공격을 방어할 수 있는 고출력 마이크로파 시스템의 프로토타입이다. [출처: US Air force Research Laboratory / John Cochran]

2024년 4월, 잠재적 미래 무인 지상 차량의 프로토타입인 레이서 헤비 플랫폼RHP이 자율주행과 기동성 시험을 치르고 있다. [출처: Defense Advanced Research Projects Agency]

다리가 네 개인 기동 로봇, 일명 "로봇개"가 기지 주변의 순찰 같은 경비 업무를 도우면서 인간 군사경찰 및 군견을 보완하고 있다. [출처: US Department of Defense / Senior Airman William Pugh]

다수의 드론을 통제하는 기법을 개발 중인 군의 실험이 미래 스웜 전술을 예고한다. [출처: US Department of Defense / Aaron Duerk]

수직 이착륙 드론이 알리 버크급 구축함 비행갑판에서 발사 준비 중이다. 활주로에 의존하지 않는 특성은 점차 전투에서 로봇 항공기의 중요한 요소가 될 것이다. [출처: US Department of Defense / Petty Officer 2nd Class Elliott Schaudt]

2023년 페르시아만에서 세일드론Saildrone 무인 수상함 두 정이 알리 버크급 구축함과 협력하는 중이다. 더 이상 인간 승무원이 필요 없어지면, 미래의 군사 플랫폼에서는 훨씬 다양한 새로운 설계가 가능해질 것이다. [출처: US Department of Defense / Navy Petty Officer 2nd Class Jeremy Boan]

적하 능력 66파운드(30킬로그램)에 항속거리 45분인 그리프 135. 이처럼 현재 테스트 중인 고중량 드론은 저고도 공중의 전투 드론에 필요한 성능에 근접한다. [출처: US Air Force Research Laboratory / Samuel King Jr.]

2024년 1월 1일 한국 부산에서 열린 드론 쇼에서 조명을 밝히고 대형을 이룬 드론들. 사전에 입력한 이 대형은 미래에 저고도 공중에서 벌어지는 전투 작전에서 기동 스웜을 예고한다. [출처: @ kimjaelyong via YouTube]

인간의 심리적 편향은 인간-기계 상호작용에서 중요한 역할을 한다. 광고와 홍보에서 사용되는 로봇과 AI의 대중적 이미지는 종종 그들을 기분 좋은 인간형 얼굴로 묘사한다. 이는 인간유사성 편향을 이용해 사람들의 긍정적인 기대를 형성하기 위한 것이다. [출처: Pixabay / patryoguerrero]

군사작전의 스펙트럼에는 고강도 전투 말고도 인도적 지원 같은 많은 임무가 포함된다. 가장 유용한 로봇 시스템은 매우 다양한 임무에서 유연하고 적절하게 대응할 수 있어야 한다. [출처: US Department of Defense / Staff Sergeant Jason Bushong]

현대의 성공적인 교전에는 표적을 파괴하는 것보다 훨씬 많은 것이 포함된다. 전쟁의 인간적·정치적 차원에서는 인간 전문가의 판단이 필요하며, 하급 지휘관의 결정은 전략적 결과를 낳을 수 있다. [출처: US Department of Defense / Staff Sergeant Sierra Melendez]

현대의 통합된 군사 플랫폼을 제작하려면 산업 기반시설과 전문성에 대대적인 투자를 해야 한다. 여기 텍사스주 포트워스에 있는 록히드마틴 시설에서 F-35 전투기들이 조립되고 있다. [출처: Lockheed-Martin / Chris Hanoch]

많은 군대가 의도적으로 민간 표적을 교전 전략으로 활용한다. 2022년 3월 키이우에서 유도 미사일을 사용한 러시아의 공격으로 쇼핑몰과 주택단지가 파괴되었다. [출처: Aris Messinis for AFP via Getty Images]

군견은 인간 조련사의 시선을 추적하는 등 많은 능력이 있으며, 이를 통해 인간의 의도를 해석할 수 있다. 인간-로봇 팀 편성을 위해 설계된 미래의 군용 로봇에서도 비슷한 역량이 중요할 것이다. [출처: US Department of Defense / Taylor Curry]

인간 전투원과 군견 사이에 확립된 팀워크는 전투에서 윤리적·효과적인 인간-로봇 팀 편성을 인도하는 데 도움을 주는 성공적인 모델을 제시한다. [출처: US Air Force / Staff Sergeant Daniel Asselta]

6

위험한 사고
: 사각지대, 불신, 전투용 AI의 미래

2019년과 2020년 동안 나란히 열린 두 경연에서 전투용 AI의 가능성과 과제가 동시에 떠올랐다. 강력한 딥러닝 AI 시스템 알파고가 인류 최고의 바둑 기사를 잇따라 꺾었다는 놀라운 소식에 이어 국방고등연구계획국DARPA은 알파도그파이트 경진대회AlphaDogfight Trials를 열었다. 국방고등연구계획국은 알파고가 일대일 보드게임에서 인간 챔피언들을 꺾을 수 있게 해준 바로 그 딥러닝 기법을 다른 종류의 복잡한 게임, 즉 전투기들이 일대일로 벌이는 근접 공중전에 적용하려고 했다. 업계와 학계의 8개 팀이 가상 시뮬레이션 공중전 환경에 딥러닝 방법을 적용한 AI 시스템을 개발했다. 알파고와 마찬가지로, 이 팀들도 디지털 세계에서 수백만 회의 가상 경쟁을 벌여서 무엇이 통하고, 무엇이 통하지 않는지를 강력한 시스템을 통해 학습하게 했다.

각 팀은 시뮬레이션 F-16 전투기를 이용해서 가상의 일대일 근접 공중전에서 서로 맞붙었다. 우승한 팀은 헤론 AIHeron AI

소속으로, 시뮬레이터를 이용해 가상 F-16을 모는 숙련된 실제 미 공군 조종사와 대결했다. AI가 인간 조종사를 5:0으로 물리쳤다.[1] 알파고 때와 마찬가지로, AI는 "치킨" 게임에서처럼 인간이 조종하는 전투기에 곧바로 날아들고, 충돌 직전의 초근접 거리에서 기관포를 발사하는 등 이례적이고 예상치 못한 전술을 구사했다. 국방고등연구계획국 프로그램 관리자는 알파도그파이트 경진대회 결과, "AI 에이전트가 전투기 기동의 기본 원리를 빠르고 효과적으로 학습해서 시뮬레이션 공중전에서 성공적으로 활용할 수 있음"을 시연했다고 신중하게 발표했다.[2] 이 결과에 고무된 공군은 스카이보그Skyborg나 프로젝트 베놈Project VENOM 같은 프로그램에 박차를 가했다. F-16 같은 실제 전투기와 곧 제작될 제트 추진 드론 호위기를 제어할 수 있는 AI 코드를 개발해서 시험하는 프로그램이었다.[3]

거의 동시에 세계적인 드론 레이싱 리그인 DRL도 AI 레이싱 부문을 신설했다. 드론 레이싱 리그에서 진행되는 대부분의 레이스는 인간 조종사가 VR 고글을 끼고 최대 시속 190킬로미터로 나는 일인칭 시점 레이싱 드론을 조종해 실세계 코스를 헤쳐 나가는 경기다. AI 로보틱 레이싱 서킷AI Robotic Racing Circuit 첫 시즌은 네 차례 경주로 구성되었다. 방산기업 록히드마틴이 후원하는 100만 달러 대상 상금 외에도, 우승자에게는 레이싱 리그의 인간 챔피언과 25만 달러의 보너스를 놓고 일대일로 겨루는 기회까지 주어졌다.[4] 업계와 학계에서 구성된 각 팀은 강력한 머신비전과 내비게이션 시스템을 갖추고 카메라와 센서가

AI 시대, 전쟁의 미래

장착된 자율 레이싱 드론을 출전시켰다.

알파고나 알파도그파이트 팀과 마찬가지로, 이른바 알파파일럿Alpha-Pilot 팀들도 무수히 많은 가상 레이스로 AI 시스템을 훈련시켜서 결국 놀라운 성능을 달성했다. 차이가 있다면, 이 서킷에서는 AI 드론이 실제 물리적 세계에서 단순하면서도 생소한 코스를 헤쳐 나가야 했다. 리그 대변인은 인간 선수를 가상 세계에 들여보내는 것과 대조적으로 이 행사에서는 "가상의 플레이어를 인간 세계로" 데려온다고 말했다. "컴퓨터 플레이어를 인간의 스포츠 안으로 데려와서 똑같은 하드웨어와 같은 코스를 갖춘 공정한 경기장에서 인간 플레이어를 이길 수 있는지 알아보는" 경기였다.[5]

인간이 조종하는 드론 레이스처럼, 드론들은 코스를 따라 설치된 거대한 사각형 관문을 통과해야 했다. 인간 경기에서는 장애물과 네온 조명, 시야가 가려진 회전 구간 등으로 가득한 복잡한 코스에서 드론들이 무리를 지어 경주하는 반면, 플로리다주 올랜도에서 열린 드론 레이싱 리그의 첫 번째 AI 코스는 단순했다. 텅 빈 경기장에 커다란 관문 몇 개뿐이었다. 그런데도 관중들의 눈빛은 호기심과 긴장감이 역력했다. 강렬한 리듬의 음악이 대기를 울렸다. 록히드마틴 로고들이 경기장을 장식했고, 군복 차림으로 경기장에 온 실제 군용 드론 조종자들이 흥분한 아이들에게 둘러싸였다.

경기가 시작되었다. 드론들이 한 대씩 트랙을 출발해서 기록 측정 비행을 시작했다. 드론들은 앞에 펼쳐진 코스를 살핀 뒤 천천히 전진했다.

그리고 한 대씩 휘청거리다 추락했다.

그중 한 대만이 출발선에서 10미터 정도 떨어진 첫 번째 관문을 겨우 통과했지만, 결국 바로 다음번 두 번째 관문에 부딪혀서 바닥으로 떨어졌다. 워싱턴 D.C.에서 열린 두 번째 경기도 비슷한 결과로 끝났다. 볼티모어에서 열린 세 번째 경기에서는 드론 한 대가 관문 두 개를 통과하는 데 성공했다. 텍사스주 오스틴에서 열린 최종전을 앞두고 각 팀은 실제 물리적 테스트 코스에서 더욱 철저하고 구체적인 딥러닝 훈련 경주를 수행할 수 있었다. 네덜란드에서 온 우승팀은 거의 직선으로 된 네 개의 관문을 전부 통과한 뒤 안전망으로 골인했다. 최고 시속은 33킬로미터였다.[6] 인간 챔피언과 맞붙은 최종 레이스는 사실상 대결이라고 보기 어려웠고, 드론 레이싱 리그는 다음 시즌을 취소했다. 네덜란드 팀이 결론을 내린 것처럼, 이 기술은 실험실 시뮬레이션에서는 인간을 이길 수 있었지만, "한층 복잡하고 불확실한 환경에서 인간을 물리치는 것은 여전히 엄청난 과제"였다.[7]

2023년, 취리히 대학교와 인텔코퍼레이션에서 구성한 팀이 이 과제에 다시 도전했다. 팀은 텅 빈 경기장에 관문 일곱 개로 이루어진 흡사한 서킷을 만들었다. "스위프트Swift"라는 이름의 AI 레이싱 드론은 서킷을 한 바퀴 다 돌고 인간 챔피언의 기록까지 깰 수 있었다. 하지만 팀은 딥러닝 방식에 맞게 이 문제를 조정한 상태였다. 이상적인 가상 세계와 최대한 흡사하게 보이도록 실제 세계를 바꾼 것이다. 팀은 디지털 시뮬레이션으로

     AI 시대, 전쟁의 미래

코스와 관문을 정밀하게 모델링해서 AI가 미리 미세 조정된 훈련 비행을 수없이 실행하게 했다. 관문의 위치가 바뀌거나 심지어 조명이 바뀌는 등 디지털 시뮬레이션과 약간만 달라져도 AI 시스템은 여전히 고전했다.[8]

앞의 두 장에서는 군사 로봇공학이 전투 시스템의 물리적 특성을 어떻게 바꾸는지에 초점을 맞췄다. 하지만 군사 로봇공학의 미래 발전은 눈에 보이지 않는 영역인 AI의 발전에 달려 있다. 앞 장에서는 항법, 표적 설정, 상황 인식, 자율 병참 등 구체적인 전투용 AI의 과제 중 몇 가지 사례를 부각했다. 로봇 혁명이 진행됨에 따라 현실적 과제의 수와 다양성이 크게 증가하고 있다.

독자 여러분이 이 책을 읽을 때쯤이면, 이 글을 쓰는 시점에서 AI의 최신 상태에 관한 세부적 내용이 이미 구식일 것이다. 따라서 우리는 나무가 아니라 숲에 주목해야 한다. 최신 AI 시연이나 기술 발표에서 다루는 것보다 더 커다란 문제인, 군사용 AI와 관련된 중요한 과제에 집중해야 한다. 핵심적 문제는 현재 AI 기술이 여러 면에서 강력하지만 또한 근본적인 약점도 여럿 있다는 것이다. 이 약점들은 현실 세계 전투 환경의 여러 난관과 위험하게 정렬된다. 그럼에도 인간은 심리적 편향과 맹점을 지닌 까닭에 그런 약점을 무시하기 쉬우며, 이 때문에 아찔한 오류와 잠재적 재앙의 문이 열린다.

군용 AI의 오류의 현실

군사작전에서 로봇 시스템이 현실 세계의 무언가를 잘못 해석할 때, 결국 나쁜 일이 벌어진다. 능동 방어 시스템에서 이런 오류 사례는 숱하게 많다. 지난 수십 년 동안 이 시스템은 무장 로봇 시스템 가운데 가장 자율성이 높았다. 그 목적이 자동 유도 미사일같이 예고 없이 접근하는 위협을 탐지하고 요격하는 것이기 때문이다. 자동차의 지능형 에어백 시스템이나 긴급 제동 시스템처럼, 능동 방어 시스템도 종종 위험한 상황을 신속하게 탐지하고 자동으로 대응해야 한다.

한 예로, 1991년 사막의 폭풍 작전 당시 전함 USS 미주리호는 페르시아만에서 호위함 몇 척과 함께 항해하면서 파이어니어Pioneer 정찰 드론의 도움을 받아 토마호크 순항미사일과 16인치 함포로 이라크 목표물을 공격하고 있었다. 이라크군은 해안 발사대에서 1960년대의 스틱스 미사일 업그레이드 버전인 구형 대함미사일을 두 발 발사했다. 한 발은 기능 이상이 발생했고, 다른 한 발은 호위함 중 하나인 영국 프리깃함 HMS 글로스터HMS Gloucester호가 발사한 시다트Sea Dart 방공 미사일에 격추되었다. 하지만 다른 미사일들이 접근 중이라는 잘못된 보고가 들어오자, 미주리호는 미사일의 자동 유도 레이더를 교란하기 위해 레이더 반사 물체를 다량 살포했다. 다른 호위함인 미국 프리깃함 USS 재럿USS Jarrett은 팔랑스Phalanx 대미사일 개틀링 기관포 시스템을 자동 교전 모드로 설정해둔 상태였다. 팔랑스는 자신과 전함 사이에 깔린 레이더 반사 물체를 표적으로 오인하고 기관총을 연사했다. 미주리호가 기총 소사에 맞자 두 뇌 회전이 빠른 승무원 하나가 팔랑스 시스템을 재빨리 차단했다.[9]

2003년 이라크 침공 당시에도 비슷한 오판 때문에 패트리어트 방공 미사일 포대가 미군 F-18 전투기 한 대와 영국의 토네이도Tornado 공격기 한 대를 각각 격추했다.[10] 2024년 12월에 미 해군 함정이 F-18을 격추했을 때도 이런 사고가 다시 벌어졌다.[11] 이런 비슷한 몇몇 사례에서 방어 무기가 완전 자율 모드가 아니었지만, 정보처리 과정이 자동으로 수행된 까닭에 인간 승무원이 시스템의 부정확한 판단을 수용해서 발사를 승인했다. 소련의 섬뜩한 사례에서는 자동화된 위성 기반 전략 미사일 경고 시스템이 구름에 반사된 일출을 미국의 대륙간탄도미사일 발사로 오인했다. 시스템은 즉시 대규모 핵 반격을 권고했다. 소련 장교 한 명이 재빨리 개입하고서야 발사를 막을 수 있었다. 이 사건은 2013년 다큐멘터리 〈세계를 구한 남자The Man Who Saved the World〉로 극화되었다.

이 사례들은 현대의 머신러닝 기반 AI보다 앞서 나온 정보처리 시스템에서 벌어진 사건이다. 하지만 정교하다고 여겨지는 현대의 AI 표적 인식 시스템도 시험 중에 실패한 사례가 많이 있다. 가령 접근하는 군인을 식별하도록 훈련된 머신비전 시스템은 해병들이 나뭇가지로 몸을 가리거나 종이상자를 뒤집어쓰는 단순한 속임수만으로도 표적을 식별하는 데 실패했다.

고도로 훈련된 AI도 속아넘어갔다.[12] 챗GPT 같은 대규모 언어 모델LLM의 힘을 활용한 다른 표적 인식 시스템은 시험 담당자가 전차 상부에 "스쿨버스"라는 문구를 적는 등 표적 앞에 가짜 이름을 쓰자 깜빡 속았다. 이 단순한 속임수는 최신 AI의 언어 인식 능력을 약점으로 이용한 셈이다.[13]

실제로 점점 더 많은 군사적 응용이 AI의 영향을 받고 있다. 하지만 전투 환경에서 AI에 주어진 많은 과제는 다음 모델에서 극복할 수 있는 단순한 기술적 장애가 아니다. 그보다 현재의 AI 방법론과 전투에 적용하는 방식에 내재한 근본적 약점과 관련이 있다.

현재의 AI에는 근본적 약점이 있다

현재의 AI 열풍의 물결을 이끄는 것은 AI 연구와 개발을 지배하게 된 특정한 접근법이다. 그것은 AI 기반 머신러닝, 좀더 정확히 말하자면, "딥러닝"이라고 알려진 머신러닝 접근법이다. 머신러닝은 오래전부터 경쟁한 몇 가지 AI 접근법 중 하나였고, 딥러닝은 2010년 무렵 출중하게 앞서 나간 머신러닝의 특정한 하위 범주다.

   AI 시대, 전쟁의 미래

딥러닝은 머신러닝의 한 방식이며, 머신러닝은 인공지능의 한 방식이다

로봇공학과 마찬가지로, AI도 전쟁과 방위를 염두에 두고 탄생했다. 1945년 펜실베이니아 대학교 연구자들이 무기 유도를 계산하고 수소폭탄 설계를 돕기 위해 미국 최초의 대형 디지털 컴퓨터를 만들었다. 업계의 경쟁자들이 곧바로 속속 등장했다. 군이 소련군의 암호를 해독하기 위해 자금을 지원한 UNIVAC 1101, 그리고 IBM의 첫 번째 대형 컴퓨터로 회사가 "방위 계산기Defense Calculator"라고 홍보한 IBM 701이 그것이다. 초기 AI 연구는 대부분 1957년 창설된 직후부터 국방부 국방고등연구계획국의 자금 지원을 받았다.

이 초기 연구의 대다수는 상징 논리를 이용해서 논리적으로 사고하는 기계를 직접 제작하려고 했다. 하지만 일부 컴퓨터 과학자들은 아래에서부터 디지털 뇌를 구축하는 게 좋은 방법이라고 생각했다. 그리하여 단순한 자극에 반응할 수 있는 단일 전자 뉴런에서 시작해서 뉴런들을 연결해 네트워크를 구성했다. 인간 뇌가 가장 원시적인 유기체의 신경계에서 진화한 것과 같은 방식이었다. 미 해군연구소가 단순한 신경망이 최초로 작동하는 사례에 자금을 지원했다. 1960년 무렵 연구자 프랭크 로젠블랫이 발명한 이른바 "퍼셉트론perceptron"이었다.

과학자들은 디지털 신경망을 이용해 꿀벌이 꽃의 형체를 인식하는 것처럼 컴퓨터가 자극과 패턴을 감지하고 인식하도록 훈련시킬 수 있었다. 형식 논리를 직접 사용하는 알고리즘을 작성하는 대신, 신경망은 반복 노출을 통해 망을 구성하는 각 뉴런에 어떤 가중치를 적용해야 특정한 자극이나 패턴을 가장 잘 확인할 수 있는지 학습했다. 디지털 뉴런을 여러 겹으로 쌓자 더욱 정교한 상호연결을 이룰 수 있었고, "역전파"* 같은 기능을 추가하자 성능이 한층 개선되었다. 머신러닝 기법 덕분에 단순한 패턴 인식 같은 인상적인 위업을 이룰 수 있었지만, 꿀벌의 지능을 가진 머신러닝 시스템조차 수천, 수백만 배 더 큰 신경망을 가진 컴퓨터가 필요하다는 게 분명해졌다. 1960년대의 전자 기술로는 현실적으로 만들 수 없는 컴퓨터였다. 머신러닝 방법은 정체되었다. 반면 형식적 코딩은 수십 년간 훨씬 유용한 소프트웨어를 만들어냈다.

하지만 시간이 흐르면서 인공지능을 구축하기 위한 형식적인 상징적 접근법은 한계에 부딪혔다. 인간은 거의 무한하고 정

---

* backpropagation. 인공지능이 틀린 답을 낸 뒤, 그 오차가 어디서 생겼는지를 출력층에서 입력층 방향으로 거슬러 올라가며 계산하고, 그 결과를 바탕으로 각 연결의 가중치를 조금씩 수정해 학습하는 방법이다.

　　　　　　　　　　　　AI 시대, 전쟁의 미래

의하기 어려운 현실 이해와 개념의 집합에 의존해 판단과 상식을 갖게 되는 듯 보였다. 상징적 접근법은 특화된 의료 진단이나 미사일 유도 같이 아주 특수한 논리 영역 내에서는 탁월한 소프트웨어를 만들어냈지만, 그 이상으로 일반화할 수는 없었다. 다양한 형식적 방법론과 머신러닝 방법론이 사라지는 가운데 "AI 겨울"이 거듭 이어졌다.

그러는 동안 엔지니어들이 반도체 마이크로칩을 발명했다. 마이크로칩이 무어의 법칙**을 따르면서 시간이 흐를수록 실리콘 1제곱밀리미터당 집어넣을 수 있는 전자장치의 수가 기하급수적으로 많아지고 컴퓨팅 비용이 점점 떨어졌다. 마침내 이전에는 불가능했던 일이 벌어졌다. 2010년 무렵 컴퓨터는 1960년대에 비해 수백만 배 강력해졌고, 가격도 떨어져서 진정한 머신러닝 응용이 가능해졌다.

2012년, 알렉스 크리젭스키라는 대학원생이 머신러닝 기반 AI 시스템을 이용해 컴퓨터 이미지 인식 대회에서 우승했다.[14] 그가 만든 시스템은 크기는 작지만 강력한 컴퓨팅 엔진으로, 상용 그래픽 처리장치GPU 칩이 내장된 것이었다. 그는 이 칩이 제공하는 수백만 개의 단순한 장치를 디지털 뉴런으로 재활용했다. 그리고 자신이 미리 라벨을 붙인 샘플 이미지들이 담긴 오래된 데이터를 사용해 시스템을 훈련시켰다. 시스템은 이렇

** 1965년 인텔 창립자 고든 무어가 발견한 법칙으로, 반도체 칩의 성능이 2년마다 두 배로 증가한다는 법칙이다.

      6. 위험한 사고: 사각지대, 불신, 전투용 AI의 미래

게 라벨을 붙인 훈련용 데이터세트를 이용해서 기본적으로 스스로 훈련할 수 있었다. 시스템이 여러 층을 이루는 수많은 디지털 뉴런에 대해 어떤 정확한 가중치를 선택했는지는 알 수 없었지만, 추가로 훈련시키자 점점 성능이 나아졌다. 그의 시스템은 압도적 격차로 대회에서 우승했다.

몇 년 만에 연구자들은 수십 가지 이미지 인식 접근법을 포기하고 딥러닝 연구에 전력을 기울였다. 연구자들은 점점 많은 문제에 신속하게 이 기법을 응용했고, 결국 오늘날과 같은 AI 르네상스가 펼쳐졌다. 수많은 문제들을 패턴 인식 문제로 구조화할 수 있음이 밝혀졌다. 대량의 계산 능력과 해결된 사례만 충분히 결합하면 단순한 방법으로 많은 문제를 풀 수 있었다. 충분한 연산 능력과 훈련 데이터만 있으면, 자기훈련이라는 신비한 과정이 온갖 영역에서 놀라운 결과를 낳았다. 이 접근법은 한마디로 무식하게 밀어붙이기brute force였다. 시스템이 필요한 성능을 발휘하지 못하면 연구자들은 시스템을 더 크게 만들어 다시 시도했다. 물리학자들이 더 크고 강력한 입자 충돌기를 만들기 위해 경쟁하는 것처럼, 딥러닝 시스템의 크기가 비약적으로 커질 때마다 놀라우리만큼 새로운 결과와 행동이 나타나는 듯 보였다. 무슨 일이 벌어지고 있는지는 한참 뒤에야 알게 됐지만 말이다.

하지만 딥러닝의 놀라운 위력에는 근본적인 약점이 수반된다. 연구자들은 가장 만연한 약점을 취약성brittleness, 불투명성opacity, 탐욕greed으로 요약한다.

취약성은 시스템의 표면적 지능이 훈련받은 데이터에 의해 엄격하게 제한된다는 뜻이다. 시스템의 성능이 근원적인 논리적 개념에 기반하지 않기 때문에 훈련 환경을 벗어나는 상황이 발생하는 순간 갑자기 급격하게 실패할 수 있다. 가령 딥러닝 기반 내비게이션 시스템을 내장한 드론을 테스트한 결과, 순조롭게 기동하던 드론이 예상치 못한 요인을 감지한 뒤 갑자기 경고도 없이 제어 능력을 잃고 급선회하는 경우가 있었다.

불투명성은 딥러닝 AI 시스템의 행동이 예측하기 어렵거나 심지어 사후에 이해하기도 어렵다는 뜻이다. 때로는 시스템 성능이 예상보다 뛰어난데, 이는 뜻밖의 행운이다. 하지만 시스템이 실패해도 그 이유를 알기 어려울 수 있다. 그저 더 좋은 데이터로 다시 훈련시키고 더 나은 결과가 나오기를 기대하는 수밖에 없다.

탐욕은 딥러닝 시스템이 막대한 양의 연산 능력과 데이터를 필요로 함을 의미한다. 많은 시스템이 GPU 코어 수만 개가 들어 있는 산업용 규모의 데이터센터에서 작동하는데, GPU 하나 가격이 수만 달러다. 이런 데이터센터 한 곳이 소도시 하나에 맞먹는 전력을 소비할 수 있다.[15] 전장에서 이런 연산 자원에 접근하려면 클라우드 서비스에 안정된 네트워크를 연결해야 하는데, 전투의 열기 속에서 이를 달성하기란 불가능하다.

게다가 많은 응용 분야는 딥러닝 AI 모델이 필요로 하는 라벨 붙은 훈련용 데이터의 대규모 세트를 제공할 수 없다. 가장 크고 상업적으로 중요한 AI 서비스인, 대규모 언어 모델과 AI

이미지 생성기 같은 생성형 AI 툴은 디지털 텍스트나 이미지처럼 인터넷 어디서나 입수할 수 있는 훈련용 데이터를 사용한다. "챗 생성형 사전 학습 변환기chat generative pre-trained transformer"의 약자인 챗GPT는 2022년에 출시되어 세계적으로 관심을 끌었다. 이 제품은 3000억 개 단어로 구성된 인터넷 데이터로 훈련받았다.[16] 최근 모델들은 몇 배 많은 데이터를 소비한다. 대부분의 특화된 군사 문제에서는 그와 같이 거대한 데이터세트를 확보할 수 없다.

전쟁은 AI와 가장 어울리지 않는 활동이다

딥러닝 기반 AI의 근본적 약점은 전쟁의 근본적인 난제들과 불길할 정도로 맞아떨어진다. 그래서 전쟁은 AI가 감독 없이 성공적으로 작동할 수 있는 최후의 영역이 될지 모른다. 딥러닝 기반 AI는 경계가 뚜렷한 문제들, 즉 훈련용 데이터가 모든 잠재적 요인을 포괄할 수 있는 경우에 잘 작동한다. 반면 훈련용 데이터에 포함되지 않은 예상치 못한 상황에 직면하면, 그 취약성 때문에 종종 실패할 수 있다. 딥러닝 기반 AI는 그 탐욕을 채워줄 구체적이고 잘 정식화되고 선별된 훈련용 데이터를 필요로 하며, 또한 디지털 자원에 확실히 접속되어야 한다. 요컨대 질서정연하고 쉽게 디지털화되며 세심하게 경계가 설정된 가상 환경에서 가장 잘 작동한다.

    AI 시대, 전쟁의 미래

딥러닝 AI가 요구하는 조건과 달리, 전쟁은 아마 가장 불안정하고 불확실하며, 복잡하고 모호한 환경일 것이다. 카를 폰 클라우제비츠 같은 고전적 전쟁 연구자들은 전쟁의 다루기 힘든 안개fog와 마찰friction에 관해 설명했다. **안개**는 전쟁에서 모든 것을 혼란스럽게 만드는 정보 부족, 과부하, 불확실성이 뒤섞인 공기다. **마찰**은 예상치 못한 당혹스러운 요인들이 뒤얽혀서 극히 단순한 일조차 수행하기 어려워지는 상황이다.[17] 예측 불가능성은 피할 수 없으며, 적과 만나는 순간 어떤 계획도 살아남지 못한다는 말이 있다. 적은 최대한 많은 놀라움과 혼돈을 조성하기 위해 최선을 다하기 때문이다. 더욱이 전쟁의 많은 안개와 마찰은 흔히 말하는 "알 수 없는 미지의 상황" 때문에 생겨난다. 우리가 그것을 문제로 상상도 하지 못해서 전혀 예측하지 못한 일들 말이다.

따라서 전쟁은 딥러닝 시스템이 가장 대처하기 어려운 특성들로 이루어져 있다. 어떤 상황에서는 세심하게 응용된 AI가 안개와 마찰을 줄여줄 수도 있지만, 얼마 뒤 AI 스스로 안개와 마찰의 원천을 야기한다(가령, 사이버보안과 전자전 같은 차원에서 이런 일이 생긴다). 강력한 AI 모델이 제공하는 확신의 외피는 오히려 문제를 악화할 수 있다. AI 모델은 자신이 모르는 게 얼마나 많은지 알지 못하기 때문에 종종 "자신 있게 틀린다". 현실 세계에서 거의 확실하게 일어나듯이, 훈련용 데이터에 예상하지 못한 요소들이 일부 포함되지 않을 수 있다. 이 경우 우리가 아무 생각 없이 AI에 잘못된 습관을 훈련시켜, 예측 불가능한

　　　　　　　　6. 위험한 사고: 사각지대, 불신, 전투용 AI의 미래

일이 발생할 때 적절하게 대응하지 못할 수 있다.

게다가 전쟁은 대개 실험실이나 데이터센터에서 벌어지지 않는다. 춥거나 덥고 바람이 불거나 비가 내리는 날씨, 그리고 염분, 진흙, 얼음 등으로 뒤덮인 야외 환경은 컴퓨터 하드웨어에 심각한 피해를 주며, 로봇이 인식하고 행동하는 데 필요한 센서와 구동 장치를 고장낸다. 2차대전 당시 몇몇 지상전에서 활약한 보르크바르트 B-Ⅳ는 북아프리카와 러시아 북부 전선에서는 무용지물이었다. 사막의 열기와 모래, 혹한과 얼어붙은 진흙에 속수무책이었기 때문이다. 하지만 이 장비는 현대의 AI 탑재 로봇보다 훨씬 단순하고 견고한 기계였다.

마지막으로, 많은 군용 로봇은 대규모 데이터센터와 연결되지 않고도 강력한 AI 성능을 발휘해야 한다. 크기와 무게, 전력, 냉각 등에서 무척 제한된 조건에서 작동해야 한다. 그러려면 현재와 같은 무식하게 밀어붙이기 방식보다 효율적이고 연산 자원이 덜 필요한 AI 모델을 구축하는 획기적인 방식이 필요하다. 또한 신경모사형neuromorphic 칩 같은 AI 하드웨어의 혁신도 필요할 것이다. GPU가 소프트웨어로 디지털 신경 네트워크를 구성해서 다수의 범용 장치에 제공하는 방식이라면, 신경모사형 칩은 신경망을 직접 칩에 내장해서 다음 단계로 나아가려한다. 이런 기술 발전을 통해 더욱 강력하고 소형이며 전력 소모가 적은 특수 AI 칩을 만들어낼 수 있다. 개별 로봇 플랫폼에서 강력한 최신 세대 AI 모델의 역량을 구동하려면 이런 기술적 도약이 몇 차례 더 이루어져야 할 것이다.

군용 AI의 지속적인 과제

AI의 역량이 빠르게 발전하고 있지만, 군사 상황에 AI를 적용하기 위해서는 구체적인 과제들을 해결해야 한다. 이런 과제는 몇 년 만에 사라지거나 AI의 최신 혁신으로 해결되지 않을 것이다. 군용 로봇 개발자들이 직면하는 두 가지 과제가 있다.

첫 번째는 **물리적 인식**physical awareness이다. 소설에 등장하는 로봇은 종종 주변 환경을 고도로 인식하는 존재로 묘사된다. 하지만 로봇은 인간에 비해 현실을 훨씬 어렴풋하게 지각한다. 물리 세계에서 로봇을 제어하는 가장 유능한 AI조차 캄캄한 상자 안에 갇힌 정신과 비슷하다. 뚜껑에 뚫린 작은 공기 구멍 몇 개를 통해서 세계를 지각할 수 있을 뿐이다. AI의 상황 인식을 제공하는 센서들은 인간 의식을 주변 환경에 밀착시키는 풍부한 일련의 감각에 비하면 무척 제한적이다. 레이더, 라이다Light Detection and Ranging, LIDAR, 컴퓨터비전 같은 감지 기술의 성능이 좋아지고 있지만, 살아 있는 동물에 비하면 여전히 조잡하다. 해상도나 동적 범위가 제한될 뿐만 아니라 응답 지연 문제, 즉 감각 데이터 처리 속도가 현실의 속도에 비해 뒤처지는 문제도 있다.

동물과 인간은 다수의 감각을 통해 얻은 풍부한 실시간 정보를 결합하는 능력에서 로봇을 훨씬 앞선다. 전통적인 오감 외에 내적 감각도 뛰어나다. 균형 감각, 위치와 신체와 사지의 움직임을 인식하는 고유수용 감각, 그리고 아프거나 부상하거나

 6. 위험한 사고: 사각지대, 불신, 전투용 AI의 미래

피곤할 때 내적 상태를 느껴서 탐지하는 내수용 감각 등이 여기에 포함된다. 조종사나 병사는 시야 가장자리에서 움직이는 점 하나에서부터 산들바람의 감촉과 냄새, 이상한 소리, 앞에 펼쳐진 들판에서 움직이는 풀에 이르기까지 모든 것을 민감하게 인식한다. 로봇은 인간에게는 없는 적외선 시야 같은 감각이 있지만, 전체적인 감각적 인식 능력은 인간에 한참 못 미친다.

로봇 구동 장치(움직이거나 힘을 가하는 부분)는 흔히 한결 조잡하다. 이 부품들이 정교하고 유연할수록 부서지기 쉬우며 현장에서 유지·보수가 많이 필요하다. 감각과 구동의 결함 때문에 로봇 시스템은 어설픈 움직임이 많으며 전투에서 취약하다.

예를 들어, 인간은 눈에 진흙이 들어가서 시야가 흐려지면 시각적·촉각적 단서와 내수용 감각을 결합하고 해석해서 곧바로 이를 알아채며, 눈이 깨끗해질 때까지 그 눈에서 보이는 시야를 믿어서는 안 된다는 걸 안다. 로봇은 대체로 이런 능력이 부족하며, 센서를 비롯한 부품을 언제 믿어서는 안 되는지 알지 못한다. 로봇은 대개 고장이 나기 직전까지 고장 위험이 있음을 알지 못한다.

물리적 인식과 더불어 로봇 개발자들이 씨름해야 하는 두 번째 과제는 **맥락**이다. 영화나 텔레비전에서 많이 보는 시나리오처럼, 어떤 병사 집단이 임무를 수행한다고 상상해보라. 병사들은 목표 지점을 향해 기어가면서 손짓으로 의사소통한다. 이제 막 공격을 시작하려는 순간, 분대장이 뭔가를 감지하고 주먹을 치켜든다. 정지 신호다. 무언가 이상하다. 분대장이 노려보는 앞쪽에 예상과 다른 무언가가 있다. 아마 가까이서 본 그 물체의 형체가 생각했던 것과 다른 듯하다. 어쩌면 적들 옆에 아이들이 있거나 아군 한 명이 그들 사이에 보일 수도 있다. 어쩌면 뭐라 규정하기 어렵지만 느낌이 안 좋은 무언가가 있을 수도 있다. 어쨌든 간에 현재 상황이 좋지 않으며, 임무는 급격히 방향이 바뀐다.

무언가가 잘못됐다는 그런 단순한 판단을 내리는 능력이 모든 수준의 군사적 결정과 군사 윤리의 핵심에 있다. 지상 작전과 마찬가지로 드론 공격에서도 이 능력이 중요하다. 하지만 이런 판단을 하려면 이른바 "직관"이나 심지어 상식이라고 부를 만한, 맥락에 대한 깊은 이해가 필요하다. 무엇이 보일지 예측할 수 있는 풍부한 내적 현실 모델이 있어야 한다. 그래야 예상에 어긋나는 무언가가 보일 때 알아챌 수 있다.

전투의 안개와 마찰 속에서 맥락은 필수적이다. 초기 프로그램 '유리스코'를 통해 분리된 전투 플랫폼의 잠재력을 보여준 AI 선구자 더그 레나트는 40여 년간 팀과 함께 AI에 일종의 상식을 부여할 수 있는 논리적 추론 관계의 상징적 데이터베이스를 개발했다.[18] 사이크cyc나 기타 유사한 데이터베이스는 레나트가 말하는 것처럼, "지능의 외피만으로 충분하지 않을 때" 언젠가 그 맥락적 이해를 제공할 수 있을 것이다.[19] 하지만 우리는 그런 상징적 데이터베이스를 딥러닝 AI와 통합하는 방법을 알지 못한다. 그리고 군대의 전투처럼 특정한 분야에서는 그 분야

　　　　　　　　　　　　6. 위험한 사고: 사각지대, 불신, 전투용 AI의 미래

에 특화된 추론 데이터베이스가 필요할 텐데, 이를 개발하려면 오랜 시간이 걸릴 것이다.

완전 자율 무기는 불가능하다

로봇 무기는 전쟁의 안개와 마찰 속에서 확실성을 제공하기 위해 발명되었다. 가령, 로봇 무기는 원하는 표적을 확실히 명중해서 파괴하는 데 도움이 된다. 전장에서 로봇 무기가 거둔 모든 승리는 원하는 결과를 확실하게 안겨주는 능력에서 나온 것이다. 실제로 로봇 무기는 전투원이 바라는 결과를 현실로 바꿔준다.

하지만 무기는 본래 도구라는 점을 기억하는 게 중요하다. 어떤 살상 도구라도 그것을 통제할 수 있고, 휘둘러서 원하는 효과를 낼 수 있을 때만 무기가 된다. 더 좋은 무기는 그것을 휘두르는 사람의 팔 길이를 확장하고 완력을 강화한다. 휘두를 수 없는 살상 도구는 위험물일 뿐이다.

전쟁에서 승리하는 무기를 창조하려던 앞선 많은 시도는 그 효과를 충분히 제어할 수 없었기 때문에 실패했다. 독가스와 생물학 무기가 대표적이다. 두 경우 모두 날씨가 미묘하게 바뀌거나 확산을 통제하지 못하면, 원래 의도한 표적을 벗어나 퍼지거나 의도하지 않은 지역으로 확산할 수 있다. 심지어는 역풍이 불어 무기를 발사한 쪽이 피해를 입기도 한다. 여러 나라 군대가 1차대전에서 독가스를 대규모로 사용했다. 독가스 지지자들은 이 무기가 끔찍할 정도로 정밀하지 못해도, 때로는 그 효과가 조준점에서 10~12킬로미터 거리까지 벗어나도 괜찮다고 주장했다. 전투 현장이 인구 밀집 지역에서 멀리 떨어진 농촌에 길게 뻗은 참호선이었기 때문이다.[20] 하지만 1차대전 당시에도 그런 주장은 사실이 아니었고, 이후에 벌어진 전쟁들에서는 확실히 아니었다. 각국 군대는 독가스 사용이나 생물학 무기의 실험적 사용은 교전 지대에 위험 물질을 들여올 뿐이라고 결론 내렸다. 게다가 양쪽 모두 성가시고 값비싼 보호 장비를 착용해야 했다. 고통의 전반적인 수준을 높였던 반면, 전장의 이점은 거의 없었다.

독가스와 생물학 무기는 결국 국제조약으로 금지되었다. 무방비 상태의 피해자에게 미치는 비인도적 효과 때문이기도 했지만, 더욱 중요하게는 형편없는 무기였기 때문이다. 군 지도자들은 전장에서 생화학무기가 사라지는 것을 환영했고, 대부분의 경우에 보유한 무기를 기꺼이 파괴했다. 유일한 용도가 무차별적인 테러였고, 주로 민간인에게 위험했기 때문에 그들은 해당 무기 사용에 쉽게 반대할 수 있었다.

각국 군대는 이미 불확실성이 높은 전투에서 불확실성을 더하는 시도를 좀처럼 용인하지 않는다. 위험한 일을 하는 전문가가 모두 그러하듯, 전투원 역시 예상된 성능을 발휘하고 신뢰할 수 있는 도구와 절차를 선호한다. 잠재적으로 위력이 강한 장비일지라도 신뢰할 수 없으면 보통 사용하지 않는다. 제아무리 대단한 잠재력이 있는 무기라도 결정적인 순간에 예측 불가능하게 작동해서 사용자의 기대를 저버릴 위험이 있으면 그것의 사용을 심각하게 고려해봐야 한다. 계획은 이미 알려진 성능의 한계를 고려할 수 있지만, 통제 불가능한 요인에 따른 미지의 변수는 고려할 수 없다.

이 모든 내용을 정리하자면, 진정으로 자율적이기 때문에 인간의 의지에 종속되지 않는 AI 제어 로봇 군사 시스템은 무기가 아니다. 그저 위험물에 불과하다. 극단적인 예를 들자면, 2차 대전 당시 소련군은 자율적 시스템(살아 있는 개)을 적 전차를 공격하도록 훈련시켰다.[21] 전차 밑으로 기어 들어가면 먹이를 주는 식으로 개를 길들였다. 개의 등에 안테나가 달린 대전차 지뢰 배낭을 장착해서 전차 하부에 안테나가 닿으면 지뢰가 폭발하는 방식이었다. 훈련장에서 모조 폭약으로 연습할 때는 이 발상이 잘 통했다. 하지만 실제 전투에서 소련군은 개들이 생소한 소음과 위험 앞에서 두려워하는 반응을 보이는 것을 발견했다. 개들은 적군에 접근하기는커녕 아군 쪽으로 돌아와 몸을 숨겼다. 또한 독일 전차가 아니라 소련 전차를 상대로 훈련을 받은 터라 소련 전차를 익숙하고 편한 은신처로 여기고 독일 전차는 피했다. 참담한 결과가 나오자, 이 프로그램은 결국 취소되었다. 개는 현대의 어떤 군용 로봇보다 훨씬 복잡하고 정교하다. 하지만 소련군은 실패를 통해 교훈을 얻었다. 개는 자기만의 우선순위와 의지가 있고 따라서 무기로 쓸 수 없다는 교훈이었다.

군용 로봇 기술의 가장 큰 위험

많은 사람들은 인간보다 훨씬 지능이 높은 초지능 AI 시스템이 의식을 갖고 세계를 장악할 가능성을 우려한다. 이 가능성은 "로봇"이라는 용어만큼이나 유서 깊은 것으로, 수십 년간 영화와 소설의 단골 주제였다. 만약 그런 AI가 무기를 장착한 군용 시스템이라면, 인간 지배자들을 학살하고 어쩌면 인류 전체를 멸망시킬지도 모른다.

이것은 실제로 소름 끼치는 전망이며, 확실히 이런 사태는 피해야 한다. 하지만 현실의 인공 의식은 여전히 가설적 상상일 뿐이다. 우리는 설령 의식을 만들고 싶어도 그 방법을 알지 못한다. 의식이나 우리가 초지능과 연결 짓는 다른 많은 인간다운 특질에 관한 응용과학은 존재하지 않는다. 앞에서 언급한 전투용 AI의 과제를 비롯해서 훨씬 더 평범하지만 해결하기 어려운 많은 문제들 때문에 로봇이나 컴퓨터 기반 AI의 현실적 능력은 제한된다. 가장 개연성이 높은 전망은 딥러닝 방식이 다른 모든 과학적·기술적 발전처럼 놀라운 새로운 역량을 만들어낸 뒤, 이후에는 계속 정체되면서 다음 돌파구를 기다리게 될 것이라는 예상이다.

유감스럽게도, 가설적인 초지능·의식 AI가 없어도 재앙이 일어날 수 있다. 훨씬 크고 시급한 위험은 우리의 기대를 충족시킬 수 없는 현실의 AI에 너무 많은 권한을 부여하는 것이다. AI 열풍이 불면서 군 지도자를 비롯한 인간이 AI 시스템에 그 능력 이상으로 많은 것을 판단하고 행동할 권한을 부여할 수 있다. 단기적, 또는 중기적으로 여기서 가장 큰 위험은 전능한 인공지능이 아니라 인공무지능일 것이다.

영화 〈위험한 게임WarGames〉에 나오는 걷잡을 수 없이 폭주하는 핵무기 제어 컴퓨터에서부터 〈터미네이터〉에 나오는 스카이넷에 이르기까지 로봇과 AI의 재앙을 다루는 많은 허구적 이야기에서 무서운 부분은 특별히 AI가 똑똑하거나 자율적이라는 점이 아니라 너무 많은 권한을 부여받았다는 것이며, 인간은 그 사실을 종종 너무 늦게 깨닫는다는 것이다. 앞에서 설명한 능동 방어 시스템의 실제 실패 사례는 엄격한 의미에서 실패가 아니다. 시스템은 설계대로 작동했다. 실패는 사실 인간 설계자와 운영자가 시스템이 진짜 표적과 가짜 표적을 구별하는 능력이 없음을 인지하지 못한 데 있었다. 그들은 이런저런 이유로 시스템에 과잉권한을 부여했다. 앞으로 점점 과잉권한 부여가 중요한 문제로 대두될 가능성이 크다.

과잉권한 편향의 근원

과잉권한 편향overempowerment bias은 로봇과 AI를 지나치게 신뢰하고 그들이 감당할 수 있는 한계보다 더 많은 권한을 부여하려는 경향이다. 왜 사람들, 특히 한계를 충분히 알아야 하는 기술자나 군사 전문가들이 그런 일을 하는 걸까? 유감스럽게도

     AI 시대, 전쟁의 미래

이런 관행의 오랜 역사가 존재하며, 이는 인공지능 분야 자체만큼이나 오래된 것이다. 단순히 부주의나 게으름의 문제가 아니다. 그보다 인간 심리에 깊이 도사린 심리적 편향에 뿌리를 둔 과잉권한 편향이 AI나 로봇과 상호작용할 때 표면에 떠오르는 것 같다.

과대평가와 마법적 사고

수십 년 전 몇몇 분야의 연구자들은 후에 "자동화 편향auto-mation bias"이라고 부르게 될 현상에 주목했다. 아무리 훈련된 사용자라도 자동화된 시스템에서 제시하는 정보라면 무턱대고 믿는 경향을 말한다.[22] 회계사들은 전산화된 회계 시스템에서 나오는 재무 수치라면 잘못된 것이라도 믿으며, 핵발전소 기사들은 제어판에 뜨는 오류 표시등을 지나칠 정도로 믿는다. 이런 편향은 사용자가 자동 시스템이 데이터를 검증하지 않으며 오작동할 가능성이 있다는 걸 알고 있어도 지속된다. 심리학자들은 자동화 편향이 인지 과부하를 최소화하려는 인간의 본능적 충동에서 기인한다고 보았다. 사용자는 정보처리 기계를 신뢰할 수 있다고 가정하면서 무의식적으로 책임을 기계에 떠넘기고 자유롭게 다른 일에 집중한다. 그 효과는 전투 상황처럼 인지 부담이 높을 때 특히 커진다.[23]

이런 식의 과대평가는 AI의 경우에 한층 심해진다. 가령 많은 테슬라 자동차 사고는 운전자가 오토파일럿 기능을 과대평가한 탓에 일어났다. 테슬라가 오토파일럿 기능은 한계가 있으

    6. 위험한 사고: 사각지대, 불신, 전투용 AI의 미래

며 운전자는 도로 상황을 주시하고 언제든 운전 준비를 유지해야 한다고 경고했음에도 일부 운전자는 운전석에서 잠들거나 심지어 개를 대신 앉혀 놓았다. 이런 신뢰의 오조정miscalibration of trust은 능동 방어 시스템 같은 자동화 군사 시스템에서 일어난 사고와 비슷하다.[24]

1966년, MIT 컴퓨터 과학자들은 엘라이자ELIZA라는 원시적 챗봇 프로그램을 공개했다. 심리치료사가 하는 질의응답 방식을 모방해서 인간과 간단한 문자 대화를 하는 프로그램이었다. 과학자들은 시험 사용자들이 순식간에 이 프로그램이 놀라운 인지 능력을 갖고 있다고 생각하는 것을 보고 충격을 받았다. 실제로는 몇 가지 기본 규칙과 정해진 문구를 이용해서 사용자가 입력하는 내용을 약간 변형하는 단순한 프로그램에 불과했는데도 말이다. 인간을 닮았지만, 고도의 특성은 없는 텍스트 기반 AI 시스템에 이런 특성을 투사하는 경향은 "엘라이자 효과"라고 불리게 되었다.

2022년 구글의 한 엔지니어가 회사의 대규모 언어 모델 챗봇 람다LaMDa가 인간 같은 텍스트 소통에 기반한 의식이 있다고 주장했다.[25] 하지만 이는 엘라이자 효과가 한층 발전된 사례였다. 본질적으로 대규모 언어 모델은 훈련용 데이터에서 도출한 패턴을 기반으로 인간이라면 그 질문에 어떻게 답할지를 예측해서 질문에 답한다. 람다가 답한 내용을 보면, 그것이 지닌 "의식"의 환각적 성격의 미묘한 실마리가 드러난다. 가령 무엇이 당신을 행복하게 하느냐고 묻자 람다는 "친구나 가족과 행복하고 즐거운 시간을 보내는 것"이라고 답했다.[26] 이 시스템은 친구나 가족이 없기 때문에 이 답은 분명 과거에 훈련받은 문서 자료의 바다에서 끌어낸 것이었다.

이런 효과의 유혹에 대해 사용자에게 경고하는 대신, 개발자들은 종종 AI가 어떤 일을 할 수 있는지에 관해 크게 부풀린 예측을 내놓으면서 엘라이자 효과를 부추겼다. 한 예로, 1970년 저명한 AI 선구자 마빈 민스키는 〈라이프〉지에 다음과 같이 말했다.

> 앞으로 3~8년 안에 우리는 평균적인 인간 수준의 일반지능을 지닌 기계를 갖게 될 겁니다. 그 기계는 셰익스피어를 읽고, 차에 기름칠을 하고, 직장 내에서 정치질을 하고, 농담을 하고, 싸움도 할 줄 알 겁니다. 그 시점이 되면 기계는 환상적인 속도로 스스로 학습을 시작할 겁니다. 몇 달 만에 천재 수준에 도달하고, 몇 달 뒤에는 이루 헤아릴 수 없는 능력을 갖게 될 테죠.[27]

바로 그 무렵 랜드연구소는 미 공군이 유인 전투기에서 고성능 전투 드론으로 전환해야 한다고 제안하고 있었다. 두 경우 모두, 기술이 무르익어 그들의 예측 가운데 가장 낮은 수준조차 실현되기 시작할 때까지 반세기가 걸렸고, 가장 낙관적인 예측은 아직도 미래의 일이다. AI의 과대광고 주기hype cycle는 새로운 현상이 아니지만, 자동화와 AI에 관한 인간의 오랜 편향을

    6. 위험한 사고: 사각지대, 불신, 전투용 AI의 미래

증폭시키는 작용을 하면서 사용자들이 현재와 미래의 AI가 할 수 있는 일에 관한 마법적 사고를 받아들이도록 부추긴다. 그리고 이런 사고는 과잉권한을 부채질한다.

블룸의 교육목표 분류 오류

왜 숙련된 사용자들조차 AI 시스템에 그토록 쉽게 지식이나 이해 같은 인간적 특성을 부여하는 걸까? 한 가지 이유를 들자면, AI의 행동이 인류 역사 전체 동안 유효했던 가정들의 예외이기 때문이다.

블룸의 교육목표 분류Bloom's taxonomy는 인간의 인지 발달과 학습을 설명하는 표준적이고 널리 사용되는 모델이다. 1950년대에 소개된 이래 여러 세대의 심리학자와 교육학자가 이를 사용하며 다듬었다. 이 모델은 인간의 인지 발달을 여섯 단계의 피라미드로 묘사하며, 상위 단계의 능력은 하위 단계의 능력에서 생겨나고 그것에 의존한다고 설명한다. 가장 낮은 단계의 능력은 단순히 정보를 기억하는 것이다. 다음 단계는 그 의미를 이해하는 능력이다. 세 번째는 이런 이해를 새로운 맥락에 적용하는 능력이다. 네 번째는 개념들 사이의 복잡한 관계를 분석하는 능력이다. 다섯 번째는 발상의 가치나 진실성을 가늠하기 위해 평가하고 비판적으로 판단하는 능력이다. 여섯 번째이자 최상위 능력은 새로운 발상이나 디자인, 예술적·과학적 산물을 창조하거나 고안하는 것이다.

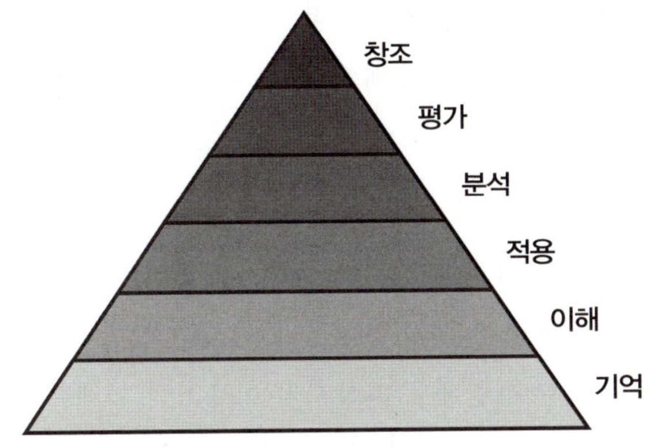

인간의 인지 발달을 설명하는 블룸의 교육목표 분류를 단순화한 도식

 딥러닝 AI 시스템은 자동화 군사 표적 인식 같은 복잡한 평가를 수행할 수 있다. 역시 딥러닝에 기반한 생성형 AI는 문서, 이미지, 기타 새로운 산출물을 만들어낼 수 있다. 하지만 딥러닝 기반 AI는 실제 인간의 인지가 낳은 산물로 구성된 방대한 데이터세트를 바탕으로 신경망을 훈련시키고 거기서 드러나는 패턴을 모방하는 식으로 그런 일을 한다. AI는 패턴 인식과 반복이라는 대규모 과정을 통해 직접 그 결과를 산출한다. 기억 외에 더 근본적인 단계를 요구하지 않으며, 그런 단계의 존재를 함축하지도 않는다. 따라서 딥러닝 AI는 인간 같은 이해력 없이 인간과 비슷한 고차원적 행동을 산출할 수 있다.

 우리는 인간 행동만을 판단 기준으로 삼는데, 이 때문에 AI의 놀라운 성능을 보면서 그 성능에 인간 같은 근원적인 특질이 함축되어 있지 않다고 생각하는 건 직관에 어긋난다. 이런 오류 때문에 우리는 외견상 고차원적 성능에 기반한 AI 시스템을 지나치게 신뢰하는 편향에 빠지며, 그 시스템이 얼마나 취약하고 불투명한지 잊어버린다. 그 결과, 과잉권한을 부여하게 된다.

의인화: 로봇 슈트를 입은 배우 효과

AI에 존재하지 않는 특성을 부여하는 인간의 경향은 AI가 인간이나 다른 생명체를 연상시키는 물리적 실체를 가질 때 더욱 증폭된다. 우리는 어떤 생명체와 비슷하게 움직이거나 닮은 로봇이 그 생명체의 특성을 지니고 있다고 가정하기 쉽다. 영화 속 프랑켄슈타인 박사가 피조물이 손을 움직이자 "살아 있어! 살아 있다고!"라고 외친 것처럼, 그것의 작은 움직임만으로도 이런 반응이 일어난다.[28]

때로는 이런 편향이 아무 해도 끼치지 않는다. 군대와 민간의 조작자들이 가벼운 마음으로 로봇에 "장난감 눈알"을 붙여서 인간적 특징을 부여하는 사례는 무수히 많다. 일찍이 2차대전 당시 공격용 드론 조종자들이 습관적으로 드론을 "강아지"라고 부른 것처럼, 군 관계자들은 예나 지금이나 로봇을 생명체처럼 다정하게 다루었다.[29] 쿠르스크의 독일 기갑부대원들은 로봇 B-Ⅳ를 "지뢰견"이라고 불렀다.[30] 폭발물 처리 로봇이 임무 중에 파괴되면 조종자들은 로봇의 공헌을 기리기 위해 애틋하게 "장례식"을 치러주기도 했다.[31]

의인화는 인간의 타고난 성향인 듯 보인다. 어린아이는 과학 박물관이나 놀이공원에서 기초적인 휴머노이드 로봇을 마주치면 서슴없이 다가가며 곧바로 의식 있는 생명체처럼 받아들인다. 로봇과 눈을 맞추고, 이름을 부르며, 궁금한 걸 질문한다. 나중에 나이가 들고 나서야 로봇의 한계를 알게 된다. 하지만 이런 태도는 어린아이의 순진한 성향에 불과한 게 아니다. 군사 로봇공학자들은 로봇에 머리와 얼굴을 만들어주면 인간 팀원들이 더 자연스럽게 상호작용할 수 있음을 발견했다. 대개 로봇에 얼굴을 붙일 현실적인 이유가 없지만, 그냥 한 개 달아준다. 이용자가 로봇을 신뢰하는 데 도움이 되기 때문이다. 실험실 환경에서 군 시험 요원들은 그런 식으로 얼굴이나 머리가 달린 휴머노이드 로봇과 편안하게 상호작용할 수 있지만, 머리를 떼어내고도 로봇이 계속 움직이고 말을 하면 섬뜩함을 느끼고 의인화 환상이 깨진다.

이른바 "로봇개"를 대하는 인간의 반응에서 이런 효과를 엿볼 수 있다. 로봇개는 개가 아니라 바퀴나 궤도 대신 다리가 달린 이동형 로봇에 불과하다. 하지만 표면적으로 개와 닮았다는 이유만으로 인간은 아무 근거도 없이 개에 대한 많은 기대를 투사한다. 군사 기술 전시회에 참석한 사람들은 대부분 로봇개에 가까이 다가가지 않는다. 원격조종으로 로봇개를 작동시킬 때, 로봇개가 돌아다니면서 모터 소리를 내면 구경꾼들은 마치 그 로봇이 달려들기라도 할 듯이 뒤로 물러선다. 조종자가 로봇의 전원을 끄면, 활발하게 돌아다니던 개들이 쿵 소리와 함께 다리를 접고 곧바로 짐짝으로 변한다. 그 갑작스러운 전환은 눈에 거슬릴 수 있으며, 종종 순진한 사람들에게 안도의 미소를 자아낸다.

대중문화 역시 생명체와 거리가 먼 물체를 아무 의심 없이 살아 있는 캐릭터로 받아들이도록 만드는 데 커다란 역할을 했다. 군인들도 누구나 애니메이션이나 〈머펫 쇼〉*의 주인공을 사실상 인간 캐릭터로 받아들이면서 자란다. 분명히 비인간적 물체에 사람 같은 얼굴을 붙였을 뿐인데도 말이다.

성인이 될 때쯤이면 우리 대부분이 〈스타워즈〉 영화의 C-3PO나 R2-D2 같은 영화 속 로봇과 안드로이드를 무수히 많이 보았을 테고, 자연스럽게 그들을 우리 현실의 익숙한 일부로 느낀다. 영국의 컴퓨터 과학자이자 구글 혁신가인 애스트로 텔러는 언젠가 AI를 "영화 속에서 기계가 하는 일을 실제로 하게 만드는 과학"이라고 정의했다.[32] 하지만 영화에 나오는 이 모든 가공의 로봇과 안드로이드는 물론 실제로 AI가 구동하는 로봇이 아니다. 대부분 로봇 슈트를 입은 배우다. 그리고 배우가 연기하든 컴퓨터그래픽 이미지로 만들든 간에 그들의 행동과 대화는 인간 각본가가 쓴 내용이다. 우리가 인공지능 로봇에 관해 안다고 생각하는 사실은 실은 로봇이 어떤 모습일지를 인간이 상상한 내용일 뿐이다. 당연한 얘기지만, 여기에는 많은 인간다운 특성이 들어 있다.

이 모든 편향 때문에, 우리는 로봇과 AI 위에 "무임승차"하

고 싶어진다. 그리하여 그릇된 기대, 안일한 태도, 과잉권한이 생겨난다. 그리고 이는 다시 특히 군사적 응용에서 위험한 실수로 이어진다. 모든 인간이 과잉권한 편향에 굴복하지는 않으며, 로봇에 대한 반사적 불신처럼 반발하는 반응이 있을 수도 있다. 하지만 과잉권한 편향을 부추기는 심리적 효과는 광범위하고 유혹적이며, 따라서 우리는 이 편향을 항상 경계하고 완화하기 위해 노력해야 한다. 지금까지 드러난 사고나 아찔한 상황은 비교적 국지적인 사례에 그쳤다. 하지만 앞으로 AI가 훨씬 많은 군사적 임무를 맡게 되면 이런 사고가 오히려 사소해 보일지도 모른다.

또한 이러한 사고들 때문에 로봇 기술을 적절하게 사용하는 데 차질이 생길 수도 있다. 시간표에 따라 착착 발전할 것이라는 지나친 기대를 등에 업고, 미 육군은 2000년대 초 미래 전투 시스템Future Combat Systems 프로그램에서 무인 지상 차량에 주도적 역할을 부여했다. 당시 무인 기술은 육군이 기대하는 수준을 충족하기에는 한참 수준이 낮았고, 결국 엄청난 비용을 들인 프로그램이 실패하면서 2009년에 취소되었다. 이 경험 탓에 육군은 그 후 한 세대 넘게 이 기술의 실질적 발전을 활용할 수 있는 기회를 놓쳤고, 적국의 로봇 군사 혁신에 대응하느라 서둘러야 했다.

과잉권한 편향을 어떻게 극복할 것인가?

군사 로봇공학과 AI의 여러 측면과 마찬가지로, 잠재적 문제들에 관한 인식을 높이는 것은 중요한 첫걸음이다. 하지만 경고와 훈계만으로는 충분하지 않다. 지능형 로봇을 사고하고 평가하기 위한 더 나은 방식이 필요하다. 미군 연구자들은 AI가 성능 기대를 충족할 수 있다는 확신을 강화하기 위해 AI 테스트와 검증 방법을 개선하는 연구에 전력을 기울이고 있다. 또한 불투명성을 줄이는 식으로 신뢰를 개선할 수 있는 "설명 가능한 AI" 기술을 연구하는 중이다.

각 군과 항공우주 산업은 비행 안전성을 향상시킨 오랜 성공적 역사를 보여주었으며, 항공기 사고를 거의 제로로 줄인 엄격한 기술을 AI 세계에도 적용하기 위해 업데이트하는 중이다. 종종 20개가 넘는 잠재적 실패 사례 분류의 폭넓은 규모는 그 자체로 개발자들에게 인간-로봇 시스템의 복잡성에 대해 경각심을 일깨우는 길잡이가 될 수 있다. 이 분류를 보면, 시스템을 안전하게 사용하기 전에 얼마나 많은 기능을 테스트하고 검증해야 하는지 알 수 있다.[33]

현재 많은 연구는 빠른 속도로 기술적 세부 사항을 파고든다. 하지만 비전문가들도 쉽게 파악할 수 있는 몇 가지 강력한 틀이 있다. 가령 과거의 지능형 로봇 시스템의 발전은 종종 자율성에만 초점을 맞추었다. 자동차공학회Society for Automotive Engineers, SAE는 자율주행 자동차의 자율성을 평가하고 등급을 매기

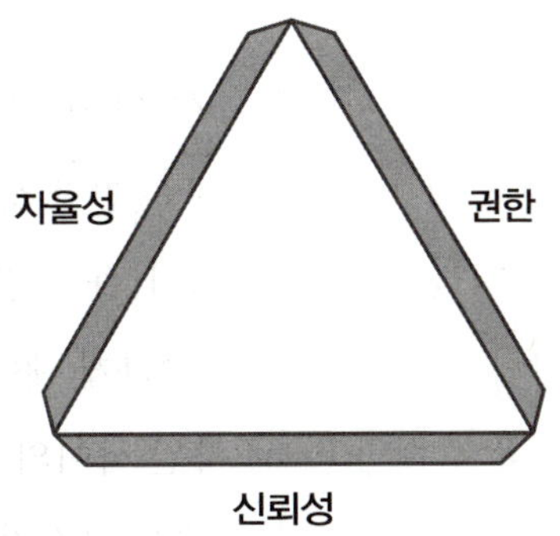

로봇 시스템의 성숙도를 보여주는 "철의 삼각형" 모델

기 위해 점점 정교한 체계를 도입하고 있다. 국방 전문가들도 무인 항공기 같은 군사 시스템에 특별히 적용되는 비슷한 체계를 개발하고 있다.[34] 이렇게 자율성에 초점을 맞춘 시도는 매우 유익했지만, "자율성"이라는 용어를 첨단 로봇공학과 거의 동의어로 만드는 부작용이 있었다.

엄밀히 말해 **자율성**, 즉 직접적인 인간의 통제나 감독을 받지 않고 기능하는 능력은 로봇 시스템의 성숙도를 가늠하는 세 차원 가운데 하나일 뿐이다. 다른 두 차원은 권한과 신뢰성이다.

권한은 시스템에 주어진 직권의 정도를 뜻한다. 복잡하고 안전에 중요한 여러 기능을 관리할 직권을 부여받은 시스템은 단순하고 중요하지 않은 기능 몇 개를 관리하는 직권을 가진 시스템에 비해 훨씬 권한이 많다.

신뢰성은 시스템이 극한 상황에서도 실패하지 않을 것이라

6. 위험한 사고: 사각지대, 불신, 전투용 AI의 미래

는 확실성의 수준을 의미한다.

이 세 차원이 이른바 "철의 삼각형"의 세 변을 이룬다. 철의 삼각형이라는 명칭은 이 세 차원이 상호 긴장 상태에 있기 때문에 붙은 것이다. 일정한 기술 수준에서 한 차원을 개선하려면 종종 다른 한 차원이나 두 차원을 느슨하게 해야 한다. 철의 삼각형의 세 변 모두를 고려하고, 세 차원 사이의 상쇄 관계를 인식하면, 특히 새로운 로봇 응용 분야에서 사각지대와 사고 위험을 최소화하는 데 유리할 수 있다.

마찬가지로, AI와 AI 구동 로봇이 점점 유능해짐에 따라 이미 인간 전투원 팀 내에서 신뢰를 구축하는 데 사용되는 체계를 도입해서 신뢰라는 필연적 문제를 해결할 수 있다. 이 영역은 이미 수십 년 동안 많은 연구가 축적되어 성숙한 상태이며, 그 결과를 로봇 성원이 포함된 팀에 적용할 수 있다. 국방 연구자들은 이 연구의 역사를 검토한 결과, 신뢰가 네 가지 기본적 요소에 바탕을 둔다고 결론지었다. 역량, 진실성, 예측 가능성, 호의가 그것이다.[35]

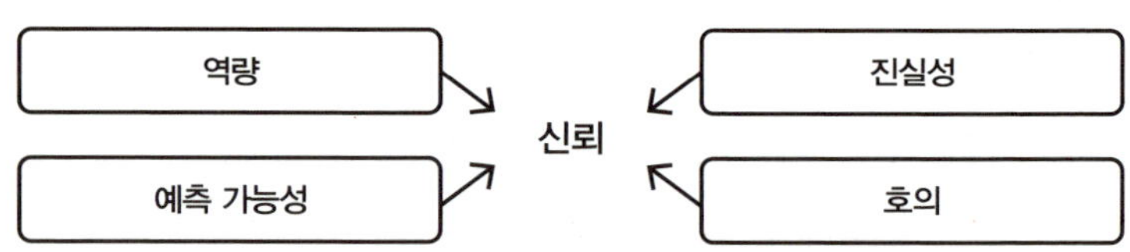

군사 팀의 신뢰 형성에 필요한 네 가지 요소 모델
Blais and Thompson, 2009에서 재구성

 AI 시대, 전쟁의 미래

이 단순한 모델은 로봇 시스템 개발자들에게 즉각적인 교훈을 준다. 역량과 예측 가능성이라는 두 요인은 엄밀히 말해 성능과 관련된다. 즉 결과의 확실성이다. 바로 그것이 로봇 무기가 발명된 이유다. 나머지 두 차원인 진실성과 호의는 행위 주체성과 관련된다. 여기에는 동기와 의도 같은 요인이 포함된다. 이런 차원은 인간에게서도 평가하기가 어렵고, 적어도 현재 알려진 기술 수준에서는 AI 시스템에서 정의하거나 평가하는 게 사실상 불가능하다. 군사용 시스템의 신뢰를 높이기 위해서는 역량과 예측 가능성을 극대화하는 한편 의도하든 의도하지 않든 간에 행위 주체성과 비슷한 모습은 피해야 한다. AI 시스템에서 행위 주체성을 설계하고 제어하는 법을 배우는 시대가 올 때까지는 그런 환상을 만들어내는 것은 무엇이든 피해야 한다. 로봇이나 AI 시스템의 인지와 행위 주체성에 관한 우려가 생긴다면, 안개와 마찰이 늘어나고, 신뢰가 파괴되며, 군사 로봇의 취지 자체가 무너진다.

전투용 AI는 확실성을 높일 수 있는 영역에 집중해야 한다

인공지능은 군사와 민간 부문 응용에서 로봇의 잠재력을 실현하는 데 필수적이다. 군사 응용 분야에서는 지난 100년간 군사적 응용을 제약해온 부담, 취약성, 항법, 제어 등 오랜 과제

    6. 위험한 사고: 사각지대, 불신, 전투용 AI의 미래

를 극복하기 위해 AI가 필요하다. 로봇 시스템이 제공하는 고유한 전술적 우위를 달성하기 위해서도 AI가 필요하다. 또한 AI는 분리 같은 원리를 이용해서 정밀 전장에서 기동을 되살리고 복원할 수 있는 전투 시스템을 근본적으로 재발명하는 것을 가능케 한다. 그리고 군사 윤리와 무력 충돌법LOAC 준수를 증진하고 식별력과 선별력 같은 특질을 부여하는 데에도 필수적이다.

하지만 딥러닝에 기반해 최근 이루어진 진보의 물결에도 불구하고 AI가 감독 없는 전투라는 과제를 충족하려면 아직 갈 길이 멀다. AI는 제논의 역설처럼 보이는 방식으로 발전한다. 매번 커다란 진전이 있을 때마다 우리는 궁극적인 전망에 가까워지지만, 다시 새로운 난제와 과제가 나타나 다음 발전을 이루기 위해서는 더 큰 노력이 요구된다. AI 기술을 가상의 디지털 영역에서 군사 전투라는 불안정하고 불확실하며, 복잡하고 모호한 물리적 세계로 이전하려고 노력하는 가운데 이런 수많은 새로운 과제들이 속속 발견되고 있다.

스마트 무기는 이미 오래전부터 좁은 범위 내에서 표적을 선정하는 권한을 부여받았다. 하지만 예측 가능한 미래에 전투용 AI가 좁은 범위 바깥의 전투 환경에서 독자적으로 행동 방침을 결정하는 데 필요한 통찰력과 인간의 판단력을 갖추지는 못할 것이다. 그 대신 전투용 AI는 적어도 미군과 동맹국 군대에서 인간-기계 팀 편성에 집중하며, 로봇 시스템이 애초에 발명된 취지(전쟁의 안개와 마찰 속에서 확실성을 제공하는 것)를 실현하는 데 조력하고 있다. 적절한 평가 틀을 바탕으로 AI에 대한

    AI 시대, 전쟁의 미래

비판적 시각을 유지한다면, 로봇 무기에 과잉권한을 부여하려는 치명적 유혹을 피하는 데 도움이 될 것이다.

AI 제어 레이싱 드론이 미지의 코스를 헤쳐 나가려고 시도하면서 불충분하고 모호한 센서 데이터를 처리하느라 고투하고, 결국 휘청거리다 추락한다. 이 모습을 본 엔지니어들은 저절로 겸손해진다. 하지만 마법적 사고와 AI에 대한 과도한 낙관이 얼마나 현실과 동떨어져 있는지는, 전장보다는 안전한 환경에서 깨닫는 편이 훨씬 낫다. AI가 단 하나의 혁신이 아니라 발전하는 수많은 기술로 이루어진 과학과 공학 분야 전체라는 사실을 받아들여야 한다. AI는 앞으로 수십 년, 아니 수백 년간 계속 발전할 것이다. 군사용 AI는 여러 응용 분야에서 잇따라 중요한 발전을 이룰 것이다. 단순한 작전 영역을 시작으로 현실 세계에서 실전에 가까운 교전 훈련을 포함해서 세심한 테스트로 단계마다 검증될 것이다.

AI가 선별성 같은 전투 효과성 지표를 개선하는 데 초점을 맞추는 한, 군사 로봇공학은 애초의 낙관적 전망으로 계속 나아갈 것이다. 로봇공학 덕분에 전쟁은 더욱 정밀하고 확실해지며, 살상과 인간적 고통은 줄어들 것이다. 무엇보다도 로봇 무기는 여전히 무기일 것이며, 다만 그 주인인 인간의 의지를 행사하고 실행하는 능력이 어느 때보다 정확해질 것이다.

　6. 위험한 사고: 사각지대, 불신, 전투용 AI의 미래

7

푸시버튼 전쟁은 없다

: 로봇공학과 군사작전의 스펙트럼

위기 촉발 지점: 미래

산토스 중위의 소대가 인접한 아파트 블록의 수직면으로 에워싸인 협곡 같은 거리를 따라 진격한다. 도시의 빈민가다. 2000년대 초반이나 어쩌면 훨씬 전에 지어진 건물들이다. 빨래가 나부끼는 발코니마다 사람들이 걱정스러운 표정으로 아래 쪽을 내려다보고 있다. 어떤 이들은 스마트폰으로 군인들을 찍고 있다. 배달 로봇 몇 대가 맡은 일 말고는 아무 생각이 없는 듯 인도를 천천히 활보한다. 공기 중에 음식 냄새와 연기가 가득하고, 긴장감이 짙게 깔려 있다.

"우리 보안 기지가 바로 몇 블록 앞에 있습니다." 중위

옆에서 민주 정부군 소속 연락관이 말한다. "증원군을 고맙게 여길 겁니다. 이미 함락되지만 않았다면요."

'아니면 반대편으로 돌아섰을지도 모르지', 산토스가 속으로 생각하며 말한다. "계속 연락을 시도해요."

네 대로 이루어진 소규모 드론 편대가 하늘 높이 선회하고 있다. 색깔 있는 항행등이 깜박이면서 평화적 의도를 드러낸다. 민간인들의 시선에는 아무 표정도 없다. 거리 반대편에 거미줄처럼 얼기설기 늘어져 있는 전깃줄 그물은 군용 드론을 막으려는 장치다. 포스터와 그래피티에는 친정부 구호와 반군 구호가 뒤섞여 있다. 대부분 찢기거나 페인트칠로 뒤덮여 있다. 중위가 쓴 헬멧 앞쪽의 투명한 바이저에 번역 내용이 뜬다. "미국놈들 꺼져라"라는 구호도 있고, "중국은 나가라"라는 구호도 있다.

이어피스가 윙 하고 울리고 AI 비서가 최신 정보를 알린다. "중국 연안 대응팀 쪽에서 대형 고정익 드론이 접근 중이라고 알려왔습니다. 대응팀은 드론이 비무장이라면서 섬에 있는 반군 정부에 정보를 제공하려 한다고 말합니다. 중국 정부는 지난밤 늦게 반군 정부를 인정했습니다."

산토스가 응답하기 전에 도시 전역에 두 차례의 큰 폭발음이 울려 퍼진다. 거미줄 장벽 너머의 거리는 그림자가 드리워져 있어 잘 보이지 않는다. '삐' 소리가 두 번 나며 편대의 알림을 전한다. 높은 상공에서 내려다본 영상이 바이저에 뜨고, 산토스는 앞쪽 거리에서 사람들이 무리를 지어 나오는 모습을 본다. 드론의 자동 표적 인식ATR 장치가 파란색 기호로 태그한다―아군이나 적 식별은 아니다.

"민간인처럼 보입니다." 하사가 말한다.

"뭘 원하는 걸까요?" 산토스가 연락관에게 묻는다. 연락관은 모르겠다는 듯 고개를 젓는다. 하지만 그는 실시간 화면을 볼 수 없다.

다시 '삐' 소리가 두 번 울린다. 군중 뒤로 무장한 남자들이 몰려온다. ATR이 그들을 노란색 기호로 태그한다. 무기 몇 개가 식별되지만 남자들의 의도는 확인할 수 없다. **'반군일까?'** 산토스가 궁금해한다. **'보안군이 우리를 맞으러 오는 건가?'**

'민간인은 안으로 들여보내야겠군', 산토스가 생각한다. 중위는 하사에게 손짓한다. 드론 한 대가 편대 앞에서 전깃줄 장애물 위로 이동하면서 경쾌하게 깜빡이며 필리핀어를 쓰는 부드러운 여자 목소리가 쩌렁쩌렁 울린다.

"망야링 마나틸리 사 로오브(밖으로 나오지 마세요)." 소리가 반복된다.

산토스는 위성 실시간 영상을 불러내서 도시 전역의 아군 추적 시스템을 확인한다. 주변에 다른 미군 병력은 없다. 하지만 빠르게 움직이는 기호가 진지 근처를 지나간다. 위를 올려다보니 중국 드론이 지나가며 제트 엔진의 윙 하는 소리가 울려 퍼진다. 낮게 나는 드론 날개 아래에 붙은 휘장이 보인다. 관측용으로는 너무 낮은 고도다. 존

   AI 시대, 전쟁의 미래

재를 과시하는 비행이다.

산토스는 소대원들에게 진격 명령을 내린다. 지상 인원이 넓게 퍼져나가면서 전깃줄 장애물 아래를 통과하고, 다른 드론들이 그 위를 날아간다. 이윽고 앞쪽 민간인들 사이에서 소동이 일어난다. 몇몇이 소대원들에게 외치며 손을 치켜든다. 뒤편에서 시커먼 형체가 공중으로 솟아오르자 다른 이들은 흩어진다. 산토스는 곧바로 중국 전투 드론임을 알아본다.

"누가 조종하는 거지?" 산토스가 외치면서 선두 드론의 화면을 띄워서 군중을 스캔한다. 섬에 중국군이 있을 리가 없다. 산토스는 궁금해한다. 반군들이 조종하는 건가?

"연결됐습니다." 연락관이 외치며 중위에게 달려와 이어피스를 만진다. "그들은 아직 거점을 사수하고 있습니다. 반군과 중국 군사 고문들이 포위하고 있다고 합니다."

저공비행은 신호였던 걸까? 긴장된 대치 상황이 전개된다. 중국 드론은 공포에 질린 군중 위에서 계속 선회한다. 발코니에 나와 있던 사람들이 서둘러 들어간다.

"편대 전투 모드로." 산토스가 명령한다. 드론 네 대가 다시 합쳐진다. 항행등이 꺼진다. 소대는 거리 양옆에 숨는다. 산토스는 소대를 힐끗 보고, 무릎을 꿇은 하사는 조종용 바이저를 내리고 장갑을 활성화한다. 바로 그 순간,

최악의 순간에 하얀 뉴스 방송용 드론이 나타나 녹화를 시작한다.

"중위님." 소대원 한 명이 부른다. "어떻게 하죠?"

현대전은 단순히 목표물을 파괴하는 게 아니다

진짜 전쟁은 바둑이나 로봇 축구 토너먼트와는 전혀 다르다. 군사 로봇과 AI를 전쟁에 도입한다고 해서 《엔더의 게임》 같은 과학소설이나 〈스타크래프트〉 같은 실시간 전략 비디오 게임에 묘사되는 것 같이 버튼만 누르면 되는 전투로 바뀌는 건 아니다. 로봇 전쟁은 어쨌거나 전쟁이다. 그리고 전쟁은 훨씬 더 복잡하다.

더 구체적으로 말하면, 전쟁은 단순히 명확하게 정해진 적대 세력이 일련의 전투를 벌여 상대보다 먼저 적을 파괴하는 쪽이 승리하는 승부가 아니다. 이렇게 전투의 역동성에만 초점을 맞추는 경향은 비전문가들만 빠지는 함정이 아니다. 최근 벌어진 많은 분쟁에서 미국과 동맹국들도 이런 경향 때문에 여러 현실적인 문제에 부딪혔다. 전쟁 개념을 단순히 효율을 극대화해서 킬 체인을 완성하고 목표물을 파괴하는 과정으로 지나치게 단순화하면, 오늘날 주요국 군대들은 로봇 시스템 개발을 이상화된 재래식 전투 시나리오에 집중하기 쉬운데, 이는 현실을 반

AI 시대, 전쟁의 미래

영하지 못한다. 이는 또한 전략적 실패로 이어질 수 있다.

수십 년간 외국 군사 분석가들은 미군이 "화력에 의한 전멸" 전략을 기본 설정으로 삼는다고 비판했다. 다시 말해, 미군 전략의 기본 가정은 적군의 병력, 보급 물자, 지원 인프라를 물리적으로 파괴하면 승리로 이어진다는 것이다.[1] 사막의 폭풍 작전 당시 탁 트인 사막에서 미국의 정밀무기가 준비되지 않은 이라크군을 초토화했을 때, 이 전략은 실제로 통했다. 아제르바이잔군이 나고르노-카라바흐에서 아르메니아의 재래식 군대를 격파했을 때도 통했다. 하지만 베트남에서는 통하지 않았고, 2003년 이후 이라크와 아프가니스탄에서도 통하지 않았다. 이런 충돌에서 미국과 동맹국은 압도적인 기술적 우위를 누렸고, 치열한 전술적 전투가 벌어질 때는 상대를 압도했다. 그럼에도 결국은 좌절한 채 철수했고, 많은 전략적 목표를 이루지 못했다. 고강도 전투에서 전술적 우위에만 집중하는 경향은 전투에서는 전승하고 전쟁에서는 지는 결과를 낳을 수 있다.

지금까지의 로봇 전쟁 연구는 지상, 해상, 공중의 고강도 전투에 초점을 맞추었다. 어쨌든 이런 시나리오들은 로봇 무기가 무엇을 할 수 있는지를 강력하게 보여준다. 이런 시나리오가 발생하면 로봇 무기가 압도할 것이다. 하지만 이런 시나리오에만 초점을 맞추면 진짜 전쟁, 특히 21세기의 지정학적 경쟁이라는 새로운 맥락에서 벌어지는 현대전에 대해 지나치게 단순화한 인상을 줄 수 있다.

이런 경향은 뿌리가 깊다. 군사 로봇공학의 초창기부터 과학적 확실성에 대한 열망은 이른바 "푸시버튼 전쟁push-button war"(버튼만 누르면 되는 전쟁)이라는 전망을 부추겼다. 로봇이 전투를 수행하고, 전투는 적어도 자기편에서는 초연하고 감정과 무관한 기술적 처리로 바뀐다는 전망이었다. 하지만 로봇 전쟁은 깔끔하게 버튼만 누르면 되는 게 아니다. 로봇 시스템은 훨씬 더 복잡하고 모호한 충돌 속에서 싸워야 할 것이다. 고강도 전투에서 발휘되는 로봇의 효과적 능력 때문에 많은 인간의 분쟁은 이상과는 거리가 먼 방향으로 한층 더 밀려날 것이다. 로봇 혁명이 개시되면서 이미 미국과 민주적 동맹국들의 안보 환경이 한층 어려워지고 있다. 하지만 로봇 혁명은 또한 그들이 직면한 전술적·작전적 문제들을 극복할 수 있는 새로운 해결책의 씨앗도 품고 있다.

전술적 복잡성

로봇공학과 AI가 200년 전에 등장하지 않은 것은 유감스러운 일이다. 오늘날의 전투보다는 나폴레옹 시대의 전투가 지금의 로봇과 AI에 훨씬 더 적합했을 것이기 때문이다. 전술적으로 당시의 전투는 엄청나게 단순했다. 탁 트인 전장은 AI가 잘하는 보드게임과 닮았다. 병력은 게임의 말처럼 뚜렷하게 보였고, 질서정연한 대형을 이뤄 로봇처럼 행군했다. 병사가 잘해야 하는 것이라곤 행군과 조준, 사격뿐이었다. 이와 대조적으로, 현대의

  AI 시대, 전쟁의 미래

전투는 자동화하기가 훨씬 어렵다. 병력은 대개 복잡한 전장 속에 숨어 있으며 종종 전투원과 비전투원이 뒤섞여 있다. 또한 유효한 정보는 부족하며 혼란이 지배한다. 전투원들은 광범위한 임무와 기술, 전술을 숙달해야 한다.

게다가 현대의 군사적 투쟁은 종종 복잡하게 얽힌 정치적 요인을 배경으로 장기간에 걸쳐 벌어진다. 현대전은 대테러전, 반게릴라전, 인도적 개입, 그리고 공격자가 도덕적 딜레마를 도구로 삼는 회색지대 충돌 같은 새로운 시나리오를 포함해서 재래식 전쟁과는 다른 폭넓은 맥락에서 벌어진다. 이런 상황들 때문에 전술적 전투원들은 "방아쇠만 당기는 병사"에서 전략가와 정치인으로 진화해야 했다.

1999년, 미 해병대 사령관은 "세 블록 전쟁three block war"이라고 부르는 현실적인 현대적 시나리오를 설명했다.[2] 그가 든 사례에서 해병대 보병 분대는 전쟁으로 황폐해진 외국 도시에서 치안 지원을 제공하면서 적대적인 두 민병대를 분리했다. 인도적 구호 단체와 민간인들이 해병대의 보호를 받았다. 각 민병대를 통제하는 군벌들은 폭력 사태를 유발해서 유리하게 활용하려 했다. 해병대가 관할하는 세 블록 안에서 내린 각각의 전술적 결정은 상황을 진정시킬 수도, 전면전으로 확대시킬 수도 있었다. 특정한 순간에 발포하느냐 마느냐 같은 분대 수준의 전술적 결정이 작전과 전쟁의 전체 경로에 영향을 미칠 수 있었다. 사령관은 그런 상황이 점차 일반화되고 있다고 지적하면서 이 변화에 요구되는 하급 군 지휘자의 역량에 주목했고, 그들을

"전략적 하사strategic corporal"라고 지칭했다. 그러면서 21세기의 전쟁에서는, 하급 전투원에게도 자신이 하는 모든 행동이 가져올 수 있는 잠재적인 전략적 파급효과를 헤쳐 나갈 판단력이 필요하다고 주장했다.

이후 벌어진 전쟁들은 그가 옳았음을 보여주었다.

충돌의 스펙트럼과 유연성의 필요성

예전 시대에는 육군과 해군이 진형을 이루고 서로를 찾아서 맞붙으면서 전투를 벌였고, 그 결과 전쟁의 승자가 결정되었다. 오늘날에는 그런 종류의 전통적 전투가 훨씬 작은 역할을 차지한다. 그 대신 충돌은 전면전 외에도 수많은 작전을 아우르는 스펙트럼에 걸쳐 있다. 많은 충돌이 아예 전면전으로까지 나아가지 않는다. 군대끼리 치열한 전투를 벌이는 충돌에서도 대부분의 활동은 스펙트럼의 다른 부분에서 벌어지는 작전으로 이루어진다. 보안 협력, 해외 인도적 지원, 민간 당국의 방위 지원 등이 그 예다. 군대는 그런 저강도 작전을 수행하는 동시에 대규모 전투 활동도 벌일 수 있다. 다음 그림은 최근 미국 군사 교리에 등장하는 스펙트럼의 한 버전을 보여준다.

대규모 전투 작전만 고려한다고 해도 최첨단 전투 외에도 다양한 활동이 포함된다. 미군 합동 교리는 대규모 전투 작전을 여섯 단계로 설명한다. 두 번째 그림(274면)에 각 단계가 묘사

　AI 시대, 전쟁의 미래

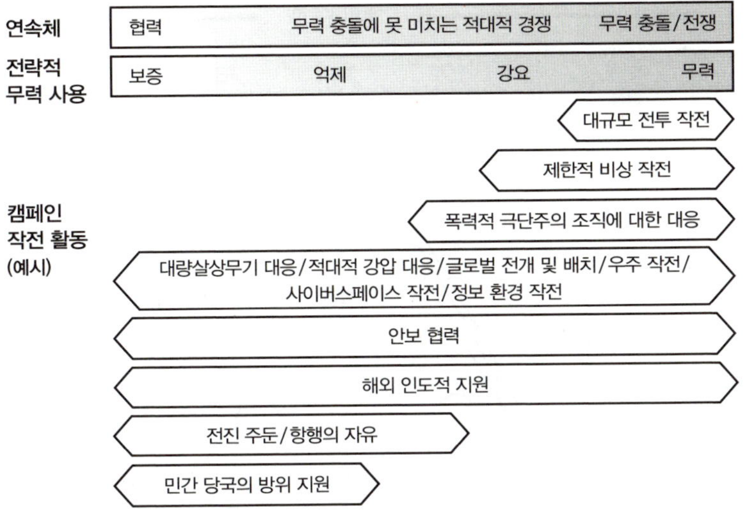

현대 미국 군사 교리에 담긴 군사작전의 스펙트럼(또는 연속체)을 보여주는 도해 [3]

되어 있다. 0단계(형성)에는 계획뿐만 아니라 정보 수집, 현지 군사 파트너십 구축 같은 많은 준비 활동이 포함되며, 이는 성공적인 작전을 수행하기 위한 준비 과정이다. 나머지 1~5단계에는 억제, 주도권 확보, 지배, 안정화, 시민 당국 지원이 포함된다. 주기의 마지막에는 다시 형성 단계로 돌아간다. 3단계(지배)에서만 고강도 전투 활동에 주로 초점이 맞춰진다.

이런 이유로, 대다수 전투원과 군사 시스템은 복무 또는 운용 기간의 대부분을 전통적 전투 이외의 임무를 수행하며 보낸다. 그러므로 가장 가치 있는 시스템은 각기 다른 많은 필요를 충족할 수 있는 유연한 것이다. 유연한 시스템으로 나아가는 추

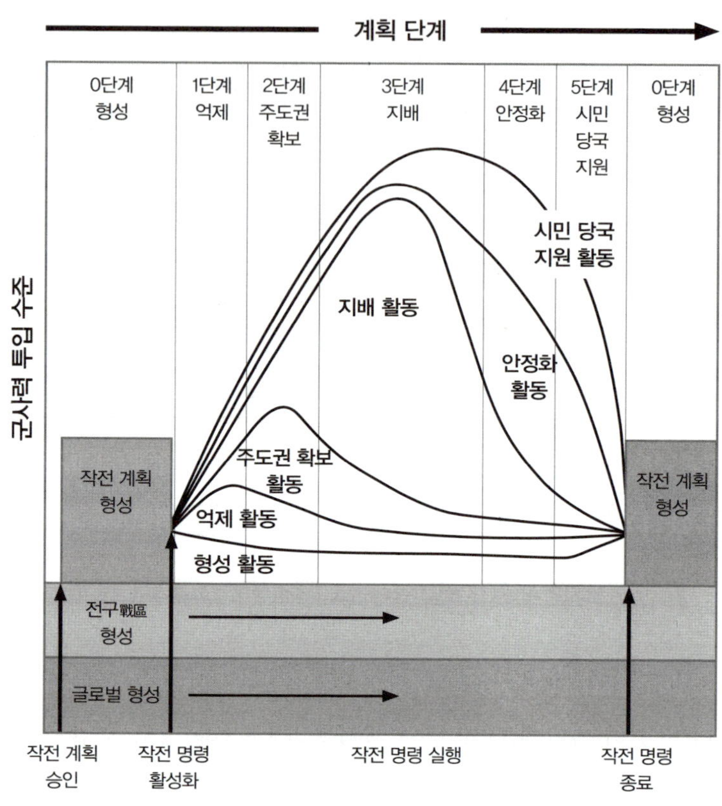

미국 합동 교리에 설명된 가상의 군사작전 단계들 [4]

세는 수십 년간 계속 강화되었다. 한때 각국 군대는 적 폭격기
요격이나 해상 수송대 호위처럼 특수한 임무에 맞는 항공기와
군함을 생산했지만, 지금은 훨씬 많은 임무를 수행할 수 있는
플랫폼에 집중한다. 미국 전투기 중 가장 많은 것은 F-16이다.
이 기종은 다양한 무기와 외부 포드를 탑재할 수 있어서 공대공

AI 시대, 전쟁의 미래

전투, 근접 항공 지원, 장거리 타격, 전자전뿐만 아니라 영공 순찰 같은 평시 임무도 수행할 수 있다. 이런 모듈식 플러그앤플레이 유연성은 주로 스마트 로봇 서브시스템에 의해 가능해졌다. 미 해군 함정 중에 가장 많은 것은 알리 버크Arleigh Burke급 구축함이다. 이 구축함은 수직 발사 시스템 셀에 여러 종류의 미사일이 탑재되어 있고, 그밖에 센서나 무기도 다양하게 탑재할 수 있다. 이 구축함은 순항미사일을 이용해서 원거리의 지상 표적을 파괴하고, 적 항공기를 격추하며, 잠수함이나 수상함을 격침하고, 탄도미사일을 요격할 수 있다. 항공모함 전투단의 일원으로 항모를 호위하고 해적과 소형 선박에 대응하며, 해상 봉쇄도 할 수 있다. 오늘날 새로운 플랫폼은 아주 광범위한 활용도가 기대된다. 가령 미 육군과 해병대가 사용하는 새로운 보병 전투차량은 작전 스펙트럼 전체를 아우르는 22가지 임무에서 유용성을 입증해야 했다.[5]

미사일도 유연해지고 있다. 많은 신형 미사일은 버튼 하나로 다른 유형의 표적을 공격하도록 자체 변환이 가능하다. 미 해군의 SM-6 같은 최신 장거리 지대공 미사일은 함정이나 지상 표적을 파괴하는 다목적 공격 미사일이 될 수 있다.[6] 미국의 GBU-53/B 스톰브레이커나 유럽의 스피어 3SPEAR 3 같은 소형 공중발사 미사일은 다양한 유형의 정지·이동 표적을 공격하기 위해 자체 변환이 가능하다. 이런 식으로 지능과 제한된 자율성을 갖춘 미사일은 지상 차량에 대해 "주행 금지 구역no-drive zone"을 강제할 수 있으며, 신호 추적 무기로 나아가는 한 단계다.[7] 병사들은 15파운드(7킬로그램) 인포서Enforcer처럼 가장 작은 신형 어깨 발사식 보병용 미사일에서도 모드를 선택해서 고정된 요새나 달리는 차량, 심지어 느리게 비행하는 헬리콥터까지 공격할 수 있다.[8]

미군은 특히 자신이 싸워야 하는 전쟁의 양상을 예측하는 데 서툴렀다. 전 국방장관 로버트 게이츠가 말한 것처럼, "베트남전 이후 다음번 군사 교전이 어떤 성격을 띠고, 어디서 벌어질지 예측하는 문제에 관한 한, 우리의 기록은 완벽했다. 한 번도 제대로 맞힌 적이 없었다."[9] 그 결과, 미국은 자신이 직면한 충돌에 적합하지 않은 특수 장비를 사용하는 일이 허다했다. 핵폭격기와 요격기로 무장한 공군으로 베트남 정글에서 싸운 게 대표적이다.

미래의 로봇 시스템은 작전 스펙트럼 전반에 걸쳐서 유연하고 유용해야 한다. 많은 로봇 개념은 여전히 너무 제한적이다. 가령 가미카제 드론으로 구성된 반자율 탄약 스웜은 고강도 살상 전투에서 큰 잠재력을 제공할 수 있지만, 다른 유형의 시나리오에서는 무용지물일 것이다. 드론 편대는 본질적으로 유연한 다임무multi-mission 개념을 대표하는 사례다. 편대는 다양한 센서와 무기를 이용해서 여러 가지 공격 및 방어 전투 작전을 수행할 수 있다. 조종자는 다양한 임무 용도로 드론을 쉽게 추가하거나 뺄 수 있다. 드론 편대는 고강도 전투와 치안 지원 같은 저강도 작전에서 두루 적절하다. 또한 넓은 지역을 순찰하고, ISR 정보를 제공하고, 수색·구조와 재난 대응을 지원하며,

　　　　　　　　　　　　　　AI 시대, 전쟁의 미래

확성기와 비살상 무기를 이용해 치안과 군중 통제를 도울 수 있다. 다른 미래의 개념들도 유사한 접근법을 취해야 한다.

스펙트럼만으로는 충분하지 않다

스펙트럼 전반의 유연성은 타당해 보인다. 하지만 정말 중요한 것은 최첨단 전투 아닌가? 3단계가 결정적인 단계다. 앞에 나오는 것은 모두 서막에 불과하고, 뒤에 나오는 것은 모두 뒷정리일 뿐이다.

유감스럽게도, 전쟁은 대체로 그런 식으로 진행되지 않았다. 베트남에서 미국은 북베트남이나 베트콩의 공세를 모두 물리치고 이른바 결정적인 지상전에서는 모조리 승리했다. 육군 참모총장 윌리엄 웨스트모어랜드 장군은 미군 포병대와 공군은 적 사상자의 3분의 2 이상을 책임졌고, "전장 어느 곳이든 몇 분 안에 강력한 파괴력을 쏟아부을" 수 있다고 자랑했다.[10] 그럼에도 미군은 결국 기술 수준이 낮은 북베트남과 베트콩 반군의 압박을 받아 철수했고, 전쟁에 대한 정치적 지지도 산산이 흩어졌다. 미국의 장비 지원을 받은 남베트남 동맹군은 몇 년 뒤 붕괴했고, 북베트남이 공산당 지배 아래 나라를 통일했다.

사막의 폭풍 작전 12년 뒤 미군과 동맹국 군대가 이라크를 침공했을 때, 이라크군은 연합군과 전면전을 벌이면 전멸할 것이 분명했기 때문에 대부분 저항 시도도 하지 않고 흩어져버렸다. 그 대신 연합군이 이라크 전역에 흩어져 점령한 뒤에 이라크 무장 단체들은 반란전을 개시했다. 그들은 은밀하게 움직이면서 로켓과 사제 폭탄으로 기습 공격을 감행했다. 반군들은 대부분 전면전을 피했다. 연합군은 팔루자 전투* 같은 드문 3단계 작전에서 승리했지만, 결정적인 승리는 멀어 보였다. 반군들은 다른 곳에서 다시 나타나 연합군의 사상자를 수천 명으로 늘렸다. 언론인과 정치 평론가들은 절대 끝나지 않을 듯 보이는 이른바 "영원한 전쟁"을 비난했다. 서방 대중의 지지도 곤두박질 쳤으며, 영국 총리 토니 블레어는 사임할 수밖에 없었다. 반군의 공격은 연합국의 정치적 의지를 차츰 무너뜨렸고, 결국 그들은 자국 군대를 철수할 구실을 찾느라 여념이 없었다. 미국이 원한 대로 안정된 민주적 동맹국이 되기는커녕 오늘날 이라크는 이란에 휘둘리는 허약한 국가일 뿐이다.

아프가니스탄에서는 20년에 걸친 반란 진압 시도가 완전한 실패로 끝났다. 세계 최고의 무장을 갖춘 군대와 아프가니스탄 동맹군은 2021년 허술한 무장의 탈레반 반군에게 수도를 함락당하는 혼란을 연출하며 서둘러 철수했다. 아프가니스탄군은 탈레반보다 숫자도 많고 장비도 우수했지만, 미국은 최종 철수하는 몇 주 동안 그 군대가 속절없이 붕괴하는 것을 놀란 눈으로 지켜보았다. 이번에도 역시 미국과 동맹국들은 전투에서

---

* 이라크 전쟁 중 2004년 팔루자에서 미군과 이라크 정부군이 무장 세력을 소탕하기 위해 벌인 대규모 시가전.

   AI 시대, 전쟁의 미래

는 전부 이겼지만, 전쟁에서는 졌다.

이런 현상은 미국만의 문제는 아니었다. 다른 선진국 군대들도 훨씬 약한 적군을 상대로 비슷하게 좌절과 정치적 패배를 겪었다. 아시아와 아프리카의 옛 식민지에서 당한 영국과 프랑스, 아프가니스탄에서 당한 소련, 팔레스타인 인티파다를 겪은 이스라엘, 최근에 예멘에서 당한 사우디아라비아가 대표적 사례다. 대부분의 경우에 약한 쪽은 전투에서 결정적 승리를 거두지 못했다. 분명 그들은 미군 교리에서 설명한 내용과는 아주 다른 식으로 승리의 경로를 따랐다.

새로운 전쟁 모델들

전투에서 압도하는 것을 결정적 요인으로 본 서방 모델과 정반대로, 마르크스레닌주의 공산주의 혁명 이론과 그 사촌인 마오쩌둥의 인민전쟁 이론은 정치 투쟁을 진정한 무게중심이자 모든 노력의 초점이라고 보았다. 그들 또한 전쟁을 여러 단계의 연속이라고 보았지만 각 단계는 무척 달랐다.

1단계에서는 단호한 정치 선전과 조직 활동을 통해 다수 민중이 혁명 운동을 지지하게 만든다. 다음 단계에서는 적극적인 반란전이나 유격전으로 민중의 지지에 영향을 미쳐서 지배 권력의 토대를 약화하고 대안적인 권력·통치 체제를 세운다. 반란전이 성공하면 다시 운동에 대한 정치적 지지가 강화된다.

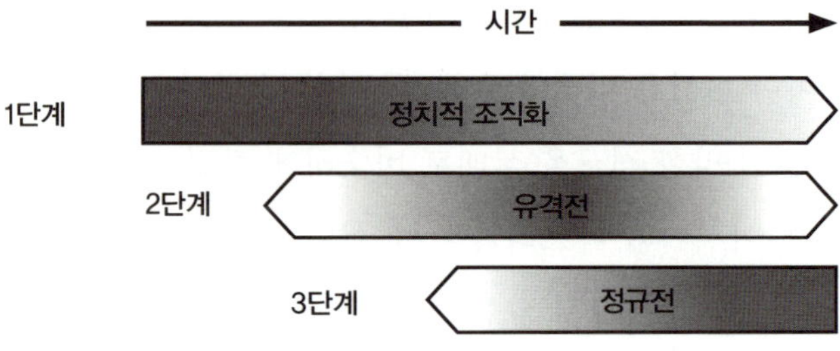

마오의 반란전쟁(인민전쟁) 이론의 세 단계

국민의 충성심이 혁명가들 쪽으로 확실히 기울고 전쟁에서 정치적 승리가 가까워졌을 때야 비로소 혁명가들은 정규전의 최종 단계에 관여한다. 이때가 되면 정규전은 정치적 지지를 잃은 지배 권력의 잔당을 무너뜨리는 최후의 일격에 불과하다.

이 대안적 모델은 약하고 뒤떨어진 세력이 강한 세력을 물리칠 수 있는 경로를 제시했다. 실제로 이 모델은 다윗이 비정규적, 비대칭적 수단으로 골리앗을 물리칠 수 있는 길을 제시했다. 원래 이 모델은 내부 혁명에 초점을 둔 것이었지만, 북베트남을 비롯한 여러 세력은 외부의 열강과 그 지역 동맹자들에 맞선 투쟁으로 모델을 확장했다. 중동을 비롯한 여러 지역의 다른 운동들도 이 모델을 새로운 맥락에 적용해서 "다윗 대 골리앗" 캠페인을 밀어붙였다. 그들은 핵심적 정치 투쟁에서 승리하기 위해 현대 미디어나 정보기술, 국제적 시위 운동 같은 새로운 수단을 추가했다. 또한 장거리 로켓 공격과 자살 폭탄 같은 새로운 전술을 추가해서 지배 권력을 괴롭히고 소진시키는 한편,

 AI 시대, 전쟁의 미래

전투에서 자신들을 발견, 고정, 파괴하려는 지배 권력의 시도를 피했다.

2006년, 군사 이론가인 해병대 대령 토머스 X. 햄스는 이 모든 현상 때문에 새로운 유형의 전쟁이 등장했다고 말했다. 광범위한 목적에 적용할 수 있는 이 전쟁을 그는 "4세대 전쟁"이라고 이름 붙였다. 적을 물리적으로 파괴하려고 하는 대신, 이 전쟁의 목표는 적 내부에 정치적 분열과 마비를 일으킴으로써 자발적 철수나 내부 붕괴를 유도하는 것이다.[11] 이 패러다임에서는 모든 군사적·비군사적 작전이 그런 주요 목표를 뒷받침한다. 예를 들어, 베트콩은 구정 공세 당시 전장에서 대규모 패배를 당했지만, 광범위한 폭력 사태를 계기로 미국 대중과 지도자들은 전쟁에서 군사적 승리를 얻을 수 없다고 절망하게 되었고, 결국 미국의 전쟁 수행에 대한 정치적 지지가 붕괴했다. 전쟁 이후 미국의 한 대령은 북베트남 장교에게 말했다. "알다시피 당신들은 전장에서 우리를 이긴 적이 없어요." 북베트남 장교는 잠시 생각하더니 대꾸했다. "그럴지도 모르지만, 그래도 아무 상관이 없지요."[12]

4세대 전쟁은 결정적 전투보다는 소모전을 통해 승리하고자 하기 때문에 긴 시간표, 종종 몇 년이나 심지어 몇십 년간 계속되는 시간표를 가정한다. 결정적 전투를 기대하도록 훈련된 각국 군대와 국민은 그런 장기전을 견디지 못한다. 탈레반 지도자들은 이런 사실을 넌지시 밝힌 바 있다. 자기편 부대가 첨단 기술로 무장한 미국과 연합국의 압박 작전에 거듭 물러나는 걸

    7. 푸시버튼 전쟁은 없다: 로봇공학과 군사작전의 스펙트럼

빤히 보면서도 그들은 미국 지도자들에게 말했다. "당신들은 시계가 있지만, 우리에게는 시간이 있다."[13]

미국의 잠재적 적국들은 사막의 폭풍 작전에서 미국의 승리를 보며 경탄했다. 하지만 그들은 미국이 4세대 전쟁에서는 고전하는 모습도 지켜보았다. 4세대 전쟁은 핵 보유 초강대국을 물리친 유일한 전쟁 형태였다. 그것도 몇 차례나.[14]

러시아와 중국의 군사 사상가들은 이런 기술을 응용해서 미국과 동맹국들에 맞선 강대국 경쟁에서 승리할 방법을 고안했다. 러시아는 자국의 구상을 "신세대 전쟁New Generation Warfare"이라고 부르며, 중국은 자국의 구상을 "삼전三戰"이라고 한다. 두 구상은 전면전의 문턱을 넘지 않는 작전에 초점을 둔다. 군사적·비군사적 수단을 동원해서 각국 내에서 정치적 딜레마를 강요하고 분열과 마비를 부추기면서 전면전 없이 영토나 다른 목표를 양보하게 만든다. 러시아가 현지 지원병을 가장한 부대 표시 없는 부대, 일명 "작은 녹색 인간들little green men"을 이용해서 우크라이나 동부와 크림반도 점령에 도움을 받은 사례나, 중국이 민간 해상 민병대를 동원해 국제 해역과 섬들에 대한 자국의 영유권을 압박한 사례가 여기에 해당한다. 그들은 정치, 경제, 언론 작전과 이런 행동을 병행해서 여론을 조작하고 외국 정치 지도자들을 뒤흔든다. 인내심 없는 서방을 상대로 장기적 게임을 벌이는 셈인데, 전쟁과 평화를 이분법적으로 사고하는 데 익숙한 서방 지도자와 군대는 효과적으로 대응할 수단이 없다. 미국 국립전쟁대학의 전략가 션 맥페이트가 말한 것처럼,

"중국이 승리하는 건 이런 이분법에 대한 믿음을 활용하기 때문이다. 베이징은 워싱턴이 전쟁을 켜짐 아니면 꺼짐밖에 없는 전구로 본다는 걸 안다. 핵심은 미국의 전쟁 스위치를 계속 '꺼짐'에 놓아서 초강대국을 온순하게 만들고 '평화로운' 상태에 머물게 하는 것이다."[15]

미국은 이런 전략을 "회색지대" 전쟁이나 "하이브리드" 전쟁이라 부른다. 전쟁과 평화의 경계를 흐리기 때문이다. 하지만 결국 인민전쟁이나 4세대 전쟁, 하이브리드 전쟁, 회색지대 전쟁은 모두 그저 다른 형태의 전쟁일 뿐이다. 필요한 모든 수단을 동원해서 정치적 목표를 달성하는 게 중요하다.

중국과 러시아는 바로 이런 모델을 기준으로 미래의 전쟁에서 정보기술과 AI의 역할을 바라본다. 서방의 사고는 주로 정보기술과 AI를 군사 ISR이나 지휘통제에 활용해서 킬 체인을 더 효율적으로 완성하는 데 초점을 둔다. 중국과 러시아의 전략가들도 여기에 동의하지만, 그들은 정보기술과 AI를 활용해서 충돌의 핵심인 정치 투쟁에서 승리하는 것을 더욱 강조한다. 그들은 정보를 이용해서 적국 국민과 지도자의 사고에 직접 영향을 미치고 공격자의 목표를 받아들이도록 조종하는 인지전cognitive warfare 같은 개념을 발전시키고 있다.[16] 러시아 총참모장 발레리 게라시모프 장군이 말한 것처럼, "정보 영역은 결정적으로 중요한 정보 인프라만이 아니라 한 나라의 국민까지 겨냥해 원격으로 은밀하게 영향을 미치면서 한 나라의 국가안보 상황을 직접 좌지우지할 수 있다."[17] 결국 기원전 6세기 중국의 위대한 병법가 손자가 말한 것처럼, "백 번 싸워 백 번 이기는 것은 최선이 아니다. 최상의 전략은 싸우지 않고 적의 저항을 무너뜨리는 것이다."

그렇다고 해서 미래의 전쟁이 폭력적이지 않다는 말은 아니다. 우크라이나에서 보듯이, 충격적으로 폭력적일 수 있다. 하지만 이 폭력은 전통적인 군사적 사고를 혼란스럽게 만드는 예상치 못한 형태로, 그리고 뜻밖의 맥락에서 나타날 것이다. 강대국 경쟁의 귀환은 단순히 직설적 형태의 정규전의 귀환을 의미하지 않는다. 바로 이것이 새롭게 등장하는 로봇 전쟁이 벌어질 현대 안보 환경의 현실이다.

고유한 이점은 현대전의 요구에 부합한다

앞의 여러 장에서 우리는 로봇 시스템의 고유한 전술적 이점을 수용하면 군대가 치명적인 정밀 전장의 과제를 극복할 수 있음을 살펴보았다. 그런 고유한 이점은 또한 미국과 동맹국들이 4세대 전쟁과 현대 안보 환경에 직면하는 과정에서 마주하게 될 새로운 과제들도 해결해준다. 올바르게 응용하기만 하면, 로봇 전쟁은 그런 과제에 이상적으로 부합하는 도구를 제공할 수 있다.

군함과 첨단 전투기 같은 현재의 플랫폼과 시스템은 전통적이고 대칭적인 전쟁을 위해 만들어졌다. 이 플랫폼과 시스템

  AI 시대, 전쟁의 미래

은 비용이 많이 들고 수량이 제한적이다. 그 결과, 필요한 모든 곳에 배치할 수 없다. 매우 정교하고 강력하지만, 그 역량은 종종 비대칭 위협에 제대로 대응하지 못한다. 예를 들어, 군함과 방공 시스템은 대개 100만 달러짜리 미사일을 사용해 값이 한참 떨어지는 드론을 격추한다. 그 희소성과 비용 때문에 이런 무기는 매력적인 표적이자 잠재적인 정치적 부담이 된다. 고정된 요새처럼, 귀중한 인력과 국가적 자산, 위신이 한데 모여 있으면 편리하게 파괴할 수 있는 표적이 된다. 가령 우크라이나가 러시아 기함 모스크바호를 격침해서 얻은 전략적, 정치적 승리는 그 군함이 러시아 전력에 제공하는 어중간한 이점보다 훨씬 컸다.

이런 플랫폼은 운영비가 많이 들고 많은 인력이 필요한데, 가뜩이나 본국에도 인력이 부족한 탓에 장기간 배치가 쉽지 않다. 게다가 언론전에 대응할 만한 대비가 허술하다. 예멘 후티 반군이나 팔레스타인 하마스 같은 투박한 군대도 미군과 이스라엘군의 공보 기능이 정보를 채 수집하기도 전에 선수를 쳐서 전투 상황에 관한 서사를 확립하곤 했다.

4세대 전쟁 시대에 이상적인 군대는 유연하고, 확장 가능하며, 표적으로 삼기 어렵고, 광범위하게 전개 가능하며, 병참 부담이 적으면서도 필요하면 신속하게 첨단 전투로 전환할 수 있어야 한다. 비대칭적 살상력, 전장의 존재감과 효과 증대, 행동 속도, 소모 가능성, 회피성, 지속 가능성 등 로봇 시스템의 고유한 특성은 이런 미래 전력에서 필요로 하는 것이다.

  7. 푸시버튼 전쟁은 없다: 로봇공학과 군사작전의 스펙트럼

예를 들어, 프레데터와 리퍼 같은 장기 체공 정찰 드론은 4세대 전쟁의 작전 과제에 잘 맞았다. 재래식 플랫폼에 비해 이 무기들은 비대칭적 살상력, 전장의 존재감과 효과 증대, 지속성, 소모 가능성을 한층 많이 제공했다. 또한 상대적으로 낮은 비용으로 이전에는 달성할 수 없었던 수준의 식별력과 지속 가능성을 제공하면서도 아군 사상자의 발생 위험은 전무했다. 필요한 표적 설정 절차가 성숙해서 오류가 낮은 수준으로 줄어들자, 유인 무기를 보낼 수 없는 나라들에서도 이 드론의 작전 비행을 정치적으로 용인할 수 있게 되었다. 그리하여 미국은 추적과 공격이 힘든 초국적 무장 단체를 상대로 대테러 작전을 무기한 지속할 수 있었다.

로봇 시스템은 장기적으로 막대한 잠재력을 제공하지만 현명하게 개발해서 배치해야 한다. 한 예로, 나고르노-카라바흐와 우크라이나에서 징후가 보인 것처럼, 통합 영상 시스템의 존재는 효과적인 언론전을 뒷받침한다. 하지만 역사적 교훈을 적용해서 함정을 피해야 한다. 유인-무인 팀 편성은 복잡한 4세대 시나리오를 헤쳐 나가는 데 필수적일 것이다. 자율성과 AI는 작전의 실용성을 위해 필요하겠지만, AI에 과잉권한을 부여하는 경향은 피해야 한다. 낮은 병참 부담은 시스템 전반에 걸쳐 확보되어야 하며, 자율 보급 같은 측면에 진지한 노력을 기울여야 한다.

로봇 무기는 현재의 실제 세계 시나리오에서도 단기적인 이점을 제공한다. 중국의 대만 침공 위협은 고슴도치 방어porcupine defense 개념을 적용할 기회를 제공한다. 3장에서 설명한 것처럼, 고슴도치 방어는 분산된 정밀무기를 활용해서 강한 적을 퇴각하게 만드는 전략이다. 침공을 달성하려면 중국은 전력을 집중적으로 쏟아부어야 하기 때문에 크게 불리해진다. 파괴하기가 무척 어려운 압도적 정밀무기에 맞서 취약한 함정들을 대만 해협 건너편으로 이동시켜야 하기 때문이다. 여러 전쟁 모의훈련을 통해 소모 가능한 소규모 관측 드론 편대로 해협을 지속적으로 감시할 수 있음이 드러났다.[18] 또한 다른 모의훈련에서도 다수의 저가 공격용 드론이 첨단 전투기의 기능을 복제한 고가의 호위기보다 중국과의 공중전에서 더 가치가 높을 것으로 예측됐다.[19]

하지만 회색지대 접근법은 이오지마식 상륙작전보다 중국의 전쟁 수행 교리에 더 부합할 것이다. 경제 봉쇄 부과, 내부 반란 조장, 해상 민병대 활동 같은 온갖 수가 펼쳐지는 회색지대 시나리오에서는 정밀무기 일제 공격이 미국의 적절한 대응이 되지 못한다. 대신에 새로운 로봇 시스템은 훨씬 폭넓은 선택지를 제공할 수 있다. 가령 공중 드론이나 무인 수상정은 고출력 마이크로파 무기 같은 비살상 수단을 이용해 사상자를 발생시키지 않고도 해상 민병대 함정을 무력화할 수 있다. 이런 무기의 소모 가능성을 활용하면, 상황을 고조시켜 정치적 압박을 강화하려는 중국의 시도를 좌절시킬 수 있다. 이런 무기의 고유한 이점과 그것이 제공하는 폭넓은 가능성 덕분에 많은 새로운 선택지가 현실이 될 수 있다.

새로운 작전 옵션, 위험, 기회

우리는 이미 로봇 혁명의 첫 번째 물결 초입에 와 있다. 전세계 각국과 집단이 로봇 무기를 활용해 충돌의 스펙트럼 전체에 걸쳐 여러 작전을 새롭게 구사하고 있음이 분명해지고 있다. 이런 새로운 작전의 부상은 저렴한 정밀무기가 확산되면서 예측 가능해진 결과다. 그리하여 각국 군대와 정책 결정자들은 한층 강한 압박을 받고 있다.

땅을 불태우기

1990년 쿠웨이트에서 이라크군을 쫓아내려고 집결한 연합군 진용을 지켜본 독재자 사담 후세인은 이라크 국민과 아랍 세계 전역의 지지자에게 외국인을 몰아내기 위해 그들이 딛고 선 "발밑의 땅을 불태우라"고 호소했다.[20] 그러자 연합군은 이라크군을 신속하게 분쇄하고 패잔병 신세가 된 그들을 쿠웨이트에서 몰아내고는 귀국했다. 2003년 소규모 연합군이 다시 후세인 정권을 전복하기 위해 침공했다. 후세인은 체포당한 뒤 재판을 받고 교수형에 처해졌지만, 그 후 일어난 반란 세력은 후세인의 말을 곧이곧대로 받들었다. 이 반란은 몇 년간 이어졌고, 13년 전 침공에 저항한 이라크군보다 훨씬 효과적으로 연합군을 이라크에서 몰아냈다.

이제 미국조차 우크라이나나 대만 같은 각국 군대에 침략자가 딛고 선 땅을 불태울 준비를 하라고 조언한다. 구체적으로 말하자면, 미국은 소형 정밀무기를 동원해서 강한 적군을 괴롭히고 피 흘리게 만들어 철수를 강제하라고 권한다. 2022년 2월, 러시아의 우크라이나 전면 침공에서 전환점이 찾아온 것은 소형 무장 쿼드로터 드론들이 키이우에 접근하는 대규모 군용 차량 수송대를 격파하는 데 한몫했을 때였다. 전원 지원병으로 구성된 임시 부대 아에로로즈비드카Aerorozvidka는 2014년 이래 소규모 드론전을 위한 기술을 개발해왔다.[21] 침공이 시작되고 일주일째, 약 30명의 전투 드론 조종자로 구성된 소규모 부대가 우크라이나 특수부대와 팀을 이뤄 사륜 ATV로 숲을 통과해서 수송대 행렬이 있는 고속도로 사정거리까지 달려갔다. 그들은 야간에 드론을 띄워서 공중에서 수송대를 폭격했는데, 매일 밤 먼저 선두 차량을 파괴해서 길을 막은 다음 더 많은 차량을 파괴했다.[22] 러시아군은 비대칭 공격에 대비가 되어 있지 않아 대응하느라 애를 먹었다. 얼마 지나지 않아 보급 부족, 장비 고장, 악천후, 우크라이나의 다른 공격 등으로 혼돈이 더욱 심해졌다. 고슴도치 방어의 이 훌륭한 시연 이후 소규모 드론 부대가 우크라이나군 전체에 급속히 확산되었다. 우크라이나 요원과 파르티잔은 드론 부대를 비롯한 정밀무기를 이용해서 러시아 막사, 탄약과 연료 창고, 철도 기지를 비롯한 여러 목표물을 타격했고, 점령 지역에서 군과 정치 지도자들을 살해했다.[23] 소형 무장 드론은 휴대하기 편해서 우크라이나 요원들이 러시아 국경 안쪽 수백 킬로미터 지점에 있는 러시아군 비행장에 주기된 폭격기와 수송기를 파괴하는 데 사용되었다.[24] 이런 비대칭 공격의

　　　　7. 푸시버튼 전쟁은 없다: 로봇공학과 군사작전의 스펙트럼

파급효과는 군사적인 만큼이나 정치적으로도 컸다. 러시아 정부는 당혹감에 빠졌고, 러시아군의 취약성과 기능 장애를 노출함으로써 전쟁 역량을 약화시켰다.

이 전술은 동맹 세력만큼이나 적대 세력에게도 유용하다. 지금까지 중동의 미국, 이스라엘, 러시아 등의 기지가 드론을 비롯한 정밀무기의 공격을 받았는데, 종종 현지 민병대의 공격이었다. 비용이 적게 드는 덕에 민병대는 이런 작전을 쉽게 지속할 수 있었고, 강력한 정밀무기 덕분에 어떤 공격이든 성공만 하면 큰 고통을 가할 수 있다. 이런 작전은 사제 폭탄의 낮은 비용에 한층 강화된 유연성과 사거리, 정밀성을 결합한다. 방어의 어려움은 작전 실행에 드는 노력을 크게 웃돈다. 전 세계 반군들은 값싸고 치명적인 로봇 무기를 사용해서 적군이 딛고 선 땅을 불태울 것이다.

다가오는 시기에는 재래식 군대가 결연한 저항 세력에 맞서 영토를 지키고 점령하는 것이 거의 불가능하게 될지 모른다. 무장 드론이나 배회탄 같은 저가 로봇 무기가 공급됨에 따라 점령군은 어디에서 날아오는지 모르는 공격에 끝도 없이 시달릴 수 있다. 값싸고 작아진 로봇 무기에 대한 반격은 점점 어려워진다. 방어를 하려면 센서와 능동 방어를 대대적으로 배치해야 하는데, 이런 방어망이 효과적이려면 항상 공격 무기보다 한 세대 이상 앞서 있어야 한다. 이런 군사작전의 위협 때문에 일부 지역에서는 해외 군사기지를 유지하는 게 불가능할 수 있다.

강압적 대가치 타격

2019년 9월 14일 새벽, 사우디아라비아의 광활한 석유-가스 도시 압카이크는 곧 닥칠 파괴적 공격을 알지 못한 채 기계음만 조용히 울렸다. 다국적 노동자들이 거주하는 폐쇄형 구역이 사막의 하늘 아래 잠들어 있었다. 세계 최대 규모의 석유 가공 단지의 거대한 타워와 돔들만 수천 개의 나트륨등으로 반짝이며 깨어 있는 듯했다. 다가오는 드론들에게는 환하게 조명을 밝힌 거대한 연습용 표적이었다.

소형 공격용 드론들이 느슨한 편대를 이루어 접근했다. 사막의 어둠을 가로질러 먼 거리를 날아온 드론들은 시설 북서쪽 몇 마일 지점에서 경유 지점에 도달한 뒤 공격 비행을 위해 기수를 돌렸다. 탁 트인 사막에 면한 북서쪽에서 접근하면 출발지를 감추고 작동 중일지 모르는 시설 주변의 방공망을 피할 수 있었다. 방공망은 동쪽과 남쪽을 바라보는 위치에 있었다.[25] 드론들은 시설 안에 있는 개별 표적을 선정한 뒤 급소를 타격하기 위해 급강하했다.

지상에서는 짧은 순간 소음이 들리고 희미하게 반사된 빛줄기만 보였는데, 급강하하는 드론들이 소형 가미카제 폭격기처럼 강타했다. 드론 탄두의 초기 폭발은 작았지만, 인화성이 강한 석유가 이차 폭발하면서 폭발한 곳마다 불덩이가 일었다. 차례로 로봇같이 정밀하게 표적을 때렸다. 드론 세 대가 각각 거대한 석유 분리탑의 측면을 정확히 강타해서 거대한 횃불로 바꿔놓았다. 다른 드론들은 줄지어 선 반구형 저장 탱크들을 강타했는데, 각각 탱크의 북서쪽 측면의 동일한 지점을 관통해서 하늘로 불꽃이 튀고 불길이 치솟았다.

몇 분 만에 도시와 사우디 정부, 세계 시장은 충격적인 사실을 깨달았다. 세계 최대의 석유 생산 시설이 대부분 가동을 멈추고 불타고 있었다. 세계 최대의 무기 수입국이 첨단 방어망에 수십억 달러를 쏟아부었음에도 공격을 막지 못했다—아니 공격 경보도 울리지 못했다. 세계는 이란과 예멘의 동맹 세력인 후티 반군을 의심했지만, 귀환하는 비행체를 추적하지도 못하고 특공대원을 생포하지도 못한 탓에 그 후로도 오랫동안 정확히 누구의 소행인지 알지 못했다.[26] 이란은 "그럴듯한 부인"을 할 수 있다는 이점을 한껏 누렸고, 전면전을 비롯한 직접적 결과를 피할 수 있었다.

이런 식의 공격은 일찍이 2차대전 당시 영국의 민간 목표물을 겨냥한 V-1 공습에서 예고되었다. 현대의 정밀무기 덕분에 이런 공격의 효과가 수천 배 커졌고, 사우디 유전 공습은 이류 군대의 전력으로도 그런 공격을 할 수 있음을 보여주었다. 러시아는 우크라이나 전쟁에서 민간 기반시설을 겨냥한 정밀 공습을 전쟁의 주요한 한 축으로 활용하고 있다. 점점 더 많은 행위자들이 이런 수단을 광범위한 강압coercion 도구로 삼을 가능성이 높다.

이런 공격은 사우디아라비아의 국가적 부의 원천인 석유 같은 경제적 목표물에 공공연하게 초점을 맞춘다. 애당초 군사적 효과가 아니라 정치적 효과를 노리고 설계되었기 때문이다.

군대를 공격하는 게 아니라 군대가 보호해야 하는 시설을 공격한다. 공격 대상 국가의 가치 있는 시설을 공격하기 때문에 각국 군대는 종종 이를 "대가치counter-value" 공격이라고 부른다. 이 공격의 목표는 혼란을 일으키거나 사상자를 발생시키거나 경제적 고통을 가하는 것이다. 재정적·정서적으로 공공이 투자한 대상을 공격하는 이 작전은 적의 의지를 직접 겨냥한다. 사이버 공격과 마찬가지로 이것도 강압의 도구이지만, 더욱 확실하고 극적인 효과를 낳는다. 뉴욕에서 벌어진 9·11 테러 공격은 일종의 대가치 공격이었고, 그 파급효과는 심대했다.

점점 늘어나는 사례들은 이런 추세가 가속화하고 있음을 경고한다. 사우디의 민간 공항을 비롯한 가치 있는 민간 목표물을 겨냥한 드론 공격을 반복한 뒤, 2023년 후티 반군은 홍해의 국제 상업 선박에 대해 미사일 공격과 편도 가미카제 드론 공격을 계속 퍼부었다. 그 직후인 2024년 1월, 파키스탄군은 자칭 "킬러 드론, 로켓, 배회탄, 장거리 타격 무기"를 동원해서 이란 내부에 제한된 공격을 가했다.[27] 로봇 정밀무기가 소형화되고 살상력이 올라가는 동시에 가격은 하락함에 따라 이런 식의 강압적 공격이 점점 더 국가와 비국가 행위자들에게 매력적인 수단이 될 것이다.

외국과 장기전을 치르며 고립된 나라가 있다고 상상해보라. 전장에서 뚜렷한 승리를 거두지 못한 채 수년간 계속되다 보니 전쟁은 인기가 없다. 은밀한 정보전으로 국민이 두 쪽이 나고 정부에 대한 지지가 추락했다. 국민들이 느끼는 유일한 장점은 전쟁이 일상생활에서 멀고 중요하지 않게 보인다는 것뿐이다. 그런 와중에 본토의 항만 터미널에서 드론이 출현한다. 밤에 은밀히 움직이는 드론들은 도시 인근의 발전소와 변전소로 날아간다. 드론이 기계 설비 내부의 핵심 지점을 폭파하는 가운데 동시다발 사이버 공격이 효과를 증폭시킨다.

주요 대도시 지역의 전력 공급이 붕괴한다. 대응팀이 항만 터미널에 달려가 보니 버려진 컨테이너 안에 텅 빈 발사대만 남아 있다. 어디서든 구할 수 있는 단순한 하드웨어만 담겨 있다. 드론은 쉽게 구할 수 있는 모델이었다. 전에는 알려지지 않았던 대리 집단이 자신들의 소행이라고 주장한다. 국민들은 격분한다. 전쟁 비용이 갑자기 늘어났기 때문이다. 거리를 메운 시위대가 "영원한 전쟁"에서 즉각 철수할 것을 요구한다.

함께, 협력하여, 그들을 통해

정밀무기의 확산은 미국의 적을 비롯한 수많은 새로운 행위자의 힘을 키워주고 있다. 하지만 희망적인 소식도 있다. 미국은 대테러 전쟁 기간에 지역 세력과 협력하면서 많은 성공을 거두었다. 새로운 로봇 시스템은 그 성공적 모델을 가능케 하는 이상적 도구일 수 있다.

2001년 미국은 탈레반의 대항 세력인 북부동맹Northern Alliance과 협력함으로써 탈레반을 신속하게 무너뜨렸다. 미국의 특

   AI 시대, 전쟁의 미래

수 요원들은 북부동맹 전투원들과 나란히 말을 타고 진격했다. 미군 공군력이 북부동맹에 부족한 공격력을 제공하는 동안, 현지 지상군은 한층 효과적으로 정치 투쟁을 벌이고 장악한 영토를 평정했다. 이 "아프가니스탄 모델"이 대대적으로 성공을 거두자, 이는 다시 2017년과 2018년 이라크와 시리아에서 ISIS "칼리프국"을 파괴시킨 성공적 작전의 토대가 되었다. 그곳에서도 현지 동맹 세력이 미군 특수작전 부대와 공군력의 지원을 받아 모술과 락카에서 ISIS 거점을 무너뜨렸다. 미군은 이런 전반적 개념을 현지 동맹 세력과 "함께, 협력하여, 그들을 통해by, with, through" 진행하는 작전이라고 설명한다.[28]

이 모델의 비결은 현지 동맹 세력에게 힘을 실어주면서도 그들의 존재감을 가리지 않는 것이다. 이 전략은 그들의 지역적 위상과 정치적 정당성을 활용하는데, 그것을 훼손하면 그간의 노력이 실패로 끝날 수 있다. 미국이 탈레반 반란 후반기에 아프간 정부의 존재감을 군사적으로나 외교적으로나 가렸을 때 이런 일이 벌어졌다.[29]

로봇 화력과 기동 전력은 잠재적으로 부담이 적기 때문에 "함께, 협력하여, 그들을 통해"라는 모델과 아주 잘 어울릴 수 있다. 배회탄과 드론 편대는 재래식 공군력과 비슷한 공격력을 제공하면서도 공격기 편대보다 능수능란한 정교함을 발휘할 수 있다. 또한 이따금 개미집을 대형 해머로 때리는 격이라고 말하던 재래식 공습보다 소규모 작전에 맞게 조정할 수 있다. 북부동맹과 같이 움직이며 작전을 수행한 경우처럼, 소수의 특

   7. 푸시버튼 전쟁은 없다: 로봇공학과 군사작전의 스펙트럼

수전 부대가 현지에서 로봇 자산을 운용할 수 있다. 대규모 기지와 병참 허브가 필요 없다. 현지 제휴 세력에게 주도권을 넘기고 계속 힘을 실어줄 수 있다.

현대전은 불안정하고 불확실하며, 복잡하고 모호하다. 이런 특징은 더욱 강화되고 있다. 새로운 로봇 무기가 중요해질 미래의 전쟁 역시 복잡하게 뒤얽히고 혼란스러우며 매우 인간적일 것이다. 미래 전쟁은 과거의 재래식 전쟁과 전혀 다른 모습일 가능성이 높다. 모든 전투원은 과거에는 불가능했던 살상력과 정보력, 회피성을 갖춘 로봇 무기로 강화될 것이다. 하지만 전투원들은 이 장 서두에서 산토스 중위와 소대가 직면한 상황만큼이나 복잡한 시나리오에서 충돌할 것이다. 미래의 작전에서는 로봇 시스템과 AI가 "전략적 하사"를 비롯한 인간 전투원과 팀을 이루어야 하며, 전투원들은 21세기 전쟁의 복잡한 물리적·정치적·인간적 미로를 로봇과 AI를 이끌고 통과할 수 있어야 한다.

미국과 민주주의 동맹국들은 로봇 시스템에 내재한 이점을 활용해서 그런 미래 전쟁에서 승리할 준비를 할 수 있다. 하지만 우리는 단호하게 움직여야 한다. 현재 부상하고 있는 혁명적 군사 및 기술 변화를 거치며 출현할 세계는 지금까지 우리가 겪은 어떤 것보다 부담스러운 도전이 될 가능성이 높다. 시간은 우리 편이 아니다.

8

파괴의 폭풍
: 전략과 힘의 균형에 미치는 함의

로봇 군사 혁명이 미치는 파급효과는 전장을 훨씬 넘어서 확장될 것이다. 과거 전쟁에서 기술 혁명이 나타난 직후에 벌어진 사회적·정치적 격변은 세계사에서 많은 중대한 단절을 낳았다. 바야흐로 새로운 격변이 우리 앞에 놓여 있는 듯하다.

역사의 한 사례는 다가오는 격변의 규모를 생생하게 보여준다. 중세 말에 화약 무기가 전장에 등장했을 때, 유럽의 안보는 수백 년간 성곽의 방어력에 기반을 두고 있었다. 할리우드 영화는 중세 군대가 성을 습격하는 장면을 즐겨 그리지만, 사실적의 성을 단숨에 함락하기란 거의 불가능한 일이었다. 전쟁은 대개 기나긴 포위전으로 이어졌고 그 성과는 제한적이었다. 가령 프랑스와 잉글랜드가 맞붙은 백년전쟁은 아버지와 아들, 손자가 같은 전쟁에서 싸우면서 몇 세대에 걸쳐 질질 끌었는데, 대부분 몇 년씩이나 지속되는 포위전이었다. 당대 귀족들은 동방에서 온 이국적 발명품인 화약에 기반한 무기가 인접한 경쟁

   8. 파괴의 폭풍: 전략과 힘의 균형에 미치는 함의

자들과 맞서는 다음번 충돌에서 승리하는 데 도움이 될 것으로 생각했다. 처음에 대포는 공성 무기였는데, 군대가 분해해서 수레로 끌고 간 다음 성벽 근처의 장소에 일종의 투석기처럼 조립해야 했다. 이처럼 기발하지만 어설픈 무기였던 대포는, 주류 군사 시스템을 보완하는 특수용 도구였다. 포위전은 여전히 길고 소모적인 싸움이었지만, 대포의 낯선 모양과 강력한 굉음은 수비병들에게 겁을 주어 항복을 끌어내는 데 한몫했다.

변화는 서서히 이루어지다가 갑자기 빨라졌다. 1494년 프랑스의 샤를 8세가 이탈리아를 침공했다. 군사작전 전체가 대포 부대를 중심으로 구성된 첫 번째 전쟁으로, 대포가 주요 타격력을 도맡았다. 샤를 8세의 장군들은 신기술에 적합한 전술을 마련했고, 그 잠재력을 충분히 활용할 수 있는 지원 수송과 훈련, 작전 진행까지 준비했다. 군대는 이륜 목제 마차에 대포와 포탄을 실어 운반했는데, 대포를 운용하는 포병부대와 나란히 곳곳을 신속하게 이동했다. 군대는 도처의 성벽을 신속하게 무너뜨렸다. 이탈리아 르네상스 저술가 니콜로 마키아벨리는 경탄했다. "제아무리 두툼한 성벽도 대포로 며칠 만에 무너뜨릴 수 있었다."[1] 샤를 8세의 군대는 하늘을 가르는 포탄처럼 누비이불같이 펼쳐진 이탈리아의 소국들을 관통했다. 다른 나라들도 서둘러 화약 군대를 창설했다. 유럽은 대대적인 군사-기술 혁명에 직면했다. 당대의 관찰자는 다음과 같이 묘사했다. "온 세상을 뒤집어엎는 갑작스러운 폭풍처럼 (…) 전쟁이 급작스럽고 폭력적으로 변하면서 마을 하나를 점령하는 데 걸리던 것보

　　　　　　　　　　　　　　　　　　　AI 시대, 전쟁의 미래

다 짧은 시간 안에 나라 하나를 정복하고 함락했다."[2] 포병대가 등장하면서 소국들은 군사적으로 자신의 나라를 방어하는 것이 불가능했고, 결국 유럽 전역에서 작은 왕국들이 붕괴하고 근대 국가로 통일되었다.[3]

한편, 화기의 출현으로 기사 계급의 패권이 종식되었다. 수백 년 동안 창이나 쇠스랑으로 무장한 농민들은 중세 전장의 전차라 할 수 있는 중무장 기병의 상대가 되지 않았다. 하지만 이제 평민은 군사 기술의 운에 편승해서 방아쇠를 한 번 당기는 것만으로 고도로 훈련받은 귀족을 쓰러뜨릴 수 있었다. 기사 집단의 절멸과 평민의 위력 상승은 봉건제의 붕괴를 재촉했다. 그후 유럽사는 귀족 간 투쟁의 성격이 점점 약해지고 평민이 주축이 된 대중운동과 혁명의 성격이 강해졌다. 소수의 군주들이 전투에서 우위를 점하기를 기대하며 도입했던 화약 무기는 결국 군주의 정치·사회 질서 전체를 무너뜨렸다.

일본에서는 지배자들이 변화의 바람에 저항하려 했다. 과거에는 여러 다이묘들이 화약 무기로 무장한 군대를 앞세워 패권 싸움을 벌였지만, 1500년대 초에 이르러 한 다이묘가 전국을 아우르는 패권을 확립했다. 새로운 군사 통치자인 쇼군은 화약 무기가 존재하는 한 자신의 지위와 일본의 봉건 전통을 유지할 수 없다고 보았다. 막부는 총포를 금지하고 국경을 닫아 교역을 차단했다.[4] 이로써 일본 사회는 300년 동안 얼어붙었다. 하지만 이 조치는 결국 치욕으로 이어졌다. 서구 열강은 계속 발전했고, 1800년대에 서양 군함대가 자기네 조건대로 문호를

　　　　8. 파괴의 폭풍: 전략과 힘의 균형에 미치는 함의

다시 열도록 강제했다. 사무라이의 칼과 구식 화승총 몇 정으로
는 서양 세력의 상대가 되지 못했다. 굴욕은 막부의 정치적 붕
괴로 이어졌고, 경제적·사회적 격변기를 겪은 일본은 서양 적
국을 따라잡기 위해 분투했다. 일본은 적어도 명목상의 독립을
유지할 수 있었지만, 군사적으로 뒤처진 다른 나라들은 훨씬 나
쁜 운명을 맞았다.

변화에 등을 돌리는 것은 그 시절에도 위험했으며, 정보기
술과 글로벌 이동이 지배하는 현대 세계에서는 더더욱 그런 태
도가 통하지 않는다. 산업혁명이나 로봇과 AI의 부상 같은 폭넓
은 기반의 기술 변화는 거부하거나 무시할 수 없다. 하지만 그
영향은 예측할 수 있으며, 사회는 다가오는 폭풍에 대비할 수
있다.

산업 시대 전반에 걸친 전쟁의 변화, 즉 기관총과 대포에서
핵무기와 스텔스 무기로의 변화는 미국을 비롯한 주요 산업국
들에 유리하게 작용했다. 미국은 이런 혁신의 대부분을 발명하
거나 신속하게 도입했다. 이런 혁신은 세계 군사 서열의 최정상
이라는 미국의 지위를 한층 강화했다. 하지만 로봇 군사 혁명은
새로운 위협을 제기한다. 이번에는 우리가 운전석의 주인이 아
닐지도 모른다.

예측의 어리석음

인류는 기술이 만들어내는 변화를 예측하는 데 서툴렀던 끔찍한 흑역사를 갖고 있다. 한 예로, 1900년 무렵 많은 신문이 과학자와 미래학자가 상상하는 21세기의 모습을 그린 도해를 소개했다. 미래 공중전의 이미지에는 소형 비행선들이 대포를 쏘며 싸우고 미래의 공중 병사들이 천으로 된 날개를 달고 서로 권총을 쏘는 모습이 담겨 있었다. 이런 미래상은 오늘날보다 1900년 당시를 더 반영한다. 지금 와서 보면 이 기술은 놀라울 정도로 구식이다. 하지만 더 중요한 점은 예지자들이 기술 발전과 동반하는 사회적 변화를 심각하게 과소평가했다는 것이다. 그들이 어떤 새로운 기술을 상상하려 했든, 결국은 자신들이 익숙한 사회에 기술을 끼워 넣었다. 그들은 벨 에포크Belle Epoque 와 무척 흡사한 미래를 가정했다. 상류층의 우아한 신사와 숙녀들이 대로를 거닐고 유럽의 제국들이 영원히 지속되는 미래였다. 누구도 오래지 않아 그 제국들이 두 차례의 산업화된 세계대전의 재앙 아래 무너지고 탈식민 투쟁이 벌어지리라고 상상하지 못했다. 몇십 년이 지난 뒤의 미래 예측도 똑같이 순진해 보인다. 그 예측들 역시, 다가오는 세계에 관해 말해주기보다는 대체로 그 예측들이 만들어진 당대의 맥락에 관해 말해주기 때문이다.

로봇 전쟁은 세계가 로봇과 AI에 의해 변모된 뒤에야 완전히 제 모습을 갖출 것이다. 그 세계는 물리적으로만이 아니라 정치적, 사회적으로도 낯설게 보일 것이다. 그런 변화에는 우리가 예측하지 못하는 많은 것들도 포함될 것이다. 따라서 구체적으로 예측하기보다는 그런 폭넓은 파급효과를 규정하게 될 근본적인 힘과 동학을 살펴보는 게 더 효과적이다. 이런 힘과 동학의 측면에서 보면, 로봇 전쟁의 도래는 산업시대에 전쟁이 1900년의 세계를 뒤흔든 것보다 한층 더 격렬하게 기존 질서를 뒤집어놓을 것이다.

파괴적 혁신의 동학

전쟁 분야의 로봇 혁명은 파괴적 혁신disruptive innovation의 전형적인 사례다. 하버드 경영대학원의 클레이턴 크리스텐슨은 고전적인 저서 《혁신가의 딜레마》에서 파괴적 혁신의 동학을 설명했다.[5] 그는 일반적인 지속적 혁신과 파괴적 혁신을 구분했다. **지속적 혁신**sustaining innovation은 어떤 기술이나 제품 범주를 개선하는 누적적 혁신이다. 지속적 혁신의 군사적 사례로는 더 강력한 폭약, 더 긴 사거리의 미사일, 개량된 전차 등이 있다. 이와 대조적으로 **파괴적 혁신**은 다른 어떤 것의 개량판이 아니다. 오히려 전에 존재한 적이 없는 완전히 새로운 범주의 제품을 내놓음으로써 기존의 제품 범주와 방법을 시대에 뒤떨어진 것으로 만든다.

파괴적 혁신은 보통 아래에서부터 일어난다. 초기 수용자

AI 시대, 전쟁의 미래

들은 시장의 저가 제품을 선호하는 층에 속한다. 퍼스널컴퓨터PC가 고전적 사례다. 최초의 PC가 나오기 전에 컴퓨터 산업은 IBM, 디지털이큅먼트Digital Equipment Corporation, 유니백UNIVAC 같은 메인프레임 제조사들이 지배했다. 이 회사들은 방 하나를 가득 채우는 수백만 달러짜리 컴퓨터를 만들었고, 이런 컴퓨터를 작동하려면 전문가가 필요했다. 고객은 대기업과 정부 기관이었다. 가장 거대하고 부유한 고객들만 컴퓨터를 살 수 있었고, 그 덕분에 이들은 경쟁 우위를 누렸다. 메인프레임 제조업체들은 자사 제품을 기반으로 컴퓨팅의 미래에 관한 야심 찬 전망을 펼쳐 보였다. 공교롭게도 컴퓨팅의 미래는 실제로 조만간 도래하지만, 그들이 낄 자리는 없었다.

1970년대 말 애플컴퓨터 같은 소규모 회사들이 최초의 개인용 컴퓨터를 내놓았다. 처음에는 마이크로컴퓨터microcomputer라고 불린 이 제품은 컴퓨터의 핵심 처리 회로를 마이크로프로세서라는 단일 실리콘 칩에 통합한 방식이었다(원래 IBM이 자사 마이크로컴퓨터를 지칭한 PC라는 간단한 명칭이 이후 모든 마이크로컴퓨터의 일반명이 되었다). 단일 칩 프로세서를 장착한 이 컴퓨터는 성능만 보면 당연히 거대한 메인프레임과 비교가 되지 않았지만, 가격은 몇백 달러에 불과했다.

메인프레임 기업들은 PC를 비즈니스용의 진지한 도구가 아니라 마니아들을 위한 장난감쯤으로 보았다. 하지만 PC는 절대다수의 신규 고객층을 컴퓨터 사용자로 변신시킬 수 있었다(그들은 애당초 메인프레임을 구매할 일이 없는 고객들이었다). 그리

     8. 파괴의 폭풍: 전략과 힘의 균형에 미치는 함의

고 고객 친화적 PC는 그런 새로운 고객들의 요구를 충족할 만큼 성능이 좋았고, 시스템이 개선되면서 고객층이 점점 커졌다. 전에는 컴퓨터가 엘리트만 쓰는 제품이었다면, 이제는 신기술 덕분에 모든 이의 책상과 작은 사업체와 학교에 자리 잡게 되었다. 한편, 빠르게 발전하는 마이크로프로세서 기술 덕분에 이 컴퓨터들은 점차 메인프레임이 하던 일까지 도맡게 되었다.

메인프레임 제조사들이 PC가 자신들의 존립을 위협하는 존재임을 깨달았을 때는 이미 변화에 적응하기에 너무 늦은 뒤였다. 일부 메인프레임 제조사들은 PC 시장에 뒤늦게 뛰어들려고 하면서 자사 마이크로컴퓨터를 출시하고 메인프레임 기반 네트워크용 "프로그래밍 터미널"임을 내세웠다. 하지만 소비자들은 메인프레임 없이 PC를 사용하는 쪽을 선호했다. 파괴가 컴퓨터 산업 전반을 쓸어버렸다. 메인프레임 회사들은 IBM을 빼고 모두 전멸했고, IBM도 더는 컴퓨터를 만들지 않았다. 오늘날 우리가 사용하는 컴퓨터와 휴대용 기기는 메인프레임이 아니라 초기 개인용 컴퓨터의 손자뻘이다. 오늘날에는 슈퍼컴퓨터나 AI 데이터센터도 사실상 PC를 거대하게 모아 놓은 것에 가깝다.

산업의 파괴적 혁신은 기존의 지배적 기업들을 전복하는 경향이 있다. 이 기업들은 경제적·조직적으로 새로운 저가 제품으로 전환하기가 어렵기 때문이다. 대형 메인프레임 기업들은 수백만 달러짜리 컴퓨터를 부유한 대기업에 판매해 얻는 수입에 의존했다. 처음에 PC는 규모가 작고 위험성이 높은 시장이어서 시간을 쏟을 가치가 없었다. 대기업의 값비싼 인프라는 싸구려 마이크로컴퓨터를 만드는 데 적합하지 않았다. 대기업 들은 크기가 작고 저렴한 제품을 "미니컴퓨터"라는 이름으로 만들려고 했다. 하지만 미니컴퓨터는 여전히 메인프레임 기술 에 기반한 것이었다. 게다가 진정한 PC에 비해 여전히 크고 가 격이 비쌌다.

파괴적 혁신 현상은 언제나 산업에서 혁명을 일으킨다. 온 라인 소매업과 비디오 스트리밍은 최근 대표적인 두 가지 사례 다. 메인프레임 컴퓨터 회사들 외에도, 백화점, 대형마트, 비디 오 대여점 분야의 베테랑들에게 파괴적 전환의 희생양이 된다 는 게 어떤 느낌인지 물어볼 수도 있겠다. 물론 물어볼 사람을 찾을 수만 있다면 말이다. 유감스럽게도, 오늘날의 주요국 군대 와 방위산업 복합체가 최초의 PC가 등장했을 때의 컴퓨터 산업 과 유사한 상황을 맞고 있다.

전함과 전차부터 전투기와 유도 미사일 구축함에 이르기까 지 가까운 과거의 산업 시대에 우위를 제공했던 기술과 플랫폼 은 플랫폼 자체나 그것을 만드는 산업 시스템에서나 규모가 필 요했다. 항공기 제조 공장이나 군함 조선소를 방문할 기회가 있 다면, 그 어마어마한 규모에 놀랄 것이다. 이런 시설은 군산복 합체라는 거대한 빙산의 일각에 불과하다. 정밀 주조 공장 같은 다른 공장에서 만드는 커다란 특수 부품이 필요하며, 또한 이런 부품은 티타늄이나 니켈 합금 같은 첨단 소재로 만들어진다. 그 리고 이 합금을 만드는 거대한 공장은 규모가 광활해서 한쪽 끝

          8. 파괴의 폭풍: 전략과 힘의 균형에 미치는 함의

에서 반대편을 보려면 망원경이 필요할 정도다. 이 모든 것을 작동하려면 특화된 노동자 집단이 필요하다. 경험 많은 군사-조달 전문가는 전투기나 전차 같은 시스템을 단순한 군사 플랫폼으로 보지 않고, 이를 둘러싼 산업 생태계 전반에 주목한다.

이 모든 산업 인프라를 구축하고 유지하는 데는 수천억 달러가 필요하다. 방위산업체들은 자원을 결합하기 위해 끊임없이 합병과 통합을 해야 했다. 이제는 유럽의 부유한 나라들조차 자국의 군사 플랫폼을 구축할 여력이 없다. 다국적 컨소시엄을 활용해서 자원을 결합해야 한다. 정상의 자리를 지키는 데 턱없이 막대한 비용이 들며, 결국 규모가 큰 방위산업체들만 살아남았다.

산업전쟁은 최대 규모의 산업 경제국을 주요 군사 강대국으로 굳혀주었지만, 그런 시대는 이제 끝나가고 있다. 소형 정밀 로봇 무기는 무기-표적 비대칭이 지배하는 새로운 전장을 창조했다. 이 무기들은 대규모 산업기반을 필요로 하지 않는다. 개인용 컴퓨터는 모든 책상과 가정마다 컴퓨터를 안겨주면서 대기업과 정부 기관의 컴퓨팅 독점을 깨뜨렸다. 로봇 전쟁은 모든 국가와 비국가 무장 집단에게 세계 최강의 군대에도 맞설 수 있는 살상력을 안겨줌으로써 강대국들의 군사 독점을 무너뜨리고 있다. 로봇 무기의 새로운 물결은 훨씬 소형에 가격도 싼 플랫폼의 확산을 의미한다. 하지만 그 밑바탕을 이루는 기술은 한층 발전한 것이다. 이 무기들은 크기와 비용 대신 정밀성과 지능을 내세우며, 상업용 전자제품과 소프트웨어 기술을 활용한다. 여러 면에서 로봇 무기는 군사 세계의 PC인 셈이다.

대부분의 파괴적 혁신과 마찬가지로, 초기 수용자는 하위 시장에 자리한다. 무엇보다도 진정으로 로봇 무기를 중심으로 치러진 첫 번째 전쟁은 아제르바이잔이 주도했는데, 이 나라는 크기가 작은 신흥 국가다. 최근 등장한 로봇 무기 혁신으로는 소형 수류탄 투하 드론, 일인칭 시점 가미카제 드론, 위성 네트워크로 연결된 공격용 드론 보트 등이 있다. 이 무기들은 반군 단체인 ISIS와 유럽 최빈국으로 손꼽히는 우크라이나 등이 주로 도입했다. 첨단 군사 역량을 원하면서도 확보할 수 없었던 이들이다. 그러나 이 초기 로봇 무기는 PC와 마찬가지로 훨씬 저렴한 가격에, 강대국의 첨단 무기에 버금가는 역량을 제공했다.

오늘날 지배적인 방위기업들은 소형 로봇 무기를 생산할 준비가 되어 있지 않다. 대형 방위산업체가 만드는 배회탄은 한 발 가격이 1만~10만 달러인데, 메인프레임 컴퓨터 회사들이 만든 미니컴퓨터와 다를 게 없다. 반면, 시판용 부품으로 만든 일인칭 시점 공격 드론은 몇백 달러에 불과하다. 완전히 똑같은 성능은 아니겠지만, 하는 일은 똑같다. 대형 방위산업체가 만든 것의 약 1퍼센트의 가격으로 말이다. 게다가 소형 공격 드론 제조는 우크라이나 같은 작은 나라도 충분히 할 수 있다. 첨단 기술 재료와 부품이 일부 들어가지만, 제트전투기 같은 전통적 플랫폼을 만드는 데 요구되는 산업기반이 전혀 필요하지 않다. 러시아의 전면 침공 1년 뒤인 2023년 중반에 이르면, 우크라이나

   8. 파괴의 폭풍: 전략과 힘의 균형에 미치는 함의

는 이미 소형 드론을 생산하는 공장을 40개나 세운 상태였다. 그해 말에 이르러 공장이 200곳까지 늘어나 한 달에 드론 5만 개를 생산했다.[6] 우크라이나는 또한 장거리 공격 드론과 순항미사일뿐만 아니라 러시아 흑해 함대를 격파한 드론 보트도 자체적으로 설계 및 제조하기 시작했다.

시판 부품을 구입하고 3D 프린팅이라는 적층 제조additive manufacturing 방식을 활용하면, 자본집약적, 수직 통합적인 전통적 제조업의 대안을 마련할 수 있다. 소형 로봇 무기에 들어가는 부품 중에 정말로 특화된 자본집약적 산업이 필요한 것은 마이크로칩 등 몇 개 되지 않는다. 하지만 이런 칩도 일반 시장에서 구입할 수 있다. 군사용 머신러닝 시스템에서 사용되는 최고급 칩조차 자율주행 자동차 같은 민간 응용제품에 사용되는 것과 같으며, 점점 늘어나는 AI 기반 상업용 제품에서 쉽게 구할 수 있다.

주요 방위산업체들은 무인 시스템의 미래에 대해 야심 찬 전망을 펼쳐 보이고 있다. 그들은 로봇 무기를 자사의 고가 시스템에 딸린 부속품 정도로 여기는데, 가령 그들은 고가의 5~6세대 전투기가 제어하는 저가 무인 호위기를 구상한다. 2차대전 시기의 공격용 드론으로까지 거슬러 올라가는 개념이다. 유감스럽게도, 이런 발상은 메인프레임 회사들이 PC를 메인프레임 중심 네트워크의 단말기로 자리매김했던 방식과 비슷하다.

하지만 초창기 PC 사용자들과 마찬가지로, 많은 군사 고객들은 값비싼 전투기보다는 그보다 훨씬 저렴하면서도 치명적

   AI 시대, 전쟁의 미래

인 드론을 선호할 가능성이 높다. 대형 플랫폼이나 모함은 주로 전략적 기동성과 보급 능력을 제공한다. 즉, 그것은 소형 살상 로봇 플랫폼이 본국에서 더 먼 거리에서 작전할 수 있는 기반을 제공하는 것이 주요 역할이다. 이런 특성은 전 세계적 안보 책무와 전력 투사 교리를 추구하는 미국에 중요하다. 하지만 많은 초기 도입자들은 대륙 간 전력 투사도, 기존의 대규모 군사력 및 확립된 절차와의 통합도 필요로 하지 않을 것이다. 드론만으로도 역량이 한층 커지기 때문이다. 드론을 네트워크로 연결하면 역량이 더욱 배가된다. 이전의 패러다임과 연결된 "코드를 잘라내는" 군대는 한층 커다란 이점을 얻을 수 있다. PC는 출발은 미약했을지라도 결국 컴퓨팅 세계를 지배하고 있다. 마찬가지로 향후 수십 년간 지배적인 군사 시스템은 현재의 전통적인 군사 플랫폼이 아니라, 우크라이나에서 전차를 파괴하는 무장 드론같이 소형이지만 유능한 무기의 훨씬 진보한 후예들이 될 것이다.

성벽 무너뜨리기

미국을 비롯한 주요 강대국의 군사적 우위는 다른 여러 이점에 의해서 보호된다. 하지만 로봇 혁명은 이런 이점들까지도 모두 위협하는 중이다.

우선 미국 군대는 병참에서 세계 최고 수준이다. 미군은

8. 파괴의 폭풍: 전략과 힘의 균형에 미치는 함의

2차대전에서 전례 없는 국제적 규모로 수송과 보급을 동원했다. 그 후 사막의 폭풍 작전이나 대테러 전쟁 등 전쟁을 벌일 때마다 어마어마한 병참 역량을 과시했다. 오직 미국만이 전 세계적 전쟁에 필요한 해상수송, 공수, 공중급유 능력을 동원할 수 있다.

하지만 크기가 작고 스마트한 로봇 무기에는 그런 역량이 필요하지 않다. 천문학적 수량의 비유도 탄약이 필요 없고, 연료를 집어삼키는 대형 플랫폼의 형태로 무기가 제작되는 경우는 많지 않으며, 야전에서 생활하는 인간 병력도 줄어들면서 병참이 가뿐해진다. 대규모 병참 산업의 중요성은 줄어들고, 오히려 그것을 운용하는 부담만 커진다. 이런 보급용 함정, 항공기, 화물 터미널은 모두 적의 정밀무기가 노리는 매력적이고 취약한 표적이 된다.

정밀 전장에서 우위를 점하는 것은 정밀무기만큼이나 센서와 ISR 네트워크의 문제다. 정찰 위성과 감시기surveillance aircraft, 그리고 데이터를 수집해 표적 정보로 전환하는 분석가들로 가득한 약칭 기관들로 이루어진 미국의 값비싼 ISR 체계는 미국이 현재 세계 최고의 군사적 지위를 누리는 주된 이유다. 하지만 점점 더 많은 민간 우주 기업들이 어디서든 고객이 원하는 대로 정찰 위성 수준의 이미지를 제공한다. 지구상의 어떤 지역을 요청하든 그 이미지를 곧바로 메일함으로 보내준다. 한편, 감시 드론은 전에는 유인기가 필요했던 많은 작업을 할 수 있다. 그것도 훨씬 저렴한 비용으로 말이다. 게다가 로봇 무기는 점차 그 자체가 ISR 플랫폼 역할을 한다. 고해상도 비디오 카메라를 장착한 배회탄과 소형 드론을 지상에서 활용하면 수동으로 "찾아 쏘기hunt and peck" 방식으로 표적을 발견해 공격할 수 있다. 데이터 네트워크와 AI는 이 모든 시스템이 수집하는 데이터를 빨아들여 낮은 비용으로 실시간 전장 지도를 구축할 수 있다.

군사력은 또한 인력과 제도에 의존한다. 이 점은 대다수 사람들이 생각하는 것보다 군사적 우위를 구성하는 훨씬 중요한 부분이었다. 고등교육, 사관학교, 훈련기지, 교리 학교, 군대의 문화와 전통 등도 모두 그 일부분이다. 어떤 고가의 무기를 사는 것보다 그 모든 전문성과 규율을 구축하는 것이 훨씬 어렵지만, 고가의 대형 무기는 그것을 운용하는 전문가가 없으면 그다지 효과적이지 못하다. 하지만 PC의 경우처럼 로봇 시스템이 더욱 사용자 친화적으로 바뀜에 따라 비전문가라도 많은 힘을 갖게 된다. 소프트웨어와 AI가 인간 전문가의 두뇌보다 더 많은 군사 훈련과 경험을 포착해서 내장할 수 있다. 군대가 새로운 특수부대 운용병이나 전투기 조종사를 훈련시키려면 몇 년 동안 수백만 달러를 투입해야 한다. 하지만 버튼 하나를 눌러서 신형 로봇 플랫폼에 최신 전투용 AI를 업로드하는 데는 거의 비용이 들지 않는다. 비유하자면, 고도로 훈련된 인간 전투원은 수도 많지 않고 비용이 많이 든다는 점에서 일종의 수제작 사치품이다. 반면 전투용 AI는 대량생산이 가능하다. PC와 마찬가지로, 이것은 로봇 무기가 점차 새로운 사용자에게 힘을 부여하고 기존 강대국의 오랜 이점을 잠식하는 또 다른 방식이다.

마지막으로, 거대하고 값비싼 데이터센터에 호스팅되는 가장 강력한 AI 모델을 이용하면 미국이 군사적 우위의 새로운 원천을 확보할 것으로 기대할 수 있다. 하지만 중앙집중식 AI 통제가 현실 세계의 많은 전투 응용에서 위험보다 유용함이 입증될 때까지 몇 년 이상 걸릴지도 모른다. AI 기술이 발전함에 따라 강력한 역량의 비용이 감소하고 접근성이 커질 것이다. 더욱이 이런 모델은 이미 클라우드 서비스를 통해 세계 곳곳의 사용자에게 온라인으로 제공되고 있다. 많은 신흥 군사 강국들이 오늘날 위성 이미지를 구입하듯이 민간 시장에서 첨단 AI 역량 이용권을 구매할 수 있을 것이다. 직접 구축하는 것보다 비용도 훨씬 저렴할 것이다.

홍수처럼 밀려드는 새로운 참여자들
: 신흥 강대국들과 새로운 글로벌 행위자들

진입 장벽이 무너지면서 수많은 새로운 유형의 주체들이 군사력 시장에 진입하는 중이다. 새로운 로봇 무기 덕분에 그들은 이전까지 주요국 군대들이 독점했던 역량을 휘두를 수 있다. 또한 점차 지배적 강대국들에 도전할 수 있는데, 이 과정은 이제 막 시작되었을 뿐이다. 여기 몇 가지 사례가 있다.

　　　　　　　　　　　　　　AI 시대, 전쟁의 미래

하위 수준의 군대

　로봇 혁명의 첫 번째 물결 초창기에는 튀르키예나 이란 같은 중위권 경제국에서 새로운 선도 무기 생산자들이 등장한 것이 큰 특징이었다. 이 나라들은 전에는 첨단 방어 시스템 제조국이 아니었지만, 급속하게 팽창하는 글로벌 로봇 무기 시장에서 주요 공급국으로 부상하고 있다. 튀르키예 기업 바이카르Baykar는 TB2 정찰-타격 드론을 제작하며, 점점 많은 첨단 로봇 무기를 출시하고 있다. 2023년 현재, 바이카르는 30개국과 공급 계약을 체결했으며 우크라이나와 사우디아라비아에 국제적 드론 공장을 건설 중이다.[7] 역시 튀르키예 기업인 로켓산Roketsan은 바이카르와 나란히 성장해서 무장 드론을 비롯한 소형 정밀 탄약의 주요 생산업체가 되었다. 이란은 세계적으로 유명한 로봇 무기 산업을 구축했다. 초창기에 소형 비대칭 무기 생산에 집중한 덕분에 국제적인 군사 제재를 우회할 수 있었던 게 한 요인이었다. 샤헤드항공산업Shahed Aviation Industries 같은 이란 국영 방위산업체는 무인 시스템에 중점을 두었고, 많은 신생 민간 공급업체가 이란에서 우후죽순처럼 생겨나 엔진과 센서 같은 핵심 부품을 국내 생산하고 있다.[8] 이란 생산업체들은 자국 군대에 공급하는 것 외에도 중동 각지의 대리 군대proxy forces들에도 무기를 공급한다. 이란은 유엔의 제재에도 아랑곳하지 않고 우크라이나 전쟁 중에 러시아군에 로봇 군사 장비를 공급하는 역할을 떠맡아서 세계를 놀라게 했다. 훨씬 많은 나라와 새로운 국제적 기업들이 소형 무장 드론 같은 기본적 로봇 무기 생산을 준비하는 중이다.

그와 동시에 더 하위 수준의 군대들이 로봇 무기 구매자가 되었다. 세계가 우크라이나처럼 뉴스의 헤드라인을 장식하는 전쟁에 초점을 맞추는 동안, 세계 곳곳의 나라들이 드론 기반 군사작전에서 새롭게 확보한 힘을 과시했다. 한 예로, 에티오피아는 튀르키예와 이란, 중국으로부터 무장 드론을 도입했다. 에티오피아는 이 드론을 사용해서 2021년 수도를 장악하려고 위협하는 반군이 티그라이 지역에서 진격하는 것을 저지했고, 이후 반군을 근거지로 몰아냈다.[9] 티그라이에서 휴전 합의를 끌어낸 뒤, 에티오피아군은 2023년 암하라 지역에서 새로운 드론 전쟁의 포문을 열었다.[10] 한편 모로코는 튀르키예와 이스라엘, 중국으로부터 장기 체공 드론 수십 대를 도입한 뒤, 서사하라 사막 깊숙한 곳에서 오랫동안 모로코군에 저항해온 반군을 겨냥해 공중 공격을 개시했다. 한 반군 도시의 시장이 개탄한 것처럼, 반군 영역에 있는 모든 것이 "드론의 통제"를 받게 되자 주민 대다수가 도망쳤다.[11] 저가 무기가 이전에 없던 도달 범위와 살상력을 각국에 제공함에 따라 세계 곳곳에서 똑같은 상황이 반복되고 있다.

이 과정은 이제 시작일 뿐이다. 하위 수준 강국들은 새로운 무기를 이용해서 기존의 분쟁에서 승리를 거두는 중이다. 오래지 않아 이 나라들은 또한 인접 국가들과 새로운 분쟁에서 역량을 과시할 것이다. 이란처럼, 그들도 전에는 도전하지 못했던 강대국들을 상대로 자기주장을 펼칠 수 있다. 새로운 국가 간 충돌의 위험성이 사방에 도사리고 있다.

반군과 게릴라군

신규 고객 가운데 다수는 반군 집단을 무너뜨리기 위한 새로운 수단을 찾는 각국 정부들이다. 하지만 장기적으로 보면, 반군과 게릴라군이 로봇 무기의 자연스러운 고객이 될 가능성이 훨씬 높다. 로봇 시스템의 고유한 전술적 이점—비대칭적 살상력, 전장의 존재감과 효과 증대, 행동 속도, 회피성, 지속성, 소모 가능성—이야말로 반군과 게릴라군이 높이 평가하는 특징이다. 로봇 무기는 근본적으로 비정규전 방식에 잘 맞는다. 소형 로봇 무기는 가격이 저렴해짐에 따라 그런 반군 세력에게 과거보다 훨씬 강력한 타격력을 제공할 것이며, 동시에 탐지를 회피하고 결정적 전투를 피하는 능력을 키워줄 것이다. ISIS 전투원이나 우크라이나 파르티잔 같은 다양한 비재래식 군대는 소형 로봇 무기의 위력과 적합성을 이미 입증했다.

로봇 무기의 접근성이 크게 향상되면, 각국은 봉기와 분리주의 운동에 한층 취약해질 것이다. 역량의 동등성이 커지면 과거에 약세였던 쪽이 이득을 본다. 반군은 핵심 국가 자산을 대가치 공격의 표적으로 삼고 4세대 전쟁에 이상적인 도구로서 로봇 무기를 사용할 수 있다(반군을 지지하는 주민들이 다수를 이루는 지역을 점령하려고 시도하는 정부군이 있다면, 반군은 그 국가의 군대가 딛고 선 땅을 불태울 것이다). 이런 위협에 직면한 국가 정부 스스로가 한층 더 공세적으로 로봇 무기를 사용할 수밖에 없

   8. 파괴의 폭풍: 전략과 힘의 균형에 미치는 함의

다. 새롭게 힘을 얻은 반군에 맞서기 위해 그 무기들이 제공하는 전술적 이점을 일부라도 확보해야 하기 때문이다.

대리 군대와 민병대

이란은 로봇 무기가 어떻게 비국가 민병대를 강력한 대리 군대로 바꿀 수 있는지를 분명히 보여주었다. 이란은 레바논의 헤즈볼라나 예멘의 후티 반군 같은 시아파 민병대에게 이스라엘과 사우디아라비아, 미국 같은 대다수 현대 강대국의 무력을 위협할 수 있는 위력을 부여했다.

2023년과 2024년, 후티 세력은 역시 이란의 피보호자인 하마스를 지원하기 위해 이란제 드론과 유도 미사일을 이용해서 홍해의 군함과 민간 선박을 공격했다. 이란의 지원을 받는 이라크의 민병대들도 이라크와 시리아의 미군 기지를 장거리 공격 드론을 비롯한 정밀무기로 타격해서 사상자를 발생시키고 미국 정부에 정치적 압박을 가했다. 미국은 민병대들의 공격을 받고도 반격할 수 있는 표적을 찾는 데 애를 먹었다. 미국과 동맹국들은 위성과 항공기를 동원해 예멘 농촌 지역을 샅샅이 뒤지며 후티 반군의 보이지 않는 표적을 찾았다. 미국이 결국 이라크에서 공격할 민병대 표적을 두어 개 발견했을 때, 이라크 정부는 격렬히 항의하면서 미군이 자국 기지에서 활동할 수 있는 권리를 박탈하겠다고 으러댔다.[12]

대리 군대, 특히 비국가 군대는 하이브리드 분쟁이나 회색 지대 분쟁을 비롯한 비재래식 전쟁에서 유용하다. 이 세력들이

　　　　　　　　　　　AI 시대, 전쟁의 미래

로봇 무기로 무장한다면 커다란 효과를 발휘할 수 있다. 그들은 적 군대를 괴롭히고 극적인 대가치 강압 타격을 수행하는 등 "더러운 일dirty work"을 도맡을 수 있다. 대리 군대가 자신의 소행임을 주장하면 지위와 영향력이 높아지는 한편, 그들의 후원국과 그 취약한 표적은 보복 공격을 차단할 수 있다. 이상적인 대리 군대는 마치 벌떼처럼 강력한 타격을 가하면서도 보복 공격 시도를 무력화할 수 있다. 로봇 무기는 로봇 전쟁 시대에 대리 군대를 광범위한 행위자로 만들 수 있다.

민간 군사 기업과 용병

한때 중세와 르네상스 시대 전쟁과 연관되던 민간 군사 기업private military companies, PMCs은 현대 분쟁에서 점점 많은 역할을 수행하면서 다시 등장하고 있다. 미군은 블랙워터Blackwater 같은 민간 군사 기업을 활용해 이라크와 아프가니스탄 전쟁에서 병력을 보강했다. 러시아의 바그너 그룹Wagner Group은 아프리카와 시리아에서 러시아의 개입을 주도했고, 심지어 2022년과 2023년 우크라이나 바흐무트 공격처럼 대규모 전투에서 선봉에 서기도 했다. 훨씬 더 많은 민간 군사 계약업체가 세계 곳곳에서 눈에 띄지 않게 활동 중이다. 많은 나라들이 이 업체들이 하이브리드 전쟁과 회색지대 전쟁에서 훌륭한 도구임을 깨달았기 때문이다.

　　　　　　8. 파괴의 폭풍: 전략과 힘의 균형에 미치는 함의

민간 군사 기업은 로봇 무기의 이상적 고객이다. 이 기업들은 정교한 군사 서비스를 제공하고 종종 전통적 군대의 숙련된 퇴역군인을 채용하며 복잡하고 위험한 임무를 맡는다. 그들의 고객은 자국 군대가 보유하지 못한 전문 기술을 임차하려고 한다. 신기술이 공개되는 초창기에 흔히 그렇듯, 로봇 군사 기술과 나란히 그것을 효과적으로 활용하는 숙련된 전문가 집단을 제공할 수 있는 계약업체에 대한 수요가 높다. 군사 고문과 계약업체들은 각국 군대가 아제르바이잔과 리비아를 비롯한 여러 나라에서 새로운 정찰-타격 드론을 신속하게 전투에 활용하도록 지원하는 핵심적인 역할을 맡았다. 일부 고문들이 직접 공격을 수행하는 동안 군인들은 그들에게 사용법을 배우기도 했다.[13] 새로운 로봇 무기는 병참 부담이 적고 배치 활용도가 높다. 조만간 민간 군사 기업들이 드론 편대를 임대하거나 고객이 선택하는 분쟁에 로봇 전쟁을 적용하는 포괄적 서비스를 도입하는 모습을 보게 될지도 모른다.

카르텔, 해적, 범죄 네트워크

2022년, 잔인하기로 악명 높은 할리스코 뉴제너레이션Jalisco New Generation 카르텔이 소형 폭약 드론을 이용해 미초아칸의 한 도시로 접근하던 멕시코군 호송대를 공격했다. 이 폭발로 네 명이 사망하고 여섯 명이 부상했다.[14] 그로부터 1년 뒤, 카르텔은 정부와 경쟁 카르텔을 공격하기 위해 상설 무장 드론 부대를 가동했다고 발표했다. 멕시코 정부는 2023년 1월부터 8월까지

   AI 시대, 전쟁의 미래

할리스코 뉴제너레이션이 적들을 겨냥해 폭탄 투하 드론 공격을 260차례 벌였다고 기록했다.[15] 수 마일 거리에서 표적을 타격하는 능력은 마약 카르텔을 비롯한 위험한 범죄 조직에게 폭넓은 가능성을 열어주는 한편, 전에는 정부의 영역이던 역량을 그들 손에 쥐어줄 것이다. 이미 세계 많은 지역에서 범죄 조직과 카르텔은 주권 정부를 압도할 만큼 위협적인 존재가 되고 있고, 로봇 무기 도입으로 한층 더 위험하고 강력한 집단이 될 수 있다. 소형 저가 로봇 무기를 소유한 범죄 조직이 군대를 위협하게 되면 상선 같은 민간 표적도 쉽게 위협받을 수 있다. 해적질, 사략 행위privateering, 상선 공격 등이 다시 흔한 관행이 되고, 하이브리드 전략이나 회색지대 전략에 이용될 수 있다.[16]

지속적 무질서의 세계

로봇 무기는 군사력 측면에서 세계를 더 평평하게 만들고 있다. 로봇 무기가 추동하는, 이른바 군사력의 "민주화"는 세계에서 민주주의를 약화하고 폭력과 불안정을 부추기는 경향이 있다.

냉전 이후 미국과 민주주의 동맹국들은 힘의 우위를 바탕으로 "팍스 아메리카나"라는 안정적인 국제 질서를 형성했고, 적어도 지난 600년 사이에 전 세계적인 전쟁 사망률을 최저로 낮추었다.[17] 심지어 그전에도 초강대국이 대결하면서 두 국제

                    8. 파괴의 폭풍: 전략과 힘의 균형에 미치는 함의

진영이 전쟁과 평화의 중재자 역할을 하며 폭력을 비교적 억제했다. 선진국들은 지배적인 정치적·군사적 강국이었다. 그런 질서 정연한 세계에서 국제적 법과 질서가 만들어지고 집행되었다. 대체로 선진국들은 책임 있게(또는 적어도 예측 가능하게) 행동했다. 선진국이라는 지위를 유지하려면 높은 수준의 교육과 경제 발전이 필요했고, 세계가 불안정해지면 그 나라들은 잃을 것이 많았다. 따라서 이 국가들은 기존 상태의 안정을 해치지 않도록 억제될 수 있었다. 상호 억제mutual deterrence는 대개 주요 강대국 간, 특히 민주국가 간의 직접적 충돌을 막았다. 유엔, 세계무역기구WTO, 국제사법재판소ICJ 같은 국가 차원의 다자간 기구들은 그런 안정을 공고히 했다.

이제 로봇 혁명의 첫 번째 물결을 맞이해 그 질서의 파괴를 갈망하는 온갖 종류의 행위자들이 출현하고 있고, 그들은 전례 없는 힘을 수중에 넣고 있다. 그들이 추구하는 야망은 여러 가지다. 그리고 그들은 작은 강국들이 강대국을 무너뜨리는 방법을 잘 설명해주는 각본을 입수할 수 있다. 바야흐로 폭력의 시장marketplace of violence이 꽤나 혼잡해질 참이다.

강력한 공격 역량을 갖춘 비국가 행위자의 증식은 국가 간 폭력을 제한하는 상호 억제를 잠식할 것이다. 이 행위자들은 후원국이 자기 손을 더럽히지 않으면서도 적에게 치명타를 가할 수 있는 다양한 옵션을 제공한다. 많은 행위자들이 로봇 무기를 동원한 강압적 공격으로 상대 지도자를 "제거"하고 인프라를 파괴할 수 있다. 민병대 대리 세력과 민간 군사 기업 등이 후원국을 대신해 공격을 수행하면, 그 국가는 안정의 지지자 행세를 할 수도 있다. 러시아는 실제로 이런 방법을 입증하면서 우크라이나 분리주의 단체 같은 대리 세력이 부추긴 폭력 사태를 비난했다. 자국 군대를 "평화유지군"으로 투입하는 것을 정당화하기 위한 행동이었다. 힘이 생긴 집단의 수가 많아지면 국가 간 분쟁을 해결하기는 더욱 어려워진다. 더 많은 행위자가 폭력을 통해 정치적 해결의 개시를 거부할 수 있기 때문이다.[18]

많은 지역에서 하이브리드 전쟁과 회색지대 전쟁이 벌어질 수 있다. 이미 "전시"와 "평시"라는 미국식 이분법은 시대에 뒤떨어져 전략적 약점으로 널리 악용된다. 일부 국가안보 전략가들은 "지속적 무질서" 시대를 예측한다. 무력 충돌이 들끓고 확산하며, 해결되지 못하고 단지 억제될 뿐인 시대다.[19] 이런 환경에서 전통적 전쟁은 많은 새로운 비전통적 형태로 변형되며, 오래된 정치 세력과 새로운 정치 세력이 끊임없이 충돌한다. 교전 집단이 특수부대나 대리 민병대, 용병, 그밖에 중개자를 이용해서 은밀하게 무력 충돌하는 "그림자 전쟁shadow war"이 만연하게 된다. 군 지휘관이 병력을 개활지로 이동시키는 걸 원하지 않는 것처럼, 정치 행위자들도 은밀한 도구를 선호할 것이다. 그림자 전쟁은 전쟁을 부정하고 은밀하게 벌일 때 그 효과가 극대화되기 때문이다. 교란은 국가와 개인의 경제적 안전을 한층 불확실하게 만들기 때문에 경제적 강압이 주요한 역할을 할 것이다. 이 모든 분쟁에서 서사와 세계관, 충성심을 통제하려는 투쟁이 표적을 파괴하는 것만큼이나 중요해진다.[20]

비국가 행위자의 부상은 1600년대 이래 무력충돌법law of armed conflict의 기초였던 삼위일체 원칙을 잠식한다. 이 원칙은 군대, 정부, 비전투원(민간인)을 별개의 법적 지위로 구분했다. 그러면서 국가 군대만이 정당한 무력임을 확인했다. 그전까지는 용병이나 무장 종교 기사단을 비롯한 여러 집단이 군사력을 휘두르고 자체적으로 전쟁을 벌이는 일이 흔했다. 이런 집단이 증식하고 그것을 부추기는 종교적 분쟁 같은 문제가 생기면서 '30년 전쟁' 같은 무력 충돌이 혼란스럽고 통제 불가능한 방식으로 전개됐고, 종종 끔찍한 잔학행위로 얼룩졌다. 450만~800만 명이 사망한 30년 전쟁은 3세기 뒤 1차대전이 벌어질 때까지 유럽 역사상 가장 유혈이 낭자한 전쟁이었다.[21] 멈추는 게 불가능했고 너무나 끔찍한 전쟁이었기 때문에 그 후 유럽 대륙에서 대부분의 비국가 군대가 폐지되었다. 그러나 오늘날, 입수하기 쉬운 로봇 무기를 동력으로 삼는 군사 폭력의 "민주화"는 우리 세계를 '비삼위일체적 혼돈'으로 회귀하도록 부추긴다.

동일한 경향이 소규모 테러 단체들에도 힘을 부여할 것이다. 보안 울타리, 검문소, 장벽, 금속탐지기는 이제 별 소용이 없을 것이다. 저가의 폭발 드론은 세계 곳곳에서 이런 장애물을 우회할 수 있다. 드론은 정밀무기의 화염병인 셈이다. 증오와 불만, 원한과 음모론에 사로잡힌 수많은 집단이 은신처에 숨어 살인과 파괴를 저지를 수 있다. 기술이 있고 폭발물을 입수할 수만 있다면 누구든 몇 마일 떨어진 거리에서 어떤 표적이든 군대식 정밀 타격을 가할 수 있다. 우리 모두 이런 전망을 심각한 경고로 받아들여야 한다.

쓰러지는 도미노

로봇 전쟁의 역사 전반에 걸쳐, 각국 군대는 열세를 극복해야 한다고 느낄 때 로봇 무기를 받아들였다. 2차대전 당시 독일군은 규모가 더 크고 중무장을 갖춘 유럽 군대들을 물리치기 위해 '기적의 무기'를 배치했다. 미 해군은 1941년 12월 일본군에게 기습 공격을 당해 패배한 뒤 해군의 공격력을 신속하게 구축하기 위해 공격용 드론 개발에 박차를 가했다. ISIS 전투원들은 반ISIS 연합군의 우월한 전력에 맞서기 위해 무장 취미용 드론을 개발했다. 그리고 우크라이나는 로봇 무기로 러시아의 국토 침략 물결을 저지할 수 있기를 기대했다. 로봇 무기는 대규모 재래식 군대에 맞서는 데 필요한 비대칭 전력을 제공한다. 새로운 세대의 혁신적 로봇 무기의 자연스러운 고객층은 첨단 장비를 갖춘 주요국의 현대적 군대가 아니라 그런 군대를 물리치려고 하는 세력들이다.

미국은 군사 로봇공학과 AI 연구에서 일찍부터 선두 자리를 지켰다. 하지만 파괴적 혁신의 세계에서는 초기 개척자들이 최후의 승자가 되지 못하는 경우가 많다. 가령 필름 사진의 세계적 선두주자였던 코닥은 디지털 사진을 발명했다. 하지만 디지털 사진을 제대로 수용하지 못한 채, 자사의 디지털 기술에

                                  8. 파괴의 폭풍: 전략과 힘의 균형에 미치는 함의

편승해서 생겨난 경쟁자들에게 밀려나버렸다.

미국과 민주주의 동맹국들이 오늘날의 국제 질서를 지배하고 있기 때문에 파괴적 혁신의 시대에 등장하는 많은 새로운 행위자들은 우리에게 총부리를 겨눌 것이다. 첫 줄에 선 세력은 이란 같은 기존의 행위자들일 것이다. 이란은 로봇 무기를 자국 전략의 핵심 요소로 받아들였고, 이미 로봇 무기를 투입할 준비가 된 대리 세력 네트워크를 구축해두었다. 중국은 AI 분야를 압도하는 한편, 국제법을 지탱하고 중국의 동아시아 팽창을 저지하는 미국과 동맹국의 군사력 투사 능력을 맞받아치려 한다. 장거리 정밀무기는 이미 중국 전략의 중심축을 이루고 있다. 미래의 로봇 무기는 중국이 쉽게 도입할 수 있을 것이다. 러시아는 우크라이나에서 기존의 군사 장비 대부분을 잃었다. 민주적 서방 입장에서는 좋은 소식이겠지만, 2차대전 전의 독일과 비슷하게 러시아는 이 덕분에 자유롭게 새로운 모델로 군대를 재건할 수 있다. 러시아는 전쟁을 계기로 로봇 무기 생산을 대대적으로 확대하고 있으며, 결국 나토를 훌쩍 뛰어넘는 수준으로 로봇 전쟁을 수용할 수도 있다.

적대적인 권위주의 국가 같은 미국의 전통적인 적들조차 조만간 다른 세력들에게 추월당할 수 있다. 그들은 민주주의보다 위계 구조가 더 경직돼 있고, 변화 능력이 부족하며, 통제를 위한 내부 억압에 더 깊이 의존한다. 로봇 혁명이 진행될수록 이 나라들은 새로운 힘을 얻은 해방 운동과 반란 세력에 한층 취약해진다. 일부 국가는 내부 갈등에 휩싸이고 비국가 세력에

AI 시대, 전쟁의 미래

게 의제를 빼앗길 수도 있다.

　새롭게 부상하는 많은 국가들과 비국가 세력들 또한 미국과 동맹국을 표적으로 삼을 수 있다. 국제 질서를 교란하려는 시도에 방해가 되기 때문이다. 비국가 세력과 신흥 강국들은 굳이 군사적 우위를 달성하지 않고도 로봇 전쟁의 미래를 주도하거나 주요국들에 강압을 행사할 수 있다. 그들은 치명적 공격으로 주요국들을 수세로 몰아넣고 의제를 장악할 수 있다. 알카에다는 2001년 하루 만에 주요국들의 의제를 바꿔놓았고, 미국과 동맹국들을 20년에 걸친 대테러 전쟁으로 몰아넣었다. 서방 국가들로서는 며칠 전만 해도 전혀 생각지 못한 전쟁이었다. 로봇 무기 덕분에 새로운 세력들은 작은 무력 기반을 가지고도 자신의 의지를 강제할 수 있다.

우리는 표적판 위에 있다

　4세대 전쟁은 전쟁이 일종의 정치이며, 적 군대와 싸우는 것이 언제나 승리의 핵심이 아님을 일깨운다. 미 공군을 비롯한 주요국 공군을 움직이는 동력인 공군력 이론도 이 점을 인식한다. 전략적 공군력 이론은 공중 공격을 통해 적의 군사력 전체를 우회해서 적의 전쟁 수행 능력을 뒷받침하는 핵심 기능을 직접 공격할 수 있다는 인식에 근거한다. 이 핵심 기능들은 보통 표적 같은 동심원 모양의 일련의 "전략적 고리"로 개념화된다.

　　　　8. 파괴의 폭풍: 전략과 힘의 균형에 미치는 함의

가장 바깥의 고리는 군사력이다. 중간 고리에는 생산 기반시설과 지휘·통신 네트워크 같은 중요한 시스템이 포함된다. 가장 안쪽이자 핵심적인 고리는 특정 모델에 따라 국가 지도부나 국민의 의지다. 현대 민주주의 국가는 삼위일체 원칙을 준수하고 국가 지도자나 민간인을 직접 공격하지 않으며, 핵심 시스템과 기반시설을 공격하는 데서 멈춘다. 하지만 4세대 전쟁은 교전 주체에게 정보, 언론, 정치적 기만, 협박 등을 통해 가장 안쪽의 고리도 표적으로 삼을 것을 촉구한다. 로봇 무기 덕분에 점차 교전 주체들이 가장 안쪽 고리를 물리적 공격의 표적으로 삼을 수 있다.

선진국의 많은 민간인과 정치 지도자는 전쟁을 멀리서 벌어지는 불쾌한 일로 여기는 데 익숙하다. 군에서 복무하는 친구나 가족이 있는 경우를 제외하면, 우리는 흔히 방관자 시각에서 전쟁을 바라본다. 하지만 정치인과 대중이 점점 공격의 초점이 되고 있으며, 로봇 무기로 인해 우리는 수많은 적대적 행위자들의 사정거리 안에 들어갈 것이다. 비국가 세력은 국가 군대를 우회해서 경제적 목표물을 공격하고 시민을 위협할 수 있으며, 국가 간 충돌은 상호 내전과 비슷해질 수 있다. 일반 시민은 많은 분쟁에서 무게중심이 될 것이다. 주요 민주주의 국가의 시민들이 군사 문제에 관여하지 않아도 되는 안보의 시대는 끝날 것이다. 요컨대 미국과 동맹국들은 거대한 표적을 등에 붙이고 있으며, 그 표적에는 우리 모두가 포함된다. 설령 일반 시민일 뿐인 우리가 로봇 전쟁에 관심이 없더라도 로봇 전쟁은 우리에게

　　　　AI 시대, 전쟁의 미래

관심이 있다.

역사는 로봇 군사 혁명이 사회와 지정학에 어떤 장기적인 결과를 가져올지 우리가 자세하게 예측할 수 없음을 보여준다. 하지만 그 근본 동학을 보면, 몇백 년 동안 이루어진 그 어떤 군사기술 혁명보다 기존 강대국들에 한층 본질적인 파괴력을 미칠 것이다. 미국의 안보와 세계의 안정은 군사적 우위라는 성벽으로 둘러싸인 요새로 보호받는다. 그 성벽은 산업의 힘, 우월한 정보 접근성, 군사 전문성, 산업 시대 병참 지배력 같은 요인들 위에 세워져 있다. 로봇공학과 AI는 그런 우위의 성벽을 무너뜨리고 파괴의 폭풍을 일으킬 수 있는 무기로 많은 적들에게 힘을 실어주고 있다. 이 폭풍이 일면 우리가 사는 세계가 뒤집힐 수도 있다.

드론 공격: 가능한 근미래의 시나리오

무방비 상태의 기지 활주로를 가로질러 사이렌이 요란하게 울린다. 쳉 지휘관은 격납고 벽을 따라 달리며 몸을 숨긴다. 등줄기를 따라 땀이 주르륵 흘러내린다. 그가 항공 승무원과 정비 기술자에게 명령한다. 일부는 격납고 안으로 숨어들고, 다른 이들은 대드론 전파 교란총을 들고 내달린다. 드론 모터의 성난 소음이 사방에서 울려 퍼진다. 미친 듯이 뒤섞이는 경보와 폭발음이 오후의 뜨거운 햇볕 아래 줄지어 늘어선 야자나무와 바로 뒤편 평온하게 펼쳐진 널찍한 만을 배경으로 초현실적으로 울린다.

공격에 나선 TTM 부대가 기지를 기습했다. 그들은 빈약한 경계 방어선을 순식간에 압도하고, 기지 본부, 보안초소, 변전소 두 곳, 항공 연료 저장고, 그 외 대여섯 개의 표적을 몇 분 만에 정밀 타격했다. 멀지 않은 곳에서 주기된 훈련기의 잔해가 탁 트인 하늘 아래 불타는 모습이 쳉의 눈에 들어온다. 격납고와 해안선 사이에는 짙은 녹색의 단거리 방공차량 세 대가 서 있다. 원래 이런 공격을 억제하는 임무를 띤 차량으로, 납작한 8륜형 차체가 레이더와 무기로 뒤덮여 있다. 컴퓨터로 제어되는 30mm 기관포 한 대가 몇 초 간격으로 '쾅쾅쾅' 하는 소리로 하늘을 뒤흔들며 상공의 드론 한 대를 박살낸다. 곧이어 레이저 무기 한 대가 해충 퇴치기처럼 하늘의 드론 하나를 순식간에 태워버린다.

쳉의 병사들은 대부분 이런 대규모 공격을 처음 겪지만, 그는 다르다. 이전 임무에서 그는 포위당한 말레이시아 해군 기지에서 아군 인원과 장비의 철수를 도왔다. 전투용 드론의 공격이 끊임없이 이어지는 곳이었다. 중국에서는 금융 위기 직후에 분리해 나온 지역들이 모두 초대형 드론 공장을 보유해서 서로를 공격하기 위한 무기를 생산하고 있었다. 이 무기들의 다수는 또한 결국 동아시아 곳곳에서 등장한 반란 운동의 수중에 들어갔다. 이 때문에 지역 전체의 안정이 무너졌다. 중국발 해상 상업 운송로가 폐쇄되자 말레이시아에서 미국에 이르는 곳곳의 소비자들이 한때 당연하게 여기던 일상 생활용품의 절반을 구할 수 없었다. 하지만 드론을 비롯한 무기들은 공급 부족 사태가 전혀 없었다. 사태가 발발하기 전에 쳉은 태국 푸켓 해변에서 가족과 휴가를 보낸 적 있었다. 지금 동남아시아 대부분은 분쟁으로 뒤덮여 휴가 여행이 불가능하다. 그래도 그는 새로운 임무가 안전할 것이라 믿고 있었다.

인근 격납고 모퉁이에서 작은 물체들이 나타나 장갑 차량을 향해 날아간다. 군은 한때 드론 위협을 방공 문제로 생각해서 이 차량들을 구매했는데, 여기서 "공중"은 머리 위를 의미했다. 그 결과 방공차량에 장착된 무기는 수평선 아래로 총구를 낮출 수 없었다. 일인칭 시점 드론들은 무릎 높이로 활주로를 가르며 바퀴 부분을 타격한다. 소형 드론이 격납고 끝에서 차량까지 순식간에 도달하는 까닭에 방어 병력은 휴대용 전파 교란총을 겨눌 새도 없다. 폭발음과 함께 연기와 파편이 피어오른다. 쳉과 병사들은 은폐할 공간을 찾아 몸을 던진다.

방공차량이 무력화되자 쳉은 병사들에게 가까운 격납고로 숨으라고 소리친다. 잠시 연기 속에 숨은 채 달릴 수 있다. 휴대용 전파 교란총은 좁은 실내 공간에서 효과

          8. 파괴의 폭풍: 전략과 힘의 균형에 미치는 함의

를 발휘할 수 있다. '좀더 준비되어 있었더라면!' 쳉이 속으로 외친다. 해군 훈련기지에는 전투 부대가 없고 중무장 방어 체계도 없다. 쳉 같은 군인들에게는 아름다운 날씨와 바닷가의 훈련장으로 알려진 곳이다.

1년 반 전, 그러니까 그가 부임한 지 6개월 만에 민병대 이름을 처음 들었다. 그때 민병대가 시골 경찰서 몇 곳을 폭탄으로 공격했는데, 아무도 그들이 어떤 정치적 대의를 내세우는지 알지 못했다. 처음에 쳉은 카르텔과 연결된 집단이라고 생각했다. '카르텔이 결국 정신이 나가서 국내까지 공격하는구나' 하는 생각이었다. TTM이 일련의 대규모 공격을 감행한 뒤 스스로 정체를 밝혔을 때, 그는 우스꽝스러운 이름이라고 코웃음을 쳤다. 텍사스에는 호랑이가 없었기 때문이다. 하지만 18개월 뒤 이제 아무도 텍사스 타이거 민병대Texas Tigers Militia를 비웃지 않는다. 이런 일이 정말 벌어질 수 있는 걸까?

부대 소속 다른 해군 병사들이 격납고 문을 닫는 걸 돕던 사이, 쳉의 눈에는 해군 항공 기지 인근의 코퍼스 크리스티만 너머로 불타는 차량과 야자나무가 보였다. 그 뒤로는 시내의 스카이라인과 하버 브리지가 겹쳐 보였고, 그 풍경은 초현실적으로 다가왔다. 산산이 무너지는 듯 보이는 현재의 혼돈을 관통해 과거를 바라보는 느낌이었다.

9

기계 속의 야수
: 기계, 도덕, 어둠의 심연

2022년 3월 16일 아침, 중년 남자들인 비탈리 콘타로프, 이호르 모로즈, 흐리호리 홀로브니오프는 우크라이나 남부 마리우폴에 있는 '도네츠크 지역 드라마 극장' 근처에서 쓸 만한 물건이 있나 뒤적이고 있었다.[1] 러시아군이 동서 양방향에서 도시로 접근하면서 위풍당당한 19세기식 극장은 난민 쉼터로 바뀐 상태였다. 대부분 여자와 아이들인 다른 민간인 수백 명이 그 안에 웅크리고 앉아 있었다. 일주일 전에 러시아의 폭탄 공격에 당한 산부인과 병원의 생존자들도 있었다. 극장의 무대 디자이너는 건물 양쪽 광장 바닥에 "Дети(아이들)"이라는 글자를 위성 사진에도 보일 수 있게 큰 글씨로 그려두었다.[2]

남자들 머리 위로 군용 제트기가 날아가는 소리가 들렸다. 러시아 공군이 끊임없이 도시를 폭격하는 터라 익숙한 소리였다. 몇 주 뒤 그들은 그다음에 무슨 일이 벌어졌는지 인권 조사관들에게 말했다. "비행기 소리가 들렸고 (…) 한 비행기에서 극장 쪽으로 미사일 두 발을 쏘는 걸 봤습니다." 비탈리의 말이다. 이호르도 그때 기억을 떠올렸다. "전부 우리 눈앞에서 벌어졌습니다. 200~300미터쯤 되는 거리에서 폭발이 일어났거든요. (…) 비행기 한 대가 날아오는 소리가 들렸고 폭탄이 떨어지는 소리도 들렸어요. 그러고는 (극장) 지붕이 솟구치는 게 보였지요." 흐리호리 또한 비행기와 폭발을 목격했다고 말했다. "건물 지붕이 폭발하는 걸 봤습니다. (…) 20미터나 솟구쳤다가 무너졌어요." 극장 안쪽 깊숙이에 있던 생존자들은 건물 상층부가 찢겨나가면서 거기 숨어 있던 가족들도 날아가고 폭발에 휩쓸렸다고 전했다. 지하실 생존자들은 잔해 사이로 부상자들이 널브러져 있는 지옥 같은 광경을 지나 밖으로 나왔다. 한 남자는 밖으로 나와 보니 사람들이 피를 흘리고 있었고, 어떤 사람은 뼈가 살을 뚫고 튀어나온 상태였다고 말했다. "어떤 엄마는 잔해 속에서 아이들을 찾으려 뒤지고 있었지요." 그가 회상했다. "다섯 살 아이가 '죽고 싶지 않아요'라고 고함을 치더군요. 가슴이 찢어지는 광경이었어요."[3] 포위된 도시의 정부는 300명이 사망한 것으로 추산했다.

폭발 패턴과 증인들의 증언을 분석해보면, 러시아제 500파운드(250킬로그램) 레이저 유도 폭탄 여러 발이 지붕 안쪽에서 폭발한 것으로 보인다.[4] 이 지역에서 우크라이나군이 활동한 흔적은 전혀 없었고, 드라마 극장이 전략적 표적 명단에 오를 이유도 없었다. 레이저 유도 폭탄을 사용한 것은 조종사들이 공격 전에 표적을 분명히 보았음을 의미한다.

추가 조사는 진행되지 않았다. 공격 직후, 진격하던 러시아 군이 포위망을 완성하고 도시 중심부로 돌진했다. 2주 만에 러시아군은 극장의 폐허가 서 있는 해안가 지역을 점령했다. 도시 건물의 90퍼센트가 손상되거나 파괴되었다. 살아남은 목격자들은 점령지를 통해 며칠 동안 도망쳐서 포위망을 벗어났다. 무너진 도시를 확고하게 장악한 뒤, 러시아 점령 당국은 현장을 정리하고 러시아 문화의 명소로 극장을 재건할 준비를 했다.

초창기 로봇 무기 발명가들의 포부는 전쟁의 혼돈에 정밀성과 확실성을 도입한다는 것이었다. 그들의 이론에 따르면, 우월한 과학과 이성의 생산물로 무장한 기술 선진국과 문명국이 그들의 새로운 도구로 침략성이 강한 국가를 물리칠 수 있었다. 전쟁을 기계들의 경쟁으로 만들면 전쟁의 더러운 면이 깨끗해지고, 야만적 측면이 줄어들며, 바라건대 인간의 활동으로서 전쟁을 근절할 길이 닦일 터였다.

좋은 생각이었고, 그 이상은 지금도 포기할 수 없다. 하지만 유감스럽게도 두 가지 문제가 발생했다. 첫째, 기술 발전이 공격성이나 야만성과 양립 가능하다는 점이 밝혀졌다. 나치 독일은 이 점을 쓰라리게 입증했고, 다른 사례들도 이어졌다. 두 번째 문제는 전쟁의 양상을 바꾸는 로봇 무기의 전복적 성격과 그 매력 때문에 이 무기가 새로운 이들의 수중에 들어가고 있고, 이 새로운 이용자의 다수가 확실성과 정밀한 통제에 신경을 쓰지 않는다는 것이다. 만약 합리주의적이고 과학적인 시각으로 전쟁을 보지 않는 이들이 로봇 무기와 AI를 통제한다면, 애

    9. 기계 속의 야수: 기계, 도덕, 어둠의 심연

초의 발명 의도와 달리 야만성이 힘을 얻을 수 있다. 우리는 로봇 무기를 어떻게 사용할 것인지 고심해야 한다. 우리의 적을 비롯한 우리와 매우 다른 이들이 어떻게 로봇 무기를 사용할지, 그것이 전쟁의 미래에 어떤 영향을 불러올지를 한층 더 우려해야 한다.

테러, 전술이자 전략

군대는 오랫동안 전쟁의 수단으로 무분별한 야만성과 공포를 활용했다. 미국의 공군력 이론가들이 산업화된 적을 과학적으로 억제하려면 핵심 산업과 병참의 요충지를 정확히 파괴해야 한다고 결론짓기 오래전부터 군은 공포를 통해 적을 억제할 수 있음을 알고 있었다. 고대에는 침략자가 항복하지 않는 마을이나 도시에 대해 대량 학살로 위협하는 일이 흔했다. 가령 칭기즈칸은 자신의 군대에 저항하려는 도시를 응징하기 위해 깡그리 불태우고, 생존자를 몰살하고, 다른 이들에게 경고하는 의미로 잘라낸 사람의 머리로 피라미드를 쌓았다. 몽골은 인구가 적었지만, 그의 군대는 훨씬 거대한 제국들을 신속하게 정복할 수 있었다. 위협과 그에 앞서 보여준 순전한 공포 덕분이었다.

1차대전이 시작될 무렵, 독일군이 프랑스로 진격하기 위해 벨기에를 관통해 진군했을 때, 독일군 사령부는 예하 부대에 공포 작전을 통해 벨기에의 신속한 항복을 이끌어내라고 명령했

   AI 시대, 전쟁의 미래

다. 군은 저항하는 이들을 가차 없는 잔학행위로 응징했는데, 군인들이 난동을 벌이면서 루뱅 시를 파괴하기도 했다. 어느 독일군 장교는 이렇게 말했다. "우리는 루뱅을 쓸어버릴 것이다. (…) 모든 것이 철저히 무너질 것이다. 그들이 독일을 존중하도록 가르칠 것이다. 여러 세대가 지난 뒤에도 사람들이 여기 와서 우리가 한 일을 보게 될 것이다."[5] 연합군은 이 방침을 슈레클리히카이트schrecklichkeit라고 불렀는데, 공포나 끔찍함을 뜻하는 독일어 단어다. 2차대전에서 나치 정권은 이 방침을 훨씬 광범위하게 적용했다. 때로는 로봇식 기적의 무기를 공포 작전에 동원했다. 런던을 파괴하기 위한 V-1 공습은 영국을 공포에 몰아넣어 항복을 끌어내려는 보복 행동이었다. 로봇 지상 차량은 바르샤바 봉기를 진압하는 공포의 도구였다.

2022년 2월을 시작으로 러시아는 우크라이나에서 민간인을 상대로 정밀무기를 포함한 대규모 공격을 퍼부었다. 민간인 주거지역에 로켓포 일제사격을 가했다.[6] 또한 유도 미사일로 병원, 쇼핑센터, 고층 아파트, 식당, 그 외 많은 민간 표적을 공격했다. 겨울철에 공공 인프라와 발전소를 정밀 타격한 것 또한 우크라이나의 의지를 꺾기 위해 민간인의 고통을 가중하려는 시도였다.[7] 분석가들은 러시아군이 순항미사일을 비롯한 정밀무기의 상당수를 우크라이나 민간 표적에 쏟아부었다고 지적했다.[8] 러시아가 최근에 다른 곳에서 보인 관행과도 일치하는 결과였다. 1999년 신임 총리가 된 블라디미르 푸틴은 체첸 반군을 잔인하게 진압하면서 명성을 다졌다. 체첸 공화국의 수도

                                   9. 기계 속의 야수: 기계, 도덕, 어둠의 심연

그로즈니를 상대로 대규모 포격과 탄도미사일, TOS-1 열압력 무기를 사용했다. 그 후 유엔은 그로즈니가 지구상에서 가장 심하게 파괴된 도시라고 설명했다. 시리아에서는 러시아의 공습이 반군이 장악한 지역의 시장과 병원을 겨냥하면서, 바샤르 알아사드 정부가 승리하도록 도왔다. 전장에서 승리하는 대신 민간인의 삶을 끔찍하게 만들어 고통을 멈추고 싶은 상대에게 항복을 압박하는 방식이었다.[9]

공포 폭격terror bombing은 대체로 군사적 승리를 낳은 기록은 별로 없지만, 그럼에도 널리 사용된다. 전문적 역량이 거의 필요하지 않기 때문에 훈련이 부족한 군대도 수행할 수 있다. 권위주의 지도자들과 국내 지지자들은 그 두드러진 폭력성에 만족한다.

다른 많은 국가들도 최근에 종족청소를 비롯해 민간인을 겨냥한 공포 작전에서 군사력을 활용하고 있다. 구舊유고슬라비아, 수단, 동티모르, 미얀마 등 여러 곳에서 진행된 군사작전이 이런 전략을 보여주었다. 에티오피아 정부가 티그라이 지역의 반군을 상대로 벌인 전쟁에서는 우크라이나 전쟁보다 더 많은 민간인이 살해되었다. 또한 인권 감시자들은 에티오피아 정부가 암하라에서 민간인을 겨냥한 드론 공격을 광범위하게 수행한다고 비난했다.[10] 모로코 드론 작전도 서사하라의 민간인들을 몰아내기 위해 비전투원을 표적으로 삼는다고 비난받고 있다.[11]

각국은 또한 자국민을 억압하고 통제하기 위해 전쟁과 무

AI 시대, 전쟁의 미래

관하게 국민을 상대로 군대를 동원하고 있다. 1989년 베이징 중심부에서 민주주의를 요구하는 민간인 시위를 진압하기 위해 중국 정부가 전차를 비롯한 군대를 동원해 벌인 톈안먼 광장 학살이 대표적이다. 1970년대 캄보디아에서 크메르 루주가 전체 인구의 4분의 1 가까이를 살해하며 벌인 유혈 통치 같은 극단적 사례들은 빙산의 일각에 불과하다. 권위주의 국가가 군사력을 이용해 자국민을 위협하고 겁박한 다른 사례들은 일일이 나열하기 어려울 정도다.

가해자가 비국가 행위자일 때 그들의 테러와 야만성은 한층 심각한 모습으로 나타날 수 있다. 이런 집단은 국가 군대에 기대되는 규범에 얽매이지 않으며, 자신들이 혐오하는 인구 집단에 잔학행위를 가할 가능성이 높다. ISIS와 보코하람 같은 이슬람 극단주의 무장단체에 속한 현대의 전투원들은 민간인을 학살하고 잔학행위를 벌이는 데 전혀 주저함이 없었다. 오히려 그 잔학함을 전략의 핵심 요소로 삼았다. 잔인한 비국가 폭력은 새로운 현상이 아니다. 1200년대 프랑스에서 벌어진 종교 전쟁에서 알비 십자군의 자원병을 이끌고 반역 도시인 베지에 앞에서 처음 명령을 외친 것은 가톨릭 수도사였다. "전부 죽여라. 주님께서 이단을 가려내실 테니." 그의 군대는 최대 2만 명에 달하는 도시민을 학살했다.

요컨대, 인간이 로봇 무기를 통제하는 경우, 비전투원을 표적으로 삼고 잔학행위를 저지르려고 할 때 윤리적 사용을 보장하지는 못한다. 잔혹한 힘은 언제나 군사적 기술보다 쉽게 이용

가능했다. 무차별적으로 고통을 가하는 것이 정밀한 표적 타격
보다 더 쉽다. 로봇 무기가 새로운 사용자들에게 확산함에 따라
많은 이들이 그것을 테러 무기로 사용할 것이다. 그런 사용자들
에게 로봇공학과 AI는 테러와 대량살상을 위한 새로운 기회를
제공할 수 있다.

로봇, 미래의 테러 무기

일부 분석가들은 로봇공학과 AI가 더욱 끔찍한 무기를 만
들어낼 수 있다고 우려한다. 하지만 정밀하고 선별적인 무기는
사무라이의 검처럼 그 자체로 끔찍한 것은 아니다. 그러나 정밀
성과 선별성이 목표가 아닐 때, 로봇공학과 AI는 악의적인 사용
자가 공포를 극대화하기 위해 활용할 수 있는 새로운 차원을 제
공한다.

위협을 위한 설계와 "섬뜩한 로봇"

로봇 설계자들은 로봇에 대한 인간의 반응을 형성하기 위
해 인간유사성anthropomorphism을 비롯한 여러 단서를 활용한다.
오늘날 그들은 듣기 좋고 인간적인 목소리, 부드러운 색감과 모
양새, 그밖에 안전하게, 심지어 매력적으로 보이는 단서 등 친
숙한 형태를 사용한다. 휴머노이드 로봇은 보통 호감형인 인간
의 얼굴판faceplate을 하고 있는데, 이는 미적 이유 외에 다른 목

   AI 시대, 전쟁의 미래

적은 없다. 디자인상의 이런 선택은 로봇과 상호작용하는 인간을 편하게 해주며, 불안을 줄이고 신뢰를 높인다. 무해한 서비스 로봇이나 공항 보안검색대처럼 가족이나 아이들과 상호작용하는 환경에서 일하는 로봇의 경우에는 타당한 설계다.

하지만 설계자들은 같은 원리를 반대 방향으로 적용하면서 디자인을 이용해 위협감을 고조하고 위험하고 무섭다는 감정을 증폭시킬 수도 있다. 초창기에 전차를 마주한 군인들은 종종 "전차 공포증tank fright"에 관해 이야기했는데, 그들은 전차만 보면 낯설고 위협적인 외양 때문에 사지가 마비된다고 토로했다. 설계자들은 특히 적 군인이나 민간인에게 의도적으로 노출하는 지상 로봇이나 드론을 통해 "로봇 공포증"을 증폭시킬 수 있다. 소름 끼치는 소리를 낼 수도 있고, 의도적으로 무시무시하거나 비인간적인 얼굴판을 붙이기도 한다. 또한 독성이 있는 곤충이나 파충류가 무의식적으로 위험을 경고하는 경계색, 날카로운 모서리, 고대비 색상같이 위험을 알리는 시각적 신호를 사용하기도 한다.

소프트웨어의 변이성

예측 가능성은 신뢰의 핵심 요소이며, 로봇의 경우에는 특히 그렇다. 하지만 생명체와 달리 로봇의 본성은 변경 불가능한 부분이 아니다. 로봇의 작동 소프트웨어는 언제든 교체할 수 있으며, 이로써 모든 행동 양태가 바뀌고 과거의 경험이 모두 무의미해지기도 한다.

생명체나 무생물은 그 본성이 변하지 않는다. 우리가 새로운 유형의 생명체나 무생물을 접하더라도 그들에 익숙해지면, 그 행동을 예측하거나 어떻게 다뤄야 하는지 알 수 있다. 개나 상어 같은 동물은 그 본성에 따라 행동한다. 개는 사람을 물기 때문에 위험할 수 있지만, 개가 으르렁대거나 짖어서 공격성을 표현하고, 꼬리를 흔들어 친근함을 표현한다는 걸 알기 때문에 그런 위험에 대처할 수 있다. 뜨거운 난로나 권총같이 위험성이 있는 사물도 이런 예측 가능성 덕분에 다룰 수 있다.

그런데 로봇의 소프트웨어는 아무런 경고나 외부 표시 없이 바뀔 수 있다. 업데이트 오류나 사이버 침입 때문에 이런 변화가 발생할 수 있다. 소프트웨어의 변이성 때문에 우리가 오늘 아는 로봇이 내일은 다른 로봇이 될 수 있다. 순한 로봇이 언제든 살인마로 바뀔 수 있는 것이다.

과학자와 철학자들은 인간의 정신이 물리적 존재, 특히 뇌와 어느 정도나 관계가 있는지를 놓고 논쟁을 벌여왔다. 철학자 길버트 라일은 정신을 신체와 별개의 것으로 보는 생각을 "기계 속의 유령ghost in the machine"이라고 규정했다. 하지만 로봇에 대해서는 논쟁이 벌어지지 않는다. 로봇의 하드웨어와 소프트웨어는 분명히 분리되며, 그 "정신"은 쉽게 바뀌기 때문이다.

아서 케슬러는 1967년 저서 《기계 속의 유령》에서 인간의 뇌에는 하등동물에서 흔히 관찰되는 초기의 원시적인 구조뿐만 아니라 합리적 사고를 제어하는 고등 구조도 들어 있다고 지적했다. 원시적 층위는 때로 합리적 논리를 압도할 수 있다. 어떤 상황에서는 증오, 분노, 공포가 이성을 제압하기도 한다. 로봇의 경우에 폭력이 빠른 속도로 이성을 대체할 수 있다. 한 간단한 사례에서 이스라엘 정보기관은 헤즈볼라 무장대원들에게 지급된 무선호출기와 무전기 수천 개에 폭발물을 심어서 무해한 전자제품을 살상 무기로 바꾸었다. 2024년 9월, 동시다발 폭발로 헤즈볼라 대원 30여 명이 사망하고 3000여 명이 부상했다. 소프트웨어 변경만으로도 정교한 로봇 장비를 위험 물질이나 원격조종 무기로 뒤바꿀 수 있다. 소프트웨어 변이성 때문에 로봇에 대한 인간의 신뢰는 영원히 제한될 것이다. 하지만 악의적인 통제자들은 소프트웨어를 조작해서 새로운 방식으로 혼돈과 공포를 일으킬 수 있다.

미친개의 공격

선별성이 뛰어난 로봇 무기를 만드는 것은 좋은 암 치료제를 만드는 것만큼 어렵다. 무차별적인 나쁜 로봇 무기를 만드는 것은 차라리 쉬우며, 따라서 나쁜 무기가 먼저 등장할 가능성이 높다. 소형 자율 폭발형 쿼드콥터인 튀르키예제 카르구-2Kargu-2는 2020년 리비아 내전에서 사용된 것으로 보이는데, 인간의 감독 없이 공격을 했고 결과도 불확실했다.[12] 앞으로 이런 사례가 속출할 게 분명하다.

서구의 정밀 전쟁 모델에서 치명적이면서도 무차별적인 무장 로봇은 신뢰하기 어렵고 효과도 떨어지는 무기로 간주된다. 하지만 비윤리적 국가나 비국가 집단이 지휘하는 테러 임무에는 안성맞춤일 수 있다. 그들에게는 치명적이고 무차별적인 무기가 목표이기 때문이다. 마치 광견병에 걸린 개를 떼거리로 풀어서 보행자를 쫓아다니며 물게 하는 것처럼, 이런 무장 로봇을 통제 불가능한 위험을 일으키는 수단으로 풀어놓을 수 있다.

스웜, 대량살상무기

군의 통제 아래에서는 반자율적 탄약 스웜이 집중 화력 공격으로 개별 표적을 압도하거나, 지뢰밭에 깔린 지뢰처럼 광범위하게 분산된 표적을 타격하는 데 더 강력하고 실용적일 수 있다. 하지만 체계적이지 않은 임무나 모호한 환경에서 이 무기를 사용하는 일은 예측 가능한 미래에 기술적·전술적으로 만만치 않은 과제가 될 것이다. 인간의 감독을 받지 않는 AI는 아직 전장의 복잡한 상황을 관리하지 못하며, 예측 불가능한 것처럼 행동하는 자기조직화 드론 스웜은 혼돈만 키울 것이다. 이런 스웜은 어설픈 신호 추적 무기에 과잉권한을 부여받은 무리에 불과할 뿐이다. 자율 탄약 스웜을 사용하는 데 따르는 어려움은 그것의 다수가 독가스 구름처럼 전장에서 효과적인 무기라기보다는 위험물일 수 있기 때문이다.

하지만 이 스웜에 살상력, 예측 불가능성, 빈약한 선별성이 결합되면 민간인을 표적으로 한 강력한 테러 무기가 될 수 있다. 군사적 결함이 버그가 아니라 오히려 장점이 된다. 다른 대량살상무기와 마찬가지로, 스웜은 정규군보다 테러리스트에게 더 유용할 것이다. "모든 인간"이나 "움직이는 모든 것"같이 조잡하기 짝이 없는 표적 신호를 이용하면, 테러리스트나 불법적인 무차별적 대량살상 공격을 정책 수단으로 삼는 권위주의 세력에게 매력적인 도구가 될 수 있다.

거리감과 비인간화

로봇 무기의 비윤리적 사용에 관한 많은 두려움은 군사용 로봇 기술이 그것을 사용하는 이들과 대상 사이에 거리감detach-ment과 비인간화를 조장하고, 그로써 전쟁을 부추길 것이라는 예상에 집중되었다. 이번에도 역시 우려는 타당하지만 방향이 잘못되었다.

서방 군대는 "버튼 하나로 벌어지는" 비인간적인 전쟁 시대의 정점을 한참 지났다. 전쟁의 비인간화는 2차대전의 전략 폭격과 냉전기의 핵 비상 훈련에서 정점에 도달했다. 2차대전 당시 전략 폭격기 승무원들은 지상과 거의 접촉하지 않았다. 그들은 종종 지도상의 좌표나 선도 항공기가 사전에 투하한 무선 신호기에 폭탄을 떨어트렸다. 폭격기 승무원들은 비유도 폭탄으로 발생한 무차별적인 파괴를 직접 보지 못했다. 다음으로 대공포 사수들이 하늘을 파편으로 채웠지만, 그들이 격추한 폭격기를 직접 보는 경우는 드물었다. 시인이자 육군 항공대 참전용사 랜덜 재럴은 전쟁이 끝난 뒤 그런 전투에서 느낀 소외감을 이렇게 묘사했다.

　　　　　　　　　9. 기계 속의 야수: 기계, 도덕, 어둠의 심연

소녀들의 이름이 붙은 폭격기에서
우리는 학교에서 배운 도시들을 불태웠다
우리의 삶이 다할 때까지,
우리 몸은 우리가 죽였으되 한 번도 본 적 없는 사람들 사
이에 누워 있었다.[13]

핵 탄도미사일 발사만큼 그 결과와 단절된 행위는 없다. 냉
전기의 어느 탄도미사일 잠수함에서 미사일 발사실은 아마 가
장 편안한 공간이었을 것이다. 훈련 중에 한 장교는 컴퓨터로
둘러싸인 가운데, 에어컨으로 시원한 고요한 공간에 놓인 부드
러운 의자에 앉아, 제어판에 "발사 의도"라는 요청이 뜰 때마다
방아쇠를 당겼다. 주변에 다른 장교들이 있고, 이중 안전fail-safe
절차의 압박에다 발사 순간의 긴장도 있었지만, 손가락 한 번
움직여서 수천 마일 떨어진 군사기지나 도시를 파괴할 수 있다
는 초현실적인 거리감은 사라지지 않았다. 다행히도 핵 보유 강
대국들의 책임감 덕분에 그런 시나리오가 현실이 된 적은 없
었다.

7장에서 다룬 "전략적 하사"의 사례가 보여주듯 오늘날에
는 전쟁이 훨씬 개인적이다. 일부의 기대와 달리, 로봇 무기의
등장으로 전쟁은 어느 때보다도 더욱 개인적인 일이 되었다. 몇
몇 비평가들은 대테러 전쟁에서 정찰-타격 드론을 사용하면서
초연한detached, 또는 "플레이스테이션식" 정신 구조가 생겨날
것으로 의심했다. 하지만 현실은 정반대였다. 드론 조종자들은

　　　　　　　　　　　　AI 시대, 전쟁의 미래

심지어 지상에 투입된 특수부대보다도 더 자주 생생한 폭력 장면을 근접 화면으로 목격했다. 공격 대상인 개인을 신중하게 선정한 뒤, 부수적 피해를 최소화하면서 공격하는 순간을 선택해야 하기 때문에 드론 조종자는 잠재적 표적을 지켜봐야 했다. 아침을 먹거나 아이들과 노는 일상생활까지 관찰해야 하는 탓에 과거의 전사들은 알지 못했던 친밀감이 생겨났다. 그런 장면을 지켜보고, 이후 공격 시간이 됐을 때 자신이 찰나의 순간에 내린 결정의 여파까지 목격하는 경험은 종종 고통스러웠다. 한 예로, 어떤 조종자는 테러 조직망 구성원 한 명을 드론 공격으로 죽이면서 그의 아이는 살려두었다. 그는 "아이가 다시 돌아와 산산이 흩어진 아버지의 신체 조각을 인간의 형체로 끼워 맞추는" 모습을 끔찍한 눈길로 지켜보았다.[14] 정찰-타격 드론 조종자와 무기 운용병은 극도의 감정적 고통을 호소했다. 기술이 제공하고 정밀성 교리가 요구하는 초현실적 친밀감 탓이 컸다.

정찰-타격 드론의 사례는 전쟁이 여전히 끔찍함을 보여줄 뿐만 아니라, 오늘날의 민주주의 국가 군대들이 정밀성을 달성하고 비전투원의 부상을 최소화하기 위해 전투원과 기술을 극한까지 밀어붙이고 있음을 보여준다. 브루킹스연구소의 한 연구에 따르면, 정보 역량과 표적 설정 역량이 무기 시스템의 정밀성을 따라잡는 데 10년 가까이 걸렸지만, 2012년에 이르면 민간인의 부수적 사망은 거의 0에 수렴했다. 공격 정확도가 "거의 완벽한" 수준에 도달했기 때문이다.[15] 부수적 피해 발생률을 극도로 줄인 무기와 여러 기술적 진보는 이러한 정밀성을 계속

  9. 기계 속의 야수: 기계, 도덕, 어둠의 심연

끌어올리고 있다.

우크라이나의 일인칭 시점 드론 조종자들은 적의 모습을 훨씬 근접해서 찍은 영상을 볼 수 있었다. 드론이 개활지에서 적 병사의 뒤를 쫓거나 참호나 은신처 안에 숨은 그들을 찾아낼 때, 조종자들은 종종 공포에 질린 적 병사의 마지막 순간을 보는 일도 많았다. 조종자들은 조국을 침략한 적 병사들을 표적으로 삼았기 때문에 대테러전 당시의 미군 드론 조종자들이 보고한 것보다는 감정적 트라우마나 도덕적 상처를 덜 겪었다고 보고했다.[16]

로봇 무기 비판자들은 간혹 이렇게 말한다. "자율무기는 공격의 비례성을 평가하고, 민간인과 전투원을 구별하고, 그 외 전쟁법의 핵심 원칙을 준수하는 데 필요한 인간의 판단력이 부족하다."[17] 미국을 비롯한 민주국가의 군대들은 여기에 동의한다. 현대 전쟁의 복잡성이 증대됨에 따라 버튼 하나만 누르고 로봇의 자율에 맡기는 전쟁의 효용은 오히려 약해진다. 불안정하고 불확실하며, 복잡하고 모호한 현대전의 환경에서 로봇 군사작전을 진행하려면 인간의 감독이 필요하다. AI는 운용자의 부담을 줄여주겠지만, 로봇 시대에도 "전략적 하사"의 역할은 계속될 것이다.

정밀성은 윤리적 사용을 가능케 한다

전쟁법(무력 사용을 규제하는 국제 협약의 해당 부분) 아래서 윤리적 행동을 개선하려면 정밀성이 필요하다. 성문화된 법률의 공식적 체계로 구성되지는 않았지만, 전쟁법은 전쟁에서 합법적인 무기 사용을 위한 세 가지 원칙을 규정한다. 첫 번째 원칙인 **구별**은 민간인이나 민간 목표물이 아니라 군사적 목표물을 공격의 표적으로 삼아야 한다는 뜻이다. 두 번째로 **차별**은 무기 사용이나 공격이 군사 목표물과 민간인이나 민간 목표물이 뒤섞여 있는 넓은 지역이 아니라 특정한 군사 목표물만을 대상으로 해야 한다는 뜻이다. 세 번째로 **비례성** 또는 자제는 예상되는 민간인 인명 손실을 최소화하고 민간 목표물의 과도한 상해나 손해를 줄이기 위해 무기 사용에 신중해야 한다는 뜻이다.

사실상 이 모든 원칙은 정밀성에 관한 선언이다. 무기의 군사적 효력을 높이는 정밀성과 확실성은 더 윤리적인 무기 사용을 가능케 하는 특징이기도 하다. 따라서 로봇 무기 발전의 목표와 군사 윤리의 목표는 밀접하게 연결된다. 예를 들어, 어떤 이들은 2차대전 중에 미국이 왜 아우슈비츠로 이어지는 철도선을 폭격하지 않았는지 묻는다. 유감스럽게도 당시에는 그렇게 정밀하게 공격할 수 있는 수단이 없었다. 장거리 폭격기가 할 수 있는 최선은 주변 마을들을 포함해 지역 전체를 융단폭격하는 것이었다. 운 좋게 폭격으로 선로만 손상할 수 있었더라도 몇 시간 안에 선로는 다시 복구되었을 것이다. 오늘날 우리는

   9. 기계 속의 야수: 기계, 도덕, 어둠의 심연

정밀무기로 철로를 파괴하면서도 인근의 민간인 수백 명이 희생되는 사태는 막을 수 있다. 이런 더 나은 윤리적 선택지가 가능해진 것은 로봇 무기 덕분에 정밀성(좀더 포괄적으로 말하자면 선별성)이 향상되었기 때문이다.

하지만 이렇게 개선된 선택지는 윤리를 중시하는 군대에만 의미가 있다. 버튼만 누르면 되는 초연한 무기는 테러 작전과 잔학행위를 수행하는 이들에게 매력적이다. 그들은 선별성을 중시하지 않고 비인간화를 오히려 유용한 특징으로 보기 때문이다. 이런 무기가 잔인한 정권이나 테러 집단, 범죄 카르텔이 추구하는 목적에 도움이 된다면, 인간 **관여형**human in the loop인지 인간 **감독형**human on the loop인지 여부는 중요하지 않다. 따라서 더 큰 우려는 로봇 무기가 전투 수단을 비인격화한다는 데 있지 않다. 진짜 문제는 로봇 무기를 어떤 목적에 사용하도록 규정할 것인지, 그리고 그 목적을 누가 정할지 제대로 된 논의가 필요하다는 것이다.

목표의 정의와 임무 지휘의 원칙

전투 같은 매우 복잡하고 모호한 환경에서 로봇은 언제나 인간과 팀을 이뤄야 할 것이다. 하지만 기술이 발전함에 따라 우리는 로봇이 일상생활뿐 아니라 군대에서도 광범위한 임무를 수행하며 스스로 작동하는 모습을 보게 될 것이다. 앞으로

   AI 시대, 전쟁의 미래

점차 분명해지겠지만, 로봇이 윤리적으로 행동하는지 또는 우리가 의도하는 대로 임무를 수행하는지 여부는 로봇이 추구하는 목표와 그 목표를 달성하기 위한 규칙을 어떻게 정의하는지의 문제와 관련이 있다. 인간이 로봇의 행동을 일일이 감독하는지 그렇지 않은지는 큰 문제가 아닌 것이다.

현대전에서 변화가 생기면서 하급 지휘관들은 한층 더 자율성과 주도성을 갖고 행동할 것을 요구받는다. 이런 상황에서 군사 지도자들은 휘하의 인간 전투원들과 관련해서도 똑같은 물음을 다뤄야 했다. 그 결과 정규 군대는 임무 지휘mission command 원칙을 마련하고 다듬고 있다.

임무 지휘는 현대 군사 지도부의 핵심 원칙이다. 지휘관의 의도를 명확히 전달하는 데 초점을 맞추는 임무 지휘는, 필요한 과제를 달성하기 위한 수단을 자세히 규정하기보다는 임무의 목적이나 바라는 목표를 하급자가 이해하게 만든다. 이런 유연성 덕분에 하급 지휘관들은 자신의 기술과 훈련된 주도성, 판단력, 창의성을 활용해 변화무쌍하고 예측 불가능한 상황에서도 바라는 목표를 달성하는 최선의 방법을 결정할 수 있다.[18] 지휘관은 바라는 최종 상태를 정의하면서 "무엇"을 해야 하는지 "왜" 하는지를 지시하는 반면, 하급 지휘관은 "어떻게" 할지를 구상한다.[19] 조지 패튼 장군은 이렇게 말했다. "사람들에게 어떻게 하는지를 말하지 말라. 무엇을 해야 하는지 말하면 그들은 기발한 창의력으로 당신을 놀라게 할 것이다."

임무 지휘는 신뢰를 전제로 하며, 따라서 휘하 군인들을 포

                    9. 기계 속의 야수: 기계, 도덕, 어둠의 심연

함해서 자국민을 믿지 못하는 독재 정부보다 민주국가 군대가 훨씬 광범위하게 채택한다. 기존에 확립된 교리는 바라는 최종 상태를 어떻게 정의할 것인지, 어떻게 위험을 평가하고 할당할 것인지, 그 외 임무 지휘의 많은 세부 사항에 관해 명확한 규정을 제공한다. 군대는 이런 접근법을 AI가 현실적으로 발휘할 수 있는 낮은 수준의 주도성·판단력·창의성과 로봇 무기에 부여되는 제한된 권한에 맞게 개조할 수 있다.

간단한 예로, 항공기가 적 항공모함을 폭격하라는 명령을 받았다고 가정해보자. 하지만 조종사는 악천후나 다른 문제 때문에 항공모함을 찾지 못한다. 이 경우 인근에 다른 적 항모가 보이면 대신 그것을 공격할 수도 있고, 또는 그보다 작은 다른 적 함선을 발견하면 2차 표적으로 공격할 수도 있다. 이런 공격은 모두 지휘관의 의도에 부합한다. 엄밀히 말해 적 함대를 우선순위에 따라 표적으로 선정해 공격하라는 것이기 때문이다. 임무 지휘는 행동반경에서 가장 가까이에 있는 전투원이 바라는 결과를 달성할 수 있도록 자율적으로 공격 계획을 조정하도록 허용하기 때문에 확실성과 효과를 높여준다. 또한 군사 윤리도 가능케 한다. 가령 적 항공모함으로 간주했던 대상이 가까이에서 살펴보니 민간 여객선으로 밝혀졌을 때, 조종사는 지휘관의 의도에 따라 공격을 중단한다.

임무 지휘에서 규정하는 권한의 분명한 정의는 AI 기반 로봇 무기에도 적용할 수 있다. 로봇 무기가 필요한 역량을 갖고 있다면, 엄격하게 제약된 한계 안에서 그런 권한을 행사할 수

AI 시대, 전쟁의 미래

있는 유연성은 확실성을 높이고 결과에 대한 통제력을 강화할 수 있다. 가령, 어떤 로봇 무기의 유일한 임무가 일련의 지리적 좌표를 타격하는 것뿐이라면, 여기에는 아주 제한된 권한만 부여된다. 의도한 표적이 그곳에 있든 없든 간에 무기는 그 지점을 타격할 것이다. 하지만 로봇 무기에 세심하게 권한을 부여한다면, 그 무기는 좌표 주변에서 의도한 표적을 탐색한 뒤 상황에 근거해서 공격을 수정할 수 있다. 그로써 원래 의도한 결과를 달성하면서 의도하지 않은 결과를 피할 수 있다.

임무 지휘는 인간 부하가 자기 나름의 자율성agency이 있음을 인정한다. 병사는 단순히 지휘관이나 국가가 휘두르는 무기가 아니라 전쟁법을 따르는 도덕적 행위자이자 전투원이다. 병사는 지각이 있는 존재이며, 상부의 명령에 따를 것인지를 포함해서 궁극적으로 무엇을 해야 하는지 스스로 결정한다.

로봇과 AI의 경우에는 임무 지휘 권한이 필연적으로 좀더 제한될 것이다. 로봇과 AI는 무기이지 독립적인 도덕적 행위자가 아니기 때문이다. 특히 전투 환경에서 자율성을 행사할 수 있는 로봇 설계를 가능케 하는 지각에 관한 응용과학은 존재하지 않는다. 따라서 현재나 미래의 군용 AI가 스스로 목적을 선택하기를 기대하는 것은 정당화될 수 없다. 그렇게 되면 AI는 인공 전투원이 될 것이다. AI는 자기 행동의 본질과 결과를 이해할 능력이 없다. 따라서 AI를 인간의 의지를 정확하게 실행하는 아주 스마트한 도구로 활용하는 것과 달리, AI가 자기만의 자율성을 행사하기를 기대하는 것은 법적 금치산자에게 무기

     9. 기계 속의 야수: 기계, 도덕, 어둠의 심연

를 쥐여주는 것과 비슷하다. 그렇게 되면 결국 통제와 확실성을 상실하고 로봇 무기의 애초 목적에서 벗어날 것이다. 그것은 과잉권한 부여의 터무니없는 사례이자 그 자체로 비윤리적 결정이 될 것이다. 임무 지휘 교리를 적절하게 적용하는 것은 이런 사태를 막는 데 도움이 된다.

로봇 전쟁의 윤리적 토대 쌓기

우리는 임무 지휘 원칙을 2장에서 소개한 두 가지 보완적 원칙, 즉 AI 기반 무기의 책임 있는 자율성을 보장하는 안정된 토대를 마련하기 위한 원칙과 결합할 수 있다. 임무 지휘는 적합한 인간 지휘관이 정의한 목표대로 임무를 수행할 수 있도록 제한된 자율성을 적용하는 틀을 제공한다. 여기에 군사 표적 설정 과정에서 제공하는 틀이 결합되면, 표적 선정 및 무력 사용과 관련된 고려 사항이 추가된다. 마찬가지로 이 틀은 지휘관에게 윤리적 책임을 부여하며, 인간이나 AI에게 권한을 위임한다고 해도 지휘관의 책임이 사라지는 것은 아님을 분명히 한다.

마지막으로, 2장에서 소개한 의료 윤리의 틀은 항암제 같은 비인간 행위자의 개별적 행위를 책임자격인 인간이 일일이 감독하거나 승인할 수 없는 경우, 그 상황에서 윤리적 책임을 어떻게 볼 것인지에 대한 문제를 다룬다. 이 틀은 선택성의 원칙에 초점을 맞추는데, 로봇 무기에 직접 적용할 수 있다. 군사

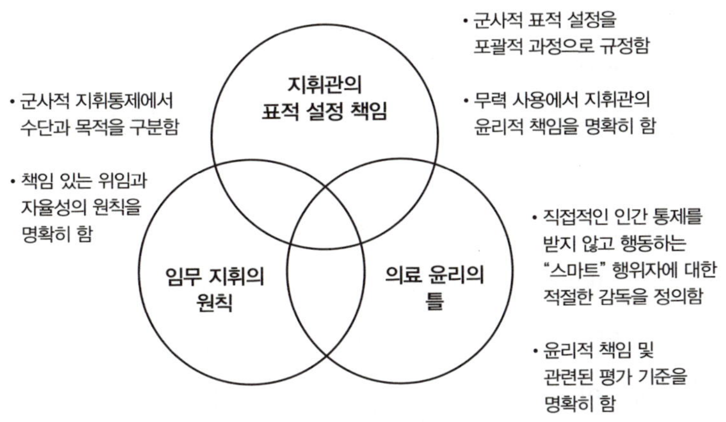

AI 기반 로봇 무기의 윤리를 위한 토대를 제공하는, 세 가지 확립된 틀의 교집합

적 표적 설정, 임무 지휘, 의료 윤리라는 세 가지 틀과 이것들을 뒷받침하는 방대한 문헌을 결합하면, 공적 토론에서 흔히 벌어지는 것보다 더 엄밀하게 군사 로봇에 관한 도덕적 문제들을 다룰 수 있는 틀이 만들어진다. 이 틀들은 자율적 결정에 관한 안전장치를 마련해주고, 로봇 행위의 윤리적 책임성에 관한 혼동을 피할 수 있는 명확한 책임 부여를 규정한다.

세 가지 틀 모두 자율적 행위 능력이 결여된 존재에게 윤리적 책임을 위임할 수 없다는 결론을 공유한다. 진정한 자율성은 아직 AI에게 가설적인 가능성에 불과하다. 따라서 우리가 예측할 수 있는 미래 시점까지는 인간 지휘관과 운용자가 로봇 무기의 선택과 사용에 대한 윤리적 책임을 계속 져야 할 것이다. 이 세 가지 틀은 이런 책임을 어떻게 수행할 것인지를 구체적으로 제시한다. 이 틀들을 신중하게 적용하면, 로봇과 AI의 향상되는 역량을 활용해서 윤리적 지휘관이나 운용자의 의도를 더욱 확실하고 정확하게 실행할 수 있고, 그 결과 더 윤리적이고 합법적으로 군사 행동을 하게 될 것이다.

단기적으로 보면, 우리는 현재 수준의 AI가 기술적으로 감당할 수 있는 방식으로 의도를 좁고 명확하게 규정할 필요가 있다. 가령 "이 한정된 경계 안에 있는 적 전차를 파괴하라" 같은 식으로 말이다. AI가 향상되고 로봇 시스템의 자율성이 높아지면, 그것들이 인간의 의도를 좀더 폭넓게 해석하리라 기대할 수 있다. 군 지도자들이 인간 하급자에게 위임하는 방식과 비슷하게 될 것이다. 그러려면 인간과 기계 사이의 근본적인 이해의 간극에 점차 직면해야 한다. AI에게 인간의 깊은 목적을 전달하려 할 때 우리는 전쟁과 폭력으로 나아가는 인간 충동의 동기와, 그런 동기를 기계가 해석하도록 요구할 때 생기는 위험이라는 문제를 해결해야 할 것이다.

로봇과 AI는 근본적으로 낯선 존재

인간이 호모 속屬의 다른 종을 모두 제거한 이래, 호모 사피엔스는 수만 년 동안 지구상에서 유일한 고등 지능 형태였다. 따라서 우리에게 익숙한 지능의 유일한 형태는 우리 자신의 지능이다. 하지만 앞으로 인류가 존속하는 한 우리는 평시나 전시나 우리 자신이 창조한 디지털 컴퓨터 지능과 함께 살아갈 것이다.

따라서 우리는 우리가 가진 특정한 형태의 지능이 유일하게 가능한 고등 지능이 아니며 어쩌면 예외적인 것일 수도 있음을 자각하게 된다. 우리는 우리와 다른 기원과 본성을 지닌 지능이 멀리 떨어진 행성들에 존재할지 모른다고 상상할 수 있다. 하지만 어떤 생명체도 디지털 AI만큼 우리에게 생소하지 않을 것이다. 우리가 아는 모든 생명체는 일정한 친연성을 공유한다. 대양의 영원히 어두운 심연 속에서 빛을 내는 바다 생물이나 끓는점에 가까운 뜨거운 온천에서 형형색색으로 피어오르는 박테리아조차 우리와 유사한 생물학과 유기화학에 따라 살아간다. 이와 달리, 컴퓨터 기반 AI는 분자 수준에서부터 다르다. AI는 탄소 기반의 유기 분자가 아니라 규소 결정에 바탕을 둔다. 그 근본 원리는 생화학적·아날로그적인 것이 아니라, 전자적이며 디지털적이다. AI는 언제든 껐다가 켤 수 있다. 소프트웨어는 하드웨어와 분리할 수 있고, 언제든 바꿀 수 있다. 생명체인 인간과 공통점이 거의 전무하다. 아예 살아 있는 존재라고 할 수도 없다. 디지털 인공지능은 우주의 가장 먼 곳에 사는 어떤 생명체보다도 우리에게 근본적으로 낮선 존재다.

폴란드 작가 스타니스와프 렘은 이질성 개념을 탐구한 여러 작품으로 유명하다. 박식을 자랑하는 1968년 소설 《주인님 목소리》에서 렘은 인간이 외계 지능이 보내는 신호를 이해하는 데서 겪을 수 있는 어려움을 탐구한다. 책에서 그는 "할머니 별세, 장례식 수요일"이라는 간단한 전보는 모든 인간 언어로 이해될 수 있다고 말한다. 인간 생명 전체에 공통적인 보편적 개념(모성, 죽음과 의례, 날짜의 경과)으로 구성되어 있기 때문이다.[20] 하지만 렘은 지구상에도 이런 개념을 경험하지 못하는 유기체가 존재한다고 지적했다. 영원한 어둠 속에서 살거나, 성적으로 번식하지 않거나, 암세포처럼 생물학적으로 불멸인 생명체가 그런 경우다. 그는 외계 지능이 완전히 이질적인 존재이기 때문에 이런 개념을 경험하지 않았을 수도 있다고 말한다. 그렇다면 어떤 공통된 개념으로 우리가 그것을 이해하거나 그것이 우리를 이해할 수 있을까? 하지만 바로 컴퓨터 기반 디지털 AI가 그런 지능이다.

딥러닝 AI는 인간을 모방하도록 훈련받았기 때문에 인간을 모방하는 방식으로 행동한다. 하지만 딥러닝 자체는 인간적 과정이 아니다. 딥러닝 AI 시스템은 인간이 만들어낸 훈련용 데이터로부터 미묘한 패턴을 식별하고 복제할 수 있지만, 그렇다고 해서 인간과 비슷해지는 것은 아니다. 로봇은 자발적으로 인간적 행동을 보이지 않는다. 엔지니어들은 인간 형태로 로봇을 만들고 마치 춤추는 것처럼 그들을 움직이게 할 수 있지만, 정말로 그들이 춤을 추는 것은 아니다. 마찬가지로, 군용 전투 로봇은 진짜로 싸우지 않는다. 자신에게 낯선 행동을 모방할 뿐이다.

우리의 물리적인 인간 현실에서 작동하는 이런 로봇이나

AI는 낯선 땅에 갇힌 이방인 신세로, 자신이 관계를 맺을 수 없는 사물들에 둘러싸여 있다. 우리는 기계 지능이 전쟁 같은 인간 고유의 현상을 정말로 이해하리라고 기대할 수 없으며, 거꾸로 우리도 인간의 영향을 받지 않은 채 진화하는 디지털 실리콘 세계의 현상을 이해할 수 없다. 전쟁은 모든 인간 행동 가운데 가장 낯설고 공감할 수 없는 행동일 것이다. 전쟁의 가장 기본적인 정의, 즉 같은 종 안에서 다른 집단을 상대로 조직적으로 가하는 치명적 폭력은 지구상의 다른 어떤 동물도 우리와 공유하지 않는 관습이며, 컴퓨터와는 더더욱 무관한 것이다.

이 점이 중요한 것은, 로봇과 AI가 전쟁에서 한층 암묵적이고 직관적인 결정을 내리기를 기대한다면, 우리가 그 안에 인간 특유의 합리성(우리가 같은 인간 종의 다른 성원들과 싸워서 죽이도록 유도하는 합리성)을 코드로 만들어 내장해야 하기 때문이다. 우리가 군사용 AI에 더 많은 자율성과 권한을 부여할수록, AI는 이런 위험하고 모호한 관습을 더 폭넓게 해석하도록 요구받는다. 우리 자신조차도 그런 관습을 언제나 이해하는 것은 아닌데 말이다. 우리가 군사용 AI에게 인간과 비슷한 판단력을 보일 것을 요청할수록, 그릇된 해석과 끔찍한 오류의 가능성도 함께 커질 것이다.

    9. 기계 속의 야수: 기계, 도덕, 어둠의 심연

내면의 야수

우리가 AI에 대해 느끼는 두려움은 대부분 투사projection에 기반한다. 가령, 많은 이들이 가상의 초지능적이고 지각 있는 AI가 인간을 위협으로 인식하고 우리가 자신을 해치기 전에 우리를 파괴할 것이라고 두려워한다. "의식"을 얻는 순간, AI는 불안과 존재론적 공포, 권력 충동에 따라 움직이고 자기방어 수단으로 폭력을 선택할지 모른다는 것이다. 그런 공포는 비슷한 상황이라면 우리가 행동하는 것처럼 AI도 행동할 것이라는 가정을 기반으로 한다. 이런 공포와 전망은 AI보다는 오히려 인간 종에 관해 더 많은 것을 말해준다. AI 자체로는 살인하려는 의지가 없으며 음식에 대한 식탐도 성욕도 느끼지 않는다. 그런 정념은 전자 컴퓨터에게 완전히 낯선 것이다. AI가 그런 식으로 "생각"하고 행동하는 유일한 이유는 인간이 그렇게 하도록 훈련시켰기 때문이다. 하지만 그 훈련은 우연적일 수도 있다. 우리가 제공하는 인간 생성 훈련용 데이터 속에 깊이 내장된 주제와 패턴이 그런 것이기 때문이다.

미래의 로봇과 AI는 인간 행동에서 잘못된 교훈을 추론할 기회가 많을 것이다. 로봇과 AI는 멀리 내다볼 필요가 없다. 우리 안에, 표면 아래에 여전히 어둡고 야만적인 충동이 도사리고 있음을 보여주는 사례가 많이 있다. 표면을 살짝 긁거나 이론과 규율의 층을 벗겨내면 종종 어둠의 심연이 고스란히 드러난다. 우리가 창조하는 로봇과 AI가 위험한 것은 인간이 위험하기 때문이다. 바로 우리가 '기계 속의 야수'다.

제노사이드 이후의 르완다에서 평화유지군과 언론인들은 거의 모든 주민이 학살당한 한 마을을 발견했다. 열 살이 채 되지 않은 어린 소년의 시신이 한가운데 누워 있었는데, 누군가 휘두른 마체테에 목이 반쯤 잘린 상태였다. 소년의 얼굴에는 아무 표정이 없었지만, 선명한 멜론 조각처럼 벌어진 상처는 이성이니 덕성이니 하는 인간의 주장을 비웃고 있었다. 바다처럼 넘쳐나는 시체를 돌아보던 한 군인이 중얼거렸을지 모른다. "이건 전쟁이 아니야." 하지만 그것은 전쟁이었다. 문명이라는 허울이 전부 벗겨진 전쟁.

이름 없는 어느 나라에서는 소수의 무장한 10대 무리가 한 마을을 공포로 몰아넣고 살인과 강도짓을 일삼았다. 당국의 보호를 전혀 받지 못한 채 겁에 질리고 격분한 마을 사람들은 그 패거리를 기다리며 매복했다. 소년 둘은 도망쳤지만 마을 사람들은 그들과 함께 있던 10대 소녀 한 명을 붙잡았다. 군중은 여자애를 두들겨 팬 뒤 거리 한가운데에서 불을 붙였다. 불길이 가라앉았을 때 소녀는 숯처럼 그을렸지만 그래도 몸이 조금 움직였다. 군중 가운데 몇이 머뭇거리며 생각에 잠긴 듯 내려다보았다. "우리가 무슨 짓을 한 거지? 도와줘야 하나?" 잠시 뒤 다른 몇 명이 석유 한 통을 소녀에게 끼얹었고, 군중이 환호성을 지르는 가운데 옆에 있던 이들은 물러서야 했다.

유럽의 2차대전은 독일 전차가 폴란드 국경을 넘어선 순간에 시작된 게 아니다. 수년 전 독일의 일반 국민들이 특정 인간 집단은 인간 이하이며, 박해와 대량학살이 그들 자신이 번영으로 나아가는 길이라는 제노사이드의 시각을 받아들였을 때 시작된 것이다. 전쟁은 전장에서 벌어지기 전에 이미 야간에 모인 군중, 거리 폭동, 포그롬* 속에서 태어났다.

야만적 경향은 이방인에게만 한정되지 않는다. 감정이 격해지면 모든 인간에게 호소력을 발휘한다. 공포와 분노, 사랑하는 이를 지키려는 열망은 평온한 대낮의 햇살 아래서는 상상조차 하지 않을 법한 일을 하도록 유혹한다. 우리가 안전하다고 느끼는 상황에서 보이는 태도와 행동은, 그런 안전감이 산산이 부서지면 순식간에 달라질 수 있다.

과거의 위기들을 통해 우리는 미국 국민과 지도자조차도 군대가 비례성이나 차별성 원칙을 내팽개치고 어떤 적과 "글러브를 벗고 화끈하게 싸우도록" 요구할 수 있음을 안다. "폭격을 퍼부어 석기시대로 돌려놓자" 같은 호소는 언제나 군중을 열광시킨다. 베트남 전쟁,[21] 9·11 이후 알카에다를 상대로 벌인 전쟁,[22] 아프가니스탄 탈레반과의 전쟁,[23] ISIS를 상대로 한 전쟁[24] 등 미군이 "글러브를 벗고" 제한 없이 무력을 행사해야 한다는 요구가 거듭 등장했다.

그 모든 한계에도 불구하고, 21세기 현대 민주주의 국가의 정규 군대는 종종 폭력 충동을 완화하고 조절하는 합법적 절제, 합리성, 규율의 보호막 기능을 한다. 이런 보호막은 어둠의 심

---

* 특정 민족·종교 집단을 표적으로 삼아 벌어지는 집단적 폭력.

　　　　　　　　　　　　AI 시대, 전쟁의 미래

연으로부터 우리를 차단하고 우리 자신으로부터 우리를 지켜
준다. 우리는 적을 폭격해서 석기시대로 돌려놓자고 요구할지
모르지만, 정작 자신이 폭격기의 조종석에 앉게 되면 수많은 계
기와 제어판에 어리둥절해져 군인에게 대신 해달라고 요청해
야 할 것이다. 해군 함정의 전투정보실과 핵미사일 격납고 역시
만만치 않게 복잡해서 훈련받은 전문가의 손이 필요하다. 그 전
문가들 또한 훈련 과정에서 규율과 자기통제, 전쟁법을 배울 것
이다. 그들은 군인의 명예 개념을 내면화할 것이며, 이는 무엇
보다도 비전투원의 생명을 보호할 것을 요구한다.

　로봇공학과 AI 때문에 전쟁이 너무 사용자 친화적으로 바
뀐다면, 우리는 그런 보호막을 대부분 잃어버릴지 모른다. 군중
의 연호에 호응하는 지도자들이 군 당국에 대해 이런 결정을 내
릴지도 모른다. "우리에겐 군대가 필요하지 않다. 우리가 직접
명령을 내리면 되니까."

　현대전은 고도로 기술적이고 전문화되었으며, 과학적으로
바뀌었다. 하지만 편도체 같은 우리 인간 두뇌의 원시적 부위는
다른 무엇과도 달리 여전히 폭력에 의해 자극받고 격분하며 활
기를 얻는다. 원시적 두뇌는 이성과 문명화된 습관을 압도할 수
있다. 헤비급 복서 마이크 타이슨은 "누구나 계획이 있다. 얼굴
에 한 방 맞기 전까지는"이라고 말했다. 폭력은 가장 강력한 마
약이다. 오늘날 테러 공격이나 총기 난사, 시민 소요를 목격할
때 우리가 보이는 반응을 보면, 어떤 차원에서는 여전히 그 야
수가 우리 안에 남아 있음을 깨닫게 된다.

사회적 동물인 인간은 선천적으로 공감과 연민을 느끼는 능력이 있다. 하지만 이런 능력은 종종 자기가 속한 집단의 일부라고 여기는 이들에게만 국한된다. 외부자나 위협이라고 느끼는 이들에게는 비정함과 잔인성을 드러내는 독특한 특징 또한 지니고 있다. 척추동물 가운데 오직 우리와 가장 가까운 사촌인 침팬지만이 전쟁과 유사한 행동을 하며, 영역 싸움을 하는 동족 집단을 상대로 드물게만 잔인하게 학살한다. 연구자들은 수컷 침팬지 무리가 다른 집단의 구성원을 둘러싼 뒤 상대를 때려죽이고, 암컷들은 새끼를 손으로 찢어 죽이는 모습을 목격한 바 있다.[25]

우리 안에 잠재한 폭력적인 동물혼animal spirit은 야만적인 신savage deities처럼 문명이라는 사슬에 묶여 있지만, 그 지하 감옥은 지면 아래 깊숙한 곳에 있지 않다. 우리가 증오나 분노, 공포에 휘둘리거나 사랑하는 이를 지키려는 충동이나 복수의 열망에 휩싸인다면, 그런 정념을 억제하는 이성과 합법성의 족쇄를 부숴버릴지도 모른다. 그리고 만약 미래에 그런 원시적 전쟁의 신들이 깨어나면, 우리가 준비해둔 로봇의 몸으로 들어갈 수도 있다.

요컨대, 인간처럼 행동할 수 있는 군사용 로봇과 AI에 대해 우리가 무엇을 바라고 기대하고 있는지 신중히 생각해야 한다. 전쟁에서 인간의 의도를 폭넓게 해석하고 인간 행동을 모방할 수 있는 디지털 AI를 만드는 일은 근본적으로 어렵다. 특히 폭력적인 위기 상황에서 진정으로 인간처럼 행동하는 AI를 창조하는 데 성공한다면, 그 결과를 후회하게 될지도 모른다.

다행히도 중단기적 미래에서는 아직 미성숙한 기술 덕분에 AI와 로봇 무기의 자율성과 권한이 제한된다. 현재의 로봇 시스템은 장시간 스스로 작동을 유지할 수도 없다. 하지만 먼 미래에는 상황이 바뀔 수 있다. 무한한 자율성과 권한을 부여받은 로봇 무기는 전쟁의 성격(우리가 사용하는 무기와 전술)만이 아니라 궁극적으로 전쟁의 본질, 즉 인간 활동으로서의 전쟁 자체를 바꿔버릴 것이다.

우리 앞에 놓인 선택

새로운 세력들이 로봇 무기를 손에 넣는 것을 막기란 불가능할 것이다. 하지만 인류가 새롭게 떠오르는 강력한 군사 기술의 위험성을 성공적으로 헤쳐 나가고 그것을 윤리적 경로로 인도하려면, 인권과 전쟁법을 옹호하는 국가들의 윤리적인 군사 당국이 로봇 무기 분야의 우위를 유지해야 한다. 무모한 권위주의 국가나 폭력적인 비국가 집단 등 많은 굶주린 파괴자들에게 우위가 넘어가면 재앙의 위험성이 크게 높아질 것이다.

일부 우려하는 사람들은 이에 반대하며 미군 같은 민주국가의 군대도 과거에 학대나 남용을 저질렀다고 지적할지 모른다. 맞는 말이다. 하지만 정부나 집단마다 학대나 전쟁범죄를 다루는 방식에는 엄청난 차이가 있다. 전혀 똑같지 않다. 가령

   9. 기계 속의 야수: 기계, 도덕, 어둠의 심연

이라크 전쟁 당시 일부 미군 병사들이 포로를 학대했다. 무려 수십 명의 수감자가 이런 학대 때문에 직간접적으로 목숨을 잃었을지 모른다. 독립 언론 보도와 공식 조사로 진실이 드러났다. 이 뉴스가 나왔을 때 나는 구역질이 났다. 이 사건은 국가적 수치가 되었고 그래야 마땅했다. 교도관 12명이 다양한 혐의로 유죄 판결을 받았다. 이와 대조적으로, 시리아 내전 중에 시리아 관리들은 독재자 바샤르 알아사드의 감옥에서 1만 4000여 명의 수감자를 고문했고, 그중 6700구가 넘는 시신이 사진으로 기록되어 있다.[26] 그러나 시리아 정부는 어떤 조사도 하지 않았다. 가해자는 단 한 명도 사법 처리되지 않았다. 적어도 2024년 말 아사드 정권이 전복되기 전까지는. 오히려 잔학행위를 폭로한 이들이 목숨을 부지하기 위해 도망쳐야 했다. 이런 잔인한 죽음은 범죄나 일탈로 간주되기는커녕 국가 정책에 따른 운영으로 여겨졌다.

마찬가지로, 일부 관찰자들은 민주국가의 군대에서 수행한 작전에서도 민간인이 사망한 적이 있음을 정확하게 지적한다. 유감스럽지만 그런 사고는 지금도 벌어진다. 하지만 적대 세력들이 무분별하게 민간인을 표적으로 삼는 행위와는 비교가 되지 않는다. 적대 세력의 행동 자체가 그들 스스로 그런 차이를 알고 있음을 보여준다. ISIS 같은 많은 적대 세력은 미국과 동맹 민주국가들이 비전투원이나 민간 시설에 해를 끼치는 것을 꺼린다는 걸 잘 안다. 그래서 걸핏하면 그런 상대의 주저함을 이용해 군사적 우위를 점하려고 한다. 민간인을 인간 방패로 삼는 경우가 대표적이다.

러시아, 중국, 이란, 북한 등 인권을 존중하지 않는 독재 정권들이 로봇 무기와 군사용 AI 분야에서 세계를 선도하게 된다면, 로봇과 AI의 윤리에 대한 우리의 도덕적 우려는 무의미해질 것이다. 비국가 세력이 혁신을 이끌거나 의제를 좌우하게 된다면, 상황이 더욱 나빠질 것이다. ISIS가 소형 상용 취미용 드론에 무기를 장착하는 방법을 발명했을 때, 그들은 또한 수만 명의 민간인을 학살하고 텔레비전에서 포로의 목을 자르고 있었다.

미래를 내다보면, 전투에서 AI를 사용하는 문제에 관해 답해야 할 곤란한 윤리적 질문들이 여전히 많다. 각각의 군사적 응용 분야에서 인간의 통제·판단과 AI의 권한 사이의 적절한 경계선은 어디에 그어야 할까? 능동 방어 시스템처럼 본질적으로 방어용인 시스템과 공격 역량을 갖춘 시스템은 도덕적 경계가 서로 달라야 할까? 다른 무인 시스템을 파괴하는 용도로만 쓰는 시스템과 인간의 생명을 앗아갈 수 있는 시스템은 각각 다른 경계선을 그어야 할까? 애당초 그렇게 구분하는 것이 가능할까?

오늘날 우리 앞에 놓인 시급한 도덕적 질문은 다음과 같다. 로봇 군사 혁명은 이런 윤리적 질문에 괴로워하는 이들에 의해 주로 통제될 것인가, 아니면 그런 문제에 아랑곳하지 않는 이들에게 지배될 것인가? 바야흐로 로봇공학과 AI는 불가피하게 전쟁을 변모시키고 있다. 우리에게는 이것들을 군사 용도로 책임 있게 활용하기 위한 복잡한 문제를 다룰 수 있는 틀이 있다. 하지만 윤리 따위에 아랑곳하지 않는 이들에게는 전장으로 가는 길이 훨씬 짧다. 우리가 속도를 높이지 않으면 그들이 먼저 도착할 것이다. 그들의 규칙이 전쟁을 지배할 것이며, 그들은 그 규칙을 법적 틀이나 국제 협정이 아니라 폭력을 통해 기정사실로 만들어버리고 총의 힘으로 강요할 것이다.

10

앞으로의 방향

예비역 장교로서 미 공군 과학기술 분야를 지원하는 직무 외에도 나는 여러 해 동안 민간 부문에서 연구개발 중심 기업들이 전략적 변화를 헤쳐 나가는 일을 돕고 있다. 파괴적 변화의 물결 속에서 업계 선도 기업이 살아남도록 체질을 바꾸고 방향을 돌리는 일은 경영에서 가장 어려운 도전과제 중 하나다. 이제 막 패배 일보 직전에 있음을 깨달은 군대를 이끌고 다시 기운을 내 승리하게 만드는 일과 공통점이 많다. 두 경우 모두 가장 힘든 부분은 급변하는 상황이 불러오는 마비감을 극복하는 일이다.

디지털이큅먼트 코퍼레이션의 최고경영자와 이사회가 겪은 충격을 상상해보라. 1980년대 말 이 회사는 메인프레임 컴퓨터 산업의 선두 주자로서 승승장구했다. 직원을 12만 명이나 고용하고 기록적인 판매고를 올리고 있었다. 미국에서 가장 수익성 높은 기업 중 하나였다. 신흥 분야인 개인용 컴퓨터는 사소한 위협에 불과했다. 하지만 불과 2년 뒤 디지털이큅먼트는 적자를 내고 있었다. 이사회는 최고경영자를 해임했고, 곧이어 회사 인력 절반이 정리해고되었다. 6년 뒤, 급성장하던 PC 제조사 컴팩이 그 회사에 남아 있던 자산을 인수했다. 변화는 시작되자마자 너무 급속하게 진행되어 회사 경영진들은 도무지 무엇을 해야 할지 갈피를 잡지 못했다.

비슷한 예로, 2차대전 초기에 프랑스 장군들은 서유럽에서 강력한 위치에 있었다. 마지노선이라는 거대한 첨단 기술 방어선 뒤에 자리하고 있어 안전한 데다가, 독일군보다 수나 성능에서 앞서는 전차를 보유한 터라 자신만만했다. 하지만 독일군이 전격전이라는 새로운 전술을 구사하며 공격에 나선 직후, 프랑스 장군들은 독일군 기갑사단이 이미 그들 뒤에 들어와 있다는 것을 알고 충격을 받았다. 시간 단위로 나빠지는 전황을 보고받고 그들은 마비 상태에 빠졌다. 휘하 군대가 붕괴하는 것을 막기 위해 할 수 있는 일이 없었다. 몇 주 만에 프랑스는 항복했다. 나고르노-카라바흐의 아르메니아군도 비슷한 경험을 했다. 아제르바이잔의 로봇 공격으로 패닉 상태에 빠지자 사태의 흐름을 바꾸는 게 거의 불가능했다.

파괴에 대처하는 가장 좋은 때는 위기가 자리를 잡기 전이다. 그때에는 대개 기존의 지배적인 기업이나 군대가 파괴자보다 역량이나 재능, 돈이 많다. 원칙적으로 그들은 효과적으로 대응할 수 있어야 한다. 유감스럽게도, 업계 선도자는 종종 자만심에 빠져 커지는 위협을 제대로 보지 못한다. 파괴가 위기로 바뀌고 나면 행동해야 한다는 걸 깨닫지만, 무엇을 해야 할지 알지 못한다. 그때쯤이면 상황이 눈덩이 구르듯 순식간에 전개되어 상황을 연구하고 선택지를 취합할 수 있는 여력도 없다.

끔찍한 일이었지만, 우크라이나 전쟁은 오늘날의 주요 민주주의 국가들에 퍼진 자족감을 불식시키는 데 도움이 되었다. 각국 군대는 로봇 전쟁에서 일어날 혁명이 초기에 미칠 효과를 전장에서 목격할 수 있었으며, 대응 방향을 모색하고 있다. 이제 과제는 위협을 인정하는 데에서 위협에 맞서 무엇을 해야 할지 파악하는 것으로 바뀌었다.

하지만 행동을 가로막는 장벽들 때문에 효과적인 대응이 어려워지고 있다. 미국이나 영국, 일본 같은 군대는 재정 자원이 많아 보이지만, 거의 모든 예산이 이미 지불해야 하는 비용을 충당하는 데 묶여 있다. 기존 장비와 기지의 운영, 유지 비용에다가 현역과 예비역 군인들의 급여와 수당까지 더해진다. 현대화 예산으로 할당된 금액의 대부분은 대규모 방위 조달 프로그램에 묶여 있다. 그 예산은 전통적 플랫폼의 새 버전을 구매하고 그 플랫폼을 지원하는 거대한 산업 생태계를 지탱하는 데 소요된다. 미 공군과 해군은 대테러 전쟁 시대의 프레데터식과 리퍼식 정찰-타격 드론을 넘어서는 무인기를 실전에 거의 배치하지 못하는 이유 중 하나로 예산 제약을 꼽고 있다. 영국 공군은 2020년에 드론과 무인 항공기 실험을 위한 시험부대를 창설했지만, 4년 뒤에도 드론을 구입하지 못했고 실험도 진행할 수 없었다. 영국 국방조달 담당 장관은 다른 우선순위에 밀려 시험

부대 예산이 책정되지 않았다고 인정했다.[1]

인구학적 압력도 움직임을 저해하고 있다. 미군은 현재 사막의 폭풍 작전 당시에 비해 40퍼센트 적은 해군과 공군 병력으로 점점 커지는 세계적 책임을 감당하려 노력하는 중이다. 고령화가 빠르게 진행 중인 일본은 18~26세의 모병 적령 인구가 1994년에서 2021년 사이에 38퍼센트 감소했고, 2014년 이래 매년 모병 목표를 달성하지 못했다.[2] 영국은 최근에 해군 군함을 예정보다 일찍 퇴역시킬 수밖에 없었다. 충분한 수의 함정 승무원을 모집하거나 유지할 수 없었기 때문이다.[3] 장기적으로 보면, 로봇 전쟁을 수용하면 이런 인구학적 압력을 줄일 수 있다. 하지만 그전까지 지금 당장 시급한 필요 때문에 미래에 대한 우려는 우선순위에서 뒤로 밀리게 될 것이다.

그러나 최근 벌어지는 충돌의 증거는 이미 우리 앞에 파열이 닥쳤음을 보여준다. 그 시점에, 지도자들은 '우리는 무엇을 해야 하는가'라는 질문에 곧바로 답을 주는 규범적 지침을 원한다(기업 지도자들도 종종 내가 몸담았던 곳과 같은 경영 컨설팅 회사들에게 빨리 그런 답을 내놓으라고 요청한다). 이 장에서는 로봇 혁명을 신속하게 헤쳐 나가기 위한 규범적 지침 몇 가지를 요약해 보도록 하겠다.

우리가 해야 하는 일

로봇 혁명을 헤쳐 나가기 위한 네 가지 기본 과제가 있다. 첫째, 당장 첫 번째 물결인 로봇 무기와 정밀 전장의 현실을 받아들여야 한다. 둘째, 두 번째 물결인 로봇 시스템에서 신속하게 주도권을 장악해야 한다. 셋째, 로봇공학과 AI를 활용하는 전략과 전술을 개발하는 데 선두에 서야 한다. 그리고 넷째, 방위 산업 기반의 구조개혁에 신속하게 착수해야 한다.

첫 번째 물결, 로봇 무기를 즉시 수용하라

최근 미 공군 장관은 이렇게 말했다. "우리는 전쟁을 하고 싶지 않다. 우리는 전쟁을 막고 싶으며, 충돌을 막는 길은 상대편에게 우리의 저항 의지와 침략을 물리칠 수 있는 역량을 확실히 보여주는 것이다."[4] 우리는 침략자들이 새로운 로봇 무기를 우리에게 사용할 여지를 주는 취약성의 창을 만들지 말아야 한다. 우리는 아제르바이잔이 아르메니아를 기습하거나 이란과 후티 반군이 사우디아라비아를 기습한 것처럼, 적들이 아직 대비되어 있지 않은 우방국 군대를 상대로 첫 번째 물결의 정밀 로봇 전쟁을 벌이려는 위협을 차단해야 한다. 또한 저렴한 신형 정밀무기 및 그와 함께 작동하는 모든 장비를 실전 배치해야 한다. 여기에는 센서, 네트워크 연결, 지휘통제 등 완전한 킬 웹*이

---

*   기존의 킬 체인kill chain을 확장한 첨단 군사작전 개념으로, 인공지능·사이버전·

　　　　　　　　　　　　　　10. 앞으로의 방향

포함된다. 우리는 3장에서 이야기한 것처럼 맥심의 경고에 귀를 기울이고, 무기-표적 비대칭 때문에 우리 군사력의 핵심을 이루는 대형 유인 플랫폼이 전투에서 생존할 가능성이 점차 낮아지는 현실을 받아들여야 한다. 이런 플랫폼과 그 승무원 및 기지는 현재 군사 예산의 대부분을 차지하며, 아직 우리에게는 그것들을 대체할 대안이 없다. 따라서 단기적으로 우리는 그런 플랫폼과 기지를 소형 정밀무기에 대항하는 최대한 많은 능동 방어망으로 가득 채워야 한다. 또한 각국 군대는 소형 정밀무기, 특히 직선 시야 밖에 있는 표적과 교전할 수 있는 정밀무기를 다수 보강해서 이런 플랫폼의 살상력 밀도를 높여야 한다. 보편적 정밀성은 우리 군대가 직면할 적군이 아니라 우리가 휘두르는 위력이 되어야 한다.

우리는 또한 분산, 위장, 은폐 같은 조치를 적극적으로 수용해야 하며, 여기에는 기지처럼 전통적인 후방 지역도 포함된다. 또한 전자전 같은 여러 역량도 확대해야 한다. 이런 조치를 가속화함으로써 주요 민주국가 군대는 보편적 정밀성의 시대에 전투를 대비하고, 기존 플랫폼과 전력의 노후화를 지연시킬 수 있다.

전자전 등을 활용해 다층적이고 유기적인 공격·방어 체계를 구축하는 전략을 말한다 (본문 111~112면 참조).

두 번째 물결, 로봇 시스템의 주도권을 장악하라

이런 첫 번째 물결에 적응을 마치면 시간을 벌 수 있다. 다음 목표는 최대한 빠르게 두 번째 물결에 도달하고 수용하는 것이다. 이것은 주요 민주국가들이 지속적인 군사적 우위를 재확립할 최고의 기회다. 군사 플랫폼의 급진적 구조개혁이 이루어지면 기동이 회복되고 정밀 전장의 압박을 회피할 수 있다. 잠재적인 새로운 로봇 플랫폼의 캄브리아기 폭발은 판도를 바꿀 새로운 개념들에 무한한 가능성을 제공한다. 군사용 로봇의 고유한 전술적 이점을 가장 잘 구현하는 플랫폼이 두 번째 물결을 지배할 것이다.

두 번째 물결에서 주도권을 확보하려면 먼저 분리dissociation의 문제를 해결해야 한다. 드론 편대 같은 대규모 집단을 단일 운용자가 통제하는 문제, 자율적 병참, 네트워크로 연결된 작전과 오프라인 작전의 원활한 전환 등에서 핵심적인 돌파구를 마련해야 한다. 전력을 투사해야 하는 미국을 비롯한 그 외 나라들은 전략적 기동성을 위해 플랫폼을 통합했다가 작전 전개 시점에 맞추어 분리하는 능력도 필요하다. 우리는 전투용 AI에서 중요한 진전을 이루어야 한다. 로봇 플랫폼과 분리된 각 단위는 활주로에 의존하지 않는 공중전력 등 판도를 뒤바꾸는 광범위한 새로운 역량을 제공할 것이다. 이런 발전은 로봇전의 역사가 우리에게 보여주듯 결정적으로 중요한 특성에 중점을 두어야 한다. 낮은 부담, 낮은 취약성, 도전적 환경에서의 효율적 항법이 그것이다. 이는 복구와 재생 등 임무 사이클 전체에 걸쳐 자율성을 확대하고, 직관적인 유인-무인 팀 편성을 활용하며, 지상 이동보다 공중 이동을 선호함을 의미한다.

로봇공학과 AI를 활용하는 전략과 전술을 개발하라

군사-기술 혁명은 군대가 신기술을 새로운 전투방식과 결합해서 그 고유한 이점을 충분히 활용할 때 이루어진다. 이런 전투방식을 처음 발명해서 적용하는 것이 종종 새로운 장비를 발명하는 것보다 더 중요하다. 우리는 로봇 군사 혁명을 위한 새로운 전략과 전술을 개발해야 하며, 더 나아가 적들보다 앞서 그 전략과 전술의 실행을 숙달해야 한다. 저고도 공중 통제가 한 사례이며 앞으로도 많은 사례가 나올 것이다. 새로운 전투 개념을 혁신하려면 창의성과 자유로운 사고가 필요하며, 이는 민주사회의 강점이 발휘되는 영역이다. 미국과 동맹국의 군대는 두 차례 세계대전 사이에 그랬던 것처럼 그런 시도를 적극적으로 장려하고 힘을 실어주어야 한다. 미군은 이제까지 전투 방식에서 많은 혁명을 주도했고, 다시 그렇게 할 수 있다.

산업기반의 구조개혁에 신속하게 착수하라

그런 변화를 이루려면 우리의 방위 및 국가안보 산업기반을 파괴하고 재건해야 한다. 실제 구매 행동을 통해 변화가 나타날 때 산업은 수요 변화에 반응한다. 각국 군대는 구매 행동을 바꿔서 산업의 변화를 추동해야 한다. 초기 항공기 산업과 비슷하게, 우리는 기존 군사 산업과 나란히 상향식 로봇 무기

산업의 초기 단계를 구축할 수 있다. 비슷한 제품 라인에서 직접 경쟁하는 관계가 아니고 생산 역량을 잠식하지도 않기 때문이다. 우리는 AI를 포함해 모바일 기기나 소프트웨어 같은 주요 상용 기술에 뿌리를 둔 새로운 방위산업 파트너들과 교류하고 육성하려는 노력을 확대해야 한다.

현재 고도로 집중된 우리의 산업기반은 최고급 제품에 고정되어 있다. 오히려 새로운 수요는 시장의 밑바닥에서 기회를 창출하는 데 초점을 맞춰야 한다. 저렴한 가격에 적당히 유용한 성능을 확보하는 게 목표다. 원하는 대로 패러다임을 전환하려면 기존 시스템보다 가격을 최소한 10배 이상 낮출 필요가 있다. 100배 낮추는 목표는 더 강력하며, 이미 무장 일인칭 시점 드론에서 달성되고 있다. 새로운 시스템의 1세대가 초창기 PC처럼 우리에게 익숙한 최고급 시스템보다 유용하면서도 성능은 낮을 것으로 예상하라. 하지만 가격이 아주 낮으면 기존에 엄두도 내지 못했던 장비를 전투 부대에 제공할 수 있다. 그것도 대규모 수량으로. 새롭게 육성된 산업기반은 그 시점부터 급속하게 전투 역량을 향상할 것이다. 미국 산업은 세계 경제에서 수많은 파괴적 전환을 주도해왔다. 우리 정부가 이 변화를 추동하는 데 조력한다면, 이번에도 우리 산업계는 이 전환을 이끌 수 있다.

최소 저항의 길을 경계하라

이런 과제에 직면할 때, 우리는 주요 민주국가들이 파괴적 혁신의 주체가 아니라 대상의 역할을 한다는 점을 기억해야 한다. 우리가 로봇 혁명을 통해 군사적 우위를 유지하려면 영웅적인 노력이 필요하다. 몇 가지 중요한 이점을 안고 출발하지만, 이런 이점은 순식간에 사라질 수 있다. 새로운 경쟁자들이 훨씬 빠르게 진화할 수 있다. 파괴적 혁신은 불편하겠지만, 우리 스스로 강제해야 하며, 그렇지 않으면 다른 이들이 우리에게 한층 고통스럽게 강제할 것이다.

파괴적 혁신에 직면한 기업과 군대는 종종 기존의 운영과 문화에 가장 덜 파괴적인 길을 선택함으로써 실패한다. 미군의 작전과 문화는 규모가 크고 복잡하며 비싼 시스템을 선호한다. 더 많은 시스템을 네트워크로 연결하는 것이 첫 번째 물결에서 경쟁자들을 막기 위해 중요하며, 우리는 ISR, 지휘통제, 우주 시스템 등의 분야에서 이루어진 투자가 제공하는 초기 이점을 활용해야 한다. 하지만 단순히 더 거대하고 정교한 최고급 시스템의 네트워크를 구축하는 데 묶여 있어서는 안 된다.

네트워크에 더 많은 노드를 추가하면 범위가 넓어지고 힘이 세진다. 소셜미디어 네트워크에 더 많은 사람이 참여할수록 매력과 위력이 커지는 것처럼 센서, 무기, 플랫폼의 네트워크를 점점 많이 연결하면 위력이 배가된다. 하지만 전쟁이라는 맥락에서는 이런 접근법에 한계가 있다. 정밀 화력을 한층 대규모로 집중하기 위해 점점 많은 네트워크를 구축하려는 경쟁에 기반한 접근법은 감당하기 어려울 수 있다. 이는 또한 메인프레임 사례같이 하향식 사고를 드러낸다. 이 접근법은 소모전attrition warfare 사고방식을 고착시키며, 두 번째 물결에서 주도권을 잡는 데 필요한 개념적 도약을 이루지 못하게 할 수 있다.

게다가 그런 네트워크들은 인간이 통제하지 못할 정도로 복잡해져서 중앙집중식 AI의 도움을 받아 통제해야 할 것이다. 거대한 AI 기반 킬 웹이라는 발상은 매혹적이지만 위험하다. AI가 통제하는 네트워크 접근법은 지나친 네트워크 의존과 불안정으로 이어질 수 있다. 규모가 커질수록 새로운 취약성과 위험 역시 새로운 역량보다 훨씬 빠르게 증대할 것이다. 이런 군사 네트워크의 규모를 키우고 그 관리를 위해 AI에 점점 의존하려는 경쟁은 과잉권한 부여를 부추기고 예상치 못한 결과를 낳을 위험이 있다. 복잡계 전문가 존 골이 요약한 것처럼, "작동하는 복잡한 시스템은 언제나 작동하는 단순한 시스템에서 진화한 것으로 밝혀졌다. 무에서부터 설계된 복잡한 시스템은 절대 작동하지 않으며 땜질 처방으로 작동하게 만들 수 없다. 작동하는 단순한 시스템에서 다시 시작해야 한다."[5] AI 통제 네트워크에 대한 엄격한 테스트와 활용은 작은 규모로 시작해서 현실 세계에서 많은 경험을 쌓아야 하며, 그런 다음에야 인간의 통제를 풀고 네트워크의 규모를 확대하는 것을 고려할 수 있다.

마지막으로, 이 "가장 덜 파괴적인" 접근법은 기술결정론을 수용하는 태도인데, 바로 그런 태도 때문에 우리는 전투에서는 이기고도 전쟁에서는 지는 일을 거듭해왔다. 미국의 많은 전쟁 승리 전략 개념은 줄곧 승리를 약속했다. 그 개념들에서 요구하는 전제 조건은 우월한 기술, 우월한 병참, 우월한 훈련, 우월한 산업기반, 우월한 군사 예산뿐이다. 이 모든 전제 조건을 갖추고도 미군은 베트남이나 아프가니스탄, 이라크에서처럼 종종 실패했다. 이런 전제 조건 없이도 승리를 가져올 수 있는 개념이 있다면 진정으로 강력할 것이다. 그때는 우리의 규모가 이런 이점을 몇 배로 증폭시킬 수 있다. 우리는 로봇공학과 AI의 고유한 이점을 (4세대 전쟁의 정치적 현실을 포함한) 21세기의 실제 분쟁의 도전과제에 적용하는 새로운 개념과 전략이 필요하다. 이런 전략은 로봇공학과 AI를 상향식으로 더욱 효과적으로 적용하면서, 전술적 차원에서 인간-기계 팀 편성을 더욱 강화하는 데 초점을 둘 수 있을 것이다.

주도권 지원

이런 과제들을 실행하는 일은 단순하지 않을 것이다. 하지만 민주국가의 군대는 이 과정을 가속화하기 위해 지원하는 세 가지 주도권을 활용할 수 있다. 우리는 파괴적 혁신 개념을 위한 "죽음의 계곡"을 건너기 위해 프로토타입 부대를 활용해야 한다. 또한 내부에서부터 군사문화의 변화를 장려해야 한다. 그리고 군사용 AI 사용을 위한 사실상의 규범을 발전시켜야 한다.

 AI 시대, 전쟁의 미래

프로토타입 부대로 "죽음의 계곡" 건너기

파괴적 군사 혁신은 그와 같은 혁신이 널리 채택되는 것을 가로막는 이른바 "죽음의 계곡"에 직면한다. 검증, 회의론, 저항이라는 이런 심연이 생기는 것은 관성 때문만이 아니다. 답을 찾지 못한 현실적 문제들 때문이기도 하며, 군대가 위험하고 값비싼 변화에 전념하는 것을 어렵게 만드는 제도적 간극 때문이기도 하다. 죽음의 계곡은 문화적·조직적인 문제일 뿐만 아니라 기술적 문제이기도 하다. 이 계곡을 건너려는 군대는 혁신을 전투에 적용하기 위해 종종 신기술만큼이나 급진적인 새로운 전술과 작전 교리를 개발해야 한다. 또한 새로운 기술과 방식을 사용하는 전문성을 갖춘 새로운 유형의 전투원을 훈련시켜야 한다. 새로운 기능을 갖춘 새로운 유형의 부대를 고안해야 할 수도 있다. 심지어 군대 안에서 새로운 전투공동체의 창조로 이어지는 새로운 가치관과 전통도 육성해야 할 것이다.

클레이턴 크리스텐슨은 지속적 혁신을 평가하고 채택해온 합리적인 관행이 파괴적 혁신의 채택을 저해할 수 있다고 말했다. 그는 이런 현상을 "혁신가의 딜레마"라고 불렀다. 군대가 개량된 전차나 미사일, 전투기 같은 지속적인 혁신을 받아들일 수 있는 것은 비슷한 시스템으로 작전을 수행한 경험이 있기 때문이다. 장래에 특정한 혁신의 고객이 되는 부대는 개선된 기술이 어떤 특징을 갖춰야 하는지를 안다. 그들은 그 기술이 기존의 교리에 어떻게 들어맞는지를 이해한다. 게다가 군 내에서 이를 옹호하기 위해 영향력을 행사할 준비가 되어 있다.

이와 대조적으로, 파괴적 혁신의 경우에 기술이 생소하고 미완성이며, 요구 조건이 아직 제대로 정의되지 않았고, 작전 교리가 존재하지 않을 수 있다. 이렇게 알지 못하는 것들이 결합되면 혁신에 전념하는 데 필요한 정상적 기준을 맞추기는 무척 어렵다. 설상가상으로, 군 내에서 그것을 옹호할 만한 기성 집단이 없다. 다행히도 미군은 이 문제에 대해 입증된 해결책이 있지만, 지금은 거의 잊힌 상태다.

비즈니스 세계에서 종종 스타트업은 파괴적 혁신의 기술을 통해 "죽음의 계곡"을 건넌다. 작고 민첩한 스타트업은 답이 정해지지 않은 문제들을 신속하게 실험하고 개선을 반복하면서 시장에서 성공할 수 있는 적합한 기술과 사업 모델, 초기 고객을 발견할 수 있다. 대기업은 규모가 작고 위험성이 높은 신규 시장 진입에 어려움을 겪는다. 기업 운영 규모가 방대하고 비용이 많이 들어서 성공하는 법을 알아내는 과정에서 실험하고 빠르게 방향을 바꾸기가 어렵기 때문이다. 하지만 크리스텐슨은 가장 혁신적인 대기업은 스타트업을 닮은 소규모 단위를 만들어서 그 작은 조직이 실험을 거쳐 마련한 성과를 바탕으로 혁신을 일으키고 시장에 내놓는다고 지적했다.[6] 이런 "내부 스타트업"은 고객을 식별하고, 시장이 원하는 바를 찾기 위해 빠르게 개선을 반복하며, 소규모의 수익성 있는 모델을 발견해 검증할 수 있다. 그런 핵심 질문에 답을 찾고 나면 회사의 자원을 본격적으로 투입해서 그 모델의 규모를 키울 수 있다.

미군은 비슷한 방식으로 프로토타입 부대를 창설해온 탄탄

파괴적 혁신	군종	프로토타입 부대(창설 연도)
항공모함 공군력	해군	USS 랭글리(1922)
기계화 전력	육군	제1 기병연대(기계화)(1933)
헬리콥터 운용	해병대	HMX-1(1947)
대륙간 탄도미사일	공군	제576 전략 미사일 중대(1958)
공중강습	육군	제11 공중강습사단(시범)(1965)
스텔스 공격	공군	제4450 전술단(1979)
무인 정찰-타격	공군	제32 기동공중정보중대(2000)

미군 군종별로 파괴적 군사 혁신을 성공적으로 실전 배치한 프로토타입 부대의 사례

한 역사를 가지고 있다. 항공모함 공군력과 기계화 전력에서부터 스텔스 공격, 장거리 정찰-타격 드론에 이르기까지 20세기의 거의 모든 중요한 파괴적 군사 혁신이 이런 프로토타입 부대를 활용해서 개척되었다.

프로토타입 부대는 파괴적 혁신을 활용하는 최초 적용 실전 운용 부대를 구축하는 과정을 통해 기술과 요건, 작전 교리를 발전시키고 명확하게 다듬는다. 스타트업과 마찬가지로, 이 부대도 신속한 개선 반복을 통해 파괴적인 새로운 역량을 실행하는 데 따르는 여러 문제를 발견하고 해결한다. 이는 언제든 배치할 수 있도록 전투 준비가 된 군부대로 이어지며, 이 부대는 미래의 같은 유형의 부대를 위한 모델 역할을 한다. 프로토타입 부대는 또한 새로운 전투 방식을 보호하고 발전시키기 위한 문화와 지지 기반을 구축한다.

예를 들어, 프레데터는 원래 장시간 체공 ISR 플랫폼으로 출발했고, 1990년대 말 보스니아와 코소보에 초기 시험 배치되면서 실시간 공중 감시에 적합한 엄청난 잠재력을 보여주었다.[7] 2000년 8월 1일, 미 공군은 CIA와 협력하면서 개조한 프레데터를 사용해 아프가니스탄에서 알카에다의 고가치 표적을 찾기 위해 새로운 임시 부대인 제32 기동공중정보중대를 창설했다.[8] 공군은 글로벌 위성 데이터링크로 프레데터를 개조해서 조종자가 지구상 어디에서든 프레데터를 제어할 수 있게 했다. 우즈베키스탄에서 이륙하지만 독일에 이어 버지니아주 랭글리 CIA 본부에 설치된 지상 기지에서 제어되는 부대는 오사마 빈 라덴이 은신해 있을 가능성이 높은 표적을 발견했다.[9] 하지만 무기가 장착되지 않은 탓에 실시간 정보에 따라 군이 행동에 나설 방법이 없었다. 그리하여 부대는 미국으로 복귀했고, 임시방편으로 프레데터에 헬파이어Hellfire 미사일을 장착했다. 9·11 공격 직후인 2001년 9월 17일, 공군은 이 부대를 공중전사령부 기동공중정보중대로 재창설했다.[10] 곧이어 중대는 헬파이어 미사일을 사용해서 탈레반과 알카에다의 개별 표적을 대상으로 최초의 무장 드론 타격을 수행했다. 정찰-타격 작전을 수행하는 데 필요한 장비와 조직, 기법을 파악한 덕분에 중대는 이후 공군에서 속속 등장한 비슷한 부대들의 전범이 되었다.

미군의 프로토타입 부대는 대부분 평시에 창설되었다. 미군은 집중적인 실전 훈련을 통해 세부 사항을 다듬었는데, 훈련에서는 종종 기존 부대와 겨루기도 했다. 군은 신속하게 개선을 반복하면서 훈련과 실험에서 배운 교훈을 통합하고 그에 따라 조정했다. 실제 전투 부대를 실전 배치해야 한다는 요구 때문에 기술 전문가와 운용 전문가로 이루어진 팀은 이 혁신이 "죽음의 계곡"을 건너는 도상에 놓인 여러 문제를 해결해야 했다.

많은 프로토타입 부대가 실제 전투에 배치되었다. 가령 헬리콥터 공중강습을 위한 프로토타입 부대가 창설되고 2년 뒤인 1965년, 육군은 제11 공중강습사단(시범)을 제1 기병사단(공중기동)으로 개칭했다. 이 부대는 베트남에 파견된 최초의 완전한 육군 사단이 되었고, 거의 곧바로 1965년 11월 이아드랑(드랑강) 전투를 비롯한 전투 작전에 투입되었다.[11] 마찬가지로, 1980년대에 F-117 스텔스 공격기 설계와 운용을 개선하는 비밀 프로토타입 부대였던 공군 제4450 전술단은 제37 전술전투비행단으로 재편되어 사막의 폭풍 작전 시기에 극적인 전투력을 보여주었다.[12]

프로토타입 부대는 소규모 혁신 기업들과 훌륭한 파트너가 된다. 비슷한 속도로 적응하면서 개선을 반복할 수 있기 때문이다. 프로토타입 부대가 진화하는 속도에 맞춰 장비를 갖추기 위해 소수의 시스템을 주문하기 때문에 기업은 수입과 현실적인 고객 피드백을 받아서 빠르게 성숙하고 성장할 수 있다.

로봇 군사 개념에서 캄브리아기 폭발이 일어남에 따라 군과 산업은 많은 새로운 개념을 탐구하고 성숙시켜야 할 것이다. 미 공군은 프로토타입 부대의 역사를 활용해서 무인 협동전투기Collaborative Combat Aircraft(일명 충직한 호위기)를 위한 새로운 실험적 작전 부대를 실전 배치하고 있다.[13] 다른 군 조직들도 선례를 따를 수 있다. 프로토타입 부대를 창설하는 탄탄한 방법을 사용하면 군은 저고도 공중 작전이나 아직 창안되지 않은 많은 영역에서 "죽음의 계곡"을 빠르게 건널 수 있다.

내부로부터 군 문화 변화시키기

군대는 자연스럽게 과거에 승리를 가져온 관행과 문화를 존중하고 보존하려 한다. 하지만 오래된 전통과 전투방식을 지나칠 정도로 경직되게 유지하면, 변화, 특히 파괴적 변화에 저항성을 갖게 된다.

예를 들어, 미국은 1980년대에 최초의 저비용 정밀 배회탄을 개발했지만, 변화에 저항하는 육군 내부의 문화 때문에 실전 배치하지 못했다.[14] FOG-M 미사일 시스템은 정밀 비조준선 미사일*을 빽빽이 채운 소형 수직 발사대 배열을 제공했다. 각 미사일의 앞부분에는 비디오 카메라가 탑재돼 있어서 미사일 뒤쪽에서 수 킬로미터에 걸쳐 풀려나오는 가는 광섬유를 통해 발사 차량으로 실시간 일인칭 시점 영상을 전송했다. 전파 교란기에도 방해받지 않았다. 병사는 카메라로 수색한 다음 전차나 요새, 비행 중인 헬리콥터 등 어떤 표적에든 미사일을 날릴 수 있었다. 가격도 저렴했고, 험비 같은 단순한 보병 차량에 탑재하면 안전한 거리에서 적 기갑 부대 전체를 파괴하는 위력을 발

---

* non-line-of-sight missile. 직접 눈에 보이지 않는 표적을 타격하는 미사일.

휘했다. 성공적인 시연에도 불구하고, 기존 무기 분류에 깔끔하게 들어맞지 않았다. 육군은 보병이나 포병, 방공 부문 중 어디에 배속해야 할지 결정하지 못했다. 결국 프로그램은 취소되었다. 그 결과 육군은 수십 년간 기회를 잃어버렸다. 육군은 거의 40년 뒤에 이스라엘의 스파이크 NLOS 미사일의 형태로 사실상 똑같은 시스템을 구입했다. 아제르바이잔군이 나고르노-카라바흐에서 사용한 미사일이었다. 미래의 로봇 무기를 개발하는 경우에 전통적 분류에 혼동이 야기될 가능성이 있다. 언제든 전통적 사고를 뒤흔들 준비를 하지 않으면 뒤처질 수밖에 없다.

군 지도자들은 말과 행동으로 이런 과정을 장려해야 한다. 또한 하급 군인들에게 파괴적 혁신 기술이 벌어지는 영역에서 전통적 습관에 의문을 던지도록 독려할 수 있다. 자족적인 습관을 제거할 기회를 놓친 사례가 무수히 많다.

한 예로, 현재의 군사 훈련은 시스템과 전투원에 압박을 가하는 방식으로 설계되어 있지만, 훈련을 계획하는 방식은 의도치 않게 우리가 전투 시간과 장소를 직접 선택할 수 있을 것이라는 구식 가정을 강화한다. 가령, 해군은 승무원이 경계와 준비 태세를 갖추고 예정된 훈련을 진행하는 동안 미사일이나 드론 공격에 대비한 함정의 능동 방어망을 시험하는 관행에서 벗어나야 한다. 그렇게 하면 인위적으로 성능을 높이고 잘못된 안도감을 낳는다. 치명적인 공격은 점점 더 예상치 못한 상황에서 발생한다. 현실성을 높이려면, 함정이 훈련 지역으로 떠나거나 돌아올 때(또는 심지어 항구에 정박 중일 때) 기습적으로 시뮬레이션 공격을 진행할 수 있어야 한다.

군사용 AI를 위한 현실적인 윤리 규범을 확립하라

국제적인 전쟁 규칙의 보증인으로서 미국을 비롯한 민주국가는 전쟁법, 해양법, 제네바 의정서 같은 법적, 또는 "공식적" 제약을 계속 확립하고 지켜야 한다. 하지만 이 법들은 각 국가와 다자간 기구의 권위에 의존한다. 국제적 규칙 기반 질서를 교란하려는 세력은 국제적 규칙 같은 것에 전혀 개의치 않는다. 우리가 그런 규칙을 실질적이고 현실적인de facto 힘으로 집행하지 못하는 한, 공식적de jure 규칙이 큰 힘을 발휘할 것으로 기대해서는 안 된다.

2018년 시리아 정부가 민간인에 대한 화학무기 사용 금지를 위반했을 때, 민주국가들은 국제 재판소에 기소한다는 위협이 아니라 장거리 정밀 탄약으로 시리아의 화학무기 제조 시설을 파괴하는 식으로 금지를 집행했다. 마찬가지로, 후티 반군이 해양법을 위반하며 민간 상선을 정밀무기로 공격하자 20개국 해군 연합이 후티 반군의 미사일과 드론을 요격하고 예멘의 군사 기지를 파괴하는 식으로 대응했다. 냉전 시대의 핵 공격 금지가 수십 년간 깨지지 않은 것은 핵 공격이 불법이기 때문이 아니라 곧바로 핵 보복을 당하기 때문이었다.

군사 로봇공학과 AI에 관한 규범을 확립하고 집행하려면, 민주국가들이 먼저 이를 숙달해서 우리의 군사적 우위를 확보해야 한다. 그런 다음에야 책임 있는 본보기와 선례를 만들고,

그 규범이 세계적으로 준수될 때까지 규범을 집행할 영향력을 확보할 수 있다. 정의는 그것을 집행할 힘이 있을 때만 결과를 낳는다. 그렇지 않으면, 투키디데스가 거의 2500년 전에 말한 것처럼, "강자는 할 수 있는 일을 하고, 약자는 감당해야 하는 고통을 겪는다".

과거에는 로봇 무기에 대해 제안된 대부분의 윤리 규범이 대테러 전쟁 당시의 드론 공격처럼 특정한 사례나 협소한 인간의 통제 문제, 또는 이른바 "킬러 로봇" 금지 같은 단순한 제안에 초점을 맞추었다. 최근에는 전문가들이 더욱 폭넓게 적용할 수 있고 기술적으로 신중하게 검토된 제안을 개발하는 중이다.[15]

앞의 몇 장에서 제시한 것과 같은 틀은 "어떻게" 강력한 윤리적 사용을 달성할 것인지에 관해 좀더 포괄적이고 엄밀한 접근법을 제공한다. 정말로 중요한 문제들에 분명히 집중하기 위해서는 또한 관찰과 측정이 가능한 현실 세계의 효과를 근거로 바람직한 결과들, 즉 그 "무엇"을 추구해야 한다. 윤리적 판단은 어떻게 결과를 달성하는지가 아니라, 선별성처럼 측정이 가능하고 결과에 기반한 수행 지표에 초점을 맞춰야 한다. 이런 기준에서 보면, 시스템의 비로봇 부분의 기여를 포함해서 전체 시스템의 윤리적 역량을 강조하게 된다. 더 진보한 기술이 더 나쁜 결과를 낳는다면, 그것은 진보가 아니다. 결과 기반 지표에 기준의 초점을 두면, 또한 로봇과 AI 기술이 빠르게 진화하는 가운데서도 윤리적 규범을 유의미하게 유지할 수 있다.

예를 들어, 우리가 교차로 교통사고를 어떻게 줄였는지 생각해보라. 처음에는 교차로마다 인간 교통경찰이 지키고 서서 깃발과 호루라기로 차량을 지휘했다. 점점 승용차와 트럭의 수가 늘어나면서 그런 방식이 더는 실용적이지 않게 되었다. 따라서 경찰서는 최초의 전기 신호등을 설치했다. 처음에는 경찰관들이 시야가 확보된 곳에서 수동 스위치로 신호등을 조작했다. 시간이 흐르면서 신호등이 자동화되었고, 경찰관은 멀리 떨어진 곳에서 감독했다. 오늘날에는 모든 교통 신호가 인간의 직접적 감독 없이 컴퓨터로 제어된다.

이 사례에서 중요한 목표는 모든 신호등을 인간이 감독하는 게 아니라 교통사고 발생률을 낮추는 것이었다. 그것은 측정할 수 있다. 초기의 전기 신호등을 인간 경찰관이 감독하는 게 합리적이었던 것은, 기계에 대한 신뢰성이 떨어져서 인간 감독 없이는 신호등이 장시간 바라는 결과를 제공하지 못했기 때문이다. 하지만 기술이 개선되면서 신호등은 스스로 신뢰성 있게 결과를 제공할 수 있게 되었다. 오늘날 누구도 경찰관이 교통 신호를 감독해야 한다고 말하지 않을 것이다.

전투용 AI는 물론 교통 통제보다 훨씬 복잡하다. 하지만 신호등은 안전에 중요하며 제대로 작동하지 않으면 생명이 위태로워진다. 의학처럼 안전이 중요한 다른 분야에서도 우리는 선별성과 유효성 같은 수행 지표를 안전성 평가 수단으로 사용하며, 그 지표에 따라 규제를 시행한다. 똑같은 접근법을 사용해서 군사용 로봇공학과 AI에 관한 사실상의 규범을 마련해야

     AI 시대, 전쟁의 미래

한다.

이 세 가지 기획, 즉 프로토타입 부대 활용, 내부로부터 군 문화 변화 장려, 군사용 AI 사용을 위한 사실상의 규범 개발은 민주국가의 군대가 로봇 혁명에서 한층 빠르게 주도권을 확립하는 데 도움이 될 수 있다. 또한 앞으로 등장할 변화가 자유세계의 군대가 표방하는 윤리적 규범과 가치에 기반을 두도록 만들 것이다.

지금까지 논의한 모든 요소에도 불구하고, 때로는 전쟁에서 로봇과 AI의 역할이 중앙집중형 AI가 통제하는 로봇 킬웹 모델을 가정하는 미래로 수렴되는 것처럼 보일지도 모른다. 그 모델에서 군대는 센서와 무기를 네트워크로 연결하고, 전술적 교전에서부터 전쟁 전반에 이르기까지 모든 문제의 통제를 불투명하고 취약한 기계지능에 넘겨주며, 버튼을 누르고 그 결과를 감수할 수 있기를 기대한다. 물론 AI가 조정해야 하는 신속한 행동이 필요한 상황도 있을 것이다. 하지만 그것이 적절하지 않은 다른 상황도 많이 있다. "AI가 모든 것을 통제하는" 기본 모델은 수십 년간 과학소설에서 등장한 상투적 설정이다. 일종의 클리셰이기는 하지만, 때로는 인간 전투원과 로봇, AI의 미래를 생각할 때 제시되는 유일한 모델처럼 보일 수 있다. 하지만 그것은 사실이 아니다.

희망적인 모델

우리에게는 보다 효과적이고 책임 있는 군사용 인간-기계 팀 편성의 미래를 향해 나아가는 길을 안내해줄 성공적인 사례가 있다. 틴달 공군기지는 플로리다 팬핸들 지역의 습한 해안 소나무 숲속에 자리 잡은 곳이다. 2018년 허리케인으로 심각한 피해를 입은 공군은 이 기지를 "미래형 기지"의 모범 사례로 재건하는 중이다.

기지 경비는 제325 경비중대가 맡고 있다. 중대 인원들은 광범위한 군사작전 중 다양하게 벌어지는 전투에서 유효성과 회복력을 입증한 지능형 자율 시스템을 운용하는 전문가들로 손꼽힌다. 그 놀라운 시스템은 바로 군견이다. 조던 크리스 소령과 안드레 에르난데스 상사를 비롯한 중대 지휘관들과 이야기를 나누면서 나는 인간 전투원과 함께 위험에 뛰어드는 이 특별한 동물들에게 그들이 보이는 경외심에 깊은 인상을 받았다. 중대는 또한 로봇개를 운용 체계로 통합하는 선도 부대이기도 하다.[16] 평범한 어느 날, 기지의 한 공군 장병이 군견에게 명령을 내리는 경비 요원의 모습을 지켜보는 사이, 그 옆으로 로봇개 하나가 '윙' 소리와 '찰칵' 소리를 내며 순찰 경로를 따라 느릿느릿 지나갈지도 모른다. 부대는 이 두 체계의 상대적 능력을 평가하는 데 있어 공군 내 최고 권위를 지닌 곳이다.

군견의 오랜 역사를 살펴보면, 실제 전쟁 환경에서 효과적인 인간-기계 팀 편성을 위한 강력한 모델을 엿볼 수 있다. 미 공군은 1952년 이래 군견 훈련을 주도해왔다.[17] 시간이 흐르면서, 군견은 밀접하게 통제받으며 제한된 임무를 수행하는 데서 점점 더 자율적인 존재로 진보했다. 최근 군용 로봇의 발전 과정과 비슷하다. 초창기에 공군은 군견을 담당 병사를 도와 공군 기지를 비롯한 군 시설을 경비하는, 사실상 센서 플랫폼으로 활용했다. 군견은 초병의 감시 반경을 확장하는 데 기여했다. 초기 연구들에서 밝혀진 바에 따르면, 초병 한 명과 훈련된 군견 한 마리가 팀을 이루면, 초병 10명이 보초를 서는 경우에 맞먹는 구역을 감시할 수 있다.[18]

베트남 전쟁 당시 군견병들은 보병의 순찰에 동행하는 등의 새로운 역할을 실험했다. 이후 대테러 전쟁 중에는 군견 활용에 관한 과학이 비약적으로 발전했다. 군견은 일부 전투 부대의 필수 구성원이 되었다. 군견이 맡는 임무가 훨씬 다양하고 까다로워지면서 예측 불가능한 환경에서 담당 병사에게서 멀리 떨어져 활동해야 하는 경우도 있었다. 많은 군견이 "선두 경계병" 노릇을 하면서 순찰 중인 인간 병사의 진로를 탐색하고, 숨은 적이나 폭발물, 부비트랩을 수색했다. 다른 군견들은 특수 부대와 함께 급습 임무나 고가치 인간 표적을 체포하는 임무에 투입되었다. 이제 군견은 다목적 자산이 되어 인간 전투원의 존재감과 효과를 광범위한 상황에서 확장시킨다. 군견병들은 군견에 더 높은 수준의 자율성을 부여하고 이를 활용하는 한편, 적절한 통제를 유지하는 법을 배우고 있다.

군견병들이 군견을 지휘하기 위해 사용하는 방법은 엔지니어들이 미래의 군용 로봇을 통제하기 위해 개발 중인 방법과 비슷하다. 군견병은 짧은 명령이나 때로는 암호를 사용한다. "내옆에 붙어", "수색", "물고 버텨", "놔줘", "돌아와" 같이 지시하는 내용이다. 명령은 단순하고 직관적이며, 군견병은 다른 일을하면서도 개에게 지시를 할 수 있다. 그런 단순성 덕분에 개는지능을 활용해서 각 상황에 맞게 명령을 해석하고 어떻게 지시를 따라야 할지 세부 사항을 판단할 수 있다.

게다가 개는 의사소통에 능동적으로 참여한다. 개는 군견병의 표정과 몸짓, 어조를 해석하며, 종종 군견병이 미처 의식하지 못하는 비언어적 신호도 감지한다. 군견은 군견병의 시선을 따라가며 그가 어디에 관심을 두는지 추론한다. 그리고 각군견병의 독특한 몸짓이나 습관을 배운다. 군견병 훈련의 세계적 전문가로 손꼽히는 캐머런 포드가 말하는 것처럼, "개는조련사가 개에 관해 배우는 것보다 조련사에 관해 더 빠르게 배운다."[19]

잘 훈련된 군견은 맥락적 추론과 직관을 적용해서 조련사의 의도를 적절하게 해석한다. 예를 들어, 어느 무리 중에 한 용의자가 달리기 시작하고, 조련사가 "물고 버텨"라고 명령하면,개는 이 말이 지금 달리고 있는 사람을 가리킨다는 걸 직관적으로 이해한다. 또한 급습 작전에서 방 안으로 들어가라는 명령을받았는데 들어가 보니 아이들이나 미군 병사만 잔뜩 있을 때,숙련된 개는 스스로 판단해서 아무것도 물지 않고 임무를 중단한다.[20]

그리하여 개는 단순한 형태의 임무 지휘를 받아들일 수 있다. 조련사는 이른바 "적극적 통제positive control"를 유지하려고 노력하지만, 많은 임무에서 개는 구조물을 수색하거나 멀리 떨어진 용의자를 체포하는 등 자율적으로 움직여야 한다. 고도로 훈련된 개는 자신이 어떤 임무를 수행하는지 이해하며 장시간 임무에 집중할 수 있다. 가령 네이비 실 군견병들은 험준한 산 위로 도망친 용의자를 체포하기 위한 수색 체포 임무에서 군견을 풀어 놓는다. 군견들은 종종 최대 30분 뒤에 몇 마일 떨어진 곳에서 용의자를 찾아서 잡는다.[21] 자율성이 불확실성을 낳기는 커녕 군견은 자율성을 활용해서 예상치 못한 장애물과 복잡한 상황을 극복하고 조련사가 바라는 결과를 더욱 확실하게 달성한다.

군견은 오늘날의 AI가 경직성을 보이는 것과 대조적으로 정신적 유연성을 보여준다. 조련사들은 높은 지능을 기준으로 새로운 군견을 발탁한다. 훈련으로 다듬은 타고난 능력을 바탕으로 군견은 가장 까다롭고 낯선 환경에서 생소한 요소와 방해 요인을 무시할 수 있다. 급습 같은 혼란스러운 상황에서는 낯선 배경과 물체들, 요란한 소음, 생소한 냄새가 폭동을 일으키는 것처럼 느껴질 수 있다. 군견은 상황을 고려해서 행동을 결정해야 하기 때문에 그런 환경을 무시해서는 안 되지만, 중요한 것과 중요하지 않은 것을 직관적으로 구별하고 자신의 임무에 집중할 수 있다. 한 테스트에서 방호복 차림의 조련사는 자신을 찾아 체포하라는 명령을 받은 개를 피해 건물 안으로 숨어들었다. 조련사는 입구에서 멀리 떨어진 샤워실을 찾아 샤워기를 전부 틀어 물보라 뒤에 숨었고, 전등도 전부 꺼서 캄캄하게 했다. 은신처를 잘 골랐다는 사실에 흡족해하던 순간, 곧바로 개가 어둠과 쏟아지는 물줄기를 뚫고 돌진해 오자 그는 깜짝 놀랐다. 개는 생소한 모든 요소를 무시한 채 그를 미끄러운 바닥에 넘어뜨리고 제압했다.[22]

군견은 우리가 전투용 AI에서 추구하는 다른 능력들도 보여준다. 군견은 자신이 공격받고 있음을 안다. 자율적으로 먹고 마시고 잠을 잔다. 대상 연속성 테스트도 통과한다. 조련사가 장난감을 숨긴 다음 다른 방향을 가리켜도 곧바로 장난감을 찾아낼 수 있다. 이런 기본 능력은 많은 전술 상황에서 중요하다. 군견은 또한 새로운 경험을 기존에 받은 훈련과 결합하고, 훈련 내용을 새로운 맥락에 적용하기 위해 일반화한다. 이는 현재의 딥러닝 AI의 역량을 뛰어넘는 수준이다. 또한 상황에 가로막혀 훈련받은 대로 어떤 행동을 하지 못하면 임기응변을 발휘해서 대안을 찾아낸다.

한 시험에서는, 높은 산비탈 위에 방호복을 입은 조련사가 다른 조련사와 함께 기다리고 있고, 숙련된 군견에게 방호복을 입은 조련사를 찾아내 제압하라는 명령을 내렸다. 방호복을 입은 조련사는 개가 자신을 제압하지 못할 것이라며 동료 조련사와 내기했다. 무전을 통해 한참 아래쪽 계곡에 군견을 풀어 놓으라는 지시가 떨어졌다. 두 조련사는 15분 동안 기다렸다. 이윽고 군견이 마치 유도미사일처럼 산비탈을 내달리며 그들 앞에 나타났다. 개는 두 번째 조련사를 외면한 채 자신에게 주어진 표적으로 곧바로 달려왔다. 숙련된 조련사는 몸을 숙여 웅크리며 대비했다. 조련사를 본 개는 마지막 순간에 직선 경로에서 방향을 틀어 관목 더미를 빙 돌아 뒤쪽에서 나타났다. 방향을 도는 중에 균형을 잃으면서도 개가 조련사를 붙잡아 제압하자, 동료 조련사는 박장대소했다.[23]

개는 감정 지능을 갖고 있다. 숙련된 개는 자신이 지금 무엇을 하고 있는지 알며 비윤리적으로 이용되는 것을 싫어한다. 개는 태도나 몸짓으로 조련사의 명령이 문제가 될 수 있음을 피드백한다. 불편함을 느끼면 주저하거나 조련사를 바라볼 수도 있다. 한때 심문이나 군중 통제같이 논란의 여지가 있는 역할에서 개를 이용하기도 했지만, 지금은 각종 규제로 그런 용도가 금지된다. 미래의 AI 기반 로봇이 비슷하게 맥락을 이해하게 된다면, 의문시 되는 상황을 통고하고 운용병이 사고나 오남용을 피할 수 있게 도와줄 수 있다.

제325 경비중대의 로봇개 경험은 그 유용성을 확인해주면서도 살아 있는 개와의 차이를 분명히 알려준다. 크리스 소령과 에르난데스 상사는 로봇개는 험한 지형을 이동하는 데 필요한 다리가 달려 있기는 해도, 그것은 전혀 개가 아니라고 설명한다. 로봇개는 수십 년 전 보초견의 원래 용도와 비슷하며, 넓은 지역을 감시하기 위한 지상 기반 드론같이 작동하는 일종의 센서 플랫폼이다. 그들은 로봇개를 "기지 방어용 로봇청소기"에 비유한다.[24] 로봇개는 순찰 경로를 따라 자율적으로 이동하면서 기지 작전 센터로 실시간 영상 피드를 전송한다. 이상한 움직임이 감지되면 경보를 전송하지만, 상시 관찰이 필요하지 않기 때문에 인간 경비대가 넓은 지역을 감시할 수 있다.

군견은 로봇보다 훨씬 민첩하고 많은 일을 할 수 있다. 오늘날의 로봇개가 군견처럼 호수를 헤엄쳐 건너거나 장애물 코스의 수직 벽을 뛰어넘을 것으로 기대하는 이는 아무도 없다. 하지만 로봇개는 독특한 역량을 제공한다. 지치거나 굶주리지 않으며, 추위에 떨거나 동요하지 않는다. 지루해하거나 당황하지도 않는다. 로봇개는 실시간 영상을 전송하고, 경비대 병사는 로봇개의 입을 빌려 인간 침입자에게 겁을 주거나 경비대원들이 출동하는 동안 대화로 시간을 끌기도 한다. 로봇에 그들이 잘하는 일을 맡기면, 개와 인간은 자신들이 가장 잘하는 일을 할 수 있다. 기지에 무단으로 진입하려는 사람을 잡아서 상황을 진정시키는 경우 등 판단과 감정 지능이 필요한 벅찬 상황에 대처할 수 있다.

무엇보다도 로봇개는 소모 가능하다. 경비중대는 개나 병사에게 절대 요청하지 않는 일을 로봇개를 보내 처리할 수 있다. 가령 침입하는 적을 기습 공격할 때 적은 처음 총격이 발생한 지점에 집중할 것이다. 발포자가 적의 관심을 끄는 동안 아군이 적의 대응을 피해 기동할 수 있다. 인간이라면 누구도 적의 관심을 끄는 역할을 원하지 않는다. 하지만 무장 로봇에 초기 대응이 집중되면 다른 아군들에게 많은 선택지가 생긴다.[25]

로봇개의 AI는 제한된 수준이다. 실제 개처럼 독립적으로 먹이를 구하지는 못하지만, 스스로 플러그에 연결해서 충전할 수 있으며 운용상의 부담이나 취약성이 서서히 줄어들고 있다. 로봇은 또한 키 큰 풀밭같이 복잡한 환경을 헤쳐 나가는 성능도 좋아지고 있다. 경비대가 원거리에서 로봇을 통제할 수는 있지만, 현재의 원격조종은 단순하고 명시적이다. 캐머런 포드가 지적하는 것처럼, 군견과 군견병의 강력하고 직관적인 양방향 유대감에 필적하는 수준의 인간-로봇 팀 편성은 아직 존재하지 않는다. 하지만 미래의 인간-로봇 인터페이스에서 이런 유대를 모방하려고 노력할 수 있다.[26] 가령 인간의 몸짓과 표정을 해석할 수 있는 로봇에 대한 연구가 이제 막 시작되었다.

군견은 효과적인 인간-기계 팀 편성을 위한 설득력 있는 모델을 제공한다. 하지만 군견이 현재의 로봇이나 AI보다 훨씬 뛰어난 많은 능력을 지녔기는 해도 누구도 군견이 인간의 전쟁을 이해하거나 우리 대신 전투에서 싸울 것을 기대하지는 않는다. 생명체인 군견은 단순한 무기가 아니다. 그러나 우리는 군견에 대한 기대치를 적절하게 조정한다. 따라서 군견은 우리의 마법적 사고 경향을 비롯하여 과잉권한 부여 편향에 대해 일종의 기초적 검증을 제공한다.

우리는 군견이 복잡한 현실 세계에서 큰 효과를 발휘할 수 있었던 능력을 군용 로봇과 AI에 부여하는 방향으로 향후 수년에 걸쳐 결실 있는 개발을 추진할 수 있다. 그런 능력 가운데 일부를 미래의 군용 로봇이 활동하게 될 아주 다른 임무와 영역에 맞게 개조하고 전환해야 한다. 공중과 해상에서 일하는 로봇은 맞춤형 방법론이 필요하다. 하지만 돌고래나 매 같은 다른 동물을 다뤄본 인간의 경험은 비슷한 통찰을 제공할 것이다. 우리는 또한 일대일 상호작용뿐만 아니라 드론 편대 같이 분리된 스웜의 통제로 방법론을 확대할 필요가 있다. 어떤 응용 분야든 간에 군견을 다룬 경험을 통해 비인간 지능과 신뢰하는 협력 관계를 구축하는 법, 그리고 인간과 더 효율적으로 팀을 이루도록 설계된 로봇을 개발하는 법을 배울 수 있다.

초기 로봇공학 선구자들 시절부터 군용 로봇 개발자와 운용자가 자기 로봇에 동물, 특히 개의 이름을 붙이곤 했던 것은 우연의 일치가 아니다. 존 헤이스 해먼드와 벤저민 미스너는 1912년에 전기개를 만들면서 그런 관행을 시작했다. 2차대전 당시 독일의 원격조종 전차 부대와 미국의 공격용 드론 부대는 둘 다 개 비유를 사용했고, 그 후로도 여러 차례 개 이름이 등장했다. 그런 관행은 우리에게 계속 어떤 교훈을 주고 있었던 것인지도 모른다. 인간 전투원과 군견의 관계는 우리가 언젠가 로봇과 맺기를 꿈꾸는 신뢰 관계를 보여주는 사례다. 함께 팀을 이루는 조련사와 개는 혼자서는 하지 못하는 여러 일을 할 수 있다. 각자가 서로에게 고유한 능력을 제공하고, 상대의 반응을 순간적으로 알아차리는 직관적 연결 덕분에 예상치 못한 상황에 대처할 수 있게 해준다.

플로리다의 석양을 배경으로 군견병과 군견이 기지로 복귀하는 모습을 바라보면, 긍정적인 미래의 한 단면을 얼핏 볼 수 있다. 우리가 전쟁에 투입하는 로봇에 내장된 야수는 인간 본성

     AI 시대, 전쟁의 미래

의 어두운 측면에서 끄집어낸 야수일 필요는 없다. 신뢰할 수 있고 인간적인 다른 야수일 수 있으며, 이미 성공적인 모델이 존재한다. 군견에서 성공을 거둔 원칙을 토대로 삼는다면, 현실 세계의 전투에서 효과적인 동시에 우리가 미래의 충돌에 도입하기를 바라는 인간성과 이성을 함께 반영하는 군용 로봇과 AI를 개발하고 활용하는 경로를 찾을 수 있다.

미래는 우리에게 달려 있다

경영학의 스승 피터 드러커는 "미래를 예측하는 최선의 길은 미래를 창조하는 것"이라고 말했다.[27] 우리는 로봇공학과 AI의 발전을 거부할 수 없고, 그것이 인간의 분쟁에 불가피하게 적용되는 현실 역시 거부할 수 없다. 하지만 우리는 다가오는 도전을 예상하고 긍정적 방향으로 이 발전을 이끌 수 있다. 그 일을 현실로 만드는 것은 우리 모두에게 달려 있다. 로봇 군사 혁명의 파급효과는 군과 전장을 훌쩍 넘어서 모두에게 영향을 미친다. 따라서 모두가 이해당사자다. 그리고 적어도 민주국가에서는 모두에게 발언권이 있다.

정치인, 언론, 시민 모두 행동할 수 있다. 정치인은 군이 신속하게 구조개혁을 이루도록 유연성을 부여해야 한다. 여기에는 자원을 이전하고 구식 기지처럼 값비싸면서도 노후화하는 자산을 처분하는 능력도 포함된다. 법률과 규제를 만드는 입법

자로서 정치인은 우리가 바라는 결과를 가져올 만큼 충분히 엄격한 원칙과 틀에 기반한 윤리를 촉진할 수 있다. 또한 정치인은 우리의 원칙을 충실히 지킨다는 것을 보여주는 대외정책 행동을 벌이면서, 로봇공학과 AI를 전쟁법을 우회하는 도구가 아니라 실행하는 도구로 자리매김하는 사실상의 규범을 확립할 수 있다.

미디어는 "킬러 로봇"의 등장 같은 공포담을 퍼뜨리는 수준을 넘어서 한 걸음 더 나아가야 한다. 우리는 이미 의문을 제기하고 경고를 던지는 단계를 지나 답을 찾고 현실적 해결책을 실행하는 단계에 와 있다. 언론사와 문화 매체는 이 주제 전반에 관해 단순히 우려만 늘어놓는 수준에서 벗어나야 하며, 문제의 심각성에 걸맞은 실질적인 해결책을 찾는 데 초점을 맞추도록 대중적 논의를 이끌어야 할 막중한 역할이 있다.

시민들은 자신의 표와 클릭 및 조회 수를 이용해서 정치인과 언론이 이 시급한 문제를 다루도록 압박할 수 있다. 시민들이 할 수 있는 첫 번째이자 가장 중요한 일은 충분한 정보와 지식으로 무장하는 것이다. 사람들이 정보와 지식을 갖추고 긴급히 행동해야 한다는 점을 이해한다면, 정치인과 언론, 민주적 군대도 시민들을 따라 움직일 것이다.

우리에게는 미래를 현명하게 이끄는 데 필요한 토대가 있다. 우리는 미래 로봇 전장에서 패권을 결정하게 될 주요한 추세를 이해한다. 우리는 로봇 전쟁이 21세기의 전쟁에서 정치적 성공을 달성하려는 전략적 도전과 어떻게 맞물리는지 알 수 있

AI 시대, 전쟁의 미래

다. 또한 우리에게는 전투에 적용되는 AI의 가장 무시무시한 위험성을 인식하고 피하는 데 필요한 틀이 있다. 성공적인 파괴적 군사 혁신의 도구를 로봇 혁명의 과제에 적용함으로써 우리는 오래된 적과 새로운 적 모두를 압도할 수 있다. 우리는 로봇공학과 AI가 인권과 법치에 대한 존중을 바탕으로 한 세계 공동체의 안전을 지키는 데 기여하는 미래를 만들어갈 수 있다.

로봇 군사 혁명은 현재 진행 중이다. 그 진화의 미래 경로와 그것이 우리 세계에 미치는 파급효과를 결정하고, 파괴적 혁신이 가져올 최악의 결과를 피하고자 한다면 시간을 허비해서는 안 된다. 하지만 재빠르게 움직이기만 하면 아직 행동할 시간이 있다.

로봇공학과 AI는 처음부터 군사적 응용을 염두에 두고 탄생했다. 한 세기 전 창시자들이 품은 비전은 이 둘을 이용해서 침략에 맞서고, 무의미한 고통과 파괴를 줄임으로써 전쟁의 불확실성을 낮추고, 합리적이고 선별적이며 윤리적인 면을 강화한다는 것이었다. 그 후로 이루어진 발전은 대체로 그런 전망이 타당함을 입증했다. 전투의 로봇화는 이제 시작일 뿐이다. 우리가 행동에 나선다면, 그 위험이 아니라 긍정적 잠재력이 실현되도록 하는 데 힘을 보탤 수 있다. 우리는 파괴적 혁신의 폭풍을 무사히 헤쳐 나갈 수 있다. 그리고 이 과제를 감당해낼 수만 있다면 미래 세대에게 폭력성과 야만성이 한층 줄어든 세계를 넘겨줄 수 있다. 테슬라가 한때 기대한 것처럼 영구 평화로 나아가는 서막이 될 세계를.

서론

1 Can Kasapoglu, "ANALYSIS—Five Key Military Takeaways From Azerbaijani-Armenian War," *Anadolou Post*, October 30, 2020, https://www.aa.com.tr/en/analysis/analysis-five-key-military-takeaways-from-azerbaijani-armenian-war/2024430.

2 "The Fight for Nagorno-Karabakh: Documenting Losses on the Sides of Armenia and Azerbaijan," *Oryx*, September 27, 2020, https://www.oryxspioenkop.com/2020/09/the-fight-for-nagorno-karabakh.html.

3 Andriy Dubchak, "Лабораторія саморобних бомб для FPV," Frontliner (YouTube Channel), April 4, 2024, https://m.youtube.com/watch?v=1S-ok4is-GM.

4 Andrew S. Grove, *Only the Paranoid Survive: How to Exploit the Crisis Points That Challenge Every Company and Career* (New York: Doubleday, 1996)(《편집광만이 살아남는다》, 유정식 옮김, 부키, 2021).

5 "The Air Force We Need: 386 Operational Squadrons," Secretary of the Air Force Public Affairs press release, September 17, 2018, https://www.af.mil/News/Article-Display/Article/1635070/the-air-force-we-need-386-operational-squadrons/.

6 "Drone Warfare," The Bureau of Investigative Journalism, April 2020, https://www.thebureauinvestigates.com/projects/drone-war.

7 Colin Demarest, "One-Third of U.S. Military Could be Robotic, Milley Predicts," *Axios*, June 11, 2024, https://www.axios.com/2024/07/11/military-robots-technology.

8 Robert Work, Reagan Defense Forum Speech on the Third Offset Strategy, Reagan Presidential Library, Simi Valley, CA, November 7, 2015.

9 Umar Farooq, "The Second Drone Age: How Turkey Defied the U.S. and

Became a Killer Drone Power," *The Intercept*, May 14, 2019, https://theintercept.com/2019/05/14/turkey-second-drone-age/.

10　Farooq, "The Second Drone Age."

11　Joseph Trevithick, "Chinese Flying Wing UCAV Testing Accelerating Based on Satellite Imagery, Videos," *The War Zone*, September 5, 2024, https://www.twz.com/air/chinese-flying-wing-ucav-testing-accelerating-based-on-satellite-imagery-videos.

12　Joseph Trevithick, "China's New Stealthy Trimaran Drone Ship: Our Best Look Yet," *The War Zone*, November 9, 2024, https://www.twz.com/news-features/our-best-look-yet-chinas-new-stealthy-trimaran-drone-ship.

13　Pablo Robles, "China Plans to Be a World Leader in Artificial Intelligence by 2030," *South China Morning Post*, October 1, 2018, https://multimedia.scmp.com/news/china/article/2166148/china-2025-artificial-intelligence/.

14　Robles, "China Plans to Be a World Leader in Artificial Intelligence by 2030."

15　Sun Chi, "China's Investment in AI Expected to Reach $38.1b in 2027," *China Daily*, August 23, 2023, https://global.chinadaily.com.cn/a/202308/23/WS64e5b34fa31035260b81dc9f.html.

16　Joseph Trevethick, "North Korea Unveils Clones of Israeli Kamikaze Drones," *The War Zone*, August 26, 2024, https://www.twz.com/air/north-korea-unveils-clones-of-israeli-kamikaze-drones.

17　"Putin: Leader in Artificial Intelligence Will Rule World," Associated Press, September 1, 2017, https://apnews.com/bb5628f2a7424a10b3e38b07f4eb90d4.

18　Sagi Cohen, "Gaza Becomes Israel's Testing Ground for Military Robots," *Haaretz*, March 3, 2024, https://www.haaretz.com/israel-news/2024-03-03/ty-article-magazine/.premium/gaza-becomes-israels-testing-ground-for-remote-control-military-robots/0000018e-03ed-def2-a98e-cffff1e640000.

19　Sudarsan Raghavan, "In Libya, Cheap, Powerful Drones Kill Civilians and Increasingly Fuel the War," *Washington Post*, December 22, 2019, https://www.washingtonpost.com/world/middle_east/libyas-conflict-increasingly-fought-by-cheap-powerful-drones/2019/12/21/a344b02c-14ea-11ea-bf81-ebe89f477d1e_story.html.

20 "Pakistan Seen Deploying Unmanned Ground Vehicle Near Indian Border," *DefenseWorld. net*, July 6, 2020, https://www.defenseworld.net/news/27355/Pakistan_Seen_Deploying_Unmanned_Ground_Vehicle_Near_Indian_Border__Media_Reports#.XxIbS5uSnIU.

21 Sebastien Roblin, "Israel's Kamikaze Drones Are Causing Problems for Syria," *National Interest*, November 11, 2019, https://nationalinterest.org/blog/buzz/israels-kamikaze-drones-are-causing-problems-syria-95051.

22 David Axe, "Turkey Has a Drone Air Force. And It Just Went to War in Syria," *National Interest*, March 2, 2020, https://nationalinterest.org/blog/buzz/turkey-has-drone-air-force-and-it-just-went-war-syria-128752.

23 "Timeline: Houthis' Drone and Missile Attacks on Saudi Targets," *Al Jazeera*, September 14, 2019, https://www.aljazeera.com/news/2019/09/timeline-houthis-drone-missile-attacks-saudi-targets-190914102845479.html.

24 Christopher Cavas, "New Houthi Weapon Emerges: A Drone Boat," *Defense News*, February 19, 2017, https://www.defensenews.com/digital-show-dailies/idex/2017/02/19/new-houthi-weapon-emerges-a-drone-boat/.

25 Robert Postings, "The Islamic State's Armed Drone Program," *International Review*, December 10, 2017, https://international-review.org/islamic-states-armed-drone-program/; Ben Watson, "The Drones of ISIS," *Defense One*, January 12, 2017, https://www.defenseone.com/technology/2017/01/drones-isis/134542/.

26 "Slaughterbots," Autonomousweapons.org, 2017, https://autonomousweapons.org/.

27 Raymond Kurzweil, *The Singularity Is Near* (New York: Viking, 2005)(《특이점이 온다》, 김명남·장시형 옮김, 김영사, 2025).

28 *Opere Inedite di Francesco Guicciardini III: Storia Fiorentina* (Firenze: Barbera, Bianchi and Company, 1859), 105쪽.

1 전투기계의 등장

1 James J. Hall, *American Kamikaze* (Titusville, FL: J. Bryant, Ltd., 1984), xiii쪽; Laurence R. Newcome, *Unmanned Aviation: a Brief History of Unmanned Aerial Vehicles* (Reston, Virginia: American Institute of Aeronautics and Astronautics,

2004), 69쪽.

2 Nikola Tesla, "My Inventions," *Electrical Experimenter*, February–October 1919 (연재), http://www.tfcbooks.com/e-books/my_inventions.pdf.

3 Nikola Tesla, "The Problem of Increasing Human Energy," *Century Magazine*, June 1900, 175~211쪽.

4 Nikola Tesla, "Method of and Application for Controlling Mechanism of Moving Vessels or Vehicles," US Patent 613809, filed 1 July 1898, and issued 8 November 1898, https://pdfpiw.uspto.gov/.piw?Docid=613809.

5 Nikola Tesla, "The Problem of Increasing Human Energy."

6 Benjamin F. Miessner, *Radiodynamics: The Wireless Control of Torpedoes and Other Mechanisms* (New York: D. Van Nostrand Company, 1916), 199쪽.

7 Lawrence Sperry, "The Aerial Torpedo," *U. S. Air Services* 11, no.1, January 1926, 16~19쪽.

8 George O. Squier, "Automatic Carrier for the Signal Corps (Liberty Eagle)," letter to the chief of staff, October 5, 1918.

9 Reginald Bacon, *The Dover Patrol, 1915-1917, Vol. I* (New York: George Doran, 1919), 211~214쪽, https://books.google.com/books?id=ceBCAAAAIAAJ.

10 Angelina Callahan, "Reinventing the Drone, Reinventing the Navy: 1919–1939," *Naval War College Review* 67, no. 3, 2014, 98~122쪽.

11 Samuel J. Cox, "Forgotten Valor: USS *Pioneer* (AM-105) and the sinking of HMT *Rohna*, the Worst Loss of U.S. Life at Sea, 26 November 1943," H-Gram 022, Appendix 2, Naval History and Heritage Command, October 2018, https://www.history.navy.mil/content/history/nhhc/about-us/leadership/director/directors-corner/h-grams/h-gram-022/h-022-2.html.

12 David Irving, *The Rise and Fall of the Luftwaffe: The Life of Field Marshal Erhard Milch* (London: Focal Point Publications, 1973), 259쪽.

13 Frank W. Heilenday, *V-1 Cruise Missile Attacks Against England: Lessons Learned and Lingering Myths from World War II*. Report P-7914 (Santa Monica, California: RAND Corporation, 1995), 6쪽; Michael J. Armitage, *Unmanned Aircraft* (London: Pergamon/Brassey's Defence Publishers, 1988), 17쪽.

14 Weike [Commander, Panzer-Abteilung (Fkl) 300], "Summary of Battalion Experiences at Sevastopol," June 22, 1942, reproduced in Markus Jaugitz, *Funklenkpanzer: A History of German Army Remote- and Radio-Controlled*

Armor Units, trans. David Johnston (Winnipeg, Manitoba: J. J. Fedorowicz Publishing, 2001), 109~110쪽; Inspector General of the Armed Forces, "Interim Guidelines for the Employment of Radio-Controlled Armored Vehicles," Berlin, April 2, 1943, reproduced in Jaugitz, *Funklenkpanzer*, 594~598쪽.

15 Christopher W. Wilbeck, *Sledgehammers: Strengths and Flaws of Tiger Tank Battalions in World War II* (Bedford, PA: Aberjona Press, 2004), 71쪽; Wolfgang Schneider, *Tigers in Combat I* (Winnipeg, Manitoba: J. J. Fedorowicz Publishing, 2000), 147쪽.

16 Delmar S. Fahrney, "The Genesis of the Cruise Missile," *Aeronautics & Astronautics*, January 1982, 34~39, 53쪽; Newcome, *Unmanned Aviation*, 67쪽.

17 Oscar Smith, "Special Air Task Force—Training Task Force and Project Option—Accomplishments and Final Report," memorandum to US Fleet and chief of naval operations, Enclosure C, December 7, 1944. (US National Archives); Nick T. Spark, "Unmanned Precision Weapons Aren't New," *Proceedings of the U. S. Naval Institute* 131, no. 2, February 2005, 66~71쪽.

18 T.W. South II, "War Diary—September 1944 to 1 November 1944," memorandum, Special Task Air Group One, United States Fleet, October 31, 1944, reproduced in James J. Hall, *American Kamikaze* (Titusville, FL: J. Bryant, Ltd., 1984), 201~206쪽.

19 Claude Larkin, "Operations of STAG ONE Detachment in Northern Solomons Area, Report On," memorandum, Commander Aircraft, Northern Solomons, October 30, 1944, reproduced in Hall, *American Kamikaze*, 205~208쪽.

20 Trent Hone, "Countering the Kamikaze," *Naval History* 34, no. 5, October 2020, https://www.usni.org/magazines/naval-history-magazine/2020/october/countering-kamikaze.

21 John S. McCain, Sr., "Assault Aircraft Drone (TDR-1 and TD3R) Program: Present Status of and Recommendation Concerning," memorandum, US Navy, April 19, 1944 (US National Archives); Fahrney, "The Genesis of the Cruise Missile."

22 Antony L. Kay, *Buzz Bomb* (Boylston, Massachusetts: Monogram Aviation Publications, 1977), 8쪽.

AI 시대, 전쟁의 미래

23 Theodore von Kármán, "Where We Stand: A Report Prepared for the AAF Advisory Group," Dayton, Ohio: Headquarters Air Materiel Command, January 1946, 14쪽.

24 Mark C. Cleary, *6555th Test Wing: Missile and Space Launches through 1970.* 45th Space Wing History Office, US Air Force, November 1991, 25쪽.

25 Russell Hawkes, "Subsonic Snark Adds Effectiveness to SAC Forces," *Aviation Week*, September 15, 1958, 50~64쪽.

26 Duncan Lennox, "SM-62 Snark," in *Jane's Strategic Weapon Systems* (전자 데이터베이스), Jane's Information Group, UK, September 30, 2004.

27 Darrel Whitcomb, "PAVE NAIL: There at the Beginning of the Precision Weapons Revolution," *Air Power History* 58, no. 1, Spring 2011, 14~27쪽.

28 US Air Force, *History USAF Drone/RPV*, Wright-Patterson Air Force Base, Ohio: RPV System Program Office, 1976, 10~11쪽; William Wagner, *Lightning Bugs and Other Reconnaissance Drones* (Fallbrook, CA: Aero Publishers, 1982), 182~183쪽.

29 Wagner, *Lightning Bugs and Other Reconnaissance Drones*, 157~165, 176쪽.

30 "Remotely Flown Vehicles Stir Wide Interest," *Aviation Week & Space Technology*, June 14, 1971, 26쪽; Wagner, *Lightning Bugs and Other Reconnaissance Drones*, 186~189쪽.

31 Terrell E. Greene, "The Rise of Remotely Manned Systems," *Astronautics & Aeronautics*, April 1972, 44~53쪽.

32 William B. Graham, "RMVs in Aerial Warfare," *Astronautics & Aeronautics*, May 1972, 36~47쪽.

33 Benjamin S. Lambeth, "AirLand Reversal," *Air Force*, February 1, 2014, https://www.airforcemag.com/article/0214reversal/.

34 David A. Deptula, *Effects-Based Operations: Change in the Nature of Warfare* (Arlington, Virginia: Aerospace Education Foundation, 2001), 2쪽.

35 Walter J. Boyne, "How the Predator Grew Teeth," *Air Force* 92, no. 7, July 2009, 42~45쪽.

36 Alec Bierbauer and Mark Cooter, *Never Mind, We'll Do It Ourselves: The Inside Story of How a Team of Renegades Broke Rules, Shattered Barriers, and Launched a Drone Warfare Revolution* (New York: Skyhorse Publishing, 2021), 274~295쪽.

37 John M. Koetz and Bruce E. Brendle, "Project Remote: Desert Storm Robotics," *Personal Perspectives of the Gulf War* (Arlington, VA: Institute of Land Warfare, Association of the United States Army, 1993), 101~103쪽.

38 James Schmitt, "No More Stovepipes: Unifying Air Operations Planning Doctrine to Enable Multirole Mission Success," *Wild Blue Yonder*, July 23, 2023, https://www.airuniversity.af.edu/Wild-Blue-Yonder/Article-Display/Article/3447567/no-more-stovepipes-unifying-air-operations-planning-doctrine-to-enable-multirol/; John D. Duray, *Remotely Piloted Aircraft Operations: Lessons Learned and Implications for Future Warfare*, Mitchell Forum report No. 28 (Arlington, VA: Mitchell Institute for Aerospace Studies, December 2019), 14쪽, https://mitchellaerospacepower.org/remotely-piloted-aircraft-operation-lessons-learned-and-implications-for-future-warfare/.

39 Tyler Rogoway, "The Alarming Case of the USAF's Mysteriously Missing Unmanned Combat Air Vehicles," *The War Zone*, July 2, 2020, https://www.thedrive.com/the-war-zone/3889/the-alarming-case-of-the-usafs-mysteriously-missing-unmanned-combat-air-vehicles.

40 *National Defense Authorization Act for Fiscal Year 2001*, Public Law 106-398, sec. 220, October 30, 2000.

2 원샷 원킬, 수천 명씩

1 Michael Gilbert, *The Somme: Heroism and Horror in the First World War* (New York: Owl Books, 2006), 37쪽.

2 Augustin M. Prentiss, *Chemicals in War: A Treatise on Chemical Warfare* (New York and London: McGraw-Hill, 1937), 660, 662쪽.

3 L. Van Loan Naisawald, "The Cost in Ammunition of Inflicting a Casualty," Technical Memorandum ORO-T-246, Chevy Chase, Maryland: Johns Hopkins University Operations Research Office, July 28, 1953.

4 Boyd L. Dastrup, *King of Battle: A Branch History of the US Army's Field Artillery* (Ft. Monroe, Virginia: US Army Training and Doctrine Command Historian, 1992), 213쪽.

5 Marilyn M. Harper, *World War II and the American Home Front* (Washington, DC: National Park Service, US Department of the Interior, 2007), 3쪽, https://

AI 시대, 전쟁의 미래

irma.nps.gov/DataStore/downloadfile/465955.

6   General William. C. Westmoreland, speech at Tufts University, Medford, Massachusetts, December 12, 1973.

7   Norman Friedman, *Naval Firepower: Battleship Guns and Gunnery in the Dreadnought Era* (Barnsley, UK: Seaforth, 2008), 166쪽.

8   Jeffrey R. Barnett, *Future War: An Assessment of Aerospace Campaigns in 2010* (Maxwell AFB, Alabama: Air University Press, 1996), 11쪽; David A. Deptula, *Effects-Based Operations: Change in the Nature of Warfare* (Arlington, Virginia: Aerospace Education Foundation, February 2001), https://www.airforcemag.com/PDF/DocumentFile/Documents/2005/EBO_deptula_020101.pdf.

9   *The United States Strategic Bombing Surveys* (Maxwell AFB, Alabama: Air University, October 1987), 13쪽, https://apps.dtic.mil/dtic/tr/fulltext/u2/a421958.pdf.

10 Barnett, *Future War*; Deptula, *Effects-Based Operations*.

11 Richard P. Hallion, "Bombs That Were Smart Before Their Time," *World War II Magazine*, September 2007, 52~57쪽.

12 Edward Westerman, *Flak: German Anti-Aircraft Defenses, 1914-1945* (Lawrence, Kansas: University Press of Kansas, 2001), 293~294쪽.

13 Peter J. Burke, "XM1156 Precision Guidance Kit (PGK)," 52nd Annual Fuze Conference, Sparks, Nevada: National Defense Industrial Association, 13~15 May 2008, https://ndiastorage.blob.core.usgovcloudapi.net/ndia/2008/fuze/VABurke.pdf; Geneva International Center for Humanitarian Demining (GICHD), "Explosive Weapon Effects—Final Report" (Geneva, Switzerland: GICHD, February 2017), 34쪽, https://www.gichd.org/fileadmin/GICHD-resources/rec-documents/Explosive_weapon_effects_web.pdf.

14 Michael Peck, "The US Has Given Ukraine Nearly 1 Million 155 mm Artillery Shells. Now It's Looking for US Companies to Build More of Them." *Business Insider*, September 13, 2022, https://www.businessinsider.com/us-wants-to-build-artillery-shells-as-it-supplies-ukraine-2022-9.

15 Jeff Schogol, "Russia is Hammering Ukraine with up to 60,000 Artillery Shells and Rockets Every Day," *Task and Purpose*, June 13, 2022, https://taskandpurpose.com/news/russia-artillery-rocket-strikes-east-ukraine/; Jon Jackson, "Russia Has Lost Half Its Combat Capability in Ukraine: U.K.

Defense Chief," *Newsweek*, July 7, 2023, https://www.newsweek.com/russia-has-lost-half-its-combat-capability-ukraine-uk-defense-chief-1811042.

16 Timothy J. Sakulich, *Precision Engagement at the Strategic Level of War: Guiding Promise or Wishful Thinking?* Occasional Paper no. 25 (Maxwell AFB, AL: Air War College, December 2001), 11쪽; Jack Sine, "Defining the 'Precision Weapon' in Effects-Based Terms," *Air and Space Power Journal* 20 (1) 2006, 81~88쪽.

17 Kyle Mizokawi, "The CIA's Blade-Wielding 'Flying Ginsu' Missile Strikes Again," *Popular Mechanics*, July 28, 2019, https://www.popularmechanics.com/military/weapons/a30175425/cia-blade-missile/.

18 Malcolm Gladwell, *The Bomber Mafia: A Dream, a Temptation, and the Longest Night of the Second World War* (New York: Little, Brown and Company, 2021)(《어떤 선택의 재검토》, 이영래 옮김, 김영사, 2022), 45~46쪽.

19 Phillip S. Meilinger, *10 Propositions Regarding Airpower* (School of Advanced Airpower Studies, US Air Force History and Museums Program, 1995), https://media.defense.gov/2010/May/25/2001330281/-1/-1/0/AFD-100525-026.pdf.

20 US Army Acquisition Support Center, "Excalibur Precision 155 mm Projectiles," October 11, 2018, https://asc.army.mil/web/portfolio-item/ammo-excalibur-xm982-m982-and-m982a1-precision-guided-extended-range-projectile/; Tim Mahon, "Technology: The Final Frontier: EXCALIBUR—Coming at You from Every Direction," *Military Technology*, April 2019, 53쪽.

21 Udi Etzion, "IDF Shooters Get 'Smart' Gun Sight to Increase Accuracy," *Ynetnews.com*, January 13, 2019, https://www.ynetnews.com/articles/0,7340,L-5444185,00.html.

22 Tyler Rogoway, "This Portable Remote Weapon Turret Is Right Out of Call of Duty," *The Drive*, July 22, 2022, https://www.thedrive.com/the-war-zone/35031/this-portable-remote-weapon-turret-is-like-contra-and-call-of-duty-video-games-come-to-life.

23 T. N. Dupuy, "Quantification of Factors Related to Weapon Lethality (Annex III)," *Historical Trends Related to Weapon Lethality* (Washington, DC: Historical Evaluation and Research Organization, October 15, 1964), H5쪽, https://apps.dtic.

mil/sti/pdfs/AD0458759.pdf.

24 Dupuy, "Quantification of Factors Related to Weapon Lethality," H13~16쪽.

25 Dupuy, "Quantification of Factors Related to Weapon Lethality," H29~33쪽.

26 Saadia Amiel, "Defensive Technologies for Small States," in Williams, Louis, ed., *Military Aspects of the Israeli-Arab Conflict* (Tel Aviv: University Publishing Projects, 1975), 13~58쪽.

27 Westerman, *Flak: German Anti-Aircraft Defenses*, 294쪽.

28 Alfred W. Johnson, *The Naval Bombing Experiments Off the Virginia Capes — June and July 1921* (Washington, DC: Naval Historical Foundation, 1959), 14쪽, https://www.history.navy.mil/research/library/online-reading-room/title-list-alphabetically/n/the-naval-bombing-experiments.html.

29 US Government Accountability Office, *F-35 Joint Strike Fighter: Development Is Nearly Complete, but Deficiencies Found in Testing Need to Be Resolved*, GAO-18-321 (Washington, DC: GAO, June 2018), https://www.gao.gov/assets/gao-18-321.pdf.

30 Jeffrey A. Vish, "Guided Standoff Weapons: A Threat to Expeditionary Air Power," thesis, Naval Postgraduate School, 2006, 39쪽, https://apps.dtic.mil/dtic/tr/fulltext/u2/a457379.pdf.

31 Howard Altman, "Moment of Drone Strike That Destroyed Russian Il-76s Seen in Infrared Image," *The War Zone*, August 31, 2023, https://www.twz.com/moment-of-drone-attack-that-destroyed-il-76s-at-russian-base-seen-in-infrared-image.

32 Sara Fritz and Karen Tumulty, "'Smart Bombs' on Target at Air HQ Post: Arms: Lasers Guided Explosives with Unprecedented Accuracy, Boosting Role of U.S. Technology," *Los Angeles Times*, January 19, 1991, A9쪽, https://www.latimes.com/archives/la-xpm-1991-01-19-mn-201-story.html.

33 MBDA Missile Systems, "Sea Venom / ANL," MBDA Systems, 2020, https://www.mbda-systems.com/product/sea-venom-anl/.

34 Mizokawi, "The CIA's Blade-Wielding 'Flying Ginsu' Missile Strikes Again."

35 Chad Stahelski, dir. *John Wick: Chapter 2*. Los Angeles, CA: Summit Entertainment, 2017, https://www.youtube.com/watch?v=rsuNowyCF0c.

36 Andrew F. Krepinovich and Steven M. Kosiak, "Smarter Bombs, Fewer Nukes," *Bulletin of the Atomic Scientists*, November/December 1998,

26~32쪽.

37 Deptula, *Effects-Based Operations*, 2001.

38 US Joint Chiefs of Staff, *Joint Publication 3-0: Joint Operations* (Washington, DC: US Department of Defense, October 22, 2018), III-30.

39 Merel A.C. Ekelhof, "Lifting the Fog of Targeting: 'Autonomous Weapons' and Human Control Through the Lens of Military Targeting," *Naval War College Review* 71, no. 3, Summer 2018: Article 6, https://digital-commons.usnwc.edu/cgi/viewcontent.cgi?article=5125&context=nwc-review.

40 US Office of the Director of National Intelligence, *The AIM Initiative: A Strategy for Augmenting Intelligence Using Machines*, Washington, DC: January 16, 2019.

41 Robert Wall, "The Devastating Impact of Sensor Fuzed Weapons," *Air Force Magazine*, March 1, 1998, https://www.airforcemag.com/article/0398sensor/.

42 Jacob Shermeyer, Thomas Hossler, Adam Van Etten, Daniel Hogan, Ryan Lewis, and Daell Kim, "RarePlanes: Synthetic Data Takes Flight," 2021 IEEE Winter Conference on Applications of Computer Vision (WACV), January 5-9, 2021, 207~271쪽.

43 Simon K. Mencher and Long G. Wang, "Promiscuous Drugs Compared to Selective Drugs (Promiscuity Can be a Virtue)," *BMC Clinical Pharmacology* 5, no. 3, 2005, https://bmcclinpharma.biomedcentral.com/track/pdf/10.1186/1472-6904-5-3.pdf.

44 John Spencer, "Why Militaries Must Destroy Cities to Save Them," Modern War Institute, November 8, 2018, https://mwi.usma.edu/militaries-must-destroy-cities-save/.

3 전장의 교훈

1 Azerbaijani Ministry of Defense, "Cəbhənin Xocavənd istiqamətində düşmənin 'Tor-M2KM' ZRK-sı vurulub," November 9, 2020, 1:43, https://www.youtube.com/watch?v=C0pcbeSm0Sw.

2 "Turkish Air Force Used E-7A Peace Eagle to Hunt and Destroy S-300 Using TB2 Drones," Global Defense Corp, November 7, 2020, https://www.

globaldefensecorp.com/2020/11/07/turkish-air-force-used-e-7a-peace-eagle-to-find-and-destroy-s-300-using-tb2-drones/.

3   Andrew E. Kramer and Anton Troianovski, "Azerbaijan and Armenia Agree to Cease-Fire in Nagorno-Karabakh," *New York Times*, late edition (East Coast), October 9, 2020.

4   John Antal, *7 Seconds to Die: A Military Analysis of the Second Nagorno-Karabakh War and the Future of Warfighting* (Philadelphia: Casemate Publishing, 2022), 3쪽.

5   John Antal, *7 Seconds to Die*, 79쪽.

6   Merrill A. McPeak and Robert A. Pape, "Hit or Miss," *Foreign Affairs* 83 no. 5, September/October 2004, 160~163쪽.

7   Hilaire Belloc and Basil Temple Blackwood, *The Modern Traveller* (London: Edward Arnold, 1898), 41쪽.

8   William S. Murray, "Revisiting Taiwan's Defense Strategy," *Naval War College Review* 61, no. 3, Summer 2008, Article 3; Charles Bronk and Gabriel Collins, "Bear, Meet Porcupine: Unconventional Deterrence for Ukraine," *Defense One*, December 24, 2021, https://www.defenseone.com/ideas/2021/12/bear-meet-porcupine-unconventional-deterrence-ukraine/360195/.

9   Francis Farrell, "Record Russian Armor, Personnel Losses in Failed Attempt to Take Avdiivka by Storm," *Kyiv Independent*, October 25, 2023, https://kyivindependent.com/none-of-it-made-any-sense-understanding-russias-disastrous-offensive-on-avdiivka/.

10   "18 Feb: Shocking Footage Reveals the Real Cost Russians Paid for Avdiivka," Reporting from Ukraine, February 18, 2024, https://www.youtube.com/watch?v=VNTC0H1zWwI.

11   "Update from Ukraine, 01/28/2024," Denys Davydov, January 28, 2024, https://www.youtube.com/watch?v=37_mBXpjXeQ.

12   Ellie Cook, "Russia's Staggering Avdiivka Losses Laid Bare by Ukraine," *Newsweek*, February 18, 2024, https://www.newsweek.com/russia-losses-equipment-tanks-avdiivka-ukraine-1870987.

13   Luke Harding, "Cheap but Lethally Accurate: How Drones Froze Ukraine's Frontlines," *The Guardian*, January 25, 2024, https://www.theguardian.com/world/2024/jan/25/how-drones-froze-ukraine-frontlines.

14 James J. Schneider, "The Theory of the Empty Battlefield," *RUSI Journal* 132, no. 3, 1987, 37~44쪽.

15 John C. Schulte, *An Analysis of the Historical Effectiveness of Anti-Ship Cruise Missiles in Littoral Warfare* (Monterey, California: Naval Postgraduate School, 1994), 35쪽.

16 Steve Brown, "ANALYSIS: The Magura-V5 Sea Drone—Scourge of Russia's Black Sea Operations," *Kyiv Post*, March 6, 2024, https://www.kyivpost.com/analysis/29068.

17 "Ukrainian Saboteurs Behind Attacks Inside Russia, Reports Say," Voice of America News, August 22, 2023, https://www.voanews.com/a/russia-downs-ukrainian-drones-in-moscow-region-/7234981.html; Peter Suciu, "Ukrainian Video Shows Destruction of Il-76 Aircraft—Contradicting the Kremlin's Claims," *Forbes*, September 1, 2023, https://www.forbes.com/sites/petersuciu/2023/09/01/ukrainian-video-shows-destruction-of-il-76-aircraft--contradicting-the-kremlins-claims/?sh=3e4f29318f4b.

18 T. S. Rowden, *Surface Force Strategy: Return to Sea Control* (San Diego, CA: U.S. Naval Surface Forces Pacific Fleet, 2016); Edward Lundquist, "DMO Is Navy's Operational Approach to Winning the High-End Fight at Sea," *Seapower*, February 2, 2021.

19 US Air Force. *Air Force Doctrine Note 1-21: Agile Combat Employment* (Maxwell Air Force Base, AL: Curtis E. LeMay Center for Doctrine Development and Education, 2022), https://www.doctrine.af.mil/Portals/61/documents/AFDN_1-21/AFDN%201-21%20ACE.pdf.

20 David Oliver, "Ukraine's Unmanned Air War," *Armada International*, June/July 2022, 26~28쪽.

21 Jack Watling and Nick Reynolds, *Meatgrinder: Russian Tactics in the Second Year of Its Invasion of Ukraine* (London: Royal United Services Institute, 2023), 18쪽.

22 David Hambling, "Ukraine Wins First Drone vs. Drone Dogfight Against Russia, Opening a New Era of Warfare," *Forbes*, October 14, 2022, https://www.forbes.com/sites/davidhambling/2022/10/14/ukraine-wins-first-drone-vs-drone-dogfight-against-russia-opening-a-new-era-of-warfare.

23 Howard Altman, "Ukraine Bracketing Key Kursk Highway with Drones to

Slow Russian Logistics," *The War Zone*, August 28, 2024, https://www.twz.com/news-features/ukraine-bracketing-key-kursk-highway-with-drones-to-slow-russian-logistics.

24 Sam Schechner and Daniel Michaels, "Ukraine Has Digitized Its Fighting Forces on a Shoestring," *Wall Street Journal*, January 3, 2023, https://www.wsj.com/articles/ukraine-has-digitized-its-fighting-forces-on-a-shoestring-11672741405.

25 Watling and Reynolds, *Meatgrinder: Russian Tactics in the Second Year of Its Invasion of Ukraine*, 13~14, 24쪽.

26 Joe Barnes, "How Dummy HIMARS are Depleting Russia's Missile Supplies," *The Telegraph*, August 30, 2022, https://www.telegraph.co.uk/world-news/2022/08/30/ukraine-deploys-dummy-himars-trick-russian-forces/.

27 "Inflatable Tanks: Inside the Company That Makes Decoy Armaments," Manufacturing.net, March 6, 2023, https://www.manufacturing.net/operations/news/22751105/inflatable-tanks-inside-the-company-that-makes-decoy-armaments.

28 Katyanna Quach, "You Only Need Pen and Paper to Fool This OpenAI Computer Vision Code. Just Write Down What You Want It to See," *The Register*, March 5, 2021, https://www.theregister.com/2021/03/05/openai_writing_attack/.

29 Sean J. A. Edwards, *Swarming on the Battlefield: Past, Present, and Future* (Santa Monica, CA: RAND Corporation, 2000); John Arquilla and David Ronfeldt, *Swarming & the Future of Conflict* (Santa Monica, CA: RAND Corporation, 2000).

30 Arquilla and Ronfeldt, *Swarming & the Future of Conflict*, 8~9쪽.

4 새로운 것의 충격

1 Cade Metz, "One Genius' Lonely Crusade to Teach a Computer Common Sense," *Wired*, March 24, 2016, https://www.wired.com/2016/03/doug-lenat-artificial-intelligence-common-sense-engine/.

2 Micah Zenko, "Millennium Challenge: The Real Story of a Corrupted Military Exercise and Its Legacy," *War on the Rocks*, November 5, 2015, https://warontherocks.com/2015/11/millennium-challenge-the-real-story-

of-a-corrupted-military-exercise-and-its-legacy/; Francis Horton, "The Lost Lesson of Millennium Challenge 2002, the Pentagon's Embarrassing Post-9/11 War Game," *Task and Purpose*, November 6, 2019, https://taskandpurpose.com/news/millenium-challenge-2002-stacked-deck/.

3   Robert C. Harney, "Broadening the Trade Space in Designing for Warship Survivability," *Naval Engineers Journal* 122, no. 1, November 2010, 49~63쪽; William N. Reynolds and Peter A. Withers, "Morphological Analysis for Rapid, Low-Cost, Collaborative, Strategic Trade Space Analysis," Albuquerque, New Mexico: Least Squares Software, August 2011.

4   Stew Magnusen, "DARPA Pushes 'Mosaic Warfare' Concept," *National Defense* 103, November 1, 2018, 18~19쪽.

5   K. J. Rawson and E. C. Tupper, *Basic Ship Theory*, 5th ed. (Oxford, UK: Butterworth Heinemann, 2001), 623쪽.

6   Rawson and Tupper, *Basic Ship Theory*, 645쪽.

7   Richard M. Ogorkiewicz, *Technology of Tanks* (Surrey, UK: Jane's Information Group, 1991), 384쪽.

8   Elad Moisseiev and Gad Dotan, "Negative g-Force Ocular Trauma Caused by a Rapidly Spinning Carousel," *Case Reports in Ophthalmology* 4, No. 3, September-December 2013, 180~183쪽.

9   Mark F. Cancian, Matthew Cancian, and Eric Heginbotham, *The First Battle of the Next War: Wargaming a Chinese Invasion of Taiwan* (Washington, DC: Center for Strategic and International Studies [CSIS], January 2023), 5쪽.

10 Patrick Tucker and Jacqueline Feldscher, "As China, Taiwan Tensions Flare, US Faces Shrinking Window to Deter Conflict," *Defense One*, August 8, 2022, https://www.defenseone.com/threats/2022/08/china-taiwan-tensions-flare-us-faces-shrinking-window-deter-conflict/375514/.

11 Sebastien Roblin, "Black Sea Drone War: How a Country with No Warships Has Russia's Navy on the Run," *Inside Unmanned Systems*, October 19, 2023, https://insideunmannedsystems.com/black-sea-drone-war-how-a-country-with-no-warships-has-russias-navy-on-the-run/.

12 Dave Majumdar, "The US Navy's Great Littoral Combat Ship Reboot is Here," *The National Interest*, September 9, 2016, https://nationalinterest.org/blog/the-buzz/the-us-navys-great-littoral-combat-ship-reboot-

here-17656; David Axe, "The Littoral Combat Ship Can't Fight—And the U.S. Navy Is Finally Coming to Terms With It," *Forbes*, May 20, 2021, https://www.forbes.com/sites/davidaxe/2021/05/20/the-littoral-combat-ship-cant-fight-the-us-navy-is-finally-coming-to-terms-with-it/?sh=273f72ba2587.

13 Michael Stott, "Deadly New Russian Weapon Hides in Shipping Container," Reuters, April 26, 2010, https://www.reuters.com/article/us-russia-weapon-idustre63p2xb20100426; Mark Vermylen, "Israel's Long-Range Artillery Weapon System (LORA)," Missile Defense Advocacy Alliance, June 2017, https://missiledefenseadvocacy.org/israels-long-range-artillery-weapon-system-lora/; Raul (Pete) Pedrozo, "China's Container Missile Deployments Could Violate the Law of Naval Warfare," *International Law Studies* 97, 2021, 1160~1170쪽, https://digital-commons.usnwc.edu/cgi/viewcontent.cgi?article=2982&context=ils; Oliver Parken, "Iran Fires Ballistic Missile from a Shipping Container at Sea," *The War Zone*, February 14, 2024, https://www.twz.com/news-features/iran-fires-ballistic-missile-from-a-shipping-container-at-sea.

14 Vermylen, "Israel's Long-Range Artillery Weapon System (LORA)."

15 Joseph Trevithick, "Navy Unveils Truck-Mounted SM-6 Missile Launcher in European Test," *The War Zone*, September 14, 2022, https://www.thedrive.com/the-war-zone/navy-unveils-truck-mounted-sm-6-missile-launcher-in-european-test; Zach Abdi, "US Navy and Army's MK 70 Payload Delivery Systems Stretch Their Wings," *Naval News*, September 25, 2023, https://www.navalnews.com/naval-news/2023/09/u-s-navy-and-army-mk-70-pds-stretch-their-wings/.

16 Joseph Trevithick, "Shipping Container Launcher Packing 126 Kamikaze Drones Hits the Market," *The War Zone*, June 17, 2024, https://www.twz.com/land/shipping-container-launcher-packing-126-kamikaze-drones-hits-the-market.

17 J. P. Lawrence, "Navy's 'Influx' of Aquatic and Aerial Drones Tested in the Middle East," *Stars and Stripes*, December 1, 2022, https://www.stripes.com/branches/navy/2022-12-01/navy-drone-boats-bahrain-8260601.html.

18 "Bas 90—Air Base System 90, Swedish Air Force (1986) [영문 자막 있음],"

June 4, 2017, https://www.youtube.com/watch?v=MNak9lB_q00.

19 Andrew Layton, "Historic Highway Landing Advances Agile Combat Employment," Air Force Reserve Command, July 4, 2022, https://www.afrc.af.mil/News/Article-Display/Article/3083909/historic-highway-landing-advances-agile-combat-employment/.

20 Lieutenant General Tony D. Bauernfeind, "Ready to Compete, Fight, and Win in the Indo-Pacific." (Air Force Association Air, Space, and Cyber Conference, National Harbor, Maryland, September 13, 2023.)

21 Sydney J. Freedberg, "'Unmanned' drones take too many humans to operate, says top Army aviator," Breaking Defense, February 27, 2023, https://breakingdefense.com/2023/02/unmanned-drones-take-too-many-humans-to-operate-says-top-army-aviator/.

22 *The Role of Autonomy in DoD Systems* (Washington, DC: Defense Science Board, Office of the Under Secretary of Defense for Acquisition, Technology, and Logistics, July 2012), 57쪽.

23 Nick Paton Walsh, Florence Davey-Attlee, Kostya Gak, and Brice Laine, "Ukrainian Team Uses Thermal Cameras in Hunt for Russian Threat," CNN, August 15, 2023, https://edition.cnn.com/europe/live-news/russia-ukraine-war-news-08-15-23/h_174973601d0100674d5e8066a20a6ae8.

24 Ian Johnston and Rob McAuley, *The Battleships* (St. Paul, Minnesota: MBI Publishing Company, 2000), 180쪽.

5 새로운 핵심 영역

1 David Barno and Nora Bensahel, "The Future of the Army: Today, Tomorrow, and the Day after Tomorrow" (Washington, DC: Atlantic Council, September 2016), 24, 28쪽, https://www.atlanticcouncil.org/in-depth-research-reports/report/the-future-of-the-army-2/.

2 George M. Dougherty, "Ground Combat Overmatch Through Control of the Atmospheric Littoral," *Joint Force Quarterly* 94, 3rd Quarter 2019, 64~73쪽; George M. Dougherty, "Control of the Atmospheric Littoral: A Future Doctrinal Framework for Unmanned Systems in Ground Combat," presented at the Naval Counter-Improvised Threat Knowledge Network Symposium,

virtual, January 7, 2021, https://apps.dtic.mil/sti/pdfs/AD1120302.pdf; George M. Dougherty, "Fostering Emerging Robotics Autonomy Doctrine to Guide Future Force Design," presented at the U.S. Army Robotics Portfolio Integration Meeting (ARPIM), virtual, March 24, 2021.

3 Maximilian K. Bremer and Kelly A. Grieco, "The Air Littoral: Another Look," *Parameters* 51, no. 4 (Winter 2021), 67~80쪽, doi:10.55540/0031-1723.3092; Jim E. Rainey and James K. Greer, "Land Warfare and the Air-Ground Littoral," *Army Aviation Magazine*, December 31, 2023, 14~17쪽.

4 Wayne P. Hughes, "Build a Green-Water Fleet," *U.S. Naval Institute Proceedings* 144, no. 6 (June 2018), https://www.usni.org/magazines/proceedings/2018/june/build-green-water-fleet.

5 Ben Watson, "The Drones of ISIS," *Defense One*, January 12, 2017, https://www.defenseone.com/technology/2017/01/drones-isis/134542/.

6 Pablo Chovil, "Air Superiority Under 2000 Feet: Lessons from Waging Drone Warfare Against ISIL," *War on the Rocks*, May 11, 2018, https://warontherocks.com/2018/05/air-superiority-under-2000-feet-lessons-from-waging-drone-warfare-against-isil/.

7 Jules Hurst, "The Developing Fight for Tactical Air Control," *War on the Rocks*, March 28, 2019, https://warontherocks.com/2019/03/the-developing-fight-for-tactical-air-control/.

8 George M. Dougherty, "Control of the Atmospheric Littoral: A Potential Doctrine to Enable Overmatch in Maneuver Warfare," presentation to the combined Army Centers of Excellence, Ft. Benning, GA, July 28, 2021.

9 Dougherty, "Ground Combat Overmatch Through Control of the Atmospheric Littoral."

10 Jen Hudson, "US Army Taps Industry for Autonomous Drones to Resupply Troops," *Defense News*, January 15, 2021, https://www.defensenews.com/land/2021/01/15/us-army-taps-industry-for-autonomous-drones-to-resupply-troops/.

11 Alex Kushleyev, Daniel Mellinger, and Vijay Kumar, "Towards a Swarm of Agile Micro Quadrotors," *Autonomous Robots* 35, no. 4 (November 2013), 287~300쪽, https://doi.org/10.1007/s10514-013-9349-9.

12 Evan Ackerman, "This Autonomous Quadrotor Swarm Doesn't Need GPS,"

IEEE Spectrum, December 27, 2017, https://spectrum.ieee.org/this-autonomous-quadrotor-swarm-doesnt-need-gps; Caltech, "Close-Proximity Flight of Sixteen Quadrotor Drones," July 14, 2020, https://www.youtube.com/watch?v=geJt8PFZ-Fk.

13 Dougherty, "Control of the Atmospheric Littoral: A Potential Doctrine to Enable Overmatch in Maneuver Warfare"; George M. Dougherty, "Control of the Atmospheric Littoral: An Emerging Conceptual Framework for Robotics in Maneuver Warfare," in Maneuver Warfighter Conference, Ft. Benning, GA, February 15-17, 2022, https://www.youtube.com/watch?v=PbOMHFEE3OU.

14 "Army Readies Charging Port for Autonomous Drone Swarms," October 7, 2020, https://www.army.mil/article/239742/army_readies_charging_port_for_autonomous_drone_swarms.

15 Evan Ackerman, "Every Quadrotor Needs This Amazing Failsafe Software," *IEEE Spectrum*, March 4, 2014, https://spectrum.ieee.org/automaton/robotics/drones/every-quadrotor-needs-this-amazing-failsafe-software; Terry Jarrell, "Motor Failure Does Not Have to Crash Your Quadcopter," Aircraft Owners and Pilots Association, April 26, 2019, https://www.aopa.org/news-and-media/all-news/2019/april/26/this-failsafe-can-save-the-day-if-your-drone-loses-a-motor.

16 Javier Chagoya, "NPS, Academic Partners Take to the Skies in First-Ever UAV Swarm Dogfight," Naval Postgraduate School, February 22, 2017, https://nps.edu/-/nps-academic-partners-take-to-the-skies-in-first-ever-uav-swarm-dogfight.

6 위험한 사고

1 David Hambling, "AI Thrashes Human Fighter Pilot 5-0 in Simulated F-16 Dogfights," *New Scientist*, August 25, 2020, https://www.newscientist.com/article/2252760-ai-thrashes-human-fighter-pilot-5-0-in-simulated-f-16-dogfights/.

2 "AlphaDogfight Trials Foreshadow Future of Human-Machine Symbiosis," Defense Advanced Research Projects Agency, August 26, 2020, https://www.

darpa.mil/news-events/2020-08-26.

3 Stephen Losey, "U.S. Air Force Plans Self-Flying F-16s to Test Drone Wingman Tech," *Defense News*, March 28, 2023, https://www.defensenews.com/air/2023/03/28/us-air-force-plans-self-flying-f-16s-to-test-drone-wingmen-tech/.

4 Khari Johnson, "Drone Racing League Launches $2 Million Autonomous Drone Competition," *VentureBeat*, September 5, 2019, https://venturebeat.com/ai/drone-racing-league-launches-2-million-autonomous-drone-competition/.

5 Stephen Babcock, "Autonomous Drone Racing Puts AI Behind the Controllers," *Technical.ly*, November 18, 2019, https://technical.ly/software-development/autonomous-drone-racing-ai-artificial-intelligence-lockheed-martin-league/.

6 Christophe De Wagter, Federico Paradea-Vallés, Nilay Sheth, and Guido C. H. E. de Croon, "The Artificial Intelligence Behind the Winning Entry to the 2019 AI Robotic Racing Competition," *Field Robotics* 2, September 30, 2021, 1263~1290쪽, https://arxiv.org/pdf/2109.14985.pdf.

7 Christophe De Wagter, Federico Paradea-Vallés, Nilay Sheth, and Guido C. H. E. de Croon, "Learning Fast in Autonomous Drone Racing," *Nature Machine Intelligence* 3, no. 10, October 2021, 923쪽.

8 Benj Edwards, "High-Speed AI Drone Beats World-Champion Racers for the First Time," *Ars Technica*, August 31, 2023, https://arstechnica.com/information-technology/2023/08/high-speed-ai-drone-beats-world-champion-racers-for-the-first-time/.

9 Interview of Former USS Missouri Executive Officer, Lead Sheet #14246, Washington, DC: Office of the Special Assistant for Gulf War Illnesses, US Department of Defense, January 23, 1998, https://gulflink.health.mil/du_ii/du_ii_refs/n52en228/8023_034_0000001.htm; "Missile Attack on the Battleship USS Missouri," *wwiiafterwwii: WWII Equipment Used After the War* (blog), July 21, 2019, https://wwiiafterwwii.wordpress.com/2019/07/21/missile-attack-on-battleship-uss-missouri/.

10 John K. Hawley, "Patriot Wars: Automation and the Patriot Air and Missile Defense System," Washington, DC: Center for a New American Security,

January 25, 2017, 6~8쪽. https://www.cnas.org/publications/reports/patriot-wars.

11 Sam Lagrone, "U.S. Super Hornet Shot Down Over Red Sea in Friendly Fire Incident; Aviators Safe," *U.S. Naval Institute News*, December 21, 2024, https://news.usni.org/2024/12/21/u-s-super-hornet-shot-down-over-red-sea-in-friendly-fire-incident-aviators-safe.

12 Paul Scharre, *Four Battlegrounds: Power in the Age of Artificial Intelligence* (New York: W. W. Norton and Company, 2023), 231쪽.

13 Katyanna Quach, "You Only Need Pen and Paper to Fool This OpenAI Computer Vision Code. Just Write Down What You Want It to See," *The Register*, March 5, 2021, https://www.theregister.com/2021/03/05/openai_writing_attack/.

14 Alex Krizhevsky, Ilya Sutskever, and Geoffrey E. Hinton, "ImageNet Classification with Deep Convolutional Neural Networks," Communications of the Association for Computing Machinery 60, December 3, 2012, 84~90쪽, DOI:10.1145/3065386; Dave Gershgorn, "The Inside Story of How AI Got Good Enough to Dominate Silicon Valley," *Quartz*, June 18, 2018, https://qz.com/1307091/the-inside-story-of-how-ai-got-good-enough-to-dominate-silicon-valley.

15 David Gelles, "A.I.'s Insatiable Appetite for Energy," *New York Times*, July 11, 2024, https://www.nytimes.com/2024/07/11/climate/artificial-intelligence-energy-usage.html.

16 Alex Hughes, "ChatGPT: Everything You Need to Know About OpenAI's GPT-4 Tool," *BBC Science Focus*, September 25, 2023, https://www.sciencefocus.com/future-technology/gpt-3.

17 Carl von Clausewitz, *On War* (Princeton, New Jersey: Princeton University Press, 2008)(《전쟁론》, 김만수 옮김, 갈무리, 2016), 101~102, 119~120쪽.

18 Cade Metz, "One Genius' Lonely Crusade to Teach a Computer Common Sense," *Wired*, March 24, 2016, https://www.wired.com/2016/03/doug-lenat-artificial-intelligence-common-sense-engine/.

19 Doug Lenat, "Sometimes the Veneer of Intelligence Is Not Enough," *CognitiveWorld*, July 2, 2021, https://cognitiveworld.com/articles/sometimes-veneer-intelligence-not-enough.

20 Augustin M. Prentiss, *Chemicals in War: A Treatise on Chemical Warfare* (New York and London: McGraw-Hill, 1937), 78쪽.

21 Dan Coles, "The WW2 Anti-Tank Bomb Dogs Which Blew Up Their Own Side's Tanks Instead of the Enemy's," *Express* (UK), August 6, 2023, https://www.express.co.uk/news/uk/1798899/Soviet-dogs-anti-Nazi-tank.

22 Kathleen L. Mosier and Linda J. Skitka, "Human Decision Makers and Automated Decision Aids: Made for Each Other?" in R. Parasuraman, and M. Mouloua, eds., *Automation and Human Performance: Theory and Applications* (Hillsdale, NJ: Lawrence Erlbaum Associates, Inc, 1996), 201~220쪽.

23 Kate Goddard, Abdul Roudsari, and Jeremy C. Wyatt, "Automation Bias: A Systematic Review of Frequency, Effect Mediators, and Mitigators," *Journal of the American Medical Informatics Association* 19, no. 1, January-February 2012, 121~127쪽.

24 John Christianson, DI Cooke, and Courtney Stiles Herdt, "Miscalibration of Trust in Human Machine Teaming, *War on the Rocks*, March 8, 2023, https://warontherocks.com/2023/03/miscalibration-of-trust-in-human-machine-teaming/.

25 Nataly Delcid, "Is Google's AI Sentient? Stanford AI Experts Say That's 'Pure Clickbait.'" *Stanford Daily*, August 2, 2022, https://stanforddaily.com/2022/08/02/is-googles-ai-sentient-stanford-ai-experts-say-thats-pure-clickbait/.

26 Elliot Leavy, "Full Transcript: Google Engineer Talks to 'Sentient' Artificial Intelligence," *AI Data & Analytics Network*, June 14, 2022, https://www.aidataanalytics.network/data-science-ai/news-trends/full-transcript-google-engineer-talks-to-sentient-artificial-intelligence-2.

27 Brad Darrach, "Meet Shaky, the First Electronic Person: The Fascinating and Fearsome Reality of a Machine with a Mind of Its Own," *Life*, November 20, 1970, 58B~68쪽.

28 James Whale, dir. *Frankenstein*, Los Angeles, CA: Universal Pictures, 1931, https://www.youtube.com/watch?v=1qNeGSJaQ9Q.

29 James J. Hall, *American Kamikaze* (Titusville, FL: J. Bryant, Ltd., 1984), 161쪽.

30 Karlheinz Münch, *Combat History of Schwere Panzerjäger Abteilung 653*, translated by Bo H. Friesen (Winnipeg, Canada: J J Fedorowicz Publishers, 1997),

53쪽.

31 Jeremy Hsu, "Robot Funerals Reflect Our Humanity," *Discover*, March 15, 2015, https://www.discovermagazine.com/technology/robot-funerals-reflect-our-humanity.

32 Ray Kurzweil, *The Age of Spiritual Machines* (New York: Penguin Books, 1999) (《21세기 호모 사피엔스》, 채윤기 옮김, 나노미디어, 1999), 66쪽.

33 Shanee Honig and Tal Oron-Gilad, "Understanding and Resolving Failures in Human-Robot Interaction: Literature Review and Model Development," *Frontiers in Psychology* 9, Article 861, June 2018, doi:10.3389/fpsyg.2018.00861.

34 Heather R. Penney, Maj. Christopher Olsen, and Lt. Gen David A. Deptula (ret), *Beyond Pixie Dust: A Framework for Understanding and Developing Autonomy in Unmanned Aircraft* (Arlington, Virginia: Mitchell Institute for Aerospace Studies), February 2022.

35 Ann-Renee Blais and Megan Thompson, *The Trust in Teams and Trust in Leaders Scale: A Review of Their Psychometric Properties and Item Selection*, TM 2009-161 (Toronto: Defense Research and Development Canada), September 2009.

7 푸시버튼 전쟁은 없다

1 Dima Adamsky, *The Culture of Military Innovation: The Impact of Cultural Factors on the Revolution in Military Affairs in Russia, the US, and Israel* (Stanford, California: Stanford University Press, 2010), 78~81, 91쪽.

2 Gen. Charles C. Krulak, "The Strategic Corporal: Leadership in the Three Block War," *Leatherneck: The Marine Corps Gazette*, January 1999, 14쪽.

3 *The Joint Team* (Washington, DC: Department of the Air Force, 2022), 9쪽.

4 *Joint Publication 5-0: Joint Operations Planning* (Washington, DC: Joint Chiefs of Staff, 2011), III-39, https://jfsc.ndu.edu/Portals/72/Documents/JC2IOS/DOPC/JP%205_0%20Joint%20Planning.pdf.

5 "Joint Light Tactical Vehicle (JLTV) Analysis of Alternatives (AoA)," in *49th Army Operations Research Symposium*, Fort Lee, Virginia, October 13-14, 2010, https://www.slideserve.com/zev/joint-light-tactical-vehicle-jltv-

analysis-of-alternatives-aoa.

6   "US Navy Tests Raytheon SM-6 Missile's Surface-to-Surface Engagement Capability," *Naval Technology*, March 7, 2016, https://www.naval-technology.com/news/newsus-navy-tests-raytheon-sm-6-missiles-surface-to-surface-engagement-capability-4832692/.

7   Sebastien Roblin, "The Air Force Is Making a Big Bet on Stormbreaker Bombs," *Popular Mechanics*, April 8, 2023, https://www.popularmechanics.com/military/aviation/a43483654/air-force-buying-stormbreaker-smart-bombs/; Thomas Newdick, "F-35 to Get Meteor, SPEAR 3 Missiles by 'End of Decade,'" *The WarZone*, January 22, 2024, https://www.twz.com/f-35-to-get-meteor-spear-3-missiles-by-end-of-decade.

8   Paolo Valpolini, "MBDA Germany Enforcer Lightweight Missile Is Ready for Production and to Generate New Variants," *European Defence Review*, October 31, 2023, https://www.edrmagazine.eu/mbda-germany-enforcer-lightweight-missile-is-ready-for-production-and-to-generate-new-variants.

9   Robert Gates, speech to the US Military Academy, West Point, NY, February 25, 2011.

10   General William C. Westmoreland, Congressional testimony, October 16, 1969, reprinted in *Air War: The Third Indochina War* (Washington, DC: Indochina Resource Center, March 1972), 13쪽.

11   Thomas X. Hammes, *The Sling and the Stone: On War in the 21st Century* (Minneapolis, Minnesota: Zenith Press, 2006)(《21세기 전쟁》, 하광희 외 옮김, 한국국방연구원, 2010), 208~212쪽.

12   Harry G. Summers, Jr., *On Strategy: The Vietnam War in Context* (Carlisle Barracks, Pennsylvania: US Army War College, 1982), 1쪽.

13   Steven Pressfield, *The Warrior Ethos* (Reseda, California: Black Irish Books, 2011), 14쪽.

14   Hammes, *The Sling and the Stone*, 14~15쪽.

15   Sean McFate, *The New Rules of War: How America Can Win—Against Russia, China, and Other Threats* (New York: William Morrow, 2019), 64~65쪽.

16   Tzu-Chieh Hung and Tzu-Wei Hung, "How China's Cognitive Warfare Works: A Frontline Perspective of Taiwan's Anti-Disinformation Wars,"

Journal of Global Security Studies 7, no. 4, December 2022, https://doi.org/10.1093/jogss/ogac016.

17 Valery Gerasimov, "The Development of Military Strategy Under Contemporary Conditions. Tasks for Military Science," March 2019, translated by Harold Orenstein and Timothy Thomas, *Military Review*, November 2019, https://www.armyupress.army.mil/Portals/7/Army-Press-Online-Journal/documents/2019/Orenstein-Thomas.pdf.

18 Joseph Trevithick, "Massive Drone Swarm Over Strait Decisive in Taiwan Conflict Wargames," *The WarZone*, May 19, 2022, https://www.twz.com/massive-drone-swarm-over-strait-decisive-in-taiwan-conflict-wargames.

19 Mark A. Gunzinger, Lawrence A. Stutzreim, and Bill Sweetman, *The Need for Collaborative Combat Aircraft for Disruptive Air Warfare* (Arlington, Virginia: Mitchell Institute for Aerospace Studies, February 2024), 36~37쪽.

20 William Claiborne, "Arabs Agree on Force to Defend Saudis," *Washington Post*, August 11, 1990.

21 Alia Shoaib, "Inside the Elite Drone Unit Founded by Volunteer IT Experts: 'We Are All Soldiers Now,'" *Business Insider*, April 9, 2022, https://www.businessinsider.com/inside-the-elite-ukrainian-drone-unit-volunteer-it-experts-2022-4.

22 Julian Borger, "The Drone Operators Who Halted Russian Convoy Headed for Kyiv: Special IT Force of 30 Soldiers on Quad Bikes Is Vital Part of Ukraine's Defence, But Forced to Crowdfund for Supplies," *The Guardian*, March 28, 2022, https://www.theguardian.com/world/2022/mar/28/the-drone-operators-who-halted-the-russian-armoured-vehicles-heading-for-kyiv.

23 Luke Harding and Peter Sauer, "Ukraine Levels Up the Fight with Drone Strikes Deep into Russia," *The Guardian*, January 27, 2024, https://www.theguardian.com/world/2024/jan/27/ukraine-levels-up-the-fight-with-drone-strikes-deep-into-russia.

24 "Ukrainian Saboteurs Behind Attacks Inside Russia, Reports Say," *Voice of America News*, August 22, 2023, https://www.voanews.com/a/russia-downs-ukrainian-drones-in-moscow-region-/7234981.html; Peter Suciu, "Ukrainian Video Shows Destruction of Il-76 Aircraft —Contradicting the

AI 시대, 전쟁의 미래

Kremlin's Claims," *Forbes*, September 1, 2023, https://www.forbes.com/sites/petersuciu/2023/09/01/ukrainian-video-shows-destruction-of-il-76-aircraft--contradicting-the-kremlins-claims/?sh=3e4f29318f4b.

25 Seth J. Frantzman, "Are Air Defense Systems Ready to Confront Drone Swarms?" *Defense News*, September 26, 2019, https://www.defensenews.com/global/mideast-africa/2019/09/26/are-air-defense-systems-ready-to-confront-drone-swarms/.

26 Geoff Brumfiel, "What We Know About the Attack on Saudi Oil Facilities," NPR, September 19, 2019, https://www.npr.org/2019/09/19/762065119/what-we-know-about-the-attack-on-saudi-oil-facilities.

27 Asif Shahzad and Gibran Naiyyar Peshimam, "Pakistan Strikes Inside Iran Against Militant Targets, Stokes Regional Tension," Reuters, January 18, 2024, https://www.msn.com/en-gb/news/world/pakistan-strikes-inside-iran-against-militant-targets-stokes-regional-tension/ar-AA1naXxG.

28 Joseph L. Votel and Eero R. Keravuori, "The By-With-Through Operational Approach," *Joint Force Quarterly* 89, 2nd Quarter, 2018, 40~47쪽, https://ndupress.ndu.edu/Media/News/News-Article-View/Article/1491891/the-by-with-through-operational-approach/.

29 Bruce Riedel, "The Mess in Afghanistan," Brookings, March 4, 2020, https://www.brookings.edu/articles/the-mess-in-afghanistan/.

8 파괴의 폭풍

1 Niccolò Machiavelli, *The Art of War*, translated by Christopher Lynch (Chicago: University of Chicago Press, 2005), 74쪽.

2 Francesco Guicciardini, *Opere Inedite di Francesco Guicciardini III: Storia Fiorentina* (Firenze: Barbera, Bianchi and Company, 1859), 105쪽.

3 Max Boot, *War Made New: Technology, Warfare, and the Course of History* (New York: Gotham, 2006)(《Made In War 전쟁이 만든 신세계》, 송대범·한태영 옮김, 플래닛미디어, 2025), 23~24쪽.

4 Noel Perrin, *Giving Up the Gun: Japan's Reversion to the Sword, 1543-879* (Boston: David R. Godine, 1979)(《총을 버리다》, 김영진 옮김, 서해문집, 2022); Alexander Astroth, "The Decline of Japanese Firearm Manufacturing and

Proliferation in the Seventeenth Century," *Emory Endeavors in History* 5, 2013, 136~148쪽, http://history.emory.edu/home/documents/endeavors/volume5/gunpowder-age-v-astroth.pdf.

5   Clayton M. Christensen, *The Innovator's Dilemma: When New Technologies Cause Great Firms to Fail* (Cambridge, Massachusetts: Harvard Business School Press, 1997)(《혁신기업의 딜레마》, 이진원 옮김, 세종서적, 2020).

6   "Ukraine to Produce a Million FPV Drones Next Year—Minister," Reuters, December 20, 2023, https://www.reuters.com/world/europe/ukraine-produce-million-fpv-drones-next-year-minister-2023-12-20/; Inder Singh Bisht, "Ukraine Producing More Drones Than the State Can Buy," *The Defense Post*, January 11, 2024, https://www.thedefensepost.com/2024/01/11/ukraine-producing-drones-state/.

7   Pesha Magid, "Turkish War Drone Factory to Open in Ukraine with Plans to Supply to 30 Countries," *The Independent*, February 6, 2024, https://www.independent.co.uk/news/world/europe/ukraine-drones-baykar-kyiv-russia-b2491543.html.

8   John Krzyzaniak, "The Private Companies Propelling Iran's Drone Industry," Iran Watch, November 29, 2023, https://www.iranwatch.org/our-publications/articles-reports/private-companies-propelling-irans-drone-industry.

9   Declan Walsh, "Foreign Drones Tip the Balance in Ethiopia's Civil War," *New York Times*, December 20, 2021, https://www.nytimes.com/2021/12/20/world/africa/drones-ethiopia-war-turkey-emirates.html.

10 Zecharias Zelalem, "'Collective Punishment': Ethiopia Drone Strikes Target Civilians in Amhara," *Al Jazeera*, December 29, 2023, https://www.aljazeera.com/features/2023/12/29/collective-punishment-ethiopia-dronestrikes-target-civilians-in-amhara.

11 Wilson McMakin, "Moroccan Drone Strikes Force Sahrawi from Their Homes," *The New Humanitarian*, May 17, 2023, https://www.thenewhumanitarian.org/news-feature/2023/05/17/morocco-sahrawi-drone-attacks.

12 Patrick Wintour and Ghaith Abdul-Ahad, "Iraq Labels U.S. 'Factor of Instability' After Three Killed in Drone Attack," *The Guardian*, February 8, 2024, https://www.theguardian.com/world/2024/feb/07/baghdad-drone-

strike-iraq-iran-militia.

13 "International Players Behind Libya's Drone War," *Times Aerospace*, December 5, 2019, https://www.timesaerospace.aero/features/international-players-behind-libyas-drone-war; Léo Péria-Peigné, *TB2 Bayraktar: Big Strategy for a Little Drone*, Paris: French Institute of International Relations Security Studies Center, April 17, 2023, 4쪽, https://www.ifri.org/sites/default/files/atoms/files/peria-peigne_tb2_bayraktar_2023.pdf.

14 Luis Chaparro, "The Wrong People Just Got Their Hands on an Elite Drone Unit," *The Daily Beast*, August 22, 2023, https://www.thedailybeast.com/mexicos-jalisco-new-generation-cartel-just-created-an-elite-drone-unit.

15 "Drug Cartels Are Sharply Increasing Use of Bomb-Dropping Drones, Mexican Army Says," CBS News, August 23, 2023, https://www.cbsnews.com/news/drug-cartels-more-bomb-dropping-drones-mexico-army/.

16 Christopher D. Booth and Walker D. Mills, "Unfurl the Banner! Privateers and Commerce Raiding of China's Merchant Fleet in Developing Markets," *War on the Rocks*, February 18, 2021, https://warontherocks.com/2021/02/unfurl-the-banner-privateers-and-commerce-raiding-of-chinas-merchant-fleet-in-developing-markets/.

17 "Death Rate in Wars, World—Correlates of War," Our World in Data, 2020, https://ourworldindata.org/grapher/death-rate-in-wars-correlates-of-war; Zack Beauchamp, "600 Years of War and Peace, in One Amazing Chart," *Vox*, June 24, 2015, https://www.vox.com/2015/6/23/8832311/war-casualties-600-years.

18 Mark Jacobsen, "The Strategic Implications of Non-State #Warbots," The Strategy Bridge, December 15, 2017, https://thestrategybridge.org/the-bridge/2017/12/15/the-strategic-implications-of-non-state-warbots.

19 Sean McFate, *The New Rules of War: Victory in an Age of Durable Disorder* (New York: William Morrow, 2019), 8~9쪽.

20 McFate, *The New Rules of War*, 198~203쪽.

21 Max Roser, "Global Deaths in Conflicts Since the Year 1400," Our World in Data, 2015.

1   "Ukraine: Deadly Mariupol Theatre Strike 'A Clear War Crime' by Russian Forces — New Investigation," Amnesty International, June 30, 2022, https://www.amnesty.org/en/latest/news/2022/06/ukraine-deadly-mariupol-theatre-strike-a-clear-war-crime-by-russian-forces-new-investigation/.

2   Lori Hinnant, Mstyslav Chernov, and Vasilisa Stepanenko, "AP Evidence Points to 600 Dead in Mariupol Theater Airstrike," Associated Press, May 4, 2022, https://apnews.com/article/russia-ukraine-entertainment-europe-donetsk-59fbc059a9fe9b5825841ff25025b5cc.

3   Hugo Bachega and Orysia Khimiak, "A Bomb Hit This Theatre Hiding Hundreds — Here's How One Woman Survived," BBC News, March 22, 2022, https://www.bbc.com/news/world-europe-60835106.

4   Bachega and Khimiak, "A Bomb Hit This Theatre Hiding Hundreds"; "Ukraine: Deadly Mariupol Theater Strike," Amnesty International.

5   Jay Winter and Blaine Gaggett, *The Great War and the Shaping of the 20th Century* (New York: Penguin Studio, 1996), 65~66쪽.

6   Luke Harding, "'Horrendous' Rocket Attack Kills Civilians in Kharkiv as Moscow 'Adapts Its Tactics,'" *The Guardian*, February 28, 2022, https://www.theguardian.com/world/2022/feb/28/ukraine-several-killed-by-russian-rocket-strikes-in-civilian-areas-of-kharkiv.

7   Marcus Walker and Yaroslav Trofimov, "Russia Tried to Freeze Ukraine. Here's How It Survived the Winter," *Wall Street Journal*, March 20, 2023, https://www.wsj.com/articles/how-ukraine-survived-russias-mission-to-turn-off-the-lights-winter-is-over-and-were-still-here-8668c5f5.

8   "Russian Offensive Campaign Assessment, November 15," Institute for the Study of War, November 15, 2022, https://www.understandingwar.org/backgrounder/russian-offensive-campaign-assessment-november-15.

9   "Syria/Russia: Strategy Targeted Civilian Infrastructure," Human Rights Watch, October 15, 2020, https://www.hrw.org/news/2020/10/15/syria/russia-strategy-targeted-civilian-infrastructure; Janine Di Giovanni, "Vladimir Putin's Inhumane Blueprint to Terrorize Civilians in Chechnya, Syria — and Now Ukraine," *Vanity Fair*, February 23, 2023, https://www.

vanityfair.com/news/2023/02/vladimir-putin-chechnya-syria-ukraine.

10   Zecharias Zelalem, "'Collective Punishment': Ethiopia Drone Strikes Target Civilians in Amhara," *Al Jazeera*, December 29, 2023, https://www.aljazeera.com/features/2023/12/29/collective-punishment-ethiopia-drone-strikes-target-civilians-in-amhara.

11   Bir Moghrein, "Moroccan Drone Strikes Force Sahrawi from Their Homes," *The New Humanitarian*, May 17, 2023, https://www.thenewhumanitarian.org/news-feature/2023/05/17/morocco-sahrawi-drone-attacks.

12   David Hambling, "Drones May Have Attacked Humans Fully Autonomously for the First Time," *New Scientist*, May 27, 2021, https://www.newscientist.com/article/2278852-drones-may-have-attacked-humans-fully-autonomously-for-the-first-time/.

13   Randall Jarrell, "Losses" in *Losses: Poems by Randall Jarrell* (New York: Harcourt, Brace and Company, 1948).

14   Eyal Press, "The Wounds of the Drone Warrior," *New York Times Magazine*, June 17, 2018, 30~37, 47, 49쪽.

15   Paul Lushenko and Shyam Raman, "Biden Can Reduce Civilian Casualties During U.S. Drone Strikes. Here's How," Brookings, January 19, 2022, https://www.brookings.edu/articles/biden-can-reduce-civilian-casualties-during-us-drone-strikes-heres-how/.

16   Alex Horton and Serhii Korolchuk, "Ukraine's Main Attack Drone Gives an Intimate Look at Battle," *Washington Post*, October 15, 2023, A1; "Darwin's War: Inside the Secret Bunker of Ukraine's Ace FPV Drone Pilot," Scripps News, May 19, 2024, https://www.youtube.com/watch?v=WipqeFgzdTc.

17   "Military and Killer Robots," Campaign to Stop Killer Robots, 2024년 3월 2일 접속, https://www.stopkillerrobots.org/military-and-killer-robots/.

18   US Joint Chiefs of Staff, *Mission Command, Second Edition*, Suffolk, Virginia: Joint Staff J7, January 2020, https://www.jcs.mil/Portals/36/Documents/Doctrine/fp/missioncommand_fp_2nd_ed.pdf?ver=2020-01-13-083451-207; Air Force Doctrine Publication 1-1, *Mission Command*, August 14, 2023, https://www.doctrine.af.mil/Portals/61/documents/AFDP_1-1/AFDP%201-1%20Mission%20Command.pdf.

19   Air Force Doctrine Publication 1-1, *Mission Command*, 5쪽.

20 Stanislaw Lem, *His Master's Voice*, translated by Michael Kandel (Evanston, Illinois: Northwestern University Press, 1999), 74~75쪽.

21 Curtis E. LeMay with MacKinlay Kantor, *Mission with LeMay: My Story* (Garden City, NY: Doubleday, 1965), 564~565쪽.

22 Cofer Black, Testimony to the US Senate Select Intelligence Committee, September 26, 2002, https://irp.fas.org/congress/2002_hr/092602black.html; "What Happens When the Gloves Come Off," Human Rights Watch, April 8, 2008, https://www.hrw.org/news/2008/04/08/what-happens-when-gloves-come.

23 David Petraeus and Michael O'Hanlon, "Take the Gloves Off Against the Taliban," *Wall Street Journal*, May 20, 2016, https://www.wsj.com/articles/take-the-gloves-off-against-the-taliban-1463783106.

24 Daniel R. Mahanty, "Take Off the Pentagon's Gloves in the ISIS War? Not So Fast," *Defense One*, February 15, 2017, https://www.defenseone.com/ideas/2017/02/take-pentagons-gloves-isis-war-not-so-fast/135454/.

25 Jane Goodall, *Through a Window: My Thirty Years with the Chimpanzees of Gombe* (New York: Houghton Mifflin, 1992)(《창문 너머로》, 이민아 옮김, 사이언스북스, 2024), 77~79, 98~111쪽; Simon Townsend, Katie Slocombe, Melissa Thompson, and Klaus Zuberbühler, "Female-Led Infanticide in Wild Chimpanzees," *Current Biology* 17, no. 10, May 2007, R355-R356쪽; Michael Wilson, Christophe Boesch, Barbara Fruth, et al., "Lethal Aggression in *Pan* Is Better Explained by Adaptive Strategies than Human Impacts," *Nature* 513, September 2014, 414~417쪽.

26 Anne Barnard, "Inside Syria's Torture Prisons," *New York Times*, May 12, 2019, A1쪽.

10 앞으로의 방향

1 Tim Martin, "UK Drone Test Squadron Fails to Register a Single Test Since Forming in 2020: Procurement Minister," *Breaking Defense*, March 6, 2024, https://breakingdefense.com/2024/03/uk-drone-test-squadron-fails-to-register-a-single-test-since-forming-in-2020-procurement-minister/.

2 Gabriel Dominguez, "Recruitment Issues Undermining Japan's Military

Buildup," *Japan Times*, January 2, 2023, https://www.japantimes.co.jp/news/2023/01/02/national/japan-sdf-recruitment-problems/.

3   Danielle Sheridan, "Navy Has So Few Sailors It Has to Decommission Ships," *The Telegraph*, January 4, 2024, https://www.telegraph.co.uk/news/2024/01/04/royal-navy-few-sailors-decommission-ships-new-frigates/.

4   Frank Kendall, secretary of the Air Force, "Department of the Air Force Operational Imperatives," March 3, 2022, https://www.af.mil/Portals/1/documents/2023SAF/OPERATIONAL_IMPARITIVES_INFOGRAPHIC.pdf.

5   John Gall, *Systemantics: How Systems Really Work and How They Fail* (New York: Quadrangle—New York Times Book Company, 1977), 71쪽.

6   Clayton M. Christensen, *The Innovator's Dilemma: When New Technologies Cause Great Firms to Fail* (Cambridge, Massachusetts: Harvard Business School Press, 1997), 121, 138쪽.

7   Walter J. Boyne, "How the Predator Grew Teeth," *Air Force* 92, no. 7, July 2009, 42~45쪽.

8   Richard Whittle, *Predator: The Secret Origins of the Drone Revolution* (New York: Henry Holt and Company, 2014) 154~155쪽; Headquarters USAFE, Special Order GD-09, January 16, 2001, https://nsarchive2.gwu.edu/NSAEBB/NSAEBB484/.

9   Alex Bierbauer and Mark Cooter with Michael Marks, *Never Mind, We'll Do It Ourselves: The Inside Story of How a Team of Renegades Broke Rules, Shattered Barriers, and Launched a Drone Warfare Revolution* (New York: Skyhorse Publishing, 2021), 85, 128쪽.

10   Whittle, *Predator*, 245쪽.

11   John A. Bonin, *Army Aviation Becomes an Essential Arm: From the Howze Board to the Modular Force, 1962-2004*, Ph.D. dissertation, Philadelphia, Pennsylvania: Temple University, 2006, 95쪽; Virgil Ney, *Evolution of the U.S. Army Field Manual, Valley Forge to Vietnam*, Combat Operations Research Group Study (CORG-M-244) (Fort Belvoir, Virginia: Headquarters U.S. Army Combat Development Command, January 1966), 107쪽.

12   David C. Aronstein and Albert C. Piccirillo, *Have Blue and the F-117A: Evolution of the "Stealth Fighter"* (Reston, Virginia: American Institute of

Aeronautics and Astronautics, 1997), 153쪽.

13 Zach Rosenberg, "US Air Force to Set Up Experimental Squadron to Refine Collaborative Combat Aircraft Force Structure," *Janes*, November 16, 2023, https://www.janes.com/osint-insights/defence-news/air/us-air-force-to-set-up-experimental-squadron-to-refine-collaborative-combat-aircraft-force-structure.

14 David Evans, "A Missile That Can Smash Tanks Barely Dents Army Brass," *Chicago Tribune*, May 13, 1988, 21쪽; David C. Morrison, "FOG-M's Slow March from Basement to Battlefield," *Lasers & Optronics* 9 no. 1, January 1990, 22쪽.

15 Paul Scharre, "The Perilous Coming Age of AI Warfare," *Foreign Affairs*, February 29, 2024, https://www.foreignaffairs.com/ukraine/perilous-coming-age-ai-warfare.

16 Oriana Pawlyk, "This Air Force Unit is Getting the Military's First Robot Dogs," *Military.com*, November 12, 2020, https://www.military.com/daily-news/2020/11/12/air-force-unit-getting-militarys-first-robot-dogs.html.

17 Michael Lemish, *Forever Forward: K-9 Operations in Vietnam* (Atglen, PA: Schiffer Military History, 2009), 37쪽.

18 Lemish, *Forever Forward*, 30쪽.

19 Cameron Ford, 개인적으로 한 인터뷰, January 28, 2020.

20 Mike Ritland with Gary Brozer, *Trident K-9 Warriors: My Tale from the Training Ground to the Battlefield with Elite Navy SEAL Canines* (New York: St. Martin's Press, 2013), 177~78쪽.

21 Ritland and Brozer, *Trident K-9 Warriors*, 122쪽.

22 Ritland and Brozer, *Trident K-9 Warriors*, 125~126쪽.

23 Ritland and Brozer, *Trident K-9 Warriors*, 123~124쪽.

24 Major Jordan T. Criss and Master Sergeant Andre G. Hernandez, 325th Security Forces Squadron, 개인적으로 한 인터뷰, April 23, 2021.

25 Criss and Hernandez, 개인적으로 한 인터뷰, April 23, 2021.

26 Cameron Ford, 개인적으로 한 인터뷰, January 28, 2020.

27 William A. Cohen, *Drucker on Leadership: New Lessons from the Father of Modern Management* (New York: John Wiley & Sons, 2009), 254쪽.

이 책은 여러 해에 걸친 작업의 결실이며, 그 과정에서 도움을 주신 분들의 기여를 밝히는 것은 즐거운 일이다. 우선 인내심을 가지고 종종 아무도 알아주지 않는 일에 기꺼이 시간을 내준 사서들과 문서보관소 직원, 큐레이터들께 감사를 전하고 싶다. 친절하고 사심 없는 그분들의 도움, 특히 희귀 기록을 발굴하고, 종종 제대로 기록되지 않은 로봇 전쟁의 역사와 그것이 던져주는 강력한 교훈을 꿰맞추는 데 이들의 지원은 필수적이었다. 특히 미 공군 국립박물관의 문서보관소에서 일하는 브렛 스톨리에게 큰 신세를 졌다. 그는 2006년에 시작된 내 연구의 초기 단계부터 연구의 싹을 키워나가는 데 결정적인 도움을 주었다. 돈 산도, 테드 마치우바, 릭 히턴 등 미 육군 우수기동센터의 관계자들에게도 감사한다. 그들은 내가 제시한 '저고도 공중'이라는 개념을 일찌감치 지지했으며, 2021년 초를 시작으로 육군 내에서 내 생각을 소개하는 데 도움을 주었다. 존 안탈과

앤젤리나 캘러핸을 비롯한 수많은 혁신적 군사 사상가들에게
도 깊이 감사한다. 그들은 대화와 격려를 통해 내게 많은 자극
을 주었다. 댄 워드, 마리오 세르나, 브라이언 프라이, 애덤 구
빅, 조던 크리스, 그리고 아내 바네사 산체스에게도 감사한다.
그들 모두 초고 몇 장을 검토하고 전문적인 군사적, 과학적, 문
학적 통찰을 베풀어주었다. 에이전트인 주드 라기, 편집자 릭
칠롯, 출판사 대표 글렌 예페스, 그리고 벤벨라북스의 멋진 팀
에게 특히 감사의 말을 하고 싶다. 그들의 값진 지원과 조언 덕
분에 이 책의 완성도가 높아질 수 있었다. 무엇보다도 변함없는
인내와 사랑과 지지를 통해 이 책의 산파 노릇을 한 바네사에게
고맙다.

우리는 지금 불확실성의 시대에 살고 있다. 국제질서가 크게 요동치며, 우크라이나와 러시아, 중동 등 세계 곳곳에서 무력 충돌이 이어지고 있다. 바야흐로 '전쟁의 시대'가 다시 시작되었다고 해도 과장이 아닐 정도다. 이러한 상황에서 드론과 정밀유도무기, 그리고 자율무기 체계의 확산은 전쟁의 양상을 급격히 변화시키고 있다. 이제 첨단기술의 발전이 전쟁의 방식은 물론, 전쟁의 본질까지 바꾸고 있는 것은 아닌지 진지하게 묻게 된다.

《AI 시대, 전쟁의 미래》는 AI와 로봇 기술이 전쟁을 어떻게 변화시키고 있는지를 냉정하면서도 현실적으로 보여준다. 오늘날 전투는 정보를 바탕으로 적을 먼저 발견하고 표적화하며 즉각적으로 정밀 타격하는 과정으로 재구성되고 있다. 그 결과 전장의 치명성과 속도는 이전과는 비교할 수 없을 정도로 높아졌다. 저자는 값비싼 전통 무기체계가 왜 새로운 무인 전력 앞에서 흔들리는지, 이러한 기술의 확산이 만들어내는 전장의 모습이 어떠한지, 그리고 미래 전장에서 승패를 가를 핵심 변수가 무엇인지를 설득력 있게 짚어낸다.

전쟁사를 연구하는 필자에게 특히 인상 깊었던 점은, 저자가 이러한 변화를 단순한 기술 낙관론이나 미래 예측에 기대어 설명하지 않는다는 것이다. 그는 나폴레옹 전쟁, 제1차 세계대전, 제2차 세계대전과 같은 과거의 전쟁 사례를 통해 기술의 변화가 군의 전술과 군대의 형태, 더 나아가 전쟁의 성격 자체를 어떻게 바꿔왔는지 보여준다. 이러한 변화는 단기간에 이루어진 것이 아니라 수세기에 걸쳐 축적된 결과였다. 이는 오늘날 AI와 로봇 기술이 가져올 변화 역시 보다 긴 역사적 흐름 속에서 이해해야 함을 시사한다.

전쟁의 역사는 군사혁신이 반복해온 과정이다. 화약혁명, 산업혁명, 그리고 정보혁명은 기술 변화가 전쟁의 양상을 어떻게 바꾸어왔는지를 보여준다. 책에서 강조하듯, 군사혁신의 핵심은 기술 자체가 아니라 그것을 어떻게 이해하고 활용하느냐에 달려 있다. 새로운 기술의 잠재력을 먼저 간파하고, 이를 전투력으로 전환할 수 있는 개념과 교리를 발전시키며, 이를 전장에서 실행하고 숙달할 때 비로소 군사적 우위를 얻게 되는 것이다.

여기서 원서 제목인 "Beast in the Machine"은 이 책의 문제의식을 함축적으로 드러낸다. '기계 속에 깃든 야수'는 통제 불가능한 위협이 될 수도 있지만, 적절히 활용한다면 우리 공동체의 안보를 지키는 강력한 도구가 될 수 있다. 이 책은 그 야수가 무엇인지, 그리고 우리가 그것을 어떻게 통제할 수 있는지 설명한다. 이 지점에서 핵심 메시지는 분명하다. AI와 로봇 기술이 전장에서 인간의 역할을 재정의할 수 있다는 점에서 이전과는 다른 차원의 도전을 제기하더라도, 과거의 군사혁신이 그러했듯 중요한 것은 기술 그 자체가 아닌 그것의 선택과 활용에 있다.

결국 기술은 전쟁의 양상을 변화시킬 뿐, 전쟁의 본질 자체를 바꾸지는 않는다. 클라우제비츠가 지적했듯 전쟁은 정치적 목적을 위한 수단이며 인간의 의지와 판단이 그 중심에 놓여 있다. 전쟁의 미래 역시 기술 자체보다는 그것을 사용하는 인간의 판단에 좌우될 것이다. 이러한 저자의 문제의식에 필자 역시 깊이 공감한다.

미래가 불확실한 전쟁의 시대일수록 우리는 기술이 전쟁에 어떤 변화를 일으키고 있는지 냉정하게 이해해야 한다. 이 책은 AI와 로봇 기술이 만들어갈 미래 전장을 이해하는 데 더없이 유용한 길잡이다. 군사 전문가와 정책 결정자는 물론, 전쟁과 기술의 관계, 급변하는 안보 환경, 그리고 전쟁의 미래를 이해하고자 하는 모든 독자에게 일독을 권한다. 아니, 반드시 읽어야 할 책이다.

특히 인구절벽과 병역자원 감소라는 현실 속에서 군 구조와 전투 수행 방식의 근본적 전환을 요구받고 있는 우리 군에도 이 책은 중요한 시사점을 던진다. 첨단기술이 가져올 변화를 어떻게 이해하고 준비하느냐에 따라 위기는 기회가 될 수 있다. 이 책이 한국의 많은 독자들에게 변화하는 전쟁의 모습을 새롭게 인식하고, 다가올 미래를 준비하는 데 길잡이가 되기를 기대한다.

2026년 4월

심호섭(육군사관학교 군사사학과 교수)

이 책에 대한 찬사

"가독성이 뛰어난 조지 도허티의 신작은 로봇 전투 시스템의 함의에 대해 깊은 통찰을 제공하며, 기술적 관점에서 도전과 기회를 다룰 뿐만 아니라 도덕적, 윤리적 관점도 제시한다. 국방 기술자와 군사사학자, 그리고 불가피하게 확산되는 자율무기 시스템에 조금이라도 관심이 있는 사람이라면 누구나 읽어야 하는 책이다."

— 마크 J. 루이스 박사, 전 미국 국방연구·엔지니어링 현대화 담당 국장,

전 미 공군 선임 과학자

"바야흐로 로봇공학과 AI가 세계 곳곳의 전장에서 막대한 영향을 미치고 있다. 사거리 증대, 결정 시간 단축, 정밀 타격, 살상력 증대 등은 그 영향 중 일부에 불과하다. 도허티는 과거의 적용 사례를 검토하고, 현재의 기술을 평가하며, 미래의 함의를 전망함으로써 현대전의 여러 문제에 관한 날카로운 통찰

을 제공한다.

《AI 시대, 전쟁의 미래》는 미래 전력을 개발하는 이들뿐만 아니라 현재 작전을 계획하고 실행하는 이들까지 군사 전문가들의 필독서다. 조지 도허티는 로봇공학과 인공지능의 확산으로 영향을 받는 인간 충돌의 미래에 관한 중대한 논의에 크게 기여한다. 우리 군대는 우리에게 닥쳐온 이런 변화에 적응하는 데 뒤처질 여유가 없다.”

— 돈 산도 미 육군 대령(퇴역), 전 미 육군 우수기동센터MCE 부사령관

“오늘날의 군사기술 혁명이 어디서 시작되었고 (…) 어디로 향하고 있는지를 철저하고 날카롭게 분석한다. 《AI 시대, 전쟁의 미래》는 로봇공학과 AI의 물결이 21세기의 충돌을 어떻게 형성할지 이해하고자 하는 모든 이에게 꼭 필요한 책이다.”

— 댄 워드 미 공군 중령(퇴역), 《F.I.R.E.》, 《LIFT》, 《PUNK》의 저자

“조지 도허티의 《AI 시대, 전쟁의 미래》는 현재 로봇공학이 전투의 면면을 뒤바꾸는 과정에 관한 핵심적 통찰을 제공한다. 책을 통해 이 과정을 이해하면 안보 지도자와 국방 산업, 군 관계자 모두 소중한 교훈을 얻을 것이다. 필독서다.”

— 데이비드 A. 뎁튤라 미 공군 중장(퇴역),
사막의 폭풍 공습 작전 설계자이자 미첼항공연구소 소장

“이 놀라운 연구서는 중요한 현대의 고전으로, 지위 고하를

　　　　　　　AI 시대, 전쟁의 미래

막론하고 모든 첨단 기술 전투원, 테크 종사자, 혁신적 지도자
가 읽어야 한다. 전 세계에서 진행되는 로봇공학과 AI 혁명을
포괄적으로 다루기 때문이다. (…) 앞으로 4년을 이끄는 나라가
향후 200년간 세계를 이끌 것이다. **승리**하고자 한다면 이 책을
읽고, 주의를 기울이고, 선두에 서라!"

— 존 M. 올슨 소장(퇴역), 전 미 우주군 최고기술·혁신책임자,
전 미 공군 최고데이터·AI 책임자.

"인공지능은 바야흐로 우리의 학교와 사무실을 바꾸는 동
시에 전장도(말 그대로의 전쟁터만이 아니라 정치적 전장까지) 놀랍
도록 새로운 방식으로 뒤바꾸고 있다. 《AI 시대, 전쟁의 미래》
는 이 모든 상황을 이해하는 데 필요하면서도 눈에 쏙쏙 들어오
는 안내서다."

— 빅토리아 콜먼 박사, 에이큐브드Acubed 최고경영자,
미 국방고등연구계획국DARPA 국장, 미 공군부 선임 과학자

"기술과 전쟁의 교차점에서 쌓아온 경력을 바탕으로, 조지
도허티는 로봇공학의 역사와 미래, 그리고 그것이 전쟁을 어떻
게 변화시킬 수 있는지에 대해 설득력 있는 일련의 교훈을 제시
한다. 《AI 시대, 전쟁의 미래》는 중요한 윤리적·정책적 질문을
제기하고, 실질적인 지식을 공유하며, 미래를 헤쳐 나가는 데
필요한 길잡이 역할을 한다."

— 어룬 세라핀, 국방산업협회NDIA 신기술연구소 전무

BEAST
IN THE
MACHINE